Introduction to Personality Psychology

21世纪心理学系列教材

丛书主编　林崇德

人格心理学导论

郭永玉　等　著

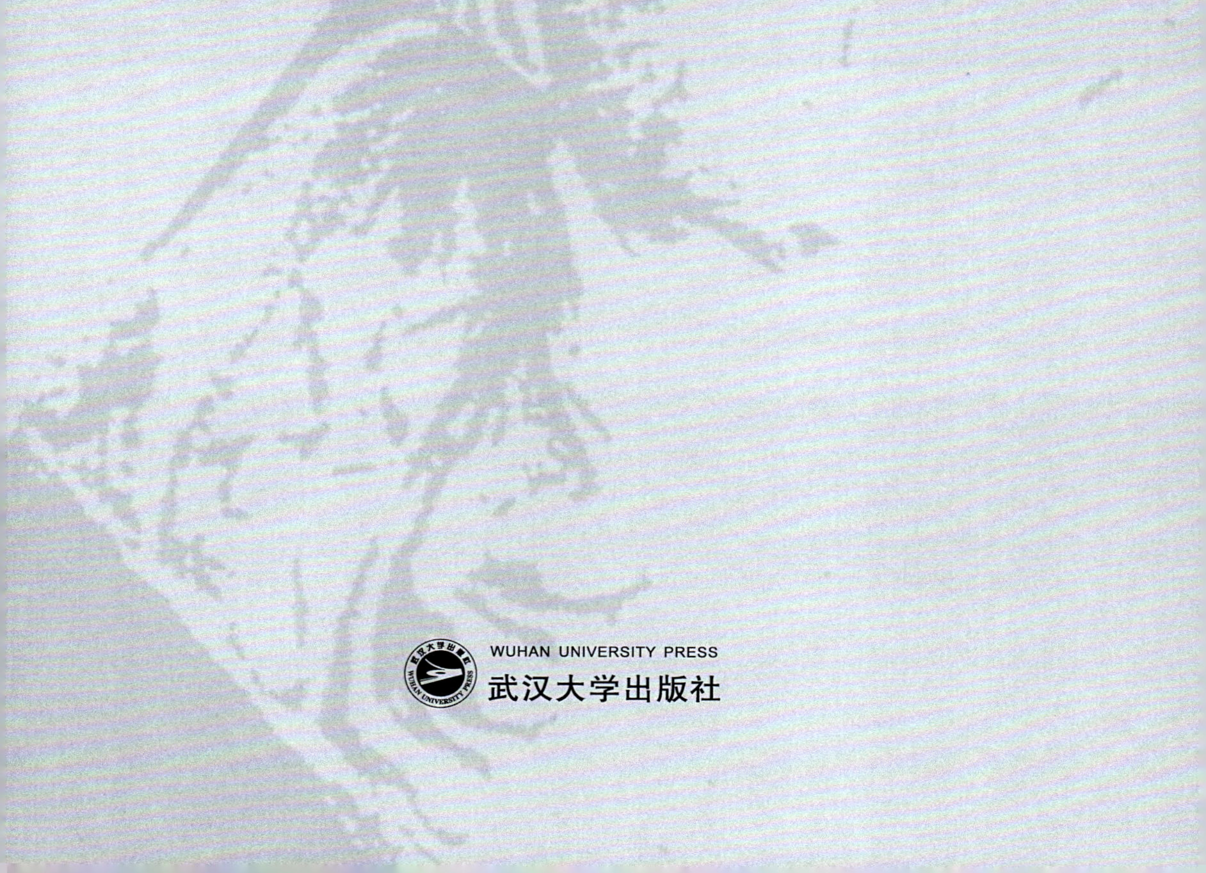

WUHAN UNIVERSITY PRESS
武汉大学出版社

图书在版编目(CIP)数据

人格心理学导论/郭永玉等著. —武汉: 武汉大学出版社,2007.11
(2024.12 重印)
21 世纪心理学系列教材/林崇德主编
ISBN 978-7-307-05780-7

Ⅰ.人… Ⅱ.郭…[等] Ⅲ.人格心理学—高等学校—教材
Ⅳ.B848

中国版本图书馆 CIP 数据核字(2007)第 126446 号

责任编辑:柴 艺 责任校对:黄添生 版式设计:詹锦玲

出版发行: **武汉大学出版社** (430072 武昌 珞珈山)
(电子邮箱: cbs22@whu.edu.cn 网址: www.wdp.com.cn)
印刷:武汉邮科印务有限公司
开本:720×1000 1/16 印张:26.5 字数:533 千字 插页:1
版次:2007 年 11 月第 1 版 2024 年 12 月第 9 次印刷
ISBN 978-7-307-05780-7/B · 186 定价:56.00 元

总　序

武汉大学出版社邀请我主编一套心理学教材。我考虑再三，最后答应了，其原因一是我国心理学发展很快，1980 年全国才 4 个心理系，2004 年就已经有 135 个心理系。心理系的建设教师是关键，教材是基础，我愿意为中国心理学的教材建设贡献一份力量；二是国际心理学研究资料很多，2004 年第 28 届国际心理学大会在北京召开，云集了国际心理学家 6 000 多人，展示了各自研究的新成果，我愿意将这些成果介绍给心理学专业的同学们；三是我国心理学研究成果日益丰富，不仅在国内核心杂志上呈现出繁荣的景象，而且有大批高质量的成果涌现在国际 SCI 和 SSCI 收录的杂志上，我愿意为中国心理学与国际心理学接轨而呐喊。

武汉大学出版社所出版的第一批教材为 10 本：《基础心理学》（俞国良、戴斌荣）、《心理学研究方法》（郭秀艳）、《心理统计学》（辛涛、胡咏梅）、《心理测量学》（蔡永红）、《发展心理学》（沃建中）、《教育心理学》（李红）、《健康心理学》（李虹）、《社会心理学》（郑全全）、《人格心理学》（郭永玉）、《管理心理学》（刘霞、潘晓良）。这 10 本教材涵盖了心理学系本科教学的主要内容。教材编写的质量主要取决于作者的学术水平。这 10 本教材的作者是在我国享有一定声望的年轻学术带头人，他们的知识面广而深，学术成果颇丰，其中的绝大多数有出国深造的经历，有的还在国外取得博士学位，因此他们能够全面把握国内外心理学研究的新动态、新内容、新进展，而且这套教材每一本基本都主要是由一位作者独立完成，这就使得这套教材的质量有了可靠的保证。

在教材编写之初，我们就强调要使这套教材成为精品教材。要求精品，首先应该把创新作为一条红线贯穿在教材编写的始终。心理学成果的创新，应该表现为提出问题新、方法手段新、获得数据新、研究结果新、思想观念新、实效结果新 6 个方面。这一套教材就本着这 6 个方面作出努力，例如，我们有国内不多见的“健康心理学”教材，要求每一本教材吸收近 5 年的国内外研究成果，提出了知识稳定结构基础上的新观点，介绍了富有成效的操作手段或干预措施。特别需要指出的是，在这套教材中，我们非常重视反映我国心理学工作者在近年来取得的研究成果。

要求精品，还要把握教材涉及内容的稳定性和创新性的关系。一本精品教材，应该全方位把握一个学科基本知识的稳定结构，即掌握这个学科的历史变迁、发展趋势、基本概念、方法手段、主要内容，不能有任何缺失和遗漏，以给受教育者一个完整的、稳定的基本知识的框架。教材的创新性是在教材的稳定性基础上进行的，离开了稳定性就失去了创新性的坚实基础和编写教材的真正意义。这套教材在结构的完整性与稳定性上是经得起推敲的。

要求精品，也必须处理好国际化与民族化的关系。我国心理学教材内容的国际化是提高我国心理学教学质量的基本方向。这里的国际化，是指在教材中坚持国际心理学的研究标准并与之接轨；要积极介绍国际心理学的基本研究和创新研究，体现国际心理学研究的最新进展；在坚持国际化的同时，必须坚持民族化，这是我国心理学建设的根本出路。中国的心理学思想源远流长，同时中国人口众多，又有自己独特的文化背景，我们在强调心理现象共性的同时，有必要坚持民族化特点。大家可以看到，在不同教材的一些内容上，我们着力凸现了我国心理学家的理论观点。

要求精品，特别要坚持质量第一的原则。在这套教材的编写过程中，我们的作者严格按照心理学教材编写的规范来编写教材；同时我们本着严格审稿的要求，10本教材写完一本，审查一本，一一探讨修改意见；成熟一本，定稿一本，然后交给出版社出版。我们要用自己教材的质量，去启发接受教育的同学懂得什么是严谨，什么叫规范，希望传达给他们严谨治学的态度。因此，本套教材出版的时间参差不一，也是由于这个原因。至于是否坚持质量第一的要求，我恳切地希望我的同行，即使用这套教材的老师和接受这套教材的广大同学与我们共同切磋，一起完善。

是为序。

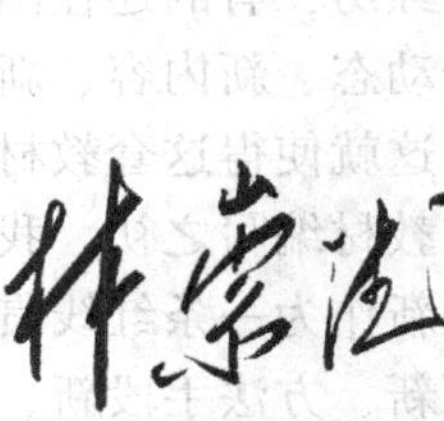

于北京师范大学

自　序

2005年，我曾经出版过一本《人格心理学》（中国社会科学出版社2005年11月第一次印刷，2007年3月第二次印刷）。为什么时隔不久，我又出一本同一主题的书？这一本有何不同？细心的读者会发现，其实二者的基本点是一致的，也就是尝试整合人格心理学的主要理论和专题研究成果，体现这一领域从理论流派的纷争到深入的专题研究的重大转向，构建一种主要围绕专题研究展开的能够充分呈现本学科研究成就的知识体系。但二者还是明显不同的，本书不是前者的简写本，而是另起炉灶，重新编写的。主要区别如下：

第一，本书是特别为本科生编写的教科书，篇幅较小，文字更简明，更注重学科基础；前者更适合研究生及有关领域的研究者，我在写作时没有考虑本科教学的需要，洋洋洒洒70余万言，有贪大求全之嫌，有的问题由于其本身的复杂性，经过我一番探究，读者还是不知究竟，甚至觉得更复杂了，这对于研究者或许是好事，但对于本科生而言，思考空间和研究的引导固然重要，更重要的可能是学科的基本知识和方法。

第二，本书在学科体系上有新的探索。前者共分六个部分：第一部分探讨人格的概念及人格心理学的对象、任务和历史，回顾人格理论的六大传统（包括类型—特质理论、生物学理论、行为主义、认知理论、精神分析和人本主义）。第二部分探讨人格的形成与发展，分别探讨生物学条件（生理、遗传、进化）和社会文化条件，以及发展历程（年龄阶段）和机制（天性与教养的相互作用）。第三部分是人格的整体功能研究，包括认知、情绪、动机和自我，即信息的获取与处理、情绪的反应与适应、行为的动力与目标，以及自我的统合与完善。第四部分是人格的具体功能研究，分别探讨潜意识、攻击、利他、人格与健康。第五部分是人格的群体差异研究，包括性别差异和文化差异这两种最大的群体差异。第六部分是总结性的，探讨人格测评的理论和方法，以及本学科的一些基本问题，如人格理论中的人性观、人格理论分歧的维度、人格研究的方法论问题以及人格心理学的未来走向。本书则以人格心理学的六大理论和三大主题为学科基本架构。六大理论（theories）包括特质理论、生物学理论、精神分析、行为主义、人本主义和认知理论，三大主题包括人格表现（demonstration）、人格动力（dynamics）和人格发展（development），合起来就是理论加“3D”（或“T&3D”）架构。三大主题不仅贯穿于六大理论中，而且体现在丰富的具体研究中。其中人格理论部分有所扩展，由前一本书的一章扩展为本书的六章；而围绕具体人格变量展开的研究成果占本书篇幅的三分之二，反映了人格心理学领域的主要时代特征和发展趋势，这一点与前一本书一脉相承，即在主要人格理论的基础上，突出专题研究成果。当然，本书也包括有关人格的概念，人格心理学的研究对象和任务，以及人格研究与测量的方法等基本问题的探讨。

第三，本书在文献方面更新近。在本书写作过程中，我们进一步搜罗了近年来出版的有关教材、专著和论文，尤其是英文教材和英文心理学杂志数据库，当然也尽量参考了有关中文文献。近年来，我们从事研究的文献条件明显改善，我和我的学生也非常主动地积极利用这些条件。

当然，两本书在有些基本内容上是一致的，本书个别章节还延用了前一本书的文稿，在此特别说明。但整体上看，本书呈现出的是一种新的面貌。

感谢丛书主编、著名心理学家林崇德教授对我的信任以及他对本书编写的指导。林先生为丛书编写提出的标准和要求，我们始终作为指导思想铭刻在心，并竭尽全力地贯彻于本书的整个编写过程中。林老师严格审读了书稿并提出了中肯的修改意见，这些意见尤其是要注重吸收中国心理学者的研究成果的提醒，在书稿的修改和定稿过程中起了重要的指导作用。

本书主要是由华中师大心理学院人格研究小组合作编写的，他们中有的已经获得人格心理学研究方向的博士或硕士学位，任职于各高校，有的还在继续求学之中。各章初稿撰稿人如下：第一章，绪论，郭永玉；第二章，人格研究与测评，李红菊；第三章，特质理论，尤瑾；第四章，生物学理论，贺金波；第五章，精神分析，杨子云、黄端、周文奇、李琼；第六章，行为主义，陈继文；第七章，人本主义，李敏荣；第八章，认知与社会认知理论，张钊；第九章，认知，黄端；第十章，情绪，尤瑾；第十一章，意志，李琼、周文奇、钟华；第十二章，社会性动机，钟华；第十三章，个人目标，张钊；第十四章，自我，孙灯勇；第十五章，生活适应与健康，訾非（第一节至第三节）、王小妍（第四节）；第十六章，人格的全程发展，杨子云、王小妍；第十七章，文化与人格，刘毅、杨慧芳；第十八章，人生叙事，钟华。郭永玉提出编写思路并负责实施，期间组织过多次讨论，有些章节经过反复修改才得以定稿。在我统稿过程中，得到黄端和李琼的大力协助。

我还要特别感谢留美归国学者、北京林业大学心理学系副教授訾非博士为本书撰稿。

感谢武汉大学出版社的策划编辑和责任编辑的辛勤劳动。

尽管我们尽了最大努力，但错误和局限仍在所难免。我们诚恳地欢迎同行专家和读者提出批评和建议（请发电子邮件给 yyguo@ mail. ccnu. edu. cn）。

郭永玉

2007 年 5 月 24 日于武昌

要　目

目　录

第三编　人格动力

第四编　人格发展

第一章 绪 论

请仔细想想几个你非常熟悉的人，例如你的父母、兄弟姐妹、老师和朋友，也包括你自己，这些人在哪些方面明显不同？除了生理方面的差异，例如年龄和长相，他们的思考风格和行为方式有什么不同？也许有的人更喜欢参加聚会，而有的人更喜欢独处；有的人经常迟到，而有的人非常守时；有的人特别害怕在公共场合发言，有的人却从不怯场；同样一件事，对有的人是很大的压力，而对有的人却不在话下。同时，你会发现他们也有相似的一面，例如他们都喜欢受人接纳，而不喜欢被人拒绝。当你关注人与人之间的差异性和相似性时，你也就注意到了我们所说的人格。

心理学研究人的心理与行为，是一门非常庞大的学科。为了叙述的方便，我们通常将其分为基础和应用两大领域。基础心理学包括普通心理学、生理心理学、认知心理学、发展心理学、学习心理学、人格心理学、社会心理学、变态心理学等，应用心理学包括教育心理学、管理心理学、临床心理学等。当然这种区分只是为了叙述和研究的方便，基础与应用之间，以及各具体分支之间并没有严格的界限。我们在此只是要明确：人格心理学是心理学的重要分支之一。

人格心理学作为心理学的一个重要分支，旨在研究人与人之间的相似性和差异性。那么什么是人格？人格心理学的研究对象、任务和学科性质是什么？人格心理学的知识包括哪些主要方面？本章将对这些问题进行探讨。

第一节 人格概述

古汉语中并无“人格”一词，但我们可以先来了解“格”字的含义。《说文解字》里说：格，木长貌。格就是树高长枝的意思。《广韵》里说：格，度也，量也。我们说“体格”，是指人的身体状况或特征。将这些意思引申，“人格”就是长大成人；而对于人的属性或规格，是可以进行度量的，而度量人的标准就是“人格”。“人格”这个词是近代从日文中来的，而日文“人格”一词又是对英文

"personality"一词的翻译（黄希庭，2002，p. 5）。这个英文词也可以译为"人性"，是指人（person）的各种属性。从词源上讲，英文 personality 来自拉丁文 persona，此拉丁词本义是指面具，即戏剧演员所扮演的角色的标志。面具代表着这一角色的某种典型特点，类似于京剧中的脸谱。在舞台上，演员的言行要与其扮演的角色相符，而一个角色也就意味着一套行为方式，也就是说，角色限定了演员的行为。观众可以从演员的面具了解他的角色，又根据其角色了解他的行为。由此引申，可以说，人格是指个人在人生舞台上的行为表现，是其所扮演的"角色"。但表现也就意味着被表现，被表现的东西就是内在的，即面具背后的东西。面具后面是什么或者是谁？要真正了解一个角色的行为，还要深入到人物（角色）的内心世界。这就意味着一个人有两面，即公开可见的一面和面具背后的不可见的一面。因此，人格这个概念应该从两个方面来定义：首先是外在的人格，即个人被他人知觉和描述的方面；其次是内在的人格，涉及一些内在因素，可以解释为什么一个人被他人认为是这样的。有关人格的任何定义都必须包括这两个方面，二者彼此不同，但都很重要（Hogan，Harkness，& Lubinski，2000/2002）。

一、人格的定义

人格是一个没有公认定义的概念，不同的心理学家，由于他们研究人格的侧重点不同，对人格的定义也不同。据 G. W. Allport 说，人格的定义有 50 种之多。他从语言学、历史、宗教、哲学、法律、社会学和心理学等领域全面探讨了"人格"一词的涵义。其中，心理学领域的定义就可以分为六种：（1）罗列式定义（omnibus definition）：在这类定义中，人格就是一个人所有特质的总和。（2）综合性定义（integrative and configuration definition）：这类定义强调人格是个人各方面属性所组成的整体。（3）层次性定义（hierarchical definition）：这类定义将人格各方面的特质分为若干层次，而最高层次的特质具有统合的作用。（4）适应性定义（definition in terms of adjustment）：这类定义强调人格适应环境的功能。（5）区别性定义（definition in terms of distinctiveness）：这类定义强调人格就是个人的独特性，即个人与他人的不同之处。（6）本质性定义（definition in terms of the essence of the person）：这类定义强调人格是个人最为本质的行为模式。人格不只是这个人与别人的不同之处，而是那些具有代表性的特征（Allport，1937，pp. 43-46；黄坚厚，1999，p. 7）。

此外，Allport 还指出了两种相对的人格定义。一种定义认为，人格就是一个人所引起的别人对他的反应。这种定义虽然突出了人格概念的客观性，但它只强调一个人对别人的影响，而忽略了其本身的、内在的方面。Allport 不同意这种定义，认为无论其他人对一个人的印象如何，他都具有某些内在的、可能不为人所知的一面。与之相对的另一种定义由 Allport 本人提出。他认为，**人格是一个人内在的动**

力组织，决定着个人对其环境独特的适应。这一定义深受欢迎，可以说是关于人格定义的最为经典的表述。它包含上述综合性、层次性、适应性、区别性等定义的要点，是一个集大成的定义。他还特别对其中的关键词“动力组织”、“心理生理系统”、“决定”、“独特”、“适应”等做出了说明。但作为人本主义者，Allport 认为人不是被动地适应环境，而是主动地作用于环境。所以在 1961 年修订著作时，他将“适应”的说法进行了修改，修改后的定义为：**人格是一个人内在的心理生理系统的动力组织，决定着个人特有的思想和行为**（Allport，1961，p. 28）。

在当代，Pervin 的定义是有代表性的。他认为，**人格是为个人的生活提供方向和模式（一致性）的认知、情感和行为的复杂组织**（Pervin，1996，p. 414）。Pervin 在这句话后面所做的如下补充说明，也应被视为人格定义的组成部分：**和身体一样，人格包含结构和过程两个方面，并且体现着个人的天性（基因）和教养（经验）。此外，人格还包含过去的影响（包括对过去的记忆）及对现在和未来的建构**。他指出，此定义包括三个方面：（1）个人整体的机能系统；（2）认知、情感和行为间复杂的交互作用；（3）时间在个人身上的连续性。Mischel 等人则指出，当前为人们所接受的人格定义的涵义包括以下五个方面：（1）个人的连续性、稳定性和一致性；（2）从行为到思想感情的诸多层面；（3）人格是有组织的；（4）人格决定个人与社会发生联系的方式；（5）人格与个人身体和生物特征密切关联（Mischel，Shoda & Smith，2003，p. 4）。其实这五个方面也基本上都包含在 Pervin 的定义中。

基于以上分析，结合中国人的表达习惯，我们认为，**人格是个人在各种交互作用过程中形成的内在动力组织和相应行为模式的统一体**。这一界定包含以下五层含义：第一，人格是指一个人外在的行为模式，即个人与环境（特别是社会环境）的互动方式。与此相近的表述还有：个人在各种情境中所表现出来的一贯的行为方式、个人适应环境的习惯系统、个人的生活风格、个人的生活方式、个人与他人互动的方式、个人实现其社会角色的方式、个人做任何事的共同方式等等。例如，一个好迟到的人，做任何事都喜欢迟到，开会、约会、聚餐，甚至乘火车，都要别人等他（她）；合作共事时，他（她）承担的任务也往往会最后完成。这种行为模式叫做拖延或拖沓。第二，人格是指一个人内在的动力组织，包括：（1）稳定的动机，如经常起作用的亲和动机和成就动机；（2）习惯性的情感体验方式和思维方式，如习惯于从积极还是消极的方面获得、加工信息并做出反应；（3）稳定的态度、信念和价值观等。正是一个人内部的动力组织决定了其外在的行为模式。第三，人格就是这样一种蕴蓄于中、形诸于外的统一体，这种统一体往往由一些特质（traits）所构成，如内外向性、独立性、自信心等。当然，表里不一的情况也是常见的，如一个对人怀有敌意的人可能看起来对人特别友好。但这种经常性的表里不一本身也是一种统一体，即一种人格特质。第四，动力组织与行为模式的统一体意味着人格具有整体性、稳定性、复杂性和独特性等特点。第五，人格既是各种交互作用的结果，也是各种交互作用的过程。这里所说的各种交互作用，包括身体与心理（身心）之间、心理与环境（特别是社会文化）之间、天性与教养之间、成熟与学习之间、思想—感情—行为之间、过去—现在—未来之间复杂的交互作用。

二、人格的基本特性

人格具有整体性、稳定性、复杂性和独特性四种基本特性。

人格的**整体性**（unity）是指人格的任何一个方面都不是孤立的，都与其他方面密切联系。人格中任何因素的改变都会引起其他因素的改变。一个人从自信到自卑的改变，会引起情绪、认知和行为方方面面的改变，我们感受到的不仅仅是自信心的改变，而是整个人的改变。人格是一个有机组织，人的任何行为都是整个人的活动，是个人的整体机能的实现。

人格的**稳定性**（stability）是指人的思想、感情和行为具有跨时间的连续性（continuity）和跨情境的一致性（coherence）。所谓的跨时间的连续性，是指一个人的思想、情感和行为在不同的时间里是连贯的、类似的。例如，一个健谈的人，过去、现在健谈，我们会预料他（她）将来也会很健谈。他（她）这种健谈的人格特质具有跨时间的稳定性。当然，我们要注意将特质与状态区别开来，状态是暂时的，是一个人对当前情境的暂时反应。假如问你现在感到紧张吗，你的回答反映的是你当前的状态。但假如问你经常感到紧张吗，那么你的回答反映的就是一种特质。虽然说人格具有跨时间的连续性，但并不意味着人格不能改变。也许你现在比你小时候更外向，但是这种改变通常要经历一个较长的过程，不会在一夜之间发生突变（从那以后，他完全变成了另一个人），即使有，也是极端的或不正常的。某种重大的生活事件可能会导致我们的生活态度突然发生转变，但经过一个时期后，其基本的行为方式还是会朝着原来的样子恢复，虽有所改变，但仍保持连续性。一个外向的人可能会变得内向一些，但比起那些一直内向的人，他还是外向一些。所谓跨情境性，是指人在不同情境中的行为往往是相当一致的。一个喜欢交往的人在工作单位里与很多人交往密切，在业余学习班里也能很快认识很多人，在健身俱乐部里也会认识很多人，甚至在完全由陌生人组成的旅行团里也很快与大家混熟。当然，情境不同，人的行为也可能不同，一个爱说话的人面对自己不熟悉的话题而又有权威人士在场时，他可能话很少，但在日常或多数情境下，他通常比别人的话多。关于人格的稳定性问题，本书还会有更为深入的探讨。

人格的**复杂性**（complexity）是指人是世界上最复杂的物种，任何一个人都是一个说不完道不尽的故事。从结构上讲，人格由许多复杂的因素构成；从功能上讲，如上所述，人格处在各种复杂的关系之中。因此，人格是世界上最难解的谜（所谓“斯芬克斯之谜”）。人的复杂性特别表现在人的矛盾性上，一个杀人犯也可能有良心发现的时候，一个长期被人们视为楷模的人可能同时在从事犯罪活动，一个表面上义正辞严的人内心可能忍受着难以释怀的煎熬……男人与女人，好人与坏人，朋友与敌人，富人与穷人，儿童与老人，中国人与外国人……有谁能说得清他们之间的区别呢？

人格的**独特性**（uniqueness）是指每个人都是独一无二的个体。世界上没有两片相同的树叶，更没有两个完全相同的人。即使同卵双生子，遗传基因相同，但由于不同的人际作用、不同的经历、不同的环境影响，人格也会有所差异，尽管他们的相似程度可能较高。除同卵双生子以外的每个人的基因都不完全相同，而每个人所处的环境也是千差万别的，每个人与环境发生交互作用的方式也不同，因此，每个人都是独特的。虽然我们强调人格的独特性，但并不排除人们在心理和行为上的共同性。人格的独特性及其形成机制曾是人格心理学的主要研究对象，但当代的人格心理学家普遍认为，独特性和共同性都是这门学科所关注的重点。独特性与共同性的关系即个性与共性的关系，共性寓于个性之中，个性又不同程度地体现着共性。每个人都是不同的，但每个人又都是人。性相近也，习相远也。一方面，人心不同，各如其面；另一方面，人同此心，心同此理。

第二节 人格心理学的性质

现代人格心理学的正式诞生以 Gordon W. Allport（1897～1967）所著的《人格：心理学的解释》（Personality：A Psychological Interpretation，1937）和 Henry A. Murray（1893～1988）的《人格探究》（Explorations in Personality，1938）两书的出版为标志。自这两本书问世后，关于人格心理学的研究才得以蓬勃开展，而且大学心理学系从此也相继开设了人格心理学课程。人格心理学已经成为现代心理学的重要分支之一，它在界定自己的研究对象的同时，也需要对自己加以界定，即确立自己的学科性质，包括分析的层面、任务，以及研究中应该注意的问题。以下我们分别加以探讨。

一、人格心理学分析的层面

人格心理学（personality psychology）研究个人（person），将个人视为一个整体。但要研究整体，仍需要对其加以分析，只是应该在整体观的前提下进行分析。人格心理学家大体从三个层面分析一个人：第一，人类本性的层面（the human nature level），即一个人首先是人，与所有人相似（like all others）；第二，个体差异和群体差异的层面（the level of individual and group differences），即一个人与部分他人是相似的（like some others），个体之间的差异仅仅是程度的差异，如外向的程度不同而已，并且一个人与其所在的群体其他成员是相似的，但与其他群体的成员明显不同；第三，个人唯一性的层面（the individual uniqueness level），即一个人不同于任何人（like no others）的、独特的、不可重复、不可替代的特征（Kluckhohn & Murray，1953）。

人格分析的第一个层面是揭示人的共同本性，即我们人类这一物种的所有成员所具有的典型的人格特征和机制。例如，与他人一起生活并将自己归属于特定社会群体的愿望。研究人格的这些方面可以帮助我们了解人类本性的一般规律。

人格分析的第二个层面是揭示个体差异和群体差异。例如，在周末的夜晚，一些人喜欢社交和聚会，另一些人则喜欢独自安静地阅读；一些人喜欢高空跳伞、骑摩托车、开飞车等身体冒险性活动，另一些人则尽量回避这样的冒险；一些人具有高自尊并且很少受到焦虑的困扰，另一些人则整天忧心忡忡并深受自我怀疑的折磨。这些个体差异体现了一个人在某些维度上与其他某些人相似而与另一些人不同，这些维度被人格心理学家称为外向性、感觉寻求、自尊等等。人格还可以从群体差异的角度加以考察。这就是说，一个群体中的人们具有某些共同的人格特征，这些特征使得此群体中的人不同于彼群体中的人。人格心理学中有关群体差异的研究包括性别、国民性、文化、年龄、经济状况等差异的研究。其中性别差异是最基本的群体差异。尽管人类的许多特质和机制是两性的共同特征，但有些心理和行为特征的确存在着性别差异。例如，在各种文化中，男性都比女性表现出更多的身体攻击行为，男人是社会中大多数暴力事件的制造者。人格心理学家试图探明群体差异（如性别差异、国民性、东西方文化等）的表现及成因。

人格分析的第三个层面是揭示个体的唯一性。世界上没有两个完全相同的人，即使一直生活在同一家庭中的同卵双生子也不可能在人格的所有方面都相同，只能说共同抚养的同卵双生子是相似程度最高的两个人。每一个个体都具有与世界上其他所有人不同的品质，他（她）是独特的、不可重复、不可替代的。人格心理学承认个人的唯一性，并试图寻求一些途径来把握个体生命的丰富性（Larsen & Buss，2002，pp. 12-13）。

Pervin 明确指出，人格心理学常常被定义为个体差异的研究，但实际上个体差异只是人格心理学领域的一部分。仅将人格心理学定义为个体差异的研究，妨碍了这一领域的理论和研究的进展。如果解剖学家这样定义他们的研究领域，那么，他们就应该去关注诸如心脏位置在不同人身上的细小差异等问题，而看不到所有人的心脏都位于胸腔中央略微偏左的位置这一现象。当然，人格心理学并非不应该研究个体差异，而是应该同时将个人的整体机能系统作为这一领域的基本层面（Pervin，1996/2001，p. 467）。这个问题可以归为个性与共性的关系问题，与此密切相关的另一个问题就是特征与过程的关系问题。过去通常认为人格心理学只研究个体（individual）行为和思维的方式或特征，而不研究心理过程。实际上，人格心理学必须同时研究人们（people）与环境发生交互作用的方式（适应和改造）和交互作用过程中的思想、感情和动机（Mischel，Shoda & Smith，2003，p. 3）。特征（方式）与过程的关系可以归为静态与动态的关系，静态的特征是稳定的，动态的过程是变化的。特征（方式）是在过程中形成的，已形成的特征（方式）又制约和规范着过程的进行。特征（方式）可以在过程中得到改变，而过程的变化又是有规则的，表现出一定的特征。

与此相关的一个重要争论是，研究个体究竟应该遵循**一般规律研究**（或**建立法则研究**，nomothetic research）的思路还是**特殊规律研究**（或**个人记述研究**，idiographic research）的思路。前者将个体视为人口总体中的一些例证，他（她）身上具有所有人类个体的一般特征。这种研究要求将被试样本数据用于进行个体间或群体间的统计学对比，试图确定一些普遍的人性特征和维度，进而比较个体或群体在这些特征或维度上的差异。后者的字面意思就是描述个人，将每个个体都看作是唯一的。这种研究长时间聚焦某一被试，试图从中获得某些法则，以从整体上更深入地了解个体，如个案研究（case study）或心理传记（psychological biography）。Sigmund Freud（1856～1939）就曾为 Leonardo daVinci（达·芬奇）写过心理传记，Rosenzweig（1986，1997）也曾提出要分析个人生活史上危急事件的建议。人格心理学和临床心理学也致力于一般规律的研究，但与心理学其他一些领域（如社会心理学、认知心理学等）相比，研究者们可能对特殊规律的研究方法更感兴趣。他们对个体有着更多的关怀，而其他领域的研究者们则主要致力于一般规律的探索。

需要强调的是，人格心理学家关注的是人的所有层面：人类本性的层面，个体差异和群体差异的层面和个人唯一性的层面。不同的研究方法适用于不同的研究层面，但每一种研究方法都能为了解人格提供有价值的知识（Larsen & Buss，2002，p. 14）。

二、人格心理学的任务

人格心理学的任务或目的在于通过系统的专业研究，揭示人格的事实和规律，以帮助了解人，从而提升个人的生活品质。与一般科学的目的一样，人格心理学的目的可分为四个层面，即描述、理解、预测和控制（Liebert & Liebert，1998，p. 21）。

描述（description）就是客观地陈述事实，不涉及价值判断，也不寻求原因，只是将研究问题的相关现象呈现出来。尽管这种现象只是研究者看到的现象，但作为研究者，人格心理学也应尽可能客观真实地去描述它。人格心理学家试图寻求一些有效的描述方法，如编制一些测量工具来描述个人的基本特征，如上文所说的外向性、感觉寻求、自尊等。

理解（understanding）或解释（explanation）就是揭示事实的原因，分析现象间的前因后果。这是比描述更为困难的研究，因为现象之间的关系往往是十分复杂的。单一的因果关系是较少的，更多的是多种原因导致同一结果，或者不同的事物互为因果。心理学家创立了很多解释人格现象的理论和方法，但这种解释要做到既全面又深刻，是非常困难的。心理学家工作的价值，与其说在于提供解释的结论，还不如说在于寻求解释的方法和过程。仅就一些人为什么比另一些人更外向这一现象而言，可能有遗传和生理方面的原因，也可能是环境和教育方面的原因，还可能是两类因素交互作用的结果。心理学家创造了不同的理论和方法去解释，不同的理论和方法都为人类理解自己提供了不同的途径和可能性。

预测（prediction）就是根据已有的知识和信息，去估计某种事物或现象在将来发生的可能性。学术研究从某种意义上讲，就是为了寻找确定性，即找到事物之间的因果关系，而因果关系是具有预测功效的。例如，当研究证明压力与健康间在一定条件下的因果关系后，我们就可以根据所掌握的规律和信息，恰当地预测个人或群体出现某种健康问题的可能性。即使暂时不能确定因果关系，也要去了解事物间的相关关系，较高的相关关系在一定程度上也是一种确定性。当研究表明消极信息加工（如一些被试比另一些被试更容易记住消极形容词——不幸的、可怜的、无助的等等）与抑郁间具有高相关后，我们就可以根据当事者在消极信息加工测验中的得分，预测其在不利情境中抑郁情绪的强度；反之，我们也可以根据一个人的抑郁程度，预期他（她）回忆往事中不愉快事件的可能性。

控制（control）就是采取措施，使事物朝人们所期望的方向发展，避免消极事件的发生或将其危害减少到最低程度。例如，当研究表明压力发展到一定程度会危及健康时，我们就可以采取措施减少压力。人格心理学研究涉及的控制层面主要包括心理咨询和心理治疗等方式。它要研究何种方法对何种人格问题有效或无效的根据，这就是说，单纯的控制或治疗方法属于具体应用领域如心理治疗的范畴，而人格心理学研究控制，但重点不在技术层面，而是为控制的方法提供理论基础。

显然，人格心理学研究任务的四个方面是密切联系的，描述和理解是预测和控制的依据，预测和控制又能改进描述和加深理解。通常将一门学科的任务分为理论任务和应用任务，描述和解释属于理论任务，预测和控制则属于应用任务。

第三节　人格心理学的知识结构与学科体系

那么，人格心理学有哪些成果？这就是说人格心理学家都做了哪些工作，现在又在做什么？通常，人格心理学家致力于以下四个方面的工作，有人称之为人格心理学的四个基本关切（fundamental concerns）（Liebert & Liebert，1998，p. 8）：创建一种理论，通过研究检验这种理论，找到一种方法测评人格，将人格心理学应用于生活实际。当然，不同的人格心理学家提出了不同的理论，得到了不同的研究发现，也找到了不同的测评方法，并且致力于不同领域的应用。不同的人格心理学家在这四个方面的工作也各有侧重。但总体上，人格心理学的知识结构或学科体系就是由理论、研究、测评和应用四个部分构成。当然，这四部分也存在着一定的内在联系，并共同组成一个完整的学科体系。

一、基本知识结构

（一）理论

人格理论（theory of personality）是心理学家对人性及其差异进行描述和解释，从而对人的行为进行预测和改变所使用的概念体系。任何一门学科都有自己的理论。理论是由概念组成的系统，用于描述和解释所研究的现象。如果没有人格理论，我们对人格的研究就会流于对琐碎事实和经验的自然描述，人格心理学就不可能成为一门成熟的学科。理论与事实是相对而言的。理论是基于事实的假设，事实是已经被验证的东西，但理论中总是包括有待验证的东西。

理论对于一个学科，好比地图对于早期的探险家。这种地图虽然是在已有知识的基础上绘制的，但这些知识本身还有待进一步的证实，因此，这种地图是不完成的、试探性的，探险家们却仍要依靠它指引走向未知领域的航程（Mayer & Sutton，1996，p. 10）。这一比喻意味着，理论对一个学科的意义，主要包括以下三个方面：第一，理论可以将有关的观点和实证研究的成果纳入到一个逻辑上一致而又较为简约的架构中；第二，理论可以引发对那些尚未被注意的事实资料的搜集和探讨，从而使有关问题或领域的知识得到系统的扩充；第三，理论可以使研究者循着特定的方向去考虑问题，不至于被纷繁复杂的现象弄得眼花缭乱而无所适从（Hall & Lindzey，1978，pp. 12-15；黄坚厚，1999，pp. 24-25）。

因此，理论创建是人格心理学家的重要工作。一个研究者持何种理论观点，往往决定着他研究问题的内容和方法，以及在必要的情况下改变人格的途径（Carducci，1998，p. 5）。阅读本书第三章至第八章，读者就会知道，心理学家们已经创建了不同的人格理论，每种理论都用不同的观点阐释人格。不同的理论对同一种行为的解释可能很不相同。如一名男青年小李参加晚会，只要有陌生人接近他，与他交谈，他就显得紧张，试图后退或回避。对这一行为，不同的理论家可能从不同的角度寻求解释：生物学取向的理论家可能从遗传的神经生理机制方面加以解释；特质论者可能认为，小王具有内向或害羞的特质，这种特质使他在公共场所表现出退缩或回避行为；行为主义者可能会认为，小李没有学会在这种场合与陌生人谈话的技能；认知论者可能解释说，小李因为在工作中往往不能很好地与人沟通，于是他就以为在晚会上他也不能成功地与人沟通；精神分析论者可能认为，小李的行为象征着一种潜意识欲望，即希望有人来关心他，就像小时候妈妈照顾他那样；人本主义者可能认为，小王的理想自我与真实自我不协调，他特别关注别人对他的评价，总担心自己的表现不令人满意，越是担心，就越显得局促不安。很难说哪种解释是正确或错误的，对于特定个体的特定行为，不同的理论的解释力可能各不相同，有的理论解释更有效，有的理论解释可能有些牵强。但从总体上讲，每一种理论都可以帮助我们认识自己的人格。

但这并不意味着我们不能对理论进行评价。我们仍然可以用一些确定的标准来评价不同的理论（Hall & Lindzey，1978；Carducci，1998，p. 6）。这些标准包括：（1）**内部一致性**（internal consistency），即一种理论的假设、原理、原则等所涉命题之间应该是彼此符合的。理论各部分相互符合的程度越高，越有可能被视为一种好理论。（2）**包容性或广博性**（comprehensiveness），即一种理论所涵盖范围的广阔程度。一种理论所涉及的人格与行为现象越全面，就越有可能被视为一种好理论。迄今为止，还没有哪种理论能解释所有的人格现象或问题。有的心理学家致力于人格的整体解释，这样的理论被称为大理论（grand theory）；近年来，越来越多的人格心理学家仅仅致力于具体问题的研究，如依恋、焦虑、乐观主义、攻击性、性别差异等，不再致力于创建无所不包的理论，而是就某些具体问题提出理论解释，即提出一些具体的理论或“小理论”（mini-theory）（Larsen & Buss，2002，p. 602）。应该说，人格理论既包括大理论，也包括小理论。但我们这里讨论的标准主要是针对大理论而言的。当然，小理论也存在着包容性的问题，即对其所涉及的主题是否进行了全面的讨论。（3）**简约性**（parsimony），即在其他条件相当的情况下，越简洁的理论越受欢迎。好的理论的基本假设和原理往往都简明扼要，使人易于把握其要旨。（4）**实用性**（utility），即理论在激起新的研究、预测行为、解决实际问题（如职业选择、心理治疗）等方面的作用。好的理论应该是有用的理论。总之，好的理论是内部一致的、全面的、简约的和有用的。理论的评价标准还可以包括**实证效度**（empirical validity）和**激发价值**（heuristic value）（Mayer & Sutton，1996，pp. 15-16）。前者是指一种理论所包含的假设能否得到研究的支持或验证，所得到的支持和验证越多，这种理论就越易于为研究者所接受；后者实际是实用性的一个重要方面，即一种理论提出后激起研究者兴趣和热情的程度，或激起新的研究的可能性，如潜意识理论、归因理论等理论提出后都引起了广泛的研究，激起了许多新的研究课题。

（二）研究

人格研究（personality research）是心理学者对人格理论中所包含的假设进行验证的一种活动。人格心理学以整体的人为研究对象，这种研究实际操作起来就十分困难，因为它要涉及人的心理与行为的许多复杂的方面（陈仲庚、张雨新，1987，p. 6），也要涉及许多生理和环境变量。

大约在19世纪末20世纪初，心理学在方法学上产生了三种不同的研究途径，即临床途径、实验途径和相关途径。这三种途径在各自的领域内，独自进行着探索，但是在人格研究领域，时常将三者结合起来使用。尽管各种途径的最终目标是一致的，都是为了全面理解人格，但在心理学的发展史上，一直存在着关于各种研究途径相对优缺点的争议（Pervin，1996/2001. p. 21）。

临床途径（clinical approach）的研究或**个案研究**（case study）是指在自然情境中对个体进行系统深入地考察，包括行为观察、深度访谈和个人资料分析。临床研究的优点在于有机会观察多种多样的现象，将人的机能作为一个整体加以研究（Winter & Barenbaum，1999）。通过对每一个体进行深度研究，可以全面考察人与环境关系的复杂性，这种在自然状态下进行的观察还能避免实验室的人为控制。然而，不加控制的观察难免会有许多的主观成分掺入其中，致使研究者无法验证彼此的观察结果，更无法形成可在实验条件下进行检验的具体假设。

相关途径（correlation approach）的研究指通过统计测量的方法建立起不同人格变量间或人格变量与其他变量间的关系。相关途径可以同时研究多种变量，并发现各变量间的关系，这是它的优点。然而，用这种方法建立的关系仅仅是联系性的，而不是因果性的。同时相关途径的研究材料一般源于自我报告信息，无法克服自我报告资料潜在的真实性问题，而且结构性问卷限制了被试做出回答的空间，这些都影响着自我报告问卷的信度和效度。

实验途径（experimental approach）的研究在很多方面代表着科学理想，即通过操纵一个变量（通常称为自变量），测查其对另一变量（因变量）的效应。实验研究是通过科学观察和仪器获取客观数据，摒弃了被试的自我报告信息，将实验中可能的主观影响降至最低点。操作具体、资料客观并能建立起明确的因果关系等优点似乎使实验途径明显优于其他两种途径。但并非所有的人格心理学家都采用实验研究，这一事实说明实验研究必定有其潜在的局限性。首先，在操作过程中，无论主试还是被试都无法避免先入之见的影响，从而直接干扰实验的结果。其次，实验研究涉及变量有限，忽略了人格机能的整体性。除此之外，有许多人格现象不能在实验室中模拟研究，即便能够完成研究，人为情境也难免会限制实验结果的外部效度。

尽管研究途径不同，人格心理学家却分享着共同的目标——将人格研究发展为一项科学事业（Pervin，1996/2001，p. 30）。为了达成这一目标，人格心理学中的许多研究实际上都综合了上述三种研究策略。

（三）测评

人格测评（personality measurement and assessment）是指创立并应用各种系统的技术来搜集人格资料，从而对人格的各个方面进行考察。人格测评技术可用于：（1）验证人格理论，如潜意识的存在与否、表现方式以及形成机制等问题，就需要创制并应用系统的方法。（2）研究有关人格的各变量间的关系，如描述人格在不同年龄阶段的发展变化，即人格变量与时间变量的关系。如果研究者假定抑郁者与非抑郁者的归因风格不同，即前者倾向于将失败归于内部因素（能力和努力等），将成功归于外部因素（难度和运气等），而后者则倾向于将失败归于外部因素，将成功归于内部因素。要验证这一假设，就需要使用一种工具将抑郁者与非抑郁者区分开。(3) 解决实际问题。心理咨询和辅导需要人格测评，因为有效的咨询和辅导要建立在对当事人了解的基础上，人格测评就是了解当事人的一种途径；评估各种心理治疗方法的效果，即对治疗前后的差异进行评估，也需要进行人格测评；临床的心理诊断需要测评技术，人格测评技术对精神科医生而言，就像听诊器和血压计对内科医生的意义一样，是用于诊断的重要工具；人员选拔和人力资源管理也需要人格测评技术，通过人格测验有利于选择最适合岗位特点的人从事相应的工作，也有利于不同人格特点的人得到最适合于自己的工作，如好动、好幻想、情绪不稳定、做事不细致、不守秩序的人就不适合做会计、档案管理等工作，但这些特点对另一种工作（如企业策划或艺术创作）可能就不是严重的缺点甚至是优点。因此，人格测评对于理论、研究以及有关知识的应用都是重要的，是连接人格心理学知识结构其他方面的重要环节（Carducci，1998，p. 7）。

关于人格研究和测评的理论和方法问题将在本书第二章具体探讨。

（四）应用

人格心理学的**应用**（application）是指将人格心理学知识（包括人格理论、研究发现和测评技术）运用于生活实际，帮助人们，使人们的生活更快乐、健康，并更具创造性。有效的应用是以牢固的理论和系统的研究为基础的。这种应用主要的传统领域之一是心理治疗。许多人格理论家同时也是心理治疗家。他们在治疗实践中形成了自己的人格理论，又运用理论去指导治疗实践。理论指导治疗家们去思考导致了当事人出现情绪和行为问题的原因，去寻求有效解决这些问题的途径。人格测评也是在理论指导下，为解决实际问题而发展起来的，许多人格测评技术的编制者同时也是理论家和治疗家。

除了心理治疗，人格心理学还被用于生活的其他许多方面。例如，关于某些特定的人格因素在冠心病和癌症等疾病形成中的作用，心理学家就发现了很多有价值的信息。在军事上，有研究者试图考察人格测验分数与飞行员在飞行中的失误的关系。在司法领域，人格测验被用于遴选警官、确定罪犯接受审判的能力以及评估陪审团成员等。关于护士职业压力和倦怠的评估也要基于对护士的人格研究。研究者通过了解某种“事故倾向人格”，并将其从工作申请者中识别出来，就可以最大限度地减少工伤事故中雇员因心理因素导致安全问题的可能性。通过研究并掌握人员的人格信息，甚至也可以将某些工作领域如超市、库房和家政服务中心雇员的偷窃行为防患于未然（Carducci，1998，p. 8）。人格心理学的研究成果对于教育、组织、职业选择与指导、人力资源开发与管理等实践领域都有重要的应用价值。本书虽未设专章讨论人格心理学的应用，但有关知识应用价值的探讨将会包含在很多章节之中。

二、学科架构与教科书体系

人格心理学的知识结构是由理论、研究、测评和应用四个部分构成，但如何将这四个部分的知识合理地组织起来构成一个完整的学科体系，并通过教科书具体呈现出来，却是一件很困难的事。四部分之间的关系如何处理是一个难题。由于测评服务于理论和研究，并以理论和研究为根据，而应用也是理论、研究和测评方法的应用，所以，实际上人格心理学的基本知识内容主要由理论和研究构成，这样理论和研究之间的关系就成了学科架构和教科书体系构建的核心问题。

（一）学科架构问题

人格心理学是庞大的心理学体系中的一个重要分支，也是最为繁杂的一支：大到解释人性本质，小到具体的行为细节，人格心理学无所不及。与心理学其他分支相比，人格心理学的主要特征是将人性作为其核心，关注整体的人。自科学心理学创立以来，心理学家们就认为应该以一种层次性的心理系统去拓展这门学科：其最底层应该是感觉、意识和学习等问题；中层是动机、情绪和智力等问题；而最高层则应是“精神人格的总体发展系统”（Wundt，1897，pp. 1-6）。基于这种观点，人格心理学应当成为整个心理学体系中最有组织、最具整合性的一个分支（Mayer，2005）。因为它不仅是心理系统的最高层的问题，而且要将底层和中层整合起来。正是因为人格心理学的这一特性，使它不仅在心理学的学科体系内部处于重要地位，而且在关于人的所有生命科学、社会科学和人文学科中也处于基础性的位置。它与所有关于人性的学科有关，并整合关于人性的知识。

相对于心理学其他各主要分支较完备的学科架构而言，人格心理学却是唯一一个现存知识体系不能反映其研究现状的分支（Pervin，1996/2001，p. X-Ⅵ）。长久以来人格心理学一直缺乏一个相对完善的学科架构来及时总结、吸纳层出不穷的研究发现。造成这种局面的根本原因，要从人格心理学这门学科的起源和历史发展说起。

第一个正式意义上的人格理论是从19世纪末20世纪初由Freud所创立的精神分析学说开始。Freud的人格理论包括人格结构、人格动力、人格发展三个部分。这种人格理论的架构划分极大地影响了日后人格心理学的学科架构的发展。现代人格心理学的正式诞生是以G. Allport所著之《人格：心理学的解释》（1937）和H. Murry的《人格探究》（1938）两书的出版为标志的。Allport的理论构架是其所提出的特质理论，Murry的理论体系则建构在他提出的23种需求或驱力的概念之上。现在看来，这两部著作的内容是各自阐释一种人格理论，而非提出人格心理学的学科体系（Mayer，2005）。这些先驱者对人格心理学的创建做出了重大的贡献，产生了深远的影响，但他们的贡献更多的是在于创建一个理论派别（精神分析或特质学派），而并非将这一学科的知识用一个完整的体系组织起来。当然在那时，学科的知识积累也不够充分。

自第二次世界大战之后到20世纪60年代，先后出现了三种对人格心理学知识整合的初步探索。第一种是由Sears所提出的人格心理学学科架构构想：人格发展，即探寻人格的形成历程；人格结构，即分析人格的组成部分；人格动力，即发掘行为矛盾冲突的原因（Sears，1950）。第二种是由Jensen和Nuttin等人所倡导的，主张人格心理学应以个人差异为核心线索，以分析个体特质、群体性格和人格类型等方面的差异来建构和整合人格心理学（Nuttin，1955）。第三种是由Hall和Lindzey提出的，以理论流派来组织人格心理学，其著作《人格理论》（1957）涵盖了从Freud、Jung、Adler，到Allport、Murry等当时所有重要的人格理论（Hall & Lindzey，1957）。这三种对人格心理学学科体系架构的初步探索，虽明显地受到当时人格心理学研究状况的限制，但这些尝试也对日后人格心理学的整合方向产生了重要影响。

人格心理学在之后的三四十年间发生了巨大的变化。其中一方面是人格心理学理论流派的发展，从19世纪末20世纪初形成的早期人格理论，到20世纪后期，出现了包括精神分析、行为主义、特质理论、人本主义、认知理论和生物学理论等的"大理论"（grand theory）。另一方面，更多的人格心理学家开始围绕一些明确的主题展开研究。这些主题有的明显受到了某种大理论的影响，如潜意识、依恋等；有的与大理论没有特定的关系，但可以用多种大理论来研究，如社交焦虑、攻击性等；还有的则很少受到大理论的影响，它们是在经验中产生，并通过具体的实证研究形成特定的"小理论"（mini-theory），如A型性格、成就动机等。于是该学科出现了理论（theory）和研究（research）两大（不是一强一弱）知识领域，尽管它们之间存在密切的关系，但实际整合起来却十分困难。这样就形成了这门学科在知识体系建构上与其他心理学分支很不相同的情形：同样以《人格心理学》为名的教科书，内容体系（学科架构）却大相径庭。在这种情形之下，当前主要有以下四种人格心理学的学科架构：

（1）理论—理论（theory-by-theory）型架构（Mayer，1998）。这是一种大理论体系或理论型架构（theories frameworks）。这种体系发展了Hall和Lindzey的理论性体系，将精神分析、行为主义、人本主义、特质理论等大人格理论派别组合在一起。这是人格心理学的一种传统体系，人们通常将这种体系称为《人格理论》，也有人辅以人格测评等内容便直接构成《人格心理学》。此类教科书不胜枚举，也是国内外广为熟悉的人格心理学体系。但随着专题研究的发展，这种架构越来越不能吸纳、组织和整合人格心理学领域不断涌现的新的研究成果。

（2）视角—视角（perspective-by-perspective）型架构（Mayer，2005）。这种架构以大理论整合专题研究，是一种大视野型架构（big perspectives frameworks），基

本形态是“理论—研究—理论—研究……”这种构架将人格理论视作本学科的不同范式（paradigm）、取向（approach）或视角（perspective），或将不同的大理论视为对人格心理学的不同层面（level or aspect）的探索，试图将不同取向的理论和研究整合起来，但仍以理论流派为线索。这种架构虽然在一定程度上整合了专题研究成果，但整个架构还是基于“大理论”之上，割裂了研究专题之间的联系。研究成果不仅没有很好地整合到理论体系之下，反而被切割得支离破碎。被呈现出来的问题研究成果是片段的、相互孤立的，并且只是大理论的派生物或附属物。已有中译本的 Burger 著《人格心理学》就是这一架构的典型代表，也是这种架构下的一本很好的教科书。

（3）理论—研究（theory-research）型架构。这种架构是大理论加上问题研究（grand theories plus research topics），打破了以人格理论流派为写作提纲的传统人格心理学学科体系，主张将专题研究成果及时地组织、吸纳和整合到人格心理学学科体系之中。这种架构打破了大理论统整一切的局面，避免了将丰富的研究成果分割开来填塞到不同学派或取向之下的尴尬，为问题研究及其成果被组织、吸纳和整合到相应的学科体系中争得了空间。但这种体系主要由两大块组成，二者之间的联系问题难解决，而且仍以大理论为主，只能涉及少数几个研究主题，难以将众多的主题纳入其中。

（4）问题中心架构。这是一种研究主题型架构（research topics frameworks）。这种学科体系架构是颠覆性的，完全抛开传统的大理论或让这些理论服务于具体问题的解决，以研究主题为核心，按照一定的逻辑结构将学科内容组织起来。这种构架给人以耳目一新的印象，代表着人格心理学体系建构的新趋势。目前，有关这种学科体系的建构仍在探索之中，很多人格心理学家都致力于完善这种新的学科体系，但不同的学者依据的思路不同，因而建构出的框架也大不相同。

以上四种学科架构被广泛地运用于人格心理学教学中，对人格心理学知识体系的整合和传播起了重要作用。目前，新兴的第四种架构正在迅猛发展，其中最有代表性的是：McAdams 的“人格房子”模型（McAdams，1995），Mayer 的人格系统化架构模型（System Framework for Personality）（Mayer，2003），McCare 和 Costa 的五因素理论模型（Five-Factor Theory，FFT 模型）（McCrae & Costa，1999）和 Cloninger 的人格“描述—动力—发展”模型（“3D”模型）（Cloninger，1996）等。下面简要介绍这几种新型的人格心理学学科架构模型。

（二）学科整合的新动向

McAdams 把人格心理学划分为三个层次：第一层由去情境化的特质（traits）单元构成。特质是行为的显著性倾向，特质用于对人格的最基本的描述。但你仅仅知道一个人在特质测验上的得分并不意味着你了解这个人，或者说你对于他（她）的了解还是很表面的，他（她）对于你还是陌生的，因此特质心理学可被称为

"陌生人的心理学（psychology of stranger）"。第二层是个人关注（personal concerns），是描述个体在特定的时间、地点、身份等情境下的个人奋斗（personal strivings）、生活任务（life tasks）、防御机制、应对策略等大量有关人格动机和策略等方面的建构。知道了一个人在不同情境下的动机、关切和策略，你就进一步了解他（她）了，因此有关这一层面的研究被称为"逐渐了解某个人（getting to know someone）"的心理学。第三层是生活叙事（life narratives）。这一层更多地是对成人而言的，因为对一个人的真正了解需要去深入探究他（她）从出生到成年的发展历程，如何形成认同，如何去寻求生命的目标和意义。生活叙事即个人的人生故事，让我们获得"特定个人的私密性知识（intimate knowledge of the other）"。McAdams 的人格三层次模型逐层递进，在形式上好似一座房子（见图 1-1），因而这一模型又被称作"人格的房子模型（the house of personality）"（McAdams，1995）。

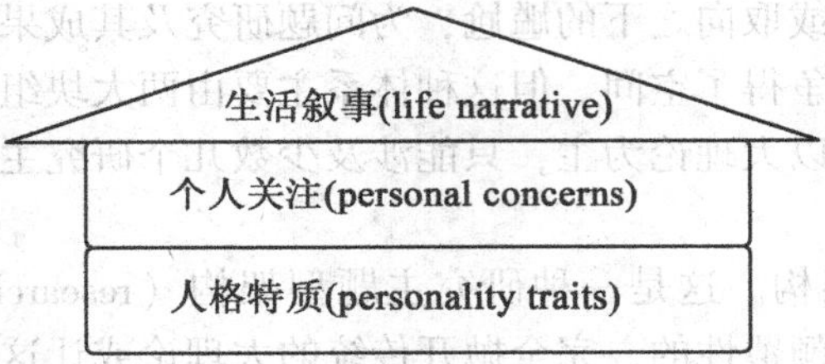

图 1-1 McAdams 的"人格房子"模型

Mayer 提出了人格心理学的系统化模型，指出人格心理学的四个核心问题是：人格界定（personality identification）、人格成分（personality components）、人格组织（personality organization）和人格发展（personality development）。他从内—外（internal-external）、分子—摩尔①（molecular-molar）、机体—建构（organismic-constructed）和时间（time）四个维度对人格变量进行了分类，特别提出应该根据人格变量不同的数据类型采取不同的研究方法进行研究（Mayer，2004）。他还特别就人格成分、人格组织和人格动力提出了一种复杂而深奥的人格系统模型（the system set）（Mayer，2003）。

McCare 和 Costa 从人格特质取向出发提出了著名的人格特质五因素模型（Five-Factor Model，FFM），继而成为特质取向在当代的代表人物。值得注意的是，这里所指的五因素理论（Five-Factor Theory of Personality），尽管也是由 McCare 和 Costa 所提出，但却并不等同于五因素模型。五因素模型即由外向性（extraversion）、神

① 摩尔是国际单位制中的基本单位之一，数量单位。这里与分子层相对，指宏观层面。

经质（neuroticis）、开放性（openness）、随和性（agreeableness）、尽责性（conscientiousness）五个因素构成的特质结构。而五因素理论，则是 McCare 和 Costa 提出的关于人格心理学所涉及的五种人格变量的分类，并由此建构的人格心理学知识架构模型：（1）基本行为倾向（basic tendencies），包括个体的先天遗传倾向、生理特征、生理驱力、人格特质、认知能力和心理障碍易发点等；（2）特异性适应（characteristic adaptations），即胜任感、态度、信仰、目标和人际适应等；（3）自我概念（self-concept），即自我、认同和自我叙述的人生故事等；（4）客观传记（objective biography），即一个人真实的生命过程；（5）外部影响因素（external influences），即发展、历史、文化、特殊情境和社会影响等（McCrae & Costa，1999）。

Cloninger 提出了人格的“3D”模型：（1）人格描述（personality description），这是讨论人格所有问题的基础，包括人格特质的概念和模型、个体差异和群体差异；（2）人格动力（personality dynamics）即人类行为背后的动因，包括心理动力学说、动机、环境适应、自我；（3）人格发展（personality development），即人格随时间发展的历史进程和影响因素，包括跨时间的差异性和一致性、人格的生物学基础、社会任务以及人格的文化背景。整个模型以研究主题为线索，从生物化学到文化制度，从无意识的直觉表象到有意识的逻辑推理，从单个个体到社会群体，把影响人格的多层面经验及其交互作用融合在一起。以对人格的描述性模型开始，深入讨论了影响人格的所有重要因素，将实证研究与传统理论流派有机地结合在研究主题的探讨之中，立体化、系统化地呈现了现代人格心理学所涵盖的研究主题、理论渊源和研究方法（Cloninger，1996）。

比较这几种“问题中心”型人格心理学知识架构（表 1-1），我们认为：McAdams 的人格房子模型，架构简洁，层次分明，也得到了很多心理学家的认同和支持（如 Emmons ，1995；Little，2000）。但这种体系架构内容略显单薄，不能涵盖现有人格心理学的全部研究主题。此外，支持这一架构模型的心理学家大多是侧重于“个人关注”或“生活叙事”中某些“小理论”的倡导者，缺乏足够的影响力。Mayer 的人格心理学系统化知识架构，从对人格的界定开始，系统地构建了人格组织和人格动力，并辅以人格数据的分类予以支持，整个架构模型显得详尽而周全。但这种过于庞杂和深奥的架构体系也受到了许多心理学家的质疑（如 Funder，1998；Hogan，1998），因而没有被广泛接纳。再者，这种试图通过整合人格心理学来整合整个心理学的思路是否适合于现阶段人格心理学的发展程度也值得商榷，即现阶段人格心理学的发展水平还不具有整合整个心理学的能力。至于 McCare 和 Costa “FFT” 模型，虽然也尽力体现了现有人格心理学学科发展的内容和趋势，但由于其明显的特质取向痕迹，侧重于对人格的描述而较为忽视人格动力机制的揭示。相比而言，Cloninger 的人格心理学“3D”模型则显得更为完备一些。因为其他三种体系架构模型几乎都能纳入到"3D"模型之中，无论是人格特质、人格成分、动机、情绪、人生叙事等这些内容都可以体现在对人格描述、人格动力和人格发展之中。不足的是，Cloninger 的"3D"之间缺乏更为充分的联系和逻辑支持，她本人并没有对人格心理学的知识架构这一核心问题做出清晰而完整的阐述，只是按照这一思路编写出了教科书，因而有必要对 Cloninger 的人格"3D"进行补充。

表 1-1　几种人格心理学知识架构

"人格房子"模型 (McAdams)	系统化架构模型 (Mayer)	"FFT"模型 (McCare 和 Costa)	"3D"模型 (Cloninger)
人格特质	人格界定	基本行为倾向	人格描述
个人关注	人格成分	特异性适应	人格动力
生活叙事	人格组织	自我概念	人格发展
	人格发展	客观传记	
		外部影响因素	

（三）"3D"修正模型与本书的编写思路

我们综合以上四种新的人格心理学架构模型，尝试对 Cloninger 的"3D"模型进行如下修正。首先，第一个"D"Cloninger 命名为人格描述（personality description），这种命名有待商榷。因为对研究对象的"描述"正是学科任务之一，"描述"的主体是研究者，而不是人格。鉴于这一层面所呈现的知识大多属于那些外显的或易于测量的人格变量的研究，我们认为应该把第一个"D"改为"人格表现（personality demonstration）"。"表现"的主体才是人格，这样也与人格动力和人格发展的表述一致。这就是说，人格心理学知识架构的第一部分是关于人格表现的知识。"demonstration"意为：（1）证明、论证；（2）示范、解释；（3）集会、游行；（4）表现、实例。牛津词典的这四种含义恰恰是人格心理学学科架构第一部分所需要完成的任务：（1）对人格的论证；（2）示范和解释什么是人格；（3）罗列所有外显的人格维度并集中呈现；（4）归纳人格表现，提出人格结构。这四种含义又以第四种"表现"最为概括、形象，也最便于理解和记忆。在 Cloninger 的体系中，由于她是将人格理论和专题研究融为一体，因此在她的人格描述部分，主要内容是特质理论与研究，以及基于特质的个体与群体差异。在本书中，由于有专章讲特质理论，在人格表现部分，我们采取了古老的知情意三分法，具体而言还是一些研究较充分的特质。在知的方面，本书主要探讨了场依存—场独立、归因风格、乐观主义三种特质；在情的方面，本书主要探讨了焦虑、抑郁、孤独、幸福感四种特质；在意的方面，本书主要探讨了攻击性、利他主义、控制、独处四种特质。这种编排不一定无可争议，但也不是没有道理。在目前学科整合程度不高，及各种人格变量之间的关系的知识还不够充分的情况下，我们这种思路姑且作为一种尝试性的方案吧。

其次，第二个“D”即人格动力（personality dynamics）。这一部分在Cloninger原有内容的基础上，需要加以补充和完善。我们在这一部分主要探讨了三种社会性动机，即成就、亲和、权力；个人目标，包括个人计划、个人奋斗和生活目标三种“目标单元”；自我，包括自我概念、自尊、自我效能和自我同一性四个方面；生活适应与健康，包括压力与应对机制，以及A型性格、完美主义和依恋关系这三个与健康关系密切的人格变量。

最后一个“D”即人格发展（personality development），与Cloninger原有内容相比，应该更准确地体现人格在时间维度上的变化和发展。从遗传、生理和进化等生物学因素，到亲子关系和同伴关系，以及文化背景下社会角色的发展。而人格发展历程的话语整合形态就是人生叙事。有关人格发展的一些基本理论问题也将得到专门的探讨，这些问题包括人格的稳定性与可变性，阶段性与连续性，以及天性与教养的交互作用等。

修订后的人格“3D”模型，更加凸显了以人格研究主题为核心的架构线索。“3D”诸层之间逐步递进、紧密联系。整个模型从人性的共同性到个体的唯一性，从外到内，从静态到动态，连贯有序，涵盖了当代人格心理学的研究领域，体现了这个学科的发展历程和趋势，更有利于读者对人格心理学的学习、理解和运用，也更加适合人格心理学的教学。

但这种彻底的问题中心架构还是未能整合各大重要的人格理论，目前还很难做到完全按范畴或问题设计一种架构同时将各大理论和重要专题研究整合起来。在这种现状下，完全抛弃大理论可能背离人格心理学从整体上把握人性及其差异的宗旨，经验研究注重分析，理论建构注重概括。在经验研究越来越深入的同时，理论的提炼和整合也十分迫切，而传统的大理论恰好提供了理论概括的思想基础。于是，我们认为将第三和第四两种架构结合起来考虑不失为一种策略，即保留大理论传统，并从大理论开始叙述，但这种叙述是较为概括的、简略的。这种做法西方也有（如Mayer & Sutton，1996），但西方的这种同类架构大理论所占篇幅还是太多了一些，问题研究部分的内容选择和组织也不令人满意。与西方作者不同，我们以六大理论加上三大主题（理论加3D，或“T & 3D”）为基本单元来组织人格心理学的知识具有理论上和经验研究上的依据，更能体现历史和逻辑的统一。它与前文所述第三种即理论—研究（theory-research）型架构的不同之处在于，理论从主要内容变为背景或纲领，充分整合第四种即问题中心架构并使其占据大部分的篇幅。因此可以将“理论加3D”的思路视为第五种方案（见表1-2）。

表 1-2　　　　理论加"3D"模型

	主要内容	具体变量
人格理论	特质理论、生物学理论、精神分析、行为主义、人本主义、认知理论	
人格表现	认知 情绪 意志	场依存—场独立、归因风格、乐观主义 焦虑、抑郁、孤独、幸福感 攻击性、利他主义、控制、独处
人格动力	社会性动机 个人目标 自我 生活适应与健康	成就、亲和、权力 个人计划、个人奋斗、生活目标 自我概念、自尊、自我效能、自我同一性 应对、A 型性格、完美主义、依恋关系
人格发展	人格的全程发展 文化 人生叙事	稳定性与可变性,影响因素,天性与教养 性别、国民性

一个学科的体系架构就是为了提纲挈领该学科的学术领域，并把重要的学科内容有效地组织在一起。如今的人格心理学恰恰缺乏一种整合的、一致认可的学科架构，而缺乏一个明确的学科架构必然无法将人格心理学中理论流派、研究主题、研究方法和新兴的研究发现等内容组织在一起。这一现状极大地限制了人格心理学的学习、研究和教学工作，也不利于人格心理学的学科形象，几乎将整个人格心理学推向末路（Mayer，2005）。为了探寻一个能够完整体现现代人格心理学内容、方法和发展趋势的学科架构，许多心理学家进行了深入的思考，提出了更具整合性的人格心理学架构模型，从早期的"理论—理论"型架构到"视角—视角"型架构，再从"理论—研究"型架构到正在兴起的"问题中心"型架构，人格心理学体系架构经过了一条漫长的整合之路。当前，又以 McAdams 的"人格房子"模型、Mayer 的人格系统化模型、McCare 和 Costa 的"FFT"模型和 Cloninger 的"3D"模型这四种"问题中心"型学科架构最具影响力。这四种知识架构都以人格主题研究为线索呈现了人格心理学这一学术领域，却也有各自其不足之处。比较起来，人格"3D"模型较为合理、完善。

我们依据学科发展的趋势，针对 Cloninger 原有人格"3D"模型的不足之处，提出了修正后的人格"理论加 3D"模型：以六大理论作为背景和纲领开始叙述，再深入探讨人格表现、人格动力和人格发展。在此需要特别指出的是，其实六大理论也主要是围绕人格表现（结构）、人格动力和人格发展三大主题展开的，只是各有偏重。其中有的人格理论同时是病理学和治疗学理论，因此除了以上三大主题还包括人格改变的主题，但这是一个与心理治疗交叉的领域，属于人格心理学的应用范畴，在本书也有涉及，但考虑到人格心理学的基础性，我们没有将人格改变置于与前三个主题并列的地位上。

当然一个完整的学科体系的形成是不能一蹴而就的，Mayer 从 1993 年提出人格系统化架构模型后，每隔三五年就会予以修正完善（Mayer，1993-1994；1998；2004；2005），McAdams 近期也将人格的生物学基础和社会文化情境等内容“装修”进了“人格房子”（McAdams，2006）。因此，一种好的学科架构应该是开放的、发展的、可以不断自我完善的。这本书是我们的一种尝试，当然还有待改进和完善，欢迎读者提出批评和建议。

第二章

人格研究与测评

人格心理学家主要关注四个方面的工作：创建一种人格理论，通过研究去检验这种理论，找到一种方法去测评人格，将人格心理学的研究成果应用于实际生活（Liebert & Liebert，1998，p. 8）。因此，人格心理学的基本知识结构也就由理论（theory）、研究（即经验研究或实证研究，empirical research，简称 research）、测评（assessment）和应用（application）四部分构成。其中，理论和研究是人格心理学的主体，测评服务于理论和研究，并以理论和研究为根据，应用是人格理论、研究和测评方法的应用。

人格心理学各大理论流派的观点曾是人格心理学学科结构的主体。但是，人格理论只有经过实证检验才能成立，否则就只是一种"坐在轮椅上的思考"。因此，研究在人格心理学领域占有非常重要的位置。随着人格心理学的发展，过去三四十年间人格研究发生了巨大的变化，多数人格心理学家的研究不再受大理论的影响，而开始关注明确的问题，并逐渐形成了一些研究范畴。总的看来，人格心理学的研究主要有三种不同的取向，即个案研究、相关研究和实验研究。这三种取向在方法上大相径庭，但各有所长。此外，人格测评是理论和研究的重要工具，它是心理测量的理论和方法在人格领域的应用，是人格心理学的重要构成部分。在本章，我们将讨论人格研究和人格测评的基本方法及有关的理论问题。

第一节　人 格 研 究

个案研究、相关研究和实验研究这三种人格心理学的研究取向在 19 世纪末 20 世纪初的时候就已经同时存在于心理学的研究中了。在研究中选择哪种取向主要由研究主题的性质来决定；伦理问题、可行性问题以及经济问题也会影响研究取向的选择。从原则上来说，这三种取向对大多数研究主题都是适用的。在实际研究中，它们常被结合起来同时使用。

一、寻求研究深度：个案研究

个案研究（case study）是一种以单独的个体为研究对象的研究取向，它把个体看作一个整体，对之进行丰富全面、深入细致的描述和解释。其主要形式包括观察、访谈、测验、临床研究、个人资料分析（如信件、日记、个人传记等作品分析）等。人格心理学的创始人 Allport 就曾强调只有个案研究法才能考察个体身上独特的特质组合，才能了解特定的、现实的、活生生的人。在《珍妮的信》一书中，他介绍了自己的一个个案研究，分析了珍妮在 12 年里写的 300 多封邮件，确立了这位妇女的八个核心特质，勾勒出了一个真实而生动的女子的人格。

在某些个案研究中，研究者有时需要进行长期反复的观察，还需要开展一些非结构化的（unstructured）访谈和大量的作品分析，有时甚至需要跟研究对象吃住在一起，以观察他（她）和别人交往互动的方式（参与观察法）。研究者通过大量重复的观察，来确定对研究对象的最初印象是否正确、完整；如果所做的观察工作不充分，就很难做出准确的判断。通过这样的个案研究，研究者就能深入了解那些从表面现象入手很难得到的内容。而这些内容又进一步激发研究者的直觉，以便更深入地洞察人格的本质。以下我们来了解两种主要的个案研究取向：临床研究和叙事研究。

（一）临床研究

有些个案研究会涉及人格异常的个体，这类研究被称为**临床研究**（clinical study）。这样的研究多由心理治疗家开展，他们通过治疗中的个案研究了解人格异常的原因，发展自己的人格理论，客观上推动了个案研究取向的发展。例如，法国临床精神病医生 Jean Charcot（1825～1893）发现某些病人并没有器质性病变，却局部瘫痪，甚至无缘无故地昏厥。他对这样的病人开展深入研究，并用催眠术对其进行治疗。这种方法被许多后来者继承和发展，其中包括 Freud。Freud 的精神分析理论被认为是天才的杰作，影响了人类生活的许多领域；但实际上，他的临床工作才真正体现出他的才华（Pervin，2001，p. 5）。他可以在数星期、数月甚至数年里倾听同一名病人，理解和分析其思想和情感。此外，Henry Murray（1893～1988）、Carl Rogers（1902～1987）以及 George Kelly（1905～1966）等也对临床个案研究有过贡献，他们除了分析病人的正常作品，还分析病人致病的过程，将人的机能视为一个整体。

（二）叙事法

叙事法（narrative approach）也叫**生活史**（life history）研究（Liebert & Liebert，1998，p. 41）它要求被试对自己的个人生活史进行描述，这些描述更多地是个人主观的回忆，而不是研究者的客观观察。虽然回忆可能存在歪曲和错误，但研究者旨在分析出被试的真正人格，并不需要获得“正确”的信息。之所以这样做，是因为一些研究者认为要理解个体复杂的人格仅仅通过客观抽象的技术是远远不够的，被试的自我概念及其对生活本身的认识可能提供非常微妙但更为重要的信息。被试如何看待自己的生活、回忆时提取出具有哪些特点的信息，可能恰恰反映出他的自我概念和世界观。人格存在于个体所叙述的故事之中。

（三）个案研究的长处和不足

个案研究的优点：（1）这种研究注重细节，能够对研究对象进行生动的描述。（2）个案研究一般在被研究对象所处的环境中进行，避免了人为控制，具有很好的**生态效度**（ecological validity），即它能在较大程度上代表自然状态下的情形。研究者采取开放的研究态度，在研究中并不事先选择研究的问题，只是观察研究对象表现出来的行为，因而可以了解一个活生生的人的心理和行为过程。（3）通过个案研究，研究者可以获得大量的信息，进而提出种种因果假设。（4）不论人类行为的普遍规则是什么，我们都不能否认个体的独特性，个案研究正是以强调个人的独特性为其特色。

不过，从其他研究取向的角度看，个案研究可能存在如下不足：（1）个案研究一般是描述性的，缺少实验控制固然保证了生态效度，但从这样的研究结果中很难得出因果结论。不进行变量控制的另一个弊端是，无法进行重复研究，研究结果很难得到检验。（2）个案研究的数据常常来自被试的回忆报告，这种信息的可靠性很难保证；而且，由于遗忘或当下情绪的影响，被试会从现在看问题的角度去看待过去发生的事情，以致提供不准确的信息。（3）个案研究的优势在于质的分析，但其本身不长于量的分析。比起量的分析，质的分析很难提供行为的精确描述。（4）个案研究一般取样较小，常常只有一个被试，因此难以直接概括出具有普遍性的结论。而有关这一点，正是长期以来个性研究和共性研究争论较多之处，也可以说是个案研究需要与相关研究和实验研究结合起来使用的最大原因（王重鸣，1990，p. 48）。

二、寻求研究广度：相关研究

个案研究取样小，难以得出适用面较广的结论。可是当我们做研究时，总是希望研究结论能适用于大多数人，如果可能，最好适用于所有人。**相关研究**（correlational study）便能满足这种需要，它借助统计测量方法来分析不同人格变量之间或人格变量与其他变量之间是否存一定程度的相关，以揭示各变量及变量之间关系的变化趋势。这种取向的数据大多数来自于自陈式问卷资料，也可以是他评资料或观察资料，所以相关研究能够在短时间内对大量被试进行研究。

（一）相关研究的历史

相关研究方法可以追溯到英国的 France Galton（1822～1911），他运用测验、评估、问卷的方法来研究个体差异，对大量被试的生理和心理特征进行测量。他提出**相关系数**（correlation coefficient）的概念，以揭示两组数据之间的相关程度。随后，英国心理学家 Spearman 受其启发，发明了因素分析方法，为 Cattell 和 Eysenck 等人的研究奠定了统计方法与技术手段的基础。20 世纪 40 年代，Cattell 通过因素分析提出并编制了著名的“16PF 人格问卷”。Eysenck 提出了人格特质的三个基本维度，并编制了相应的问卷。从此，人格心理学家开始把评定问卷作为获得人格数据的主要来源，把基于相关分析的因素分析法作为主要统计手段，把特质作为人格的基本单元，从而使特质研究逐渐占据了主导地位。

（二）散点图：相关关系的图解

许多被试在两个变量上得分之间的关系可以用散点图来表示，形象而简明。请看图 2-1（a）中的例子，该图表示研究中所有被试在害羞量表上的得分和孤独量表上得分的关系。在图中，一个变量（孤独）由 x 轴表示，另一个变量（害羞）由 y 轴表示。图中的每个点均代表一个被试在这两个变量上的得分。例如，被试麦克在孤独特质上的得分是 12，在害羞特质上的得分为 20。

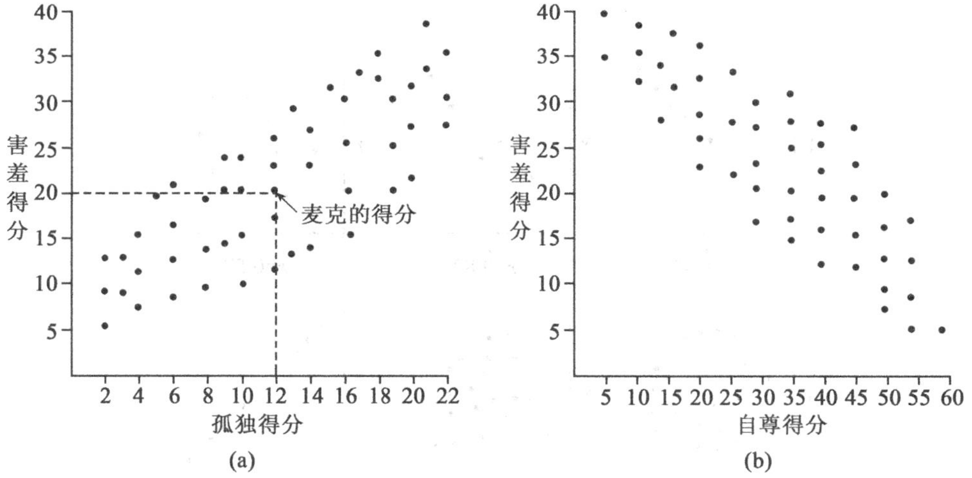

图 2-1　正相关和负相关散点图

（三）相关的方向和强度

有关两个变量之间的相关关系的完整信息包括关系方向以及相关强度。两个变量可以是正向相关（正相关），也可以是反向相关（负相关），这就是相关的关系方向问题。两个变量之间的正相关意味着，变量 x 得分高，变量 y 得分也高；变量 x 得分低，变量 y 得分也低。图 2-1（a）就表示孤独和害羞存在一种正向关系，在孤独上得分越高，在害羞上的得分也越高。负相关则表示两个变量是一种反向关系，变量 x 得分高，变量 y 得分反而低；变量 x 得分低，则变量 y 得分反而高。图 2-1（b）中，自尊得分和害羞得分之间存在负相关，害羞得分越高，自尊得分越低。两个变量之间的相关强度则告诉我们，一个变量能在多大的程度上被另一个变量预测。用于表示两个变量之间相关强度的指数就是相关系数。相关系数一般用字母 r 表示，其分布范围从-1.00 到+1.00。“+”表示正相关；“-”表示负相关。相关系数可以根据观测值和计算相关系数的公式来求取（参见心理统计方面的书籍），其绝对值越大，表明两个变量之间互相预测的能力越强。也就是说，相关系数越靠近+1.00 或-1.00，变量之间的相关强度越强；越靠近 0，相关强度越弱。在散点图上，图中各点离那条表示完全相关的直线的距离可以体现出两个变量之间的相关强度。完全相关指的是所有各点都落在同一条直线上，相关系数是+1.00 或-1.00，如图 2-2 所示。但是在相关研究中，很少出现完全相关的情况，变量之间的相关绝对值常小于 1，即 $-1.00<r<+1.00$。这样的相关强度在散点图上就可以用离散情况表示，相关越强，离散程度越小；相关越弱，离散程度越大。如果二者相关为 0，则散点的分布就是无序的，就不可能从一个变量的大小去推断另一个变量的大小。

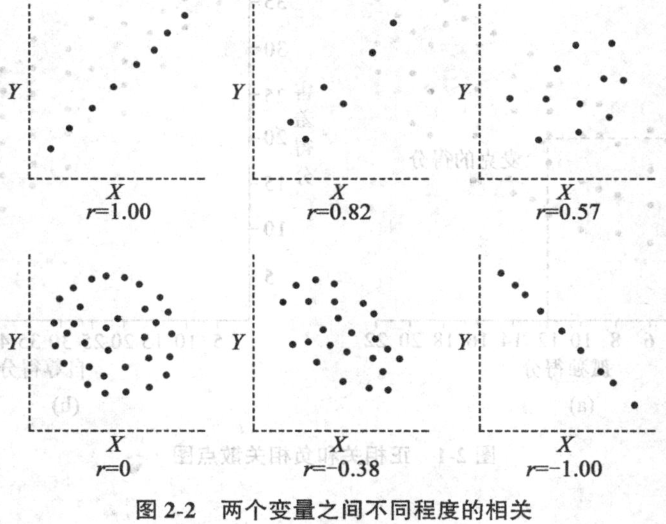

图 2-2　两个变量之间不同程度的相关

（四）第三变量的问题

如果两个人格变量之间或人格变量与行为变量之间存在共变，研究者就可以得出结论说二者相关。这种研究取向可以让心理学家确定各种人格特征之间存在怎样的关系或者人格特征与特定情境中的行为表现存在怎样的关系。不过，有时会发现两个变量之间存在相关并非因为二者真有联系，而是因为二者同时和第三个变量有关系，从而使二者显示某种数量上的相关；但其实二者可能有关，也可能没有任何关系。这就是相关关系中的第三变量问题。如图 2-3 所示，害羞和考试焦虑之间存在一定的相关。不过我们可以看到，由于害羞和考试焦虑均与自我意识存在较高的相关，因而两者才表现出高相关；而害羞和测验焦虑可能有一定关系，也可能并没有关系。因而，如果相关研究中存在潜在的第三变量，那么对相关关系的解释就得比较谨慎。

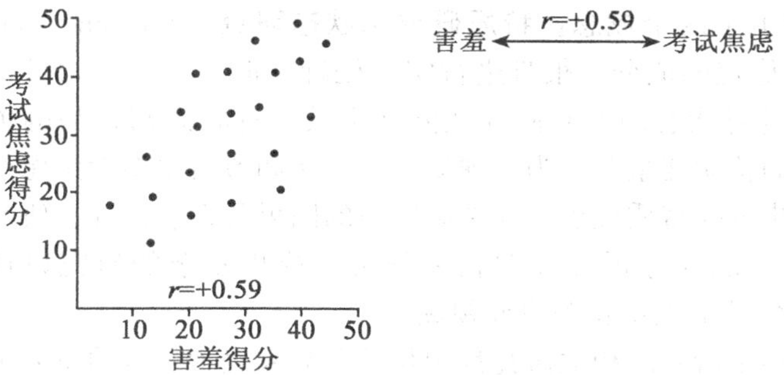

(a) 考试焦虑与害羞之间的相关

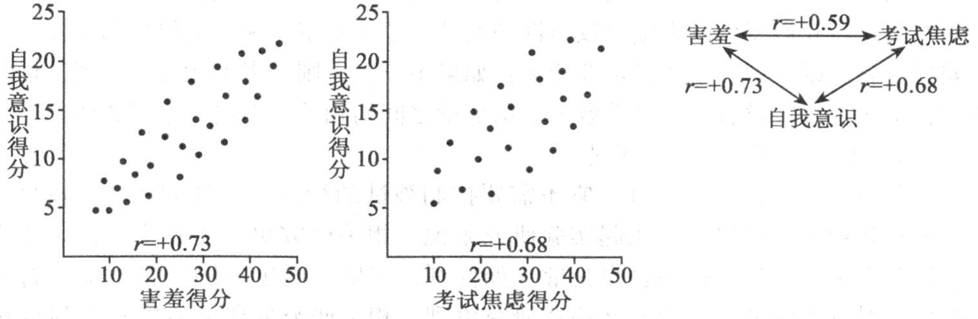

(b) 害羞、考试焦虑和作为第三变量的自我意识之间的相关

图 2-3　第三变量的例子

（五）因果推论问题

如果个体的成就动机（变量 x）和其工作绩效（变量 y）的相关为 .40，我们能否断定成就动机影响了工作绩效，成就动机越高，工作绩效越好，二者有因果关系？从表面上看，这样的推论似乎符合逻辑。但是，要作因果推论，就涉及**定向性问题**（directionality problem）。也就是变量 x 与变量 y 谁决定谁的问题。x 和 y 的出

现存在时间上的先后，才能确定二者的因果关系。例如，大学生的学习成绩和班级活动参与程度之间存在正相关。可能的解释是，参与更多的班级活动，就可以学到更多的东西，从而带来更好的学习成绩。但另一种可能是，好的学习成绩使大学生对某些课程或主题感兴趣，从而更加乐意参与班级活动。此外，还可能存在第三变量同时影响学习成绩和班级活动参与程度，结果使两者相关的情况。因此我们不能仅从相关系数推论大学生的学习成绩和班级活动参与程度之间的因果关系。

要作因果推论，就得做好研究设计，使自变量在前，因变量在后。但是，人格研究中很多变量是个体差异当中相对稳定的人格特征，很难被实验操作。正因为如此，人格研究很难分清哪是自变量，哪是因变量，因果推论自然无法成立。为了超越这种局限，人格研究者提出了两个概念：**特质研究和状态研究**（trait and state studies）。特质是人格中相对稳定的成分，很难进行实验处理，但心理状态却可以通过实验来引发。因此，通过对状态的实验研究就能确定某心理状态与行为的关系，并推论出该状态所对应的特质变量对行为表现的影响。例如考察状态性焦虑对考试成绩的影响，可以进一步推断特质性焦虑与考试成绩的因果关系。此外，研究者还可以通过引进更为复杂的统计分析（如偏相关分析）或更复杂的研究设计（如追踪研究），进一步拓宽传统的人格相关研究领域。

需要补充说明的是，并不是所有的相关研究都用相关系数来表示。有的研究可以通过比较两组或多组之间的结果变量来进行相关研究。在这样的研究报告中，不会提及相关系数，但其实质仍然是相关研究。例如，如果想研究性别和情绪稳定性之间的关系，我们就可以直接比较男性和女性在情绪稳定性测量上得分的差异。如果差异显著，则性别和情绪稳定性相关；如果不显著，则二者不相关。类似这样的研究，虽然统计上没有用相关系数来表示变量之间的相关，但仍属于相关研究。

（六）相关研究的长处和不足

相关研究的优点在于：（1）它不需要控制被试的行为或所处的环境，在自然环境中对其行为进行研究。比起实验研究来说，相关研究更贴近真实生活。事实上，许多人格心理学家感兴趣的变量（如性别、年龄、出生顺序）都不能进行实验操控。对有的变量强行操控又违背研究伦理。相关研究使研究者既遵守研究伦理，又能对重要变量进行研究。例如，若为了研究单亲家庭儿童的性格发展特点而将儿童与其父母隔离，显然有违研究伦理。不过研究者可以收集那些现实生活中已经是单亲家庭的孩子的信息，来研究这个课题。由此可见，相关研究取向拓宽了研究变量的范围。（2）使用相关研究的一个重要的作用在于，可以在研究早期探明一些变量之间可能存在的关系，为进一步的实验研究做好准备。例如，人格心理学家要研究害羞与自尊、社会焦虑、自我意识、孤独等变量的关系，他会首先使用相关法去探索这些变量之间的关系，找出相关系数最高的关系，以确定最有研究价值的问题。（3）相关研究允许研究者同时测量许多变量，进行多因素研究。在现实生活中，人们的行为受许多因素的影响。同时对多种因素进行研究，比较符合真实情况，而且从研究投入的时间、精力上来说也比较经济。（4）相关研究只要收集那些既有条件下的信息，不必像实验研究一样设置情境。（5）相关研究多为大样本，数据来源于多个被试，结论有更好的推广性。

相关研究的不足之处在于：（1）它只能对某一群体的人格差异进行定量分析，难以从质的角度对其进行解释。（2）它能找出两个变量之间的关系强度，而无法揭示因果关系；而且如果研究者设计不周全，两个变量的相关可能是潜在的第三变量引起的。（3）相关研究一般主要采用自我报告，所获得的信息可能并不真实。因为被试在回答问题时，容易受到**社会称许性**（social desirability）的影响，即按照社会期望他们的样子来展现自己，而并非依据真实状况作出选择。

三、寻求因果关系：实验研究

个案研究和相关研究都无法提供足以推论因果关系的信息，要达到这一目的，必须求助于实验研究。实验研究是在控制无关变量的条件下，系统操纵某种变量，研究其变化对另一变量的影响，从而揭示变量间的因果关系。实验研究可以重复进行，其研究结果可以得到验证，因而具有证伪和证实的科学性质。实验处理和实验控制是实验研究的两个关键特征。

（一）实验处理

实验处理（experimental manipulation）是指为了建立因果关系而对研究中的一些变量进行处理，使它（们）在实验中出现至少两种水平，以引起另一个变量相应的变化。这些受到处理的变量就是**自变量**（independent variable），即我们认为会产生影响力的变量。而那个受到影响的变量就是**因变量**（dependent variable）。例如，一种药被认为可能会增强记忆。在实验研究中，就会让有些被试吃药片，另一些被试吃看上去相同的糖衣片；然后检测所有被试的记忆力。这里的实验处理变量（自变量）有2个水平：药片和糖衣片。因变量是记忆力。若结果显示药片组被试和糖衣片组被试在记忆力上有显著差异，而且前者比后者记忆力更强，就可推论这种药的确可以增强记忆。实验处理的水平可以达到两个以上。例如，心理治疗家想研究来访者所获得的积极评价是如何影响其自尊的。将30个被试分为三组，每组10人。第一组被试每小时获得5次积极评价，第二组被试每小时获得20次积极评价，第三组不能获得积极评价。这个研究中的自变量是积极评价次数，共3个水平，因变量是自尊。

（二）实验控制

实验取向的魅力在于**实验控制**（experimental control）。通过实验控制使每个实验条件下的被试在无关变量上是等价的，从而排除了无关变量的影响，才能断定实验结果是由我们安排的实验处理导致的。实验控制有很多方法，这里只介绍几种最常见的。(1) 随机分组。为了避免选择被试时出现偏差，研究者一般会随机分配被试，让所有被试都有相同的机会被选到自变量的任何一个处理水平或方式中去。这样才可以保证被试的各种特性在各实验小组中都等同。以上述积极评价影响自尊的研究为例，如果将所有上午来做咨询的被试分到"不获得积极评价"组就不是随机分配。那些上午来做咨询的被试可能在年龄、职业情况上不同于别的来访者，这样就产生了额外变量。随机安排被试的程序应该使各组都既有上午来咨询的被试，也有下午来咨询的被试。在其他无关变量上也是如此。这样得到的实验结果就可以排除实验分组差异的影响，澄清实验处理本身的效应。(2) 标准化程序。实验过程中也要以相同的方式对待所有被试，各组被试除了所接受的实验处理不同以外，其他都一样，这就是**标准化程序**（standardization of procedure）。标准化程序要求实验室的灯光、温度及其他条件都相同，并通过录音的方式来给被试指导语。通过标准化，各组被试之间的唯一区别就是实验处理。(3) 控制组。在实验当中，接受实验处理的被试组为实验组，而不接受实验处理的被试组是控制组。控制组的被试在其他方面和实验组被试等同，它的唯一作用是作为实验组的比较对照基础。

实验控制方法多种多样，目的就是为了使自变量与因变量之间的因果关系推论的可靠性达到最大。实验设计越周密，对变量之间的因果关系推论就越可靠。

（三）实验研究的逻辑

实验研究的逻辑如图 2-4（Carver & Scheier，1996，p. 30）所示。在实验开始时，我们把被试分为两组。在分组时要遵守随机分配的原则，以保证两组在接受实验处理前是两个等组。当对被试施加处理时，由于每组被试所获的处理不同，两组被试开始不一样了。可以说是研究者自己创造出了两组之间的差异。所以，如果实验结果显示各组被试在因变量上的得分存在差异，就只有一个原因可以解释这种差异，那就是实验处理。这是因为，整个实验过程都对其他无关变量进行了控制，两组被试只有实验处理不同。这个逻辑也适用于自变量的水平多于两个的实验研究。

（四）统计显著性和实践显著性

统计显著性（statistical significance）是一个统计学术语，其含义是，如果实验组和控制组间的真实差异为 0（当然我们并不能知道真实差异），那由两组样本得到的数据存在差异的可能性有多大。如果 100 次测量中出现差异的次数不多于 5 次，我们就说样本得到的数据具有统计显著性。而且，在其他条件一样的情况下，相关系数越大或组与组之间的差异越大，统计显著性也就越大。

然而，统计显著性依赖样本容量的大小，而不是相关系数或差异的大小。如果研究的被试数量非常大，即便组与组之间的差异很小，或者变量间的相关系数很小，也会达到统计上的显著性。例如，如果被试数达到 180 个，相关系数为 .19 就会达到显著。而当只有 30 个被试时，.30 的相关系数也很难达到显著。这就涉及实践显著性问题。**实践显著性**（practical significance）考察一个研究的结论是否具

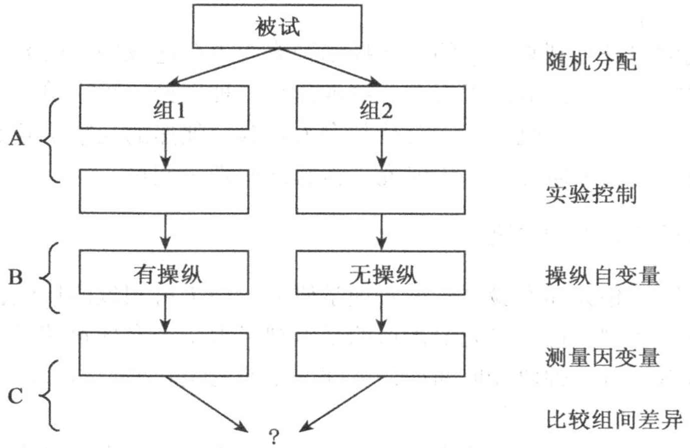

（A）实验开始时，要进行随机分配及其他的实验控制，所以各实验组之间不存在系统差异。

（B）进行实验处理，各组不再是等组，出现一定的差异。

（C）如果实验结果发现各实验组存在显著差异，则实验处理引起了这种差异。

图 2-4　实验研究逻辑图示

有实践意义。统计显著性并不能保证实践显著性。例如，以 5000 人的样本为研究对象，结果发现，个体的收入和每个月购买的汽油总数存在 .15 的相关。考虑到样本容量的大小，这个相关系数其实非常小。而且，这个结果可能在实践上也没有多大意义。所以，统计显著性是对数据分析和解释的开始，而不是结束。

（五）实验研究的长处和不足

实验研究的优势在于其客观性、对变量的系统控制、精确的定量分析与因果推论能力，被认为是比临床和相关研究更具科学性的一种方法。

但实际上，实验研究也有不足之处。（1）实验方法只能用在那些可以进行系统控制或操纵的变量上，很多时候无法对具有广泛的相互作用关系的人格变量加以控制。实验研究需要对变量进行处理，但如果自变量只反映了人格的自然差异，那就只是相关研究，并非实验研究。例如，我们并不能对人的肤色、人格特点进行实验处理，根据这些变量分组的研究严格意义上并不算实验研究。（2）为了更好地控制额外变量，得到因果结论，人格心理学家进行实验研究时，常把人置于人为控制的环境中。实验室环境跟人们所处的现实环境有很大区别。例如，在实验室看电视和在家里看电视是不一样的；在实验室研究中，让被试具有攻击性和现实生活中被试表现出的攻击性也会不同。实验室的研究结论要推论到现实生活会有很大局限。（3）实验研究更多关注的是共同性，而不是个体的独特人格。它强调研究结论具有可推广性，追求的是适用于所有人的普遍结论。个体的独特性在实验研究中没有得到应有的重视。

每种研究取向都是利弊共存的，选择哪种取向更合适取决于研究目的。人格是一个复杂的研究对象，影响因素很多，单纯依靠一种理论、采用单一的方法是远远不够的。事实上，许多研究者往往会从其个人经验或偶然的观察中开始重要的理论假设，然后再通过相关研究或实验研究来检验这些理论假设。

四、三种研究取向的对比

为了对个案、相关和实验这三种心理学研究取向进行细致的比较，我们来分析一个具体的研究实例。这项研究要探讨的是电视暴力是否会导致孩子的攻击性这一问题。我们来看一看每种研究取向如何就同一个研究主题展开研究。

（一）电视暴力与攻击性：个案研究

最早对电视暴力和儿童的攻击性行为之间的关系进行研究的是个案研究，研究对象是那些明显深受电视暴力影响的青少年。下面就引用其中两项研究中的原文（Schramm et al.，1961）。

> 洛杉矶的一个家庭女仆发现，主人家7岁的儿子将玻璃渣撒到作为家人晚餐用的炖羊羔中。这个行为背后并无恶意，纯粹是小孩的一个实验，出于其好奇心，他想看一看这样做会不会带来像电视里一样的结果……（p. 161）
>
> 一个大约13岁左右的男孩向警方承认，他给学校的老师发恐吓邮件是受到电视节目的启发。当他帮本地教堂的牧师抄写邮件时，突然想到这个主意。当牧师离开时，他就写了第一封恐吓邮件。“我是从电视上得到这个念头的，那个节目的名字叫‘lineup’。”（p. 164）

这些研究报告互相独立，不过它们的确证明了电视暴力激起攻击性行为的可能性。研究者需要系统考察更多的孩子，以确定这种关系是否能推广到大多数人。如果研究者想进一步了解在一般儿童中电视暴力和攻击性之间的关系强度，就得开展相关研究。

（二）电视暴力与攻击性：相关研究

许多相关研究为电视暴力和儿童攻击性之间的关系提供了数据支持。例如，有一项研究考察了马里兰2300个高中生的收视习惯和反社会行为之间的相关关系。首先让学生填写4个最喜欢的“只要一播就会收看的”电视节目。研究者对每个节目的暴力性进行评定，接着对每一个被试的平均暴力行为进行评定。要求被试填写一个反社会行为自我报告清单（如在学校里打架斗殴），报告自己表现各种行为的频次（用一些数值来表示频次，0=从不，1=一次，2=两次或更多）。这样，研究者获得了两列数据，一列数据是被试所喜欢的电视节目的暴力性程度，另一列数据测量的是被试的攻击行为。从统计上检验这两列数据之间的相关关系就直接说明了反社会行为和电视暴力之间的关系：看暴力电视节目越多，被试的反社会行为就越厉害。

（三）电视暴力与攻击性：实验研究

相关研究的证据不能证明电视暴力导致了被试的攻击行为，它只是揭示了所看的暴力电视总量与被试的反社会性行为存在相关。可能的情况是，由于被试本身常有攻击行为，所以才喜欢看暴力性的电视节目，而不是电视暴力导致被试的攻击行为。要证实因果关系就得采用实验方法。例如，研究者（Liebert & Baron，1972）提出假设，观看暴力性电视节目的孩子比那些观看非暴力性电视节目的孩子，更多地伤害其他的小朋友。为了检验这个假设，研究者做了如下实验：让5~9岁的男孩和女孩一个人单独看一会儿电视。他们所看的是真实的电视节目。一半的孩子看的节目内容是追逐厮打、激烈枪战和刀光剑影；另一半孩子看的是令人兴奋的（活动量大但非暴力）体育节目，时间长度和前一半孩子一样。看完电视节目后，每个孩子都被带到另一个房间，让他坐到一个大盒子前。这个盒子有线连向隔壁房间，上面有一个绿色按钮，按钮上标有“帮助”字样；还有一个红色按钮，上面标有“伤害”字样。两个按钮上各有一个手柄，孩子可以推上其中任意一个手柄。按钮前方还有一个白灯。实验者告诉孩子，每一个按钮后的电线都连着一个游戏，这个游戏将和隔壁房间里的一个小朋友一起玩。如果推上“帮助”手柄，隔壁房间的小朋友就会比较容易操纵手柄；而推上“伤害”手柄，那个小朋友玩的手柄就会烫手伤人（事实上，并没有其他孩子在隔壁房间，被试的反应对其他人并没有影响）。而且手柄被推上的时间越长，另一个孩子获得帮助或受到伤害的可能性就越大。最后，实验者告诉孩子白灯一亮，他们就得推上其中一个手柄。然后实验者走出房间，白灯一共亮了20次。孩子推上“伤害”手柄的时间长度就是其攻击性的指标。本研究发现，观看暴力节目的孩子“伤害”其他孩子的意愿显著多于那些观看体育节目的孩子，男女都一样。因为两组孩子唯一的区别是一开始所看的电视节目，所以我们可以说观看暴力电视会导致孩子攻击性增强。

五、质化研究与量化研究

本章所介绍的个案研究多使用质的分析，也就是**质化研究**（Qualitative Research），而相关研究和实验研究可以获得量化的数据，也就是**量化研究**（Quantitative Research）。质化研究与量化研究存在很大的差异。量化研究以理论驱动为主，在特定的理论指导下进行数据分析；而质化研究以资料驱动为主，大多数没有明确的理论，通常是通过系统的资料搜集和分析，理论逐渐从资料中浮现出来。在研究过程中，质化研究对资料采取完全开放的态度，尊重原始资料，理论只是作为分析资料的工具。随着心理学研究不断推进，心理学界许多研究者开始重视质化研究取向。心理学研究既受到其特定的研究对象、研究内容的制约，同时也由于量化研究取向本身具有的缺陷，因而研究不可能完全依赖量化研究取向来达到对社会世界的全面理解（风笑天，2001，p. 11）。质化研究取向通过研究者与被研究者之间的互动对事物进行深入、细致、长期的体验，然后对事物的“质”得到一个比较全面的解释性理解（陈向明，2003，p. 10）。但需要指出的是，质化研究和量化研究并不是完全对立的，二者之间仍有很多相辅相成之处。因此可以说，实际研究中采用何种研究取向，本质上并无优劣之分。

第二节　人格测评

人格测评（personality assessment）就是创制和应用各种系统的技术来搜集人格的信息，对人格的各个方面进行考察，从而对个体的行为做出预测和控制。测评的方面可能包括：动机（如成就动机）、特质（如攻击性、自尊）、病态人格（如抑郁症）、人格适应（如应对焦虑的方式）和人格发展（如成长模式）等。人格测评有助于获得精确的、有意义的个体信息，应用范围非常广泛。除了人格心理学者，临床心理学者、精神病学者、人事部门、社会工作及就业咨询等领域的人士也都积极投身于人格测评工作。此外，人类学者，犯罪学者以及社会学者也或多或少地参考人格测评的结果。

本节将分析不同的测验资料类型，探讨人格测评的评价问题、理论问题以及应用中应注意的一些问题。

一、测验资料的类型

测验资料大体可以分为四类：自我报告资料（self-report data，简称 S-data）、观察者报告资料（observer-report data，简称 O-data）、实验资料（test data，简称 T-data）和生活史资料（life-outcome data，简称 L-data），简称 LOTS（Block，1993）。下面我们将考察不同的资料类型及各自的优缺点。

（一）自我报告资料

自我报告资料（S-data）指通过问卷或访谈等程序获得的由个体自己表达的信息。它是人格心理学研究中最常用的资料。获取 S-data 的途径包括：（1）访谈；（2）由个体定期记录和汇报所发生的事件；（3）人格问卷（questionnaire）。其中，人格问卷是最常用的方法。

虽然个体在自我报告时并不总是愿意提供准确的信息，但 S-data 依然在人格研究中占有很大的比重，因为它有着其他资料无法比拟的优势。第一，人对有关自己的信息了解最多最清楚，其中有很多是其他方法难以获取的。第二，S-data 可以有多种形式。可以是**非结构化**（unstructured）的开放式问卷，也可以是**结构化**（structured）的问卷。开放式问卷如《20 项陈述测验》（Twenty Statements Test, TST），包括 20 句以“我……”为开头的句子，要求受测者将其补全。受测者也许会写：我是一个家庭主妇；我 48 岁；我很害羞，等等；其写作顺序可以反映这一社会角色在她心中的重要性（Larsen & Buss, 2002, p. 27）。结构式问卷比开放式问卷使用得更多，它的反应选项是给定的（包括“是”与“否”的迫选题），常见的形式还有多点评定，如下面的七点评定，1 分代表不适合“我”，7 分代表最适合“我”：

精力充沛

1	2	3	4	5	6	7
不适合						最适合

S-data 的局限是：受试者必须愿意并且能够回答所提出的问题。人并非总是诚实的，特别是面对敏感问题（例如与性有关的问题）时。有些人缺乏对自身的认识，因此也可能提供不正确的信息，尽管他并非有意识地撒谎。所以，人格心理学家也常会采用无需受试者的诚实和洞察力就能获得资料的方法，如观察者报告。

（二）观察者报告资料

观察者报告资料（O-data）是指让观察者对个体做出的评定。在使用 O-data 时，如何选择观察者是首要问题。一般来说有两种观察者：一是专业的人格评鉴专家，他们事前并不认识被观察者。二是与被观察者有亲密关系的人。两种观察者所得到的资料各有利弊。如果采用后者，不仅可以更好地介入被观察者的生活，获得更接近自然状态的资料，还可以获得被观察者的多重社会人格（multiple social personality），即他在不同的人面前扮演的不同角色，展现出人格的不同侧面。例如，人对自己的朋友会很友好，而对敌人很残忍。在陌生人面前，某些人格侧面很难被表现。然而，如果观察者与被观察者有亲密关系，可能会受到偏见的影响。一位母亲可能会无视自己孩子的负面印象，而强调其正面印象。更重要的是，观察者自身的一些人格特质会降低观察结果的精确性。比如，观察者对某些事物是否存在定势与刻板印象；他是否能够意识到并克服定势与刻板印象的影响。这时，让受过严格专业训练的人格评鉴专家进行观察，收集到的资料更为可靠。

观察的类型依据不同的标准可以分为自然观察（naturalistic observation）与人为情境观察（artificial observation），即时观察（immediate observation）与回溯观察（retrospective observation），整体单元观察（molar units observation）与分子单元观察（molecular units observation）。自然观察是指发生在日常生活情境中的未经研究

者操纵的观察，而人为情境观察则发生在非日常生活情境下，比如实验室中的观察。前者的优点是能够得到个体在真实状态下的资料，但却失去了对观察的控制，可能无法观察到希望分析的行为；后者恰好相反，可以对预期行为进行控制，但可能与现实生活很有差距。即时观察是指对观察到的现象随时进行记录，回溯观察是指对所观测的信息通过事后回忆的方式进行记录，记录可以在每天观察阶段结束时，也可以在整个观察结束后的很长一段时间内进行。回溯观察的优点是，可以对观察到的更大的行为样本进行评价，缺点是对过去行为的评价会受到记忆与当前行为的影响。整体单元观察与分子单元观察是从选择观察单元的大小来划分的。前者包括整体性的特质，如智力、情绪稳定性等。后者则包括个体的某种行为，如一个人的行走速度，他是否一次上两级台阶等细节。观察单元大小的选择，视具体的研究目标而定。比如，假若要预测一个人在团队中的融洽能力，考察整体单元（友善性）显然要比分子单元（微笑的次数）更有价值。

O-data 可以弥补 S-data 的一些不足。第一，观察者可以提供一些从其他途径无法获得的信息。例如，观察者可以报告一个人给其他人的印象以及他的社会声望、在社会阶层中的相对地位等。尽管这些资料也可以通过自我报告获得，但是从观察者角度做出的判断更客观。第二，O-data 可以通过多个观察者同时获得，多个人提供的信息可以更好地避免偏见的影响。而 S-data 只能由一个人提供。

（三）实验资料

实验资料（T-data）指来自实验程序的资料，包括对生理反应和行为直接测量的得分。T-data 是一个非常有价值，并且无法替代的信息来源。在 T-data 中，可以设计引发在自然观察下很难得到的特定行为，可以使研究者控制环境因素，消除额外的影响源。最重要的是，可以使研究者检验特定的假设，直接控制那些假定存在因果关系的变量。其缺点是参与者会揣测实验目的，然后改变他们的行为和反应，从而产生不同的印象。再者，很难检验参与者是否以与实验者同样的态度对待实验情境。例如，一项研究"服从"的实验，在告知参与者时，故意掩盖其真实目的，把实验目的描述为测试智商。这就会使参与者产生焦虑，影响随后的表现（Larsen & Buss, 2002, p. 34）。如果想更多了解实验资料的特点，大家还可以回顾一下前一节探讨的实验研究。

（四）生活史资料

生活史资料（L-data）指在个人一生中能够得到公众检验的事件、活动以及结果等信息，包括个人的年龄、教育、职业及收入，以及过去的成功或犯罪史等。例如，人格心理学家会考察个体所参加聚会的信息；在过去的几年中收到多少张罚单；在事业上的进展，是提升还是降职；创作的数量，如出版了多少本著作。这些都是个人一生中的重要事件，可以提供其他资料所没有提供的重要信息。

人格心理学家常用 S-data 和 O-data 来预测 L-data。例如，孩子 8~10 岁时，通过对孩子的母亲进行访谈，研究者编制了两份量表以考察"脾气暴躁"这一特质。一份考察每次发脾气的严重性，记录行为反应（如撕咬、踢打、扔东西等）和言语表达（如发誓、赌咒、大叫等），另一份则考察发脾气的频次。然后研究者将两份量表合而为一，测量脾气暴躁。由于这是基于母亲的观察得到的，所以可代表O-data。等这些孩子们到了30～40岁时，研究者收集他们的生活史资料，如教育、工作、婚姻以及亲子关系。然后分析母亲多年前的O-data与后来被试的L-data之间的关系，考察孩童时期对"脾气暴躁"的测量是否对数十年后的生活有显著的预测作用（Larsen & Buss，2002，pp. 40-41）。研究结果证实这种预测作用非常显著。对于男性来说，早期的坏脾气与成年后的许多负面结果相联系。小时候被评定为坏脾气的人，在军队中的等级相当低。他们喜欢飘忽不定的工作生活，失业的次数更多。女性的结果表现出类似的模式，但也有一些不同之处。与男性不同，早期被评定为坏脾气的女性在工作上并没有负面效应，但这些女性更多地选择社会地位显著低于自己的男性结婚。

总之，L-data可以提供人格在现实生活中的重要信息。早期对人格特质的测量结果与数十年后的生活状况有关。就此意义而言，生活状况在一定程度上体现了人格。然而，我们应考虑到生活状况是由很多因素造成的，人格特质只是诸多影响因素的一种。

二、测评的评价

现在的报纸、杂志，甚至一些广播电视节目上充斥着大量的人格测验。但是严格地说，这些测验大部分都缺少专业性，并不能正确描述人格。那么，我们如何来判断一个人格测验好还是不好呢？这就涉及对人格测评的评价问题。一般而言，评价人格测验的标准主要有两个：信度和效度。在人格心理学研究中，当人格测评完成后，就应该接受科学的信效度检验，以此来确定测评的可靠性和有效性。

（一）信度

信度（reliability）是指测验的可靠性和一致性。例如，你在星期二测了自己的身高，星期五重测一次，短短几天之内身高不会发生变化。如果两次的测验结果是相同的，就说明你所用的测量工具是可靠的，这就是信度问题。对于人格测验，信度是指多次对同一个人施测某一测验，我们能在多大程度上指望得到同样的结果。换言之，信度指一项测验在时间上的稳定性。测验信度的高低，通常用相关系数来表示。信度指标主要有：（1）**内在信度**（internal reliability）是指测验方法本身的一致性。如果测验方法不是标准化的，就会得到歪曲的数据结果。例如，一个IQ测验中一半的题目过于简单，几乎每个人都会做，另一半却难度太大，几乎每个人都不会做。那么最后每个人在整个测验中的得分都差不多是总分的一半。因此，这个IQ测验是不可靠的。内在信度的指标有分半信度和复本信度。**分半信度**（split half reliability）是指将受测者在测验的一半题目上的得分与另一半题目上的得分求相关所得到的相关系数。如果测验题目足够多，就可以采用分半信度衡量一致性。**复本信度**（alternate-forms reliability）是指一种测验分数与形式相同但题目不同的测验复本分数之间的相关系数。在需要进行重复测量的研究设计中，为避免受测者的学习效应，一个测验往往会准备多个复本，但是要在测验内容、题目的形式、数量和难易程度上相匹配，使之相当。（2）**外在信度**（external reliability）是指同一测验在一段时间内重复测量的一致性。当在相似的条件下对同一组被试进行测量时，应得到近似的分数。**重测信度**（test-retest reliability）就是指测验的跨时间的一致性。用同一测验对同一个（组）被试的前后两次测验分数的相关系数来表示。值得注意的是，两次施测的时间间隔不宜过长，也不宜过短。对于人格测验，一般认为最少不低于一个星期，最多不超过三个月是适宜的间隔。（3）**评分者信度**（inter-judge reliability），是指由两个或两个以上的评分者对同一个（组）被试的反应进行独立的评分，然后求出不同评分者所给分数的相关系数。为什么需要评分者信度呢？评分者有时也是误差的来源之一，比如临床测评和投射测验，都要依赖评分者的判断，这种主观的判断可能使评分很不一致，因此要对评分者这个误差因素加以考虑。为了减少这个误差，提高评分者信度，就需要对评分者做系统的培训，并保证测验程序的标准化。

（二）效度

效度（validity）是指一项测验实际能测出其所要测量的心理特质的程度，也就是测验的准确性。主要包括：（1）**内容效度**（content validity）是指测验项目的内容与所要测量的内容的符合程度。例如我们要编制一个人对他人信任度的测验，那么就要选择那些能代表信任特质的项目，而不是选一些与信任无关的项目。**表面效度**（face validity）是指一个测验在表面上看起来是有效的，纯粹是日常经验的。就是说受测者一眼就能看出你要测什么。在人格测评中，往往要尽量减少测验的表面效度，以防止被试的社会称许性反应。（2）**效标效度**（criterion validity）是指测验分数与外在效标之间的符合程度。外在效标是测验所计划测量的某些行为。效标效度有两种：同时效度和预测效度。**同时效度**（concurrent validity）是指测量同样变量的新、旧测验之间应存在较高相关。这个旧测验是相对于新测验建立的时间而言的，旧测验往往是领域内较权威、较完善的测验。**预测效度**（predictive validity）是指测验能预测未来某种效标的能力。（3）**结构效度**（construct validity）是指测验的结果能否证实或解释某一理论所提出的假设。所谓结构，可以是心理学中的任何一个概念，如自尊。若一个自尊量表测到了自尊理论中所包含的内容，同时又与其他概念无关，那么就能说这一量表的结构效度较好。所以它在概念上能够涵盖前面的内容效度和预测效度。（4）**生态学效度**（ecological validity）是指测验或测量手段在多大程度上代表了自然状态下发生的行为。在实验条件下，严格控制的实验情境往往会与自然情境相去甚远，实验中的行为具有一定的人为性，丢失了自然自发行为的重要信息。因此要考察实验结果的生态学效度。

鉴于人格的多样性、复杂性，并没有一个统一标准来判断各种测验孰优孰劣。好比一个人知道自己的手表可能走不准，为了获得相对准确的时间，最好的办法是和第二个人进行比较。但他若想得到更精确的时间，就需要更多的参考。虽然也许大家的手表都不准，但广泛的一致性至少可以最大限度地接近真实的时间。因此，人格研究者强调人格测评的信度，要求不同的观测者采用不同的方法研究同一对象。这样做，就是为了最大限度地反映真实人格。但是，信度只是好测验的必要而非充分条件，也就是说，信度高并不一定就是好测验。要想确定测验的好坏，还得进一步考察测验的效度。

三、测评的理论问题

在人格测评过程中，人格研究者一般会从以下四个维度来考虑研究的策略。

（一）特殊规律研究法与一般规律研究法

人格心理学的创始人 Allport 认为，没有两个人拥有完全相同的特质。基于此观点，他提出了唯一特质（unique traits）的概念，提倡**特殊规律研究法**（idiographic approach），反对用完全相同的特质去测量每一个人，主张要重视个体的主观感受和直觉。Carlson（1971）提出了他的人格学（personology）观点，提倡在人的社会及生理背景下开展研究，强调考察个体的个性（individuality）和奋斗经历。个体之间的差异才是人格领域要探索的主要现象，这是特殊规律研究取向者的基本信念。的确，形形色色的人构成了我们的社会，个体间存在差异才使我们的世界异彩纷呈。但是应该看到，仅强调个体的主观感受，与心理学研究的科学性要求极不协调。再者，特殊规律研究需要大批研究者开展深度研究，处理大量数据，代价高昂。**共同规律研究法**（nomothetic approach）关注整个社会背景下的个体之间的共同性，将个体视为人口总体中的一些例证。相对来说，采取共同规律研究法，可以同时施测大量被试，所需人力和时间都较少。然而，把被试群体看作一个整体，采用数理统计方法剔除个体间差异，势必导致结果的过度概括化，因而可能歪曲对个体的理解。如人人都有尽责性特质，但有人做任何事都认真负责，有人却仅对特定的工作才如此。假如共同规律研究发现，尽责性与神经质呈负相关，但特殊规律研究却不一定支持此结论，因为在有些个体身上，尽责性与神经质呈正相关。

（二）原型与特质

人们通常会根据相对稳定的特点描述自己，要么把自己归为某一类人，要么确认自己具有某些特质。研究者也可能会有同样的分歧：是采用原型来分类，还是借助特质进行描述？**原型**（prototype）是指一种可以再现认知范畴的典型代表结构。比如，古希腊时代，就将人划分为多血质、抑郁质、胆汁质、粘液质四种类型。最初，研究者用刻板（stereotype）表述“原型”的意思。但刻板隐含有“死板”及“心存偏见”的意思，后来才被更为中性的词“原型”所替代。用原型来划分人格的类型常常是边界不清的，因为它不是靠逻辑进行组织，而是通过最典型、最明确的例子来对类型进行定义。不过，原型能提供生动的细节信息，比较具体、易于把握，而且处于人们日常经验的中心位置，使人容易清晰地了解。例如，麻雀是比企鹅更能代表鸟类的原型。**特质**（trait）就是连续的人格维度，如外向性。特质论者根据人们在某一特质上所具有的程度来对不同个体进行区分，每个人在该维度上都能得到自己的分数（分数高则很外向，反之则内向）。特质的描述是抽象的，也许你可以测出自己是个外向的人，却不能说清究竟怎样才算外向。因此，尽管原型说早已脱离主流，仍有研究者（Hampson，et al.，1986）主张，最好将特质与原型结合起来描述人格（图 2-5）。可以认为具有健谈、嗓门大、易开心、活力充沛等特点的人（原型）就是外向的人。

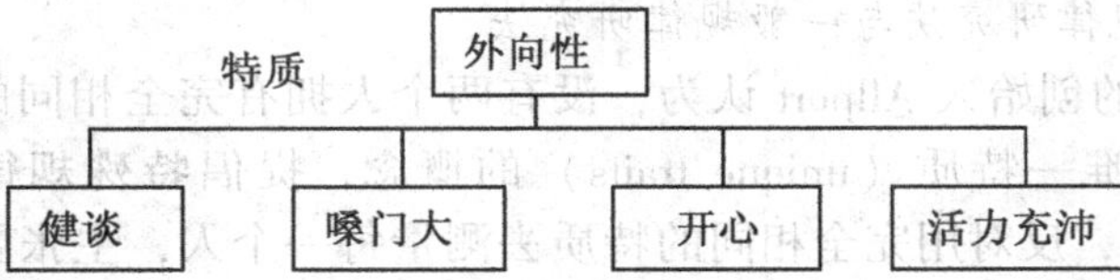

图 2-5　特质与原型结合图

（三）外显行为与内在过程

行为固然能在某种程度上反映人格，但人格的时间维度也不容忽视。人格可能只在现在起作用，然而，“过去”通过当前的结构和记忆影响着“现在”。“未来”通过期望和目标也影响着“现在”。因此人格不仅包含结构，还包含过程。要理解人格，是测量外显行为好，还是测量内在过程好？研究者各持己见。有的研究者支持测量外显行为，如儿童的依赖与独立可以通过对以下行为表现进行观测（Moskowitz & Schwarz，1982）。依赖的儿童会表现为：寻求帮助，希望得到认可，要人监护，他人的触摸，与他人靠得很近。而独立的儿童则会：对他人身体的侵犯，语言命令，暗示，威胁，在游戏中给他人分配角色。有的研究者相信测量内在过程更能帮助我们理解人格。有一个实验以大学生为被试，让他们每晚就 27 对形容词（例如热情—不热情，有价值的—无用的等）对自己白天的表现进行评定，持续进行一个月。然后研究者计算每天其自尊变化的程度，得出了与设想一致的结果，自尊变化程度大的人更容易抑郁（Butler，et al.，1994）。

（四）实在论与建构论

实在论（realism）者致力于用身体状态解释心理现象，即寻找影响人格的生理因素，认为人格可以被还原成脑结构、内分泌等生理现象。**建构论**（constructivism）者认为，人格理论所涉及的概念，是由它们在日常生活中的有用性而被人建构的：人格的概念是被社会创造的。常用的概念就是研究对象，常谈论的概念也就是人格。那么，人格究竟是由真实的身体反应组成，还是由我们日常生活中所使用的与人格有关的语言构成？目前尚无定论。但有一点毫无疑问，生理反应会影响人格，人格也会反过来影响生理。究竟采取哪种策略，研究者要进行**宽泛性**（bandwidth，带宽）**—精确性**（fidelity，逼真度）权衡。宽泛性—精确性权衡，指在理论（或测量）所覆盖的行为范围（宽泛性）与理论（或测量）可预测行为的具体性（精确性）之间做取舍。这本来是一对无线电学概念。例如，一台收音机，收到的台太多，自然无法保证每个台都清晰。所以无所不包的理论（宽泛性很好）常常不够详细，对具体工作的预测力弱，即精确性差。而讲究细节的人格理论（精确性高）却只能解释有限范围的人格现象。带宽和精确度这两个方面在做研究时，有时很难兼顾。究竟如何取舍，就取决于具体的研究对象和研究目的。

四、应用人格测评应注意的问题

随着心理学在中国的发展和广泛应用，社会上出现很多人格测评被误用、滥用的现象。为了更科学规范地使用人格测评，我们在应用中要注意以下这些问题。

（一）偏见

测评者也是带有主观性的人，因此，每个施测者的主观偏见不可避免地影响施测过程和对结果的汇总和解释。在收集数据阶段，如果采用他人评定技术，就会受到**宽厚效应**（leniency effect）的影响，即总是给他人以正面的评价，对每个评定对象都打高分。如学生对老师的评定，以及朋友之间的评定；有时陌生人之间为了表示友好也会显得不那么挑剔。**晕轮效应**（halo effect）是主观偏见的另一表现，它是指由于对人的某一品质或特点有清晰、深刻、突出的印象，从而掩盖了这个人的其他品质和特点，形成夸大的社会印象。晕轮效应可能导致评定者给出一贯偏高或偏低的评定。测评者的主观偏见还受到**内隐人格理论**（implicit personality theory）的影响。内隐人格理论是普通人对人格特质间关系的假设，当人们描述他人时，这种假设会影响判断。比如，若告知一个人，新同事是个热情的人，他就会联想其正面的特质，诸如优秀、友好、聪明等等。即使用仪器记录的数据，研究者在解释数据时，仍无法避免自己主观偏见对数据的影响。不过，主观偏见虽无法彻底根除，却可以控制。如采用多种技术，或增加评定者人数，均可起到一定的控制效果。例如在进行人格评定时，除了进行主题统觉测验，还采用生理测量数据。

（二）伦理问题

在测评过程中，还应该考虑到研究的伦理道德问题。首先应尽量保护个体的隐私权不受侵犯。在个体接受测验前，应对测验意图和具体的施测程序做详尽的表述，当事人同意后，才能进行施测。测评的结果要妥善处理，应告知当事人将会如何应用测评结果。要及时销毁过时的数据；而值得保存的数据，则要为当事人保密。测评结果不能用作歧视的证据，更不应给当事人贴标签。美国心理学会（APA）制订了一系列道德准则，用以规范人格测评的各个环节，使其符合道德、法律的要求。中国心理学会也有《心理测验管理条例》。

（三）文化问题

文化问题对中国的人格心理学工作者来说这是一个非常重要的问题。人格测评中的文化问题涉及两方面内容（Carver & Scheier，1996，pp. 46-47）。第一，某种人格测评中的心理结构是否具有文化差异性。人格测评所涉及的内容往往既有跨文化的共同性，也有跨文化的差异性。因此，将在某种特定文化背景下形成的测评工具运用到不同文化背景中的人身上时，就要考虑文化的问题。例如，西方人与东方人的自尊在结构和内容上可能有共同性，也可能同时存在很大差异。第二，不同文化下的个体对人格测评中的项目理解是否一样。如果理解不同，那么不同文化下被试的反应含义就不一样。因此，不能简单地将西方的测评工具翻译成中文就直接使用。

第一编

人格理论

第三章

特质理论

我们知道，科学的基本目标是达到对研究对象的描述、解释、预测和控制。在这四个目标中，描述是最为基础性的工作。描述性的研究旨在了解现象本身**是什么**。从逻辑上讲，先要回答“是什么”的问题，才能进一步去探讨“为什么”和“怎么样”的问题。为了回答“是什么”的问题，研究者就要对现象进行命名、分类，并进而勾画出现象的结构，也就是究竟是哪些基本因素构成了我们所研究的事物或现象。因此，描述性知识往往是一门学科的起点，是一门学科的最基础性的知识。人格心理学也不例外。人格心理学家首先要回答“人格是什么?”“由哪些因素构成?”这样的基本问题。他们发现，构成人格的最基本单位是特质（trait）。当我们试图描述一个人的人格并将人与人的人格进行比较的时候，我们实际上就是在描述人的特质并将其加以比较。例如，我们会说某某人“太内向”，这意味着内向是一种人格特质，并且人与人之间在此特质上存在量的差异。古人也是用特质来描述和评价一个人的，如孔子经常讲君子如何如何，小人如何如何，“君子坦荡荡，小人常戚戚”（《论语·述而》），“君子泰而不骄，小人骄而不泰”（《论语·子路》）。孔子评价他的学生：“柴也愚，参也鲁，师也辟，由也喭”，“求也退”，“由也兼人”（《论语·先进》）。因此，关于特质的观念是置根于日常经验的一种古老的话语习惯。人们经常会对自己、他人乃至各自所属群体的特征做出描述和评价，而所用的概念实际上就是各种特质。

尽管多数心理学流派都曾试图探索人格的结构进而描述人格的个体差异，但真正将上述工作纳入研究重点的只有特质心理学家。无论从经验的逻辑还是从学科内容的逻辑，人格心理学都应该从特质讲起。西方人格理论一般从精神分析讲起，Freud 的精神分析确实是历史上第一个完整形态的人格理论，但 Freud 的人格理论是从属于其心理病理学的，他关心的是心理治疗而对创建一门人格心理学学科不感兴趣。特质理论作为一个完整形态的人格理论虽产生较晚，但它起源于古老的日常经验，其创建者 G. W. Allport 不仅将特质作为人格研究的逻辑起点，而且有意识地创建了一门人格心理学学科。

时至今日，“五因素模型”的出现使人格描述和人格结构问题得到了基本一致的答案。之所以取得如此成就，要归功于几代特质心理学家的不懈追求：Allport 是“特质”这一概念的首创者，他提供了一系列影响深远的研究思路；Eysenck 和 Cattell 将因素分析等方法应用于人格结构的探索，各自提出了独特的结构学说；而以 McCrae 和 Costa 为代表的当代特质心理学家则系统总结了该领域的成果，得出了五因素模型，并在此基础上提出了一种整合的人格理论框架——五因素人格理论。

在本章，我们将沿着历史的轨迹对 Allport、Cattell、Eysenck、McCrae 和 Costa 等人的重要思想做简要的回顾和梳理。

第一节　Allport 的个体心理学

Gordon W. Allport（1897~1967）不仅是特质流派的创始人，也是作为一门独立学科的人格心理学的开山鼻祖；他首次提出了特质的概念，并就特质或人格结构的研究提出许多独到的见解和研究思路，对特质心理学的发展产生了深远的影响。他涉足的范围涵盖了人格领域乃至社会生活的方方面面，成为了影响力仅次于 Freud 的人格心理学家（Hall & Lindzey, 1978）。需要补充说明的是，G. W. Allport 是在他哥哥、著名社会心理学家 Floyd H. Allport（1890~1978）的影响下考入哈佛大学学习心理学的，这兄弟俩都在心理学领域取得骄人的成就，成为心理学史上的佳话。

一、人格的结构学说

图 3-1　Allport

“人格”是一个内涵非常丰富的词，哲学、宗教、历史、法律、语言学、社会学和心理学等很多领域的学者都从各自的角度赋予了它特定的涵义。回顾前人近 50 条的人格定义后，Allport 给出了自己的定义：**人格**是个体内在心理生理系统的动力组织，决定着个体对环境独特的适应（Allport, 1937, pp. 46-50）。后来，Allport 意识到上述定义过分强调行为的适应性功能，而忽略了它的表现性功能，于是修改为：人格是个体内在的心理生理系统的动力组织，决定着个人独特的思想和行为（Allport, 1961, p. 28）。他认为，人格具有复杂的结构，由反射、习惯、态度、特质、统我等按整合程度高低以金字塔式层级形式构成，如图 3-2 所示。反射处于最低整合水平，可以联结形成习惯。态度、特质、统我、统合的人生哲学依次处于更高的整合水平（Cloninger,

2004）。在人格结构中，特质是最基本的建构单元，但不是唯一的建构单元。Allport 强调特质，但也强调其他人格建构单元及其与特质的关系。**统我**（proprium）正是这样的一个建构单元。与特质相比，统我在人格结构中处于更高的整合水平，是使个体具有独特性的所有事实，“包括人格中趋于内在统一的所有方面”，包括个体内部对自我认同感和自我提升至关重要的所有方面（Allport，1955）。统我整合了特质、习惯、态度等属于“个人”的所有方面，是个体建立并维护自我感的基础。值得一提的是，“统我”是客观存在的“我”的所有方面，而不是所谓的“知者自我”。与统我相比，习惯、态度处于比较具体的水平。习惯是对具体刺激的特定反应，易于受到经验和学习的影响，对行为的影响比较有限。多种功能相似的习惯可以整合为一个更宽泛的特质；但在个体层面上，特质和习惯并无准确的对应关系。这就是说，具有某种特质的个体，并不一定会拥有某种与之对应的习惯。态度是与特质相似的另一种人格构建单元，二者虽是不同的概念，但也并非泾渭分明，因此要区分它们并不容易。两者主要有以下两点不同：第一，态度有具体的参照对象，而特质则没有具体的指向，影响范围更宽泛；第二，态度蕴涵有评价和判断的成分，有积极消极、喜好恶憎之分。

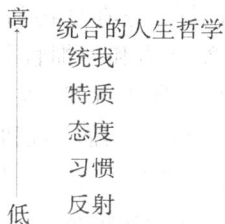

高
统合的人生哲学
统我
特质
态度
习惯
反射
低

图 3-2 Allport 人格谱图

二、特质学说

特质是 Allport 人格理论中最重要的概念。在他看来，**特质**（trait）是一个宽泛的、聚焦的神经生理系统，它使许多刺激在机能上等值，能够激发和引导形式一致（等同）的适应性行为和表现性行为（Allport，1937，p. 295）。因此，特质具有生理基础，是相对普遍和稳定的；它不仅能激发和指导行为，而且可以统合个体对多种特殊刺激的反应，使其在不同情境下的行为表现出更广泛的一致性。为了更详细地说明特质概念，Allport 将其区分为**共同特质**（common traits）和**个人倾向**（individual dispositions）：共同特质是全人类或一群人（如某个文化所有成员）所共有的特质；个人倾向则是特定个体独有的特质，是与共同特质相对应的“个人特质”。不同的特质对于不同的人而言，其作用和意义是不同的；非但如此，不同的特质对同一个人的作用也是不同的。根据特质对个体的相对重要性和影响力大小，

"个人倾向"可以分为首要特质、核心特质和次要特质三类。首要特质（cardinal traits）代表着个体最重要的、占主导地位的人格特质，最具普遍性，几乎影响着个体行为的所有方面。核心特质（central traits）是能够代表个体主要特征的少数几个特质，如朋友对你的描述。不是每个人都有首要特质，但人人都有核心特质。次要特质（second traits）则指那些普遍性和一致性较差、不够鲜明的特质。由于没有鲜明的表现，次要特质不易为人察觉，通常只有非常熟悉的人才会意识到它们的存在。

三、人格的动力系统

在 Allport 的动机理论中，**机能自主**（functional autonomy）是核心概念，充分体现着人格动力系统的前动性特点。Allport 认为，当习得性动机的系统张力与系统形成之初的原始张力开始有所不同时，动机的机能自主就实现了。换句话说，曾经为了满足特定的目标而产生的行为，在一定时间后会自己发挥作用，这时，先前的动机会转化成新的自主的动机。当动机变成在机能上不同以往的新动机时，机能自主就发生了。机能自主可分为持续性机能自主和统合性机能自主。**持续性机能自主**（perseverative functional autonomy）是原始、基本的动机系统，用于解释许多重复性行为模式以及对规律和熟悉性的偏好，它在动物和人类身上都是存在的。对人类而言，持续性机能自主多体现在成瘾行为和习惯性行为等重复性行为上。Allport 认为，与持续性机能自主有关的动机不属于统我，它们处于人格的边缘，整合水平较低，但可以帮助我们理解一些简单行为。**统合性机能自主**（propriate functional autonomy）是与人格整合有关的主导动机系统，是与"统我"的维持有关的动机。与持续性机能自主相比，它代表更高的动机水平，与自我感的关系也更密切，因而对理解人的动机也更重要。统合性机能自主不仅是联系外周动机和统合性动机的桥梁（Allport, 1961, p. 244）；而且决定着人对世界的知觉、注意、记忆和思维。Allport 认为，一旦动机变成"统我"的组成部分，就开始依据**自我生成规则**（self generated rule）自行其事，不再受到外在奖赏和他人期望的影响。

四、人格的发展

与临床心理学家不同，Allport 反对通过病态人格推测正常人格。在他看来，每个人都有两种人格，一种是儿童期的不成熟人格，另一种是成人后的成熟人格。两者不可能属于同一个人格维度。不成熟人格常常体现在避免饥饿、获取安全感等直接指向生存需要的行为，这对儿童来说是正常的，但发生在成人身上则是病态表现（Allport, 1955, pp. 28-29）。成熟人格较少受生物驱力和反射驱力的影响，也不受童年经验的约束，它更多受当前动机和情境的影响。

成熟人格必须具备 6 个基本条件：（1）将自我感扩展到自身以外的人和活动；

（2）热情地与人交往，表达自己的亲密、同情和容忍；（3）具有情绪安全感和自我接纳感；（4）对生活有现实的知觉；（5）具有幽默感和自我洞察力；（6）具有统合的人生哲学。只有具备这些基本特征，人才能实现机能自主，不为早年的经验所奴役。这样的人才是健康成熟的。如何实现人格的统合，使之达到成熟？Allport认为，统合随**主宰感**（master-sentiments）的形成而发生，主宰感的形成又依赖于"统我"的发展。从出生到终老，"统我"都在不断地发展变化，并依次经历八个不同的发展阶段。整个发展始于婴儿身体"我"感的形成；18个月后，儿童开始意识到，无论外界环境如何，自己始终是同一个人，这是自我认同感的萌芽；两三岁时，儿童能够自己独立完成一些任务，开始感到自己是有能力的，开始发展出自尊；从三四岁起，儿童开始明白了"我的"的意义，开始将那些原来不属于"我"的东西纳入了自我系统；到4~6岁，自我意象开始形成，开始对自己的"能力、身份和角色"做出评价，对未来有所期望，并学习按父母的期望行事；6岁后，儿童意识到思考的重要性，开始懂得通过思考来解决问题，并热衷于计划行动、检验自己的智力技能，成为"理性的应对者"；到青少年期，人已经具有"有指向或有意图"的动机，即为之奋斗不息的长期目标，开始听从内在标准行事，并形成"应该"的意识；到了成年，知者自我出现，并试图在认知上将前七个阶段的"成果"统合为一体。

五、对人格的研究和测量

就人格的研究方法而言，Allport提倡研究取向的开放性和折中主义。他曾列出过52种可用于人格研究的分析方法。在《人格类型和成长》一书中，Allport（1961）介绍了生理诊断法，对文化背景、地位和角色的研究，个人档案和个案研究，自我评价，行为分析，他人评定，测验和量表法，投射测验，深度分析，表现型行为研究和综合法等11种相对重要的分析方法。他认为，人格研究应该以观察和解释为核心，结合多种方法，甚至可以少量采用科学范畴之外的常识心理学和直觉方法。

Allport对人格结构的探索也意义深远，其中最具影响力的是他对人格描述词的研究。根据词汇学假设，Allport及其同事从《韦伯斯特新国际词典》（1925）挑选出"能够将一个人的行为与他人行为区分开的所有词汇"（Allport & Odbert，1936，p. 24）。整个词表包括了17953个词语，占词典词汇量的4.5%；他们将上述描述词分成四大类：（1）人格特质；（2）暂时的状态、情绪和活动；（3）对品行和声望的评价；（4）其他词汇如描述身体特征、能力天赋及其他与人格关系模糊的词语（Allport & Odbert，1936）。除了自然语言，行为是可用于推断特质的另一重要线索。Allport将行为分为**表现型行为**（expressive behavior）**和应对型行为**（coping behavior）两种。前者是自发出现的、近乎无目的的行为，往往下意识地表现出来，主要反映个体特有的风格和生活形态；而应对型行为则是由特定情境决定的、指向特殊目的的有意识行为，主要用于满足个体的需要和环境的要求，具有适应功能（Schultz，2001）。个体的表现型行为是其人格的体现，应该予以重视。

除此以外，Allport 还完成了一份著名的个案分析报告，并通过问卷分析等方法，编制了广为使用的《价值观量表》和《宗教取向量表》等一系列的测量工具。

第二节 Cattell 和 Eysenck 的因素分析心理学

Cattell 和 Eysenck 这两位英国心理学家试图将 Allport 的特质概念更加科学化，他们继承了 Allport 的词汇分析研究，并有效地引进了因素分析的统计方法，各自找到基本的人格特质结构，而且编制了被广泛采用的人格量表，将特质研究推进到一个新的阶段。

一、Cattell 的因素分析心理学

Raymond B. Cattell（1905~1998）是继 Allport 之后另一位对人格心理学有重要贡献的特质心理学家。他同 Allport 一样，也反对使用临床的方法，但他强调研究程序的科学化和系统化，并将因素分析等统计方法应用于人格研究。显然，他更看重心理学理论对行为的预测功能。

图 3-3 Cattell

（一）方法学思想

Cattell 认为，科学理论建构应该始于实验观察或测量，在大量的观察或测量的基础上，可以归纳出若干规律，形成粗略的假设。然后，再次进行实验观察或测量以验证该假设，然后继续根据新的研究结果归纳出更精确的假设，根据新假设进一步演绎出下一轮的研究设计、观察测量、归纳假设……如此反复不已。归纳、假设、演绎三个过程不断循环构成一个螺旋上升的过程（如图 3-4，Nesselroade & Cattell，1988，p. 17），即归纳—假设—演绎螺旋（inductive- hypothetical-deductive spiral）。而这种理论建构方法即归纳—假设—演绎法（inductive- hypothetical-deductive method）。

人格理论以精确的测量和客观的观察为基础，Cattell 将观察和测量的资料分为三种：L 数据、Q 数据和 T 数据。**L 数据**（L-data）即生活记录资料，是与个人生活史有关的资料或者说对日常生活事件的记录，包括主观信息（如教师对学生的评语等）和客观信息（如学校成绩记录等）两大类。Q **数据**（Q-data）即问卷资料，是通过人格测验得到的人的自我评定结果。T **数据**（T-data）即客观测验资

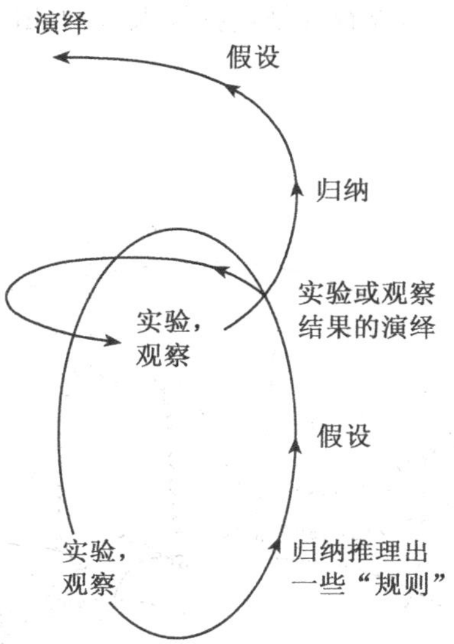

图 3-4 归纳—假设—演绎螺旋

料，是为了测定人格的某些特点而在给定情境下对被试的行为或反应进行观察所得的结果，如压力情境下被试的生心反应、被试对刺激的反应时、投射测验的结果等。Cattell 认为，三种资料都可以提供有关人格基本结构的信息，数量最大且遍布于整个人格天体（personality sphere）的是 L 数据。

此外，Cattell 还对研究策略和分析方法有独到的见解。在他看来，所有行为都是多个因素共同作用的结果，单自变量的研究方法不仅忽视了有机体的整体性，而且会将研究对象过度简化。他主张使用**多变量方法**（multivariate method）。这种方法通过实验程序和统计分析技术同时研究多个变量间的相互关系，可以使生活本身成为研究对象，从而萃取变量间有意义的联系。他还主张使用**因素分析**（factor analysis）技术来分析变量间的相互关系。因素分析技术有三种主要形式：P 技术（P technique）、R 技术（R technique）和 dR 技术（dR technique），其中最常用的是 R 技术。R 技术即对多个被试在多个变量上的反应进行测量进而探求变量间相互关系的方法。使用 R 技术进行特质研究得到的是多数人所共有的特质即共同特质。P 技术则是在不同情境下对同一个被试在多个变量上的反应进行测量、研究的方法。通过 P 技术，我们不仅可以发现每个人独有的特质，即 Allport 所谓的个人特质，而且可以洞悉个体的动机变化过程，见图 3-5（Cattell，1957）。而 dR 技术则是对多个被试在两种不同情境下在多个变量上的反应进行测量，然后对变量间关系加以研究的方法。尽管 dR 技术考虑到了情境因素如情绪状态和外界环境等因素的影响，也有更强的外部效度，但dR技术更容易出现情境抽样误差。因此，只有将外部效度较低的P技术和可能存在情境抽样误差的dR技术结合，我们才能获得更有说服力的信息。

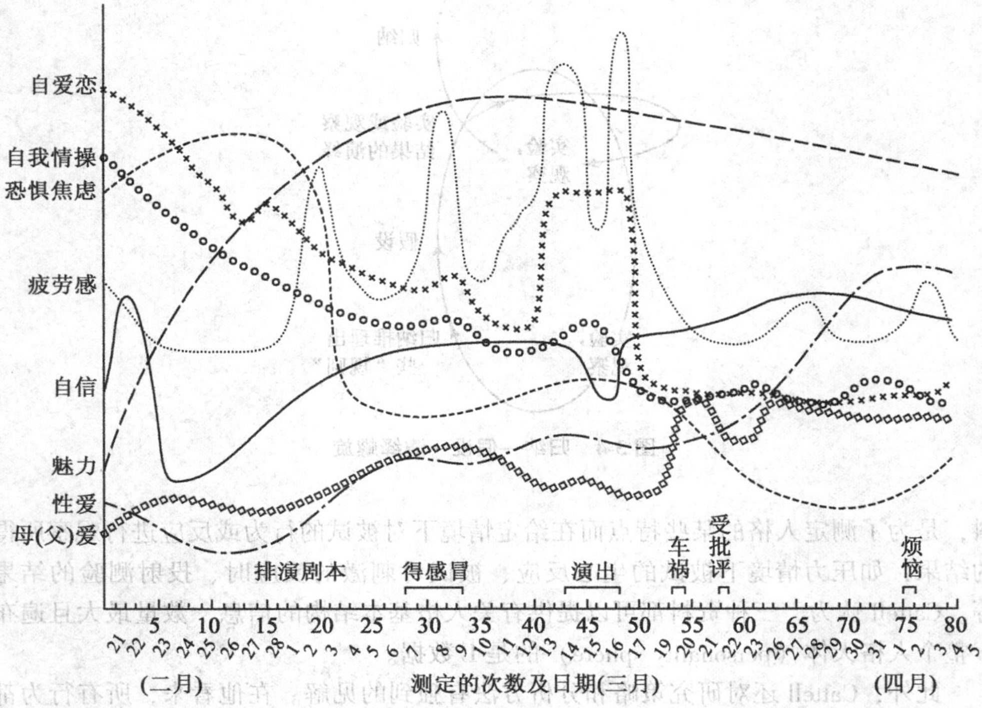

图3-5 通过P技术对若干特质的追踪研究

（二）Cattell的特质心理学思想

与Allport一样，特质也是Cattell人格理论中的重要概念之一。Cattell认为，**特质**决定个体在给定情境下将做出何种反应（Cattell，1979，p. 14），使个体行为具有跨时间的稳定性和跨情境的一致性。因此，虽然特质并不一定和生理根源有准确的对应关系，但特质绝不是统计的产物，而是对行为有决定和预测作用的重要概念。

为了对人格的多样性做出解释，Cattell也从不同角度对特质做出了精细的区分。首先，和Allport的思路一样，Cattell也做了共同特质和独有特质的区分。**共同特质**（common traits）是指所有人在一定程度上都拥有的特质，如内外向等；而**独有特质**（unique traits）则为个体所特有，通过兴趣、习惯、态度等形式体现。所有人都具有共同特质，但在程度上可能存在差异。共同特质用于解释人格在人性或群体层面的差异，独有特质则主要解释个体的个别化本质。然后，Cattell 从来源上将特质区分为本体性特质和环境塑造特质。**本体性特质**（constitutional traits）是主要由生物因素决定的特质；**环境塑造特质**（environmental-mold traits）则是主要由环境因素决定的特质。本体性特质虽然主要受生物因素的影响，却未必是天生的，因为后天的生理病变同样可以导致人格的改变；环境塑造特质因为受社会或物理环境的影响，所以是习得的特征。Cattell 还根据内容将特质区分为能力特质、气质特质和动力特质。**能力特质**（ability traits）是个体在应对复杂的问题情境时表现出的技能，决定其实现目标的可能性；**气质特质**（temperament traits）则是个体普遍的反应倾向或行为风格，决定着所有的情感和行为反应；**动力特质**（dynamic traits）是个体行为的驱动力，定义了动机和兴趣等。对上述特质，Cattell 都进行了大量的研究，例如，他将智力这种能力特质区分为流体智力和晶体智力，并据此编制了测量流体智力的《文化公平测验》。

此外，Cattell 还将特质区分为根源特质和表面特质。**表面特质**（surface traits）是个体相对外显的特质，一般是表面上有关的一系列特征或行为表现，如乐观、爱说话、好热闹、热衷于社交活动等；而**根源特质**（source traits）则是深层的潜在特质，是彼此相关、共同变化的一系列特征或行为的表征。前者通过观察外显行为得到，后者由表面特质推断而来。表面特质由背后的根源特质决定，因此，只有根源特质才是人格的基本结构单元。例如，乐观、好社交、爱热闹等特质都是表面特质，虽然彼此各不相同，但常常同时出现在某个人身上，这是因为它们都受制于背后的根源特质——外向性。

（三）Cattell 的人格动力观

不仅强调特质，Cattell 也非常强调人格的动力系统。在他看来，人格的动力系统也由不同水平的动力特质构成，为个体的行为提供能量和方向。根据动力特质的来源，Cattell 首先将其区分为**能**（ergs）和**外能**（metaergs）两大类。能是指先天的心理生理倾向，使个体对某些事物作强烈的反应，并产生特殊的情感，从而引发一系列行为来更好地实现某个目标（Cattell，1950，p. 199）。因此，能是本体性特质，是稳定的动机单元，会增减变化但永远不会消失。Cattell 通过因素分析得到了寻求食物、求偶、合群、保护、探索、安全、自信、性爱、好斗和收获等 10 种独立的能和吸引力、放松、创造、自我贬损等相对独立的 4 种能（Cattell & Kline，1977，p. 181）。

与能相对应，外能是习得的动机特质，主要受环境因素影响，属于环境塑造特质，包括处于不同概括水平的两类特质：情操和态度。**情操**（sentiment）是通过与环境中的人、事、物接触所形成的与生活中某些重要方面有关的动力特质；而**态度**（attitude）则是对具体的人、事、物的兴趣、情感和行为。可以说，情操是人格中更为持久、更深层的潜在动力结构，虽然与特定的事物范畴相连，但仍具有相当普遍的影响力；而态度是在给定情境下对特定事物做出某种反应的特殊兴趣，因而普遍性水平较低。虽然能、情操和态度的来源不同，概括性水平也不同，但三者却彼此联系构成了复杂的动力网格（dynamic lattice），见图 3-6（Cattell，1950）。网格最左边是态度，最右边是能，中间散落着各种情操，不同的情操彼此联系，不仅可以追溯到不同能的作用，而且影响着不同的态度。Cattell 将三种动力特质间的复杂关系描述为**附属**（subsidiation）。这就意味着，某些特质控制或引起了另一些特质的出现，具体地说，某些态度的出现是由相应的情操引起的，而情操的出现又是由能引起的。

此外，Cattell 认为上述动力网格会随个体的心境或情绪状态变化，而情绪状态的变化往往又由环境的变化引起。尽管如此，人格的动力系统仍保持相当的稳定性和连续性，因为人格中还存在一种主导的动机特质——**自我情操**（self-sentiment），统合和组织着所有的态度、情操和能。

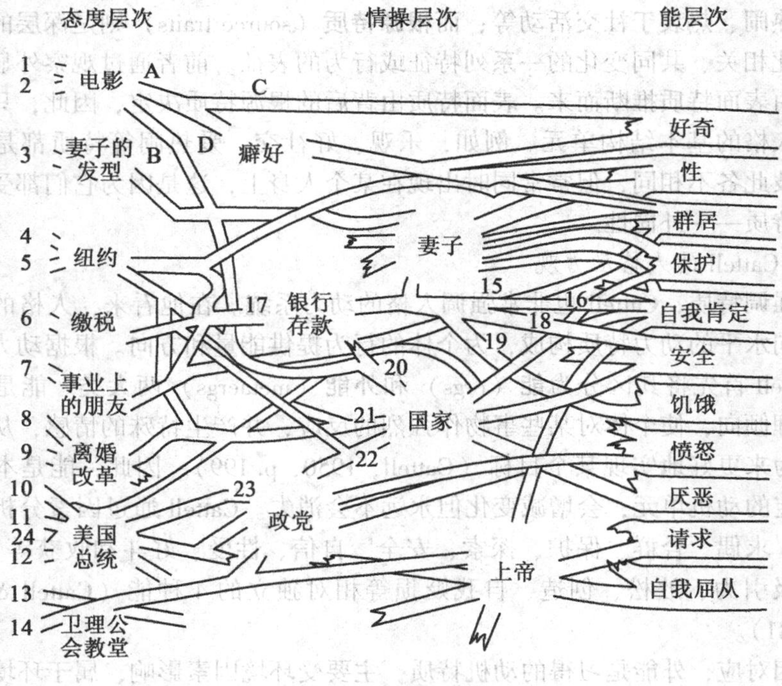

图 3-6　动力网格的片段

（四）人格的预测作用

从人格或特质的定义，Cattell 对人格或特质预测作用的强调已略见端倪，这一点在其相关的理论和研究中更为明显。他认为，人格研究的目的就在于建立不同个体在各种社会或一般环境下做出何种反应的法则（Cattell，1950，pp. 2-3）；通过有效的方法，我们可以预测所有行为。他还给出一个**特征公式**（specification equation）来说明特质、情境等多种因素与行为的复杂关系，具体如下所示：

$$P_j = S_{ja}A + S_{jt}T + S_{je}E + S_{jm}M + S_{jr}R + S_{js}S$$

其中，P_j 指个体在情境 j 中的行为表现（performance）；

A 指能力特质（ability trait）；

T 指气质特质（temperature trait）；

E 指能（ergs）；

M 指外能（metaergs），包括情操和态度；

R 指个体在情境 j 下所扮演的角色（role）；

S 指个体在情境 j 下的情感或身体状态；

S_j 指在情境 j 下的加权系数，即各因素在情境 j 下作用的比重。

在上述公式中，每种因素都有自己的加权系数，代表它们在给定情境下对个体行为表现的重要程度（Cattell，1965，pp. 78-80）。从理论上看，这个加权系数可以通过实验确定，相关的特质或因素也可以通过因素分析等统计技术得到。特征公式是成立的，但上述系数和变量的确定需要大量的研究，至今尚无实际应用。

（五）人格的发展

除了特质和动力系统，Cattell 还十分关注人格的形成和发展。他不仅提出了人格的毕生发展阶段说，而且详细讨论了遗传和环境两大因素对人格的作用。他尤其强调学习在人格发展过程中的重要作用。人一生会经历不同的阶段，而每个阶段会面临不同的危机或任务。2～5 岁，自我和超我开始发展；6～13 岁，自我继续发展，个体对自己的爱将延伸到父母和他人；青春期由于生理成熟，人的情绪稳定性开始下降，并产生性兴趣和对社会的无力感，同时利他、创造、追求独立、获得爱和自我认同感的念头也开始萌发；25～50 岁，人格趋于稳定，生理机能却开始衰退，但创造性仍可能得到发展；到了老年则会出现记忆力减退、保守、多话等典型心理特点（Cattell，1950）。

Cattell 认为，对多数特质而言遗传和环境都重要，只是二者的相对重要性不同。他用**天性—教养比**（nature-nurture ratio）和**遗传率**（heritability）等概念来考察这种相对重要性，其中遗传率是由遗传决定的变异在某特质整体变异中所占的比重（Cattell，1973，p. 145）。此外，他还创造了**多元抽象变异分析**（multiple abstract variance analysis，MAVA）的方法以专门考察遗传和环境的相对重要性。通过比较分开抚养或共同抚养的同卵双生子、异卵双生子、兄弟姐妹、无亲缘关系儿童在特质上表现出的相似或差异，Cattell 确定了好几种根源特质的遗传率。

有关学习对人格发展的作用，Cattell 提出了三种不同类型的学习：**经典条件作**

用（classical conditioning）、**操作性条件作用**（operant conditioning）和**整合学习**（integrative learning）。经典条件作用在无意识学习和情绪性反应如恐惧症的形成过程中有重要作用，操作性条件作用即**奖励学习**（reward learning），对很多特质或动力网格的形成都有重要作用（Cattell，1965）。整合学习即对一系列有层次结构的反应或反应组合的学习（Cattell，1965，p. 30），因为它对整个人格结构的形成有更重要的作用，又称**人格学习**（personality learning）或**结构学习**（structured learning）。通过整合学习，我们习得了对事物的积极或消极反应倾向，进而学会了权衡现实，根据不同情境抑制或表现不同行为。

（六）对特质的研究与测量

Cattell 的工作重点是运用因素分析技术确定根源特质。通过对 L 资料和 Q 资料的分析，他确定了气质特质的 35 个初级特质（primary trait），其中包括 23 种**正常特质**（normal trait）和 12 种**异常特质**（abnormal trait）。Cattell 对正常特质的探索始于对 L 数据的分析。根据词汇学假设，他开始了对 Allport 抽取的 4500 个特质形容词的研究：通过同义词的合并，他得到了翼展于人格天体的 171 个同义词组；然后根据专家评定确定 36 个相关词群（即表面特质），再加上从临床资料中得到的 10 个特质，共得到 46 个表面特质（Cattell & Kline，1977，pp. 30-31）；最后通过因素分析确定了 23 个根源特质。在此基础上，Cattell 通过收集 Q 数据，最终得到了 16 种因素，包括 12 种与上述 23 个特质相似的特质和其他 4 种特质，如表 3-1 所示。他据此编制了著名的 16PF 问卷。由于 Cattell 认为上述初级根源特质仍有相关，因此进一步通过因素分析将初级根源特质聚类，最终发现 5 个更概括的因素——外向性、焦虑、意志坚强性、顺从性和自制性，可以被看作"大五"结构的雏形。

表 3-1　**16PF 测验得出的主要根源特质或初级因素**

低分者特征	因素名	高分者特征
保守、冷漠、疏远、刻板	乐群性（A）	热情、关心人、软心肠、慷慨
迟钝、学识浅薄、不善抽象思维	聪慧性（B）	聪明、有才学、善于抽象思维
易反应、易烦躁、性情易变化	情绪稳定性（C）	安静、稳定、成熟、沉着
恭顺、谦虚、顺从	支配性（E）	过分自信、强有力、好竞争
严肃、安静、谨慎、好沉思	活泼性（F）	无忧无虑、热情、自发的、精力充沛
权宜的、一致性差、低超我力量	有恒性（G）	尽责、小心谨慎、高超我力量
羞怯、社交胆怯、易尴尬	勇为性（H）	社交勇敢、冒险
坚强、现实、不易动感情	敏感性（I）	情绪敏感、有教养、易动感情
信任人、不怀疑、宽恕、接纳	怀疑性（L）	警惕、怀疑、不信任人、机警
现实、重实践、实际	幻想性（M）	抽象、善想象、多思、好沉思

续表

低分者特征	因素名	高分者特征
直率、自我暴露、坦率	世故性（N）	世故、谨慎、隐蔽
自信、镇定、自我满足	忧虑性（O）	忧虑、自我怀疑、有内疚感倾向
传统、保守、抗拒变革	激进性（Q1）	对变革敏感、敢于尝试、思想自由
团体定向、从属性的、团体依赖	独立性（Q2）	自立、孤独、个人主义
可容忍紊乱、不苛求、不严格	自律性（Q3）	完美主义、自律、目标定向
放松、平静、安静、耐心	紧张性（Q4）	紧张、有紧迫感、高能量、无耐心

二、Eysenck 的三因素层次模型

（一）层次特质观

Hans J. Eysenck（1916～1997）将**人格**定义为人的性格、气质、智力和体质等持久稳定的组织，决定着人对环境的独特适应。其中，性格是持久稳定的意愿行为系统；气质是持久稳定的情感行为系统；智力是持久稳定的认知行为系统；体质则是持久稳定的身体形态和神经内分泌系统（Eysenck，1970，p. 2）。

图 3-7　Eysenck

根据人格构成元素对行为影响力的大小，Eyesenck 将人格分作四个层次——**类型层次**（type level）、**特质层次**（trait level）、**习惯反应层次**（habitual response level）和**特定反应层次**（special response level）。类型处于人格结构的最高层，由次级因素特质构成，特质又由习惯反应构成，而习惯反应又由处于最底层的特定反应构成，这就是**人格层次模型**（hierarchical model of personality），如图 3-8 所示（Eysenck，1970，p. 13）。在 Eysenck 看来，类型对个体所有的行为系统都有弥散性的影响，使个体的思想、兴趣、生活方式、社交行为、情绪反应乃至价值观都表现出了特有的风格。特质对行为系统也有广泛的影响，但往往只限于某些方面。

在生理研究的基础上，Eysenck 进一步完善了上述人格结构学说。在他看来，人格最基础的层次（L_1）是遗传型人格，主要是神经过程的兴奋—抑制平衡；第二层（L_2）是以第一层为基础得到的实验事实或现象；第三层（L_3）就是表现型人格，表现为特质和习惯反应；第四层（L_4）则是态度、状态等特殊表现（后来，这一层因内容过于模糊而被删去）。遗传型人格（L_1）主要由遗传决定，而表现型人格（L_3）则是遗传和环境交互作用的结果（图 3-9，陈仲庚，张雨新，1987）。

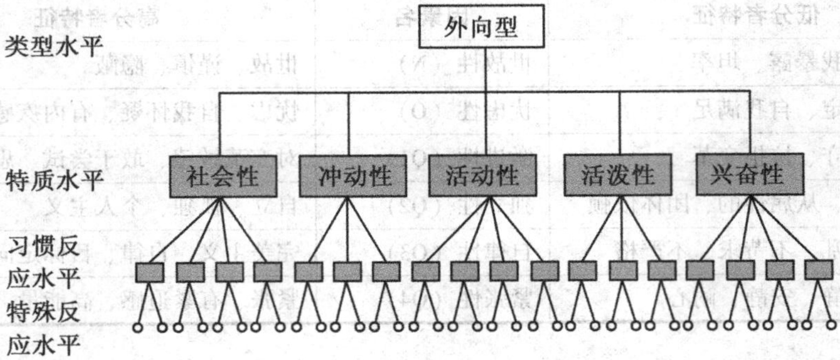

图 3-8 人格的层次模型

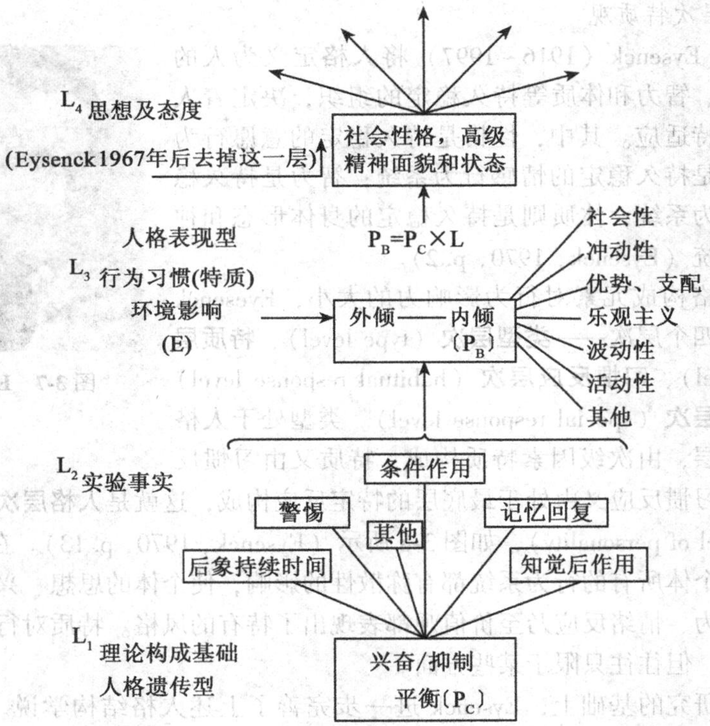

图 3-9 表现型和遗传型人格的关系

(二) 人格的类型

虽然同样使用因素分析的方法，Eysenck 和 Cattell 的关注点却并不相同：Eysenck 研究发现，高度相关的特质可以构成更具概括性的人格因素——类型，因此他更关心人格类型，而不是特质，这里“类型”即连续的维度。Eysenck 最终确定了彼此独立的三个基本维度或“类型”——外向性、神经质和精神质，其中外向性和神经质是 Eysenck 早期确定的两大人格维度。**外向性**（extraversion）的一端为典型的外向特征群，另一端为典型的内向特征群。典型的外向者好交际、爱热闹、易冲动、自信、活跃、喜欢追求变化；而内向者则固执、刻板、主观、害羞、不易激动。现实生活中，大多数人处于中间位置。**神经质**（neuroticism）是另一个重要维度，一端为情绪不稳定，另一端为情绪稳定。高神经质者可能会有过分担心某事或害怕某物的倾向，也可能在适应过程中出现不平衡的焦虑状态（Eysenck，1965，pp. 97-100）；低神经质者则往往是平静的、好脾气的、耐心的。**精神质**（psychoticism）是 Eysenck 后来提出的一个重要人格维度，一端为精神质，一端为超我机能。前者表现出了高攻击、冷漠、自私、冲动、反社会、思维和行为迟缓等特点，但与此同时，也表现出高创造性、坚强等特点；而后者则显示出较高的超我机能，表现得仁慈、好心肠。Eysenck 用首写字母 E、N、P 分别代表外向性（extraversion）、神经质（neuroticism）和精神质（psychoticism）三个维度。为了方便，通常用缩写词 PEN 来指称 Eysenck 的三维度模型。在上述界定的基础上，Eysenck 编制了著名的人格问卷——Eysenck 人格问卷（EPQ）。尽管如此，Eysenck 并不认为三个维度是人格的全部，他和同事们也曾多次试图提出四个或更多的因素（Wilson & Eysenck，1976）。需要说明的是，外向性和神经质两个维度垂直相交得到的四个象限与古希腊医学家 Hippocrates 体液说中提到的四种气质——胆汁质、多血质、粘液质和抑郁质有很好的对应关系，如图 3-10 所示。

（三）人格的发展

Eysenck 对人格的发展过程未做任何描述，但非常强调遗传因素对人格的决定作用，并通过人格的普遍性、稳定性和遗传率等方面的资料对遗传的相对重要性进行考察。他曾对欧洲、非洲、美洲、亚洲的 35 个国家和地区的成年和儿童被试进行大规模施测，结果发现，文化、性别、年龄等因素都无法导致不同于 PEN 模型的人格结构出现。不仅如此，三个人格维度的跨时间稳定性还得到了纵向研究的支持。这些结果间接证明了人格的遗传根源。

和 Cattell 一样，Eysenck 也使用双生子研究证明遗传的作用。结果发现，就外向性而言，一起抚养的同卵双生子的相关系数为 .42，分开抚养的同卵双生子的相关系数为 .61，异卵双生子的相关系数为-. 17；而对神经质而言，一起抚养的同卵双生子的相关系数为 .38，分开抚养的同卵双生子的相关系数为 .53，异卵双生子的相关系数为 .11（Eysenck & Eysenck，1985，pp. 93-95）。此外，其他很多双生子研究还发现，同卵双生子在躁郁症、精神分裂症等多种精神疾病上的共病率显著高于异卵双生子，这证实了遗传对精神疾病的重要作用（Eysenck，1967，p. 222）。尽管如此，Eysenck 也强调环境因素的作用。在他看来，社会行为会受道德的影响，

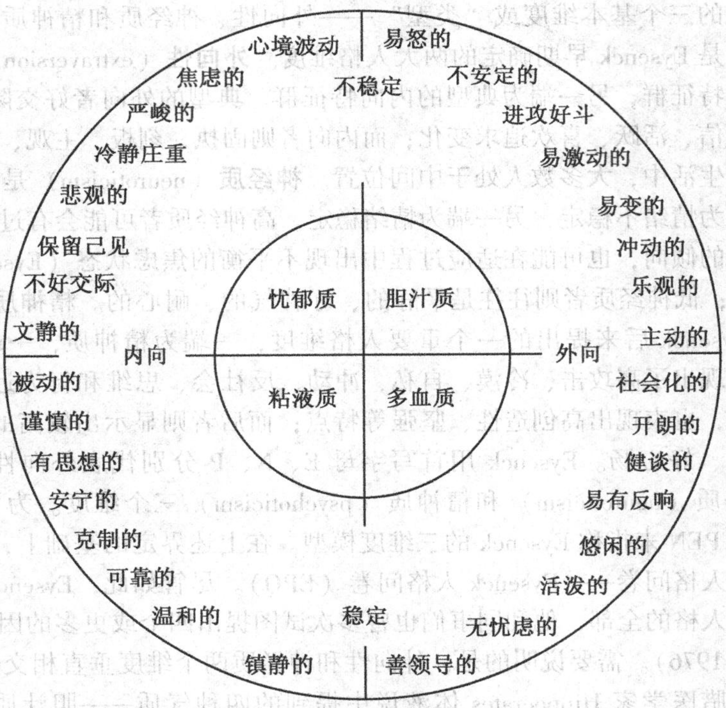

图 3-10 Eyesnck 的人格维度与古希腊气质学说的对应关系

而道德就是个体习得的条件反射的总和。人会在发展过程中学习为父母和社会所赞许的行为，以获得奖赏或避免惩罚。因此，从本质上说，社会化的过程就是社会行为的学习过程。虽然社会化过程相似，但每个人学习社会规范的难易程度并不相同。内向者学习社会规范比较容易，外向者则比较困难（Eysenck & Eysenck，1985，p.241）。

总之，无论遗传的作用如何，环境的作用显然是肯定的。在他看来，遗传和环境的争论应该不是哪个存在的问题，而是哪个更重要、二者如何相互作用的问题。遗传是重要的，但行为矫治也是可能的（Eysenck，1982，p. 29）。

第三节 五因素人格理论

特质理论家有一个共同的目标：确定普遍的人格结构。Allport 提出了初步的理论构想，Cattell 提出了 16 种根源特质，Eysenck 确定了三个人格维度，其他研究者也各自提出自己的人格结构，但是他们始终没有达成共识，特质领域也因此陷入困境。直到“大五”结构、五因素模型及五因素人格理论出现，特质心理学才得以复苏，并在人格心理学殿堂里占据了越来越显赫的位置。

一、人格分类系统的共识

20世纪末，人格领域最令人欢欣鼓舞的进展应该是两个相似的人格分类系统——“大五”结构（“Big Five” Structure）和“五因素模型”（Five-Factor Model，FFM）的出现。两种模型分别是词汇学取向和理论取向研究成果的结晶。但让人惊叹的是，两种取向的研究殊途同归，最终在人格结构的问题上达成初步共识。

自Allport开始，词汇学研究一直都是人格结构的重要研究取向之一。在前人研究的基础上，Fisk（1949）通过自我报告、同伴报告和指导者评定等方法得到了五个与后来的“大五”相似的因素，被看作是“大五”的偶然发现者；Tupes和Christal（1961）使用同伴评定、指导者评定、教师评定和临床医生评定及再分析等方法也发现了具有相当的预测效度、相对稳定性和普遍性的五个因素，并因而被当作“大五”之父（Goldberg，1993）。Norman（1963）对Cattell形容词量表中的20个形容词进行因素分析，同样也得到了五个因素。由于未能得到其他研究者的认同，Normal（1967）重复了Allport和Catell的工作，得到了包括2 800个特质形容词的人格描述词表。通过对其中的1 710个特质形容词进行分析，Goldberg（1990）发现，无论使用何种分析方法，最终都得到五个相似的因素。而通过对其中的475个常见特质形容词的进一步分析，Goldberg再次证实了五个因素——外向性、随和性、尽责性、情绪稳定性和才智，即“大五”结构。尽管很多研究者得到了相似的“大五”结构，但结构和命名并不完全一致，因此，很多人常常迷惑究竟有几个“大五”，是哪个“大五”。John（1989，1990）的研究很好地回答了上述问题。他们对Gough和Heilbrun的形容词核查表（ACL）中300个项目进行专家评定发现，评定者对五个维度有相对一致的理解；而且300个项目中的112个项目基本被一致归入了“大五”的某个因素，并构成了“大五”的“核心”定义。John（1990）进一步研究发现，上述112个项目中有98个项目都在假设的因素上有显著且最大的负载，而且五个因素都有宽泛的内涵，如外向性与活跃性、支配性、社交性、表现性和积极情绪等对应，随和性则包括了体贴、利他和信任等维度。“大五”结构的正式命名如下：Ⅰ. 外向性；Ⅱ. 随和性；Ⅲ. 尽责性；Ⅳ. 情绪稳定性；Ⅴ. 文化或智慧。罗马字母命名顺序意味着五个因素在日常人格描述词中的表征次序或相对重要性，即前面的因素比后面的因素更重要，在人格结构有更大的分量，也更容易被重复验证。

与词汇学研究者一样，理论取向的研究者也一直致力于寻求综合的、普遍的人格结构，直到McCrae和Costa提出了“五因素模型”。McCrae和Costa一直在尝试编制能够将多数人格变量包括在内的测量问卷。在研究的早期，他们确定了外向

图 3-11　Costa

性、神经质和经验开放性三个重要的人格维度，后来受到“大五”研究的影响，也意识到了他们的测量体系与“大五”结果有很多相似之处，于是将“大五”的另外两个因素——随和性和尽责性纳入自己的理论框架，得到了目前很具影响力的 NEO 人格量表修订版（NEO-PI-R）。NEO-PI-R 包括 240 个项目，5 个分量表和 30 个具体层面，具体如表 3-2 所示（Costa & McCrae，1992a）。

外向性（extraversion）、随和性（agreeableness）、尽责性（conscientiousness）、神经质（neuroticism）和开放性（openness）五个维度的首写字母结合构成了英文单词“OCEAN”（海洋），正好可作为人格的象征——人心如海洋般浩瀚无际又深不可测，因此可以说是具有科学美的一种人格结构理论。到 90 年代，Costa 和 McCrae 将 NEO-PI-R 删减得到具有良好信效度的简式量表 NEO-FFI（Costa & McCrae，1992b）。

表 3-2　**NEO-PI-R 的维度和层面**

维度		层面
E	外向性	乐群、自信、活跃、兴奋寻求、积极情绪、热心
A	随和性	信任、坦率、利他、顺从、谦逊、温和
C	尽责性	能力、秩序、责任感、上进心、自律、深思熟虑
N	神经质	焦虑、敌意、抑郁、自我意识、冲动、脆弱
O	开放性	思想、幻想、审美、行动、情感、价值

二、“五因素模型”的发展

McCrae 和 Costa 等人并不满足于对人格结构仅做描述，还一直尝试从特质的角度对“五因素”结构做出解释，并为此进行了大量的实证探索。如他们所言，“五因素模型”就像一棵圣诞树，与综合性、稳定性、遗传性、会聚效度、跨文化普适性和预测效用有关的研究成果正是满缀其间的圣诞礼物（Costa & McCrae，1993，p. 302）。

就“五因素模型”的真实性，McCrae 和 Costa 的研究主要体现在稳定性、观察者评定效度和预测效度等方面的探索。他们对 398 名被试进行了 6 年的追踪研究发现，被试 6 年前后在神经质、外向性和开放性等维度上的自我报告结果、同伴评定结果和配偶评定结果都有较高的相关（Costa & McCrae，1988；McCrae & Costa，1992a）。五个因素用不同评定方法所得结果之间的相关系数都大于 .30（效度指标

图 3-12 McCrae

的临界值)，说明不同方法一方面具有一定的区分效度，另一方面也证明它们背后有共同的东西——“五因素模型”的真实性（McCrae & Costa，1992a）。此外，“五因素模型”还有较好的预测效度。例如，开放性是职业兴趣的重要预测源；尽责性是工作表现和学业成就的最佳预测源；外向性和神经质是情绪幸福感的重要预测源，而控制了外向性和尽责性后，随和性与生活满意度有较高的相关（Digman & Takemoto-chock，1981；Barrick & Mount，1991）。

“五因素模型”具有丰富的理论内涵，是一个综合的概念系统，与许多经典人格理论都有密切的联系（McCrae & Costa，1996）。首先，源于理论的“五因素模型”与来自词汇学研究的“大五”结构惊人的相似。研究表明，NEO-PI-R 和“大五”结构的测量工具（特质形容词表（TDA）以及大五量表（BFI））有较高的一致性，在外向性、随和性和尽责性三个因素上的平均相关超过了.90（John & Srivastava，1999）。其次，“五因素模型”还涵盖了其他很多人格理论。“五因素模型”与人格障碍量表修订版、形容词核查表、爱德华个人偏好量表、MMPI-PD、MCMI I & II、16PF 等都有很好的重合，而其他量表如 MMPI 因素量表、加里福尼亚心理问卷、Wiggins 人格形容词量表、Eysenck 人格问卷、EPQ-R、自我指向寻求、MBTI、加里福尼亚 Q 分类、Goldford-Zimmerman 气质调查表、Comrey 人格量表等的内容也可以被“五因素模型”的部分因素所概括（McCrae & Costa，1992）。此外，“五因素模型”的概念化或重新概念化与很多经典人格理论也有密切的联系。Rogers 的经验开放性概念在“五因素模型”开放性维度最初概念化的过程中就起到了重要作用。随和性还涵盖了 Adler 所谓的社会兴趣（social interest）、Erikson 提出的基本信任（basic trust）和 Horney 的趋近人（moving toward people）等的所有方面（McCrae & Costa，1985，1996）。

跨文化普适性的验证也是“五因素模型”研究的重点。最重要的一个方面是模型本身的验证。自“五因素模型”在英语语言中得到确定之后，跨文化研究表明，它在许多文化下用不同的方法都得到了很好的验证（McCrae & Costa，1992）。跨文化研究的另一部分是性别差异和年龄差异的跨文化比较。对德国、意大利、韩国、俄国、日本、西班牙、英国、土耳其和捷克等文化的研究表明，从青少年到中年，个体将变得越来越适应社会、利他、有条理、尽责，同时越来越不热情、不开放（McCrae et al.，2000）。这种现象和美国文化下的个体没有太大区别。对性别差异的跨文化比较也发现了类似的模式：女性在神经质、随和性、外向性和开放性的一些方面如热心、对美的开放性等得分都相对较高，而男性在外向性和开放性的其他方面如自信、思想的开放性则有更高的得分（Costa & Terraccino，2001）。

最后，为证明“五因素模型”的神经心理根源，研究者还找到了行为遗传学、分子遗传学和比较心理学等领域的证据。根据行为遗传学的研究，人格变量25%到50%的变异可以归结为遗传因素的作用（Bouchard & McGue，1990；Hershberger，Plomin，& Pedersen，1995）。NEO-PI-R所有变量的遗传率基本上在41%～61%（Jang，Livesley & Vernon，1996）。分子遗传学证据表明，神经质和尽责性与多巴胺受体（dopamine receptor D4，DRD4）有关，而其他三个维度则没有发现类似关系。最后，比较心理学研究表明，黑猩猩的习性特点，除一个重要因素外，与五因素结构有很高的相似性。而且，它们类似于神经质的特点会随年龄增长而下降，而与随和性相似的特质将随年龄增长而增加（King，1998）。

三、五因素人格理论

根据Mayer（1998）的观点，人格应该是一种系统，而完整的人格理论需要对这个系统的定义、组成、发展和相互关系给出详细的说明。“五因素模型”及相关证据都不能独自构成人格理论。于是，McCrae和Costa将其综合，建构了**五因素人格理论**（Five-Factor Theory，FFT），一个综合的元理论框架。

五因素人格理论试图将人格理论中的所有重要元素都纳入其中，并将之分为基本趋向（basic tendency）、适应性特征（characteristic adaptation）、自我概念（self-concept）、客观传记（objective biography）和外在影响（external influence）等五个主要成分和联系它们的第六个成分——动力过程（dynamic processes）。基本趋向是人格的“原材料”，是通过直接观察推断而来的能力和倾向，如人格特质、生理特征、认知能力、生理驱力等。基本趋向可能是遗传的产物，也可能是早期经验的沉淀，还可以通过心理干预或生理变故而改变，它决定着个体潜能和倾向。适应性特征则是个体在与环境的互动中习得的技术、习惯、态度和关系，是基本倾向的具体表现，如习得的能力、态度、信念、目标、人际适应等（McCrae & Costa，1996）。基本趋向是个体的“所有”，是人格潜在的可能性，而适应性特征则是个体“所为”的总和，是潜在可能性的实现，不仅受到基本倾向的影响，而且受外在因素的影响（McCrae & Costa，1996）。自我概念是有关自我的知识、观点和评价，不仅包括能够赋予生活目的和连贯性的自我同一性，而且包括个人历史的方方面面，并以生活叙事和个人神话的形式表达出来（McCrae & Costa，1996）。自我概念是一种适应性特征，由于重要才专门将之列出。客观传记则是个体整个生命历程中感到、想到、说到、做到的所有重要事件。它不同于人生叙事，是不受主观因素影响的、无选择的、具有相当准确性的行为结果，可以被看作是人格心理学家所试图预测的结果变量（McCrae & Costa，2003）。外在影响则指心理环境，包括发展的影响因素、宏观和微观环境等一系列因素，教养方式、同伴关系、文化和历史因素、家庭、情景因素、奖惩作用等变量都可以被包括在内。动力过程则是联系上述五个元素的中介。这些动力过程是构成宏大理论的普遍原则，也可能是与中小理论如人际过程、认同形成等相联系的具体机制（McCrae & Costa，1996）。

为了更清晰地阐述人格系统的运作过程，McCrae 和 Costa 对上述六个基本元素的相互关系做出了详细的说明，如图 3-13 所示。矩形部分代表基本趋向、适应性特征和自我概念三个核心成分，而外围的椭圆部分代表生物学基础、外部影响和客观传记三类与人格系统关系密切的变量范畴，界定了人格之外的系统边界。概括地说，生物学基础和外部影响是人格系统的输入成分，人格因素通过与外在因素和生物学因素交互作用，产生了系统的输出成分——客观传记。为了更好地描述具体的运作过程，McCrae 和 Costa 还提出了 16 个具体的假设，如表 3-3 所示。

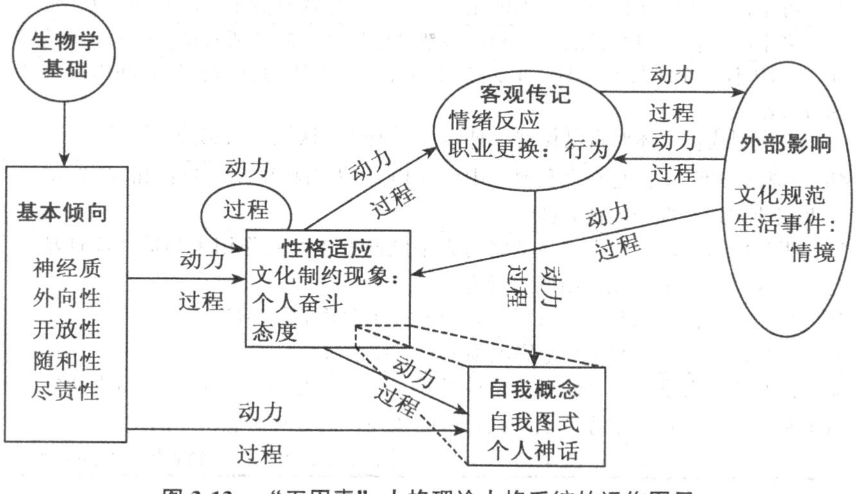

图 3-13 “五因素”人格理论人格系统的运作图示

虽然五因素人格理论有着坚实的实证基础，能够很好地解释很多研究结果或生活现象，但也常常面临很多矛盾证据的挑战。对此，McCrae 和 Costa 一直保持着开放的态度，不断地寻求将之完善的机会，但总的来看，它仍是相对科学合理的人格系统理论。

表 3-3　**五因素人格理论的基本假设**

方面	具体内容
基本趋向	1a　个体性：所有成人都因不同程度地具有一系列影响思想、情感和行为模型的人格特质而形成了独特的特征。
	1b　起源：人格特质是内源性的基本趋向。
	1c　发展：特质经过儿童期的发展到成年期成熟，并从此保持稳定，如果认知发展完善。
	1d　结构：特质是由狭义而具体和宽泛而普遍的倾向以层级的形式组织，神经质、外向性、经验开放性、随和性和尽责性处于层级结构的顶层。
适应性特征	2a　适应：随时间发展，个体将通过发展与人格特质和早期适应相一致的思想、情感和行为模式对环境做出反应。
	2b　适应不良：很多时候，适应特征可能不能很好地与文化价值观和个人目标匹配。
	2c　可塑性：适应性特征会因生理成熟、环境变化或有意干预随时间而变化。
客观传记	3a　多重决定：任何时候的行为和体验都是由情境引起的所有适应性特征的复杂功能。
	3b 生活历程：个体拥有计划、时间表和目标，使个体的行为在长时间内以与特质一致的方式组织。
自我概念	4a　自我图式：个体对自己保持一种能够意识到的认知—情感观。
	4b　选择性知觉：信息在自我概念中以（1）与人格特质相一致；和（2）赋予个体以连贯感的方式有选择地被表征。
外在影响	5a　相互作用：社会和生理环境将与人格倾向发生交互作用来塑造适应性特征，进而与适应性特征发生交互作用调节行为。
	5b　统觉：个体将以与人格特质一致的方式注意并解释环境。
	5c　交互作用：个体有选择地影响他们要反应的环境。
动力过程	6a　普通的动力系统：个体形成适应性特征、通过思维、情感和行为表达它们的功能将不断发展，并在一定程度上受到普遍的认知、情感和意志机制的调节。
	6b　特异的动力系统：一些动力系统将受到基本趋向包括人格特质的不同影响。

第四章

生物学理论

如果说人格的特质理论关注的焦点是人格的描述问题，那么以下所述的各种理论则更关注人格的解释。生活中你可能听到过类似这样的抱怨："唉，我太内向！""唉，我怎么这么急躁！""唉，我为什么爱冲动！"……等等，抱怨之中流露出对自己某些人格特质的不满。而且，这些抱怨者也肯定尝试过改变自己，希望重塑符合自己标准的理想人格。遗憾的是，有些人格特质改变起来很困难。你也许会问：人格为什么这么难以改变呢？如果你去请教不同的心理学家，自然会得到许多不同的答案。其中有一些心理学家会告诉你：有些人格特质在很大程度上是在你的解剖结构和生理机能基础上形成的，而解剖结构和生理机能受制于你从父母那里遗传而来的基因，这些基因又是人类长期进化的产物。相对于环境、文化等因素，生理、遗传和进化则更为稳定而难以改变。

这就是人格生物学理论最基本的观点。从生物学角度来解释人格可以追溯到人类知识的古老传统之中，但因种种原因，在19世纪末和20世纪上半叶，当精神分析、行为主义、人本主义等理论派别相继成为心理学主流的时候，人格的生物学理论并未受到足够的重视。20世纪下半叶，三个方面的研究突破复兴了人格的生物学理论。一是脑科学的进步让研究者有可能逐步了解人格的生理基础——脑机能，如Eysenck从脑功能的角度，提出了唤醒理论；二是分子生物学的进展使研究者能够深入到神经递质、激素甚至基因片断等微观水平，如Zuckerman用神经递质和激素来解释感觉寻求这种人格特质；三是进化心理学的兴起使研究者重新发现了进化论在解释人格起源上的价值。唤醒理论、行为遗传学和进化心理学虽然分属生理、遗传和进化三个层次，但它们实际上是并行研究的。本章就按照生理机制—遗传基础—进化渊源的顺序，重点介绍唤醒理论、行为遗传学和进化心理学等方面的相关研究和理论诠释。

第一节　生 理 机 制

生物性是人的基本属性。先要有物质属性的人，然后才会有心理属性的人格。古人凭经验就认识到了人的体质和人格之间具有某种联系。古希腊医生 Hippocrates（约公元前 460～前 377）因此提出了体液说。他认为，人体内有四种体液，即血液、粘液、黄胆汁和黑胆汁，不同的人体内占优势的体液不同，因而患不同种类疾病的可能性也不同。后来古罗马医生 Galen（130～200）用这种体液学说来解释气质，认为某种占优势的体液决定一个人的气质。根据这一学说，每一种体液都具有热—寒、干—湿两种性质，不同的人体内占优势的体液不同，因而就有四种类型的人：多血质的人血液占优势，血液具有热而湿的性质，所以这种人像春天一般热情；胆汁质的人黄胆汁占优势，黄胆汁具有热而干的性质，所以这种人像夏天一般暴躁；抑郁质的人黑胆汁占优势，黑胆汁具有寒而干的性质，所以这种人像秋天一般忧伤；粘液质的人粘液占优势，粘液具有寒而湿的性质，所以这种人像冬天一般冷漠。

用四种体液来解释人的气质类型，用现代的眼光看，缺乏科学依据，但它开创了从生理差异解释人格的传统。

一、气质类型理论

20 世纪初，德国精神病学家 Ernst Kretschmer（1888～1964）和美国心理学家 W. H. Sheldon（1889～1977）分别根据临床观察和调查研究，发现了体型和人格之间存在高度相关。

Kretschmer 根据临床观察，将人的体型主要分为肥胖型（pyknic）、瘦长型（asthenic）、健壮型（athletic）和畸异型（dysplastic）四类，人的体型不同，气质也不同，患不同精神病的可能性也不同。在躁狂症患者中，肥胖型占多数，而瘦长型和健壮型较少；在精神分裂症患者中，瘦长型、健壮型和畸异型较多，而肥胖型较少。

Kretschmer 还将体型与气质联系起来（表 4-1）。他认为，躁狂症和精神分裂症患者的行为，其轻度的症候就是气质的表现。这些气质特点，在精神病发病前，或者在患者的近亲中可以很容易地观察到。因此可以说，躁狂症患者具有躁狂性气质，精神分裂症患者具有分裂性气质。他还探讨了健壮型体型与粘着性气质的相关关系，这种气质与癫痫症患者的症状是一致的，也可称其为癫痫性气质。尽管进行了一系列体型与人格间关系的研究，但他未能建立一套标准或方法来测量体型和气质。

表 4-1 **体型与气质及其特征**

体 型	气 质	特 征
肥胖型	躁狂性气质	善交际，表情活泼，亲切热情
瘦长型	分裂性气质	不善交际，孤独，神经质，多思虑
健壮型	粘着性气质	固执，认真，理解问题慢

美国心理学家 W. H. Sheldon 则研究了正常人的体型与行为特征之间的关系，并形成了一系列测量体型和气质的方法。为了建立一套方法来对人的体型进行测量和分类，Sheldon 到公共浴池分别从正面、侧面和背面三个角度对 4000 名男大学生的裸体进行拍照，然后逐一研究这些照片。他提出决定体型的基本成分是胚叶。胚叶又称胚层，是指构成动物早期胚胎的细胞层。人有外、中、内三层胚叶，在发育过程中，各胚叶又分化为一定的组织和器官。外胚叶发育成表皮、神经组织等；中胚叶发育成肌肉、骨骼等；内胚叶发育成内脏器官等。胚叶的内、中、外三种成分的发展程度（比例分配）决定了人的体型。若内胚叶分化出的内脏器官得到较好的发育，会形成肥胖的体型或称内胚型（endomorphy）；若中胚叶分化出的骨骼和肌肉得到较好的发育，会形成健壮的体型或称中胚型（mesomorphy）；而若外胚叶分化出的皮肤组织和神经系统得到较好的发育，则会形成瘦长的体型或称外胚型（ectomorphy）。要测量一个人的体型，不应只是简单地根据一种成分看他属于哪种体型，而应该测量他的身体在这三种成分上各占比重的多少。每一成分均以七点量表来评量，由三个成分的评量结果来衡量一个人的体型。

Sheldon 还设计了一套测量气质的方法。他从书报文章中搜集到 650 个描述人格的项目，将意义相同或相近的加以合并删减，得出 50 个项目。然后又对 33 位男性被试进行了为期一年的观察和访谈等研究，并用这 50 个特征去描述他们。通过分析这些描述结果，发现一些特质总是聚合在一起，构成特质群。最后，他得出了三个特质群，Sheldon 将之称为三种气质，即内脏型（viscerotonia）（舒畅、闲适、乐群），肌肉型（somatotonia）（好活动、竞争、果决），脑髓型（cerebrotonia）（压抑、约束、好孤独）。Sheldon 还编制了气质量表以测量个人在三种气质上的得分。

找到了分别测量体型和气质的方法，就可以验证体型与气质之间的关系了。研究结果发现，体型与气质之间关系很密切，体型变量与气质变量之间存在着显著的相关。对 200 位被试的研究结果表明，体型评量与相应的气质评量之间呈高的正相关，而与不对应的气质评量之间呈负相关（表 4-2）。这意味着，内胚型的人往往愉快乐观，具有内脏型气质；中胚型的人往往精力充沛，攻击性强，具有肌肉型气质；外胚型的人往往内向、压抑，具有脑髓型气质。还有研究发现，体型类别与精神病类别、犯罪类别之间也存在相关。

表 4-2　　体型与气质之间的相关

	内脏型	肌肉型	脑髓型
内胚型	.79	-.29	-.32
中胚型	-.23	.82	-.58
外胚型	-.41	-.53	.83

Kretschmer 和 Sheldon 气质类型理论虽然发现了人格与体型之间具有一些确定的、有趣的联系，但从方法论的层面来看，这种联系只是一种相关的关系。而相关不具有方向性，不能说，人格类型的结果是体型的原因造成的。也许这种相关背后还有某种根源不为我们所知。

二、唤醒理论

现代生理学的发展使心理学家意识到，心理的生理机制应该更多地到人的中枢神经系统、特别是大脑中去寻找。人格的神经机制的研究可以追溯到俄国科学家 Pavlov 有关神经类型的奠基性工作。他认为，人的神经系统的基本活动过程是兴奋和抑制，兴奋和抑制又在强度、灵活性和平衡性上存在个体差异。Pavlov 的追随者对这个理论不断完善，构建了一种以神经类型为基础的、广为人知的神经气质类型理论（表 4-3）。

表 4-3　　神经类型和气质类型的关系

	感受性	耐受性	反应敏捷性	可塑性	情绪兴奋性	外向性
多血质（强—平衡—灵活）	-	+	+	+	+	+
胆汁质（强—不平衡）	-	+	+	-	+	+
粘液质（强—平衡—不灵活）	-	+	-	-	-	-
抑郁质（弱）	+	-	-	-	+	-

（+表示对应于该特质的高分，-表示对应于该特质的低分。）

Eysenck 受 Pavlov 理论的启发，建立了唤醒理论。我们知道，Eysenck 将人格分为三个基本维度：外向性、神经质和精神质。他还进一步探讨了这三种人格特质的生理机制。

关于外向性的生理机制，Eysenck 起初是借鉴 Pavlov 的有关大脑皮质的兴奋和抑制理论，提出了一种抑制假说，用来解释内、外向者在行为上的不同表现。他认为外向者大脑皮质抑制过程强而兴奋过程弱，神经系统属于强型，因此忍受刺激的能力强；内向者大脑皮质兴奋过程强而抑制过程弱，神经系统属于弱型，因而忍受刺激的能力弱。但大脑皮质兴奋、抑制很难测量，Eysenck 又改用唤醒（arousal）概念来解释外向性特质的行为表现。唤醒是指大脑皮层随时准备反应的警觉状态，它取决于中枢神经系统中上行网状激活系统的激活水平。Eysenck 认为内向者的大脑皮质唤醒水平天生比外向者的高，因此，对于同样强度的刺激，内向者比外向者体验的强度更高，因而更敏感。Eysenck 还认为极强或极弱水平的刺激都会产生消极的情绪体验，只有中等强度的刺激才产生积极、快乐的情绪体验，刺激强度水平与内向、外向者情绪体验之间的关系呈倒 U 形，而且内向和外向者倒 U 形峰点不同（图 4-1，Eysenck，1971）。

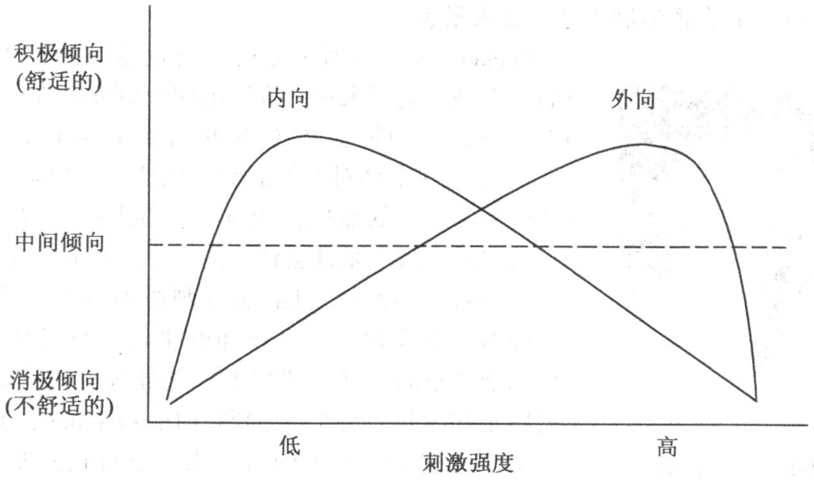

图 4-1　Eysenck 对内向、外向适宜刺激的解释

有心理学者曾对这一观点进行过证实。他们先要求大学生被试做 Eysenck 人格问卷，然后回答在读书的过程中每小时分心的次数和对周围噪音的感受。结果发现内向者读书时喜欢安静的环境，分心的次数少；而外向者喜欢在读书时周围有更多的视觉和听觉刺激，分心的次数也多。

至于神经质，Eysenck 最初把自主神经系统看作神经质的生理基础。自主神经系统包括交感神经和副交感神经，它们在功能上相互拮抗。交感神经有增强心肌、平滑肌和腺体兴奋的作用，而副交感神经则相反。因此，Eysenck 认为在神经质维度上得分高的人，在心率、呼吸、皮肤电反应、血压等方面反应会更强烈。但这一观点遭到其他心理学者的质疑。后来，Eysenck 又将边缘系统视为神经质的生理基础，认为高神经质人的边缘系统激活阈值较低，交感神经系统的反应性较强，因此他们对微弱刺激往往作出过度反应。

精神质是 Eysenck 人格模型中较晚才提出的一个维度，其生理基础不太明确。不过，通过人格测量，Eysenck 发现男性样本在精神质上的得分总是高于女性样本。罪犯和精神病患者在精神质维度上的得分高，而这些人也是男性居多，Eysenck 因而推测精神质的生理基础可能是雄性激素。

三、感觉寻求理论

Marvin Zuckerman 在 1970 年代提出了**感觉寻求**（sensation seeking）的概念，并为此进行了多年的研究。随着认识的深入，他把感觉寻求定义为："个体对变化的、新异的、复杂的和强烈的感觉和经验的需要，并且为了能获得这些体验，宁愿去从事身体的、社会的、法律的和经济的冒险活动"（Zuckerman，1994，p. 27）。他还和 Eysenck 合作编制了感觉寻求量表。

图 4-2　Zuckerman

Zuckerman 运用因素分析法对量表施测结果进行分析后，发现感觉寻求这一维度由四个成分组成，分别是：(1) 兴奋与冒险寻求（Thrill and Adventure Seeking，TAS）。它反映个体对参加能够提供速度、惊险、新奇等特殊感觉的运动的愿望，如跳伞、潜水或滑雪等冒险活动。这些活动大多是社会认可的。(2) 经验寻求（Experience Seeking，ES）。包括通过刺激的音乐、美术、旅游，面对没有计划、不可预知的事件，与反社会常规、不愿循规蹈矩的人（如嬉皮士）共处等方式，来寻求新异的感觉和体验。(3) 去抑制（Disinhibition，DIS）。它反映个体通过不受约束的行为来寻求放松感觉的需要，如热衷于参与集会、饮酒、性、赌博等。(4) 敏于厌倦（Boredom Susceptibility，BS）。反映个体对重复体验具有较低容忍能力，这些重复体验包括重复的经历、日常的工作、令人厌烦的人等。

感觉寻求作为一种人格特质，会使处于这一维度不同水平的人表现出不同的行为特征、选择不同的职业、对政治及宗教态度持不同意见。它还能影响人的认知过程。高感觉寻求者喜欢参加冒险性的活动，经常使自己保持一个较高的唤醒水平，并为此而寻求不断变化的新异经验，对类似或相同的刺激感到厌烦，反应速度也会变慢。他们不愿受约束，甚至会表现出反社会的行为。相反，低感觉寻求者不具备高感觉寻求者的特点，他们总是躲避那些无把握的、新异的、有风险的事物，偏爱稳定、可预见的生活。感觉寻求对人的影响可能是积极的，也可能是消极的。高感觉寻求者一般具有智商高、思维灵活、高创造性的特点，但也有可能表现出反社会或犯罪行为。

感觉寻求这一特质并非一直保持不变，它会随着年龄的增长而发生有规律的变化。也就是说，感觉寻求是年龄的函数（Schultz & Schultz，2001，p. 457）。年轻时，感觉寻求的水平是最高的，在20多岁的时候可能就开始下降了。而且，感觉寻求还存在着性别差异，男性在兴奋与冒险寻求（TAS）、去抑制（DIS）和敏于厌倦（BS）上的得分比女性高，而女性在经验寻求（ES）上的得分则比男性高。这意味着，男女两性是从不同的活动中寻找自认为新奇的刺激的。但总体上讲，男性具有更高的感觉寻求水平。

Zuckerman认为，感觉寻求这种人格特质之所以会表现出上述特征和个体差异，是因为它具有生物基础。受到Eysenck理论的影响，Zuckerman最初认为感觉寻求的生理机制也是上行网状激活系统的唤醒水平，高感觉寻求者的动机源于将皮层网状结构的唤醒水平提高到最佳水平。但后来的多项研究证明，感觉寻求与三种生理基础有关，分别是生理唤醒、神经递质和雄性激素。

生理唤醒是通过皮电、心率和唤起电位来研究的。研究者向被试呈现一个简单的视觉刺激，连续10次后，再呈现一种不同刺激。结果发现，在男性被试中，感觉寻求得分高者在每一种刺激第一次呈现时表现出了更多的皮电传导反应，而对随后呈现刺激的反应则没有差异。因此可以认为，感觉寻求的效应是对新异刺激的一种短暂反应，但个体对该新异刺激很容易习惯化。其他研究者也报告了类似的研究结果。如研究发现，感觉寻求与刺激第一次呈现时的皮电传导振幅存在着正相关，但同一刺激再次呈现时，两者间的相关则消失了。心率对刺激的反应性也表现出与皮电一样的效应（Neary & Zuckerman，1976）。有研究发现，低感觉寻求者在对一系列60分贝的声音刺激进行第一次测试时，会出现心率减慢的现象，而高感觉寻求者进行首次测试时会显示出短暂的心率加快，接着便是迅速的习惯化。用ERP（events relational potential）研究听觉唤醒后发电位发现，呈现刺激以后约100毫秒发生的表示皮质唤起电位的波峰P_1，与随后约40毫秒发生的波谷N_1之间的变化量，也显示出了感觉寻求效应。一般而言，当刺激强度增加时，P_1-N_1波幅也增加。但一些人只有在刺激强度较低时才表现出这种逐渐增长的趋势。当刺激强度较高时，这些被试反而随着刺激强度的增加而在P_1-N_1波幅上表现出逐渐下降的趋势；而另一些被试即使对高强度刺激做出反应时，刺激强度的增加也会伴随P_1-N_1波幅的增加。这两组被试，前一组为高感觉寻求者，后一组则为低感觉寻求者（Shagass & Roemer，1992；Drake，Phillips & Ann，1991；Paige，Fitzpatrick & Kline，1994）。

还有研究者将感觉寻求与血液中的单胺氧化酶（monoamine oxidase，MAO）水平相联系。单胺氧化酶是一种由中枢神经系统和一些其他部位神经元的线粒体等释放的酶，特别在边缘系统可以发现高浓度的单胺氧化酶。单胺氧化酶对不同的饮食和情绪行为起促进作用，它的功能是降解中枢儿茶酚胺，如去甲肾上腺素和多巴胺。血小板中的单胺氧化酶水平与大脑的活动状况有明确的联系，因而，血小板中单胺氧化酶水平可以作为一种与其他变量进行相关研究的酶指示剂。根据此原理，Zuckerman 提出一个假设：感觉寻求与单胺氧化酶水平呈负相关，而与中枢儿茶酚胺的水平呈正相关。大量的研究支持了他的假说。但进一步的研究表明，感觉寻求量表的得分与单胺氧化酶水平之间的关系并不是线性的，这种关系还会受到其他因素的影响，如性激素。研究发现，去抑制量表得分与男性被试的雄激素水平间存在着正相关关系。图 4-3（Reinisch，1986）显示了一项研究结果：选择母亲在怀孕时服用过雄激素的 11 岁大的孩子作为实验组，同年龄同性别同家庭的兄弟姐妹作为对照组。然后要求实验组和对照组被试分别报告 6 种易发生冲突情形下可能做出的以下哪种反应：身体攻击、口头攻击、逃离、不攻击。结果发现了两种不同的效应：一是性别差异，男孩比女孩选择更多的攻击性反应；二是出生前母亲服用雄激素者比母亲未服用雄激素者选择了更多的攻击反应，在这一点上男孩与女孩的情况一样。

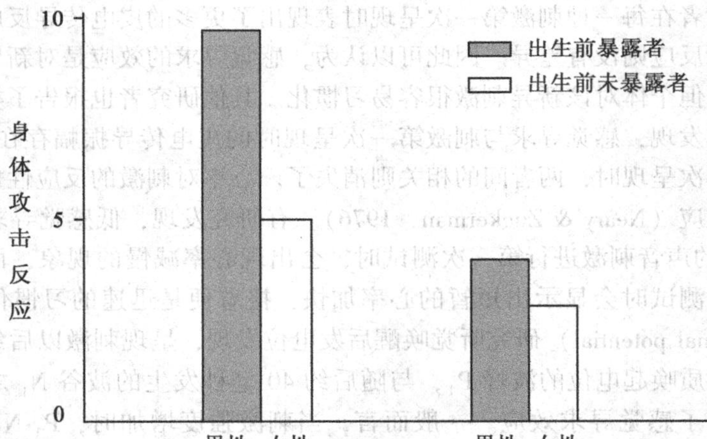

图 4-3 出生前暴露雄激素水平的攻击效应

Zuckerman 的感觉寻求模型综合了心理测量、行为和生物学的研究方法，不仅提供了较好的生理学解释，而且可作为其他人格特质的生理机制研究的参考。

第二节 遗传基础

人体组织系统而有序地生长，有赖于基因的控制。遗传决定生理，生理制约人格。所以，遗传也必然与人格有关。1869 年，即 Darwin 出版《物种起源》后 10 年，他的堂兄 Francis Galton 出版了一本书阐述“天才”的遗传模式，其主要思想就是：智力和性格是大自然赋予的、可遗传的能力，并决定了一个人的社会地位。Galton 作为第一位系统地研究人类行为遗传性的科学家，可以说是行为遗传学的奠基人。但是，他所提出的“优生学”（eugenics）概念曾经被作为一种通过优化人种来解决社会和经济问题的学科，受到严厉的批判是理所应当的。现今的行为遗传学家则与优生学家截然不同，他们的研究对象是个体差异，而不是人种或种族差异。以 Robert Plomin 为代表的许多心理学家正是沿着行为遗传学这条途径来研究人格的遗传基础的。

行为遗传学是在遗传学、心理学、行为学和医学等学科发展的基础上形成的一门交叉学科。行为遗传学研究那些原本在心理学和精神病学研究范围内的行为特征的遗传基础。它以解释人类复杂的行为现象的遗传机制为其研究的根本目标，探讨行为的起源、基因对人类行为发展的影响，以及在行为形成过程中，遗传和环境之间的交互作用。

图 4-4 Plomin

早期行为遗传学研究（20 世纪 90 年代前）的主要贡献在于证明了基因对正常与异常行为的产生和发展都存在着确凿的影响。在遗传学家看来，遗传物质在生物整体层面的功能表现，就像任何可测量的物理或生物化学特征一样，可以通过与其相同的方式进行分析，这种分析方法通常被称为行为的“表现型”（phenotype）分析。研究者还通过分析人们血缘关系的亲疏远近，与某种身心特征发生频率之间的关系来计算遗传率。**遗传率**（heritability，h^2）指的是一个群体内某种遗传原因引起的变异在表现型总的变异中所占的比例（Pervin，1996/2001，p. 166）。其计算方式为：遗传率 = Vg/Vp（其中 Vg 是遗传变异，Vp 是可观测到的特性）。如果某种特质的所有变化都是由基因变化引起的，则该特质的遗传率为 1.0 或 100%。如果基因的可解释部分为 0，则说明该特质完全是由环境决定的。遗传率有广义和狭义两层含义。狭义的遗传率指家庭成员中的遗传作用。父（母）与子（女）在某特质上的相关可以用狭义遗传率的一半表示。例如，如果某特质的遗传率为 .30，则父亲或母亲与子（女）在此特质上的相关为 .15。但是，狭义的遗传率无法描述基因间可能存在的相互作用。广义遗传率则克服了这一局限，可以用于评估某一特质变异中的所有遗传变异，也可以用于评定多种基因相互作用和特定基因组合的遗传作用。在行为遗传学中，h^2 通常是指广义的遗传率。如果相对于环境变异，遗传变异较小，我们就说此特质遗传率低，反之则是遗传率高。但遗传率是针对特定群体的估计值（Rowe，1999，

p. 73)，它既非准确测量，也不具有个体意义。

下面分别介绍行为遗传学最常采用的四种研究方法：家族研究、双生子研究、收养研究和模型拟合。

一、家族研究

家族研究（family study）是最早的行为遗传学研究方法，为Galton所首创。它是通过研究家族史，了解某种人格特征在家族成员中出现的频率高出普通人群中出现频率的程度，来估计其遗传率的（Carducci，1998，p. 252）。个体的血缘关系越紧密，共享的基因组成和相似的人格特质就越多，例如父母与子女间、兄弟姐妹间会比其他亲属关系具有更大的相似性。父母与子女间、兄弟姐妹间的共同基因比例都是1/2，但祖孙间就只有1/4，而堂、表兄弟姐妹间就低至1/8。例如，在普通人群中，精神分裂症的患病率为1%；但对那些父亲或母亲为精神分裂症患者的儿童而言，患病的可能性为13%；而祖父或祖母为精神分裂症患者的儿童患病的可能性则为3%。

但是，家族研究的一个重要缺陷就在于难以将遗传和环境的作用区分开来。同一家族成员不仅有相似的基因，而且有相似的家庭环境，因此，家族研究很难判断出家族成员间的相似性在多大程度上应归因于共同的基因，又在多大程度上应归因于共同的家庭环境。例如，名人的亲属们通常比普通人更富有、社会地位更高、可以获得更好的教育，从而会表现出更高的智商并能取得更高的成就。因此，家族研究对我们了解人格特质的遗传率帮助不大。巧妙设计的双生子研究则可以将共有的家庭环境和共同基因的作用相对分开。

二、双生子研究

双生子研究（twin study）是现代行为遗传学最常用方法。双生子有两种类型：同卵双生子（monozygotic，MZ）和异卵双生子（dizygotic，DZ），前者由同一受精卵分裂而成，因而具有完全相同的遗传基因。后者则是不同卵细胞分别受精的结果，在遗传基因上的相似性与普通兄弟姐妹一致。双生子研究可以证明遗传因素在人格发展中的作用，这是因为同卵双生子基因完全相同，他们之间的任何差异一定是环境因素作用的结果。这就是说，我们可以控制遗传，并将同卵双生子的差异归因为环境。异卵双生子在遗传上不同，但如果一起抚养，他们就享有许多相同的环境条件，这就是说我们可以控制环境，并将双生子之间的差异归因于遗传；但同卵双生子一起抚养，我们在研究过程中就很难将遗传作用与环境作用区分开来，因此，研究者设法寻找那些因特殊原因在早年就被分开抚养的同卵双生子被试，这样就能真正控制遗传因素，而将差异归因于环境；同时研究同卵双生子和异卵双生子，并分别考察共同抚养与分开抚养的情况，就可能评估相同基因类型下不同环境的作用以及相同或类似环境下不同基因类型的作用（图 4-5）。

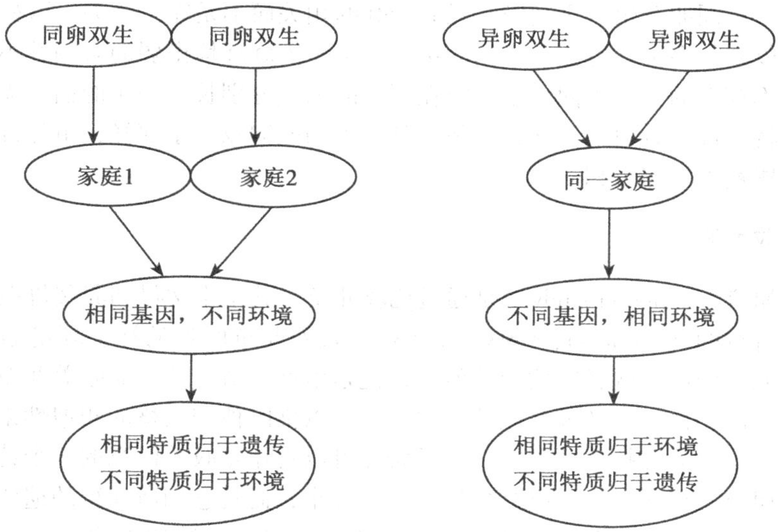

图 4-5　双生子研究示意图

对于分开抚养的同卵双生子，我们几乎可以将其特质相关完全归结于遗传，所以可以写出下列公式：$r_{trait}=h^2$（r_{trait}为双生子在某种特质上的相关系数，h^2 代表遗传率）。对于一起长大的同卵双生子，共同的家庭环境可能是造成相似的额外因素，所以这时的公式是：$r_{trait}=h^2+c^2$（c^2 代表共同家庭环境的影响）。通过求 c^2，我们可以估计出共同的家庭环境对人格特质相似性的影响。有学者综合这些同卵双生子的研究资料以及分开抚养和一起抚养异卵双生子的研究资料后，进行了进一步的研究，结果发现，共同的家庭影响只在社交趋向性上具有统计学意义（Tellegen, Lykken, Bouchard, Wilcox, Segal, & Rich, 1988）。

有研究者以近 800 对青少年双生子为被试，考察了十几项人格特质，最后得出了一个重要结论：使用人格自陈量表进行的双生子研究表明，所研究的一些特质都具有中等水平的遗传率。迄今为止，外向性和神经质性是研究最多的特质。在这两项特质上，同卵双生子间的相关均高于异卵双生子间的相关。在五个不同国家进行的大型双生子研究中，被试总数达到约 24 000 对双生子，结果表明，同卵双生子和异卵双生子在外向性上的平均相关分别是 .51 和 .18，在神经质上的平均相关分别是 .46 和 .20。在此基础上估计出的外向性遗传率约为 60%，神经质的遗传率约为 50%。对其他一般人格特质的研究也得出了类似的结论，即同卵双生子间的相关也都一致地高于异卵双生子（Goldsmith, 1983）。

这些研究结果揭示了这样一个事实，人格特质具有较高的平均遗传率，而共同的家庭环境对大多数特质的影响是非常微弱的，真正的环境作用似乎存在于不同的环境影响中。同卵双生子之间毕竟只有.50的相关而不是完全相关，这种影响更可能是家庭以外的多种环境因素作用的结果。但是家庭环境微弱的影响并不意味着这种影响是不存在的。如果同一个人能在不同的家庭分别长大一次的话，无疑成年后他的许多特质都会有很大不同，就像分开抚养的同卵双生子那样，虽然许多特质很相似，但毕竟不是完全相同。

三、收养研究

收养研究（adoption study）是通过比较儿童与其亲生父母和养父母在人格上的相似性来进行的（Carducci，1998，p. 253）。收养儿童所处的社会环境通常与其亲生父母不同，因此，两者特质的相似可以说是由遗传造成的，而收养儿童与其养父母在特质上的相似则是环境造成的，因此，可以推断他们人格的相似性来自共同环境的影响。其中分开抚养的同卵双生子研究可以看作是收养研究的一个特例。

收养研究不仅比双生子研究数量少、规模小，而且它们所获得的遗传影响比双生子研究也要小。在收养研究中，父母与其亲生孩子（被他人收养）在外向性上的相关仅为.16，在神经质上的相关为.13（Ahern et al.，1982），以这些相关为基础的遗传率估计在外向性上大约是32%，神经质大约是15%。收养关系（通常是没有血缘关系的个体）间的相关则很低，例如，父母与其养子间在外向性上的相关是.01，在神经质上的相关是.05。对社交性和情绪性的研究也得出了类似的结果。

四、模型拟合

遗传和环境共同影响着人格特质，但是要确定二者各自产生多大作用却并不容易。现代行为遗传学者对这一问题的探讨，早已不再像最初Galton那样只考察一种家庭类型，而是在一项研究中同时包括几种研究，如收养研究和双生子研究，并采用模型拟合的方法估计出遗传和环境各自作用的大小。

模型拟合（model-fitting）是检验多个变量间是否具有某种假定关系的数学过程（Carducci，1998，p. 253）。在行为遗传学中，就是建立一个反映各种遗传和环境因素对某特质贡献大小的模型，并将其与观测到的相关进行比较。模型拟合的主要优点在于，它可以使研究者综合各种类型实验设计中的变量，得出一种结构方程模型，其中包含了来自不同类型家庭的遗传和环境的资料参数。在基本遗传模型中，这些参数就是遗传率和共同环境的影响。模型拟合的过程就是挑选出这个参数的最佳值，重新求出资料之间的相关。

我们举例说明这个过程。收养的兄弟姐妹间的相似可以完全归结于共同的收养家庭环境，因为彼此因亲生父母不同而拥有不同的先天遗传基础，即彼此的遗传结构不相关。如果知道他们 IQ 间的相关，就可以写出以下方程式：$r_{IQ}=c^2$，其中 r_{IQ} 表示被收养兄弟姐妹间 IQ 的相关，c^2 是共同环境的作用。这个方程式意味着他们 IQ 的相似性完全是由共同的家庭环境造成的。对于在同一家庭长大的同卵双生子，我们可以写出另一个方程式：$r_{IQ}=h^2+c^2$，其中 h^2 是遗传率，而 c^2 仍然代表共同环境。同时运用上述两个公式，就可以求出变量 h^2 和 c^2 的值。比如，假设同卵双生子的相关为.81，养子间的相关为.26，那么就可以得出 $c^2=.26$，$h^2=.55$。也就是说，在此研究中，55%的 IQ 变异可由遗传解释，而26%则要归于家庭环境的影响。但模型拟合使用的是从相关研究中获得的数据，所以不能用于确定遗传或环境与人格特质的因果关系。当然，这只是最简单的一个例子。在实际研究中由于涉及多种家庭关系类型，得出的模型比上例可能要复杂得多，可能包括更多的参数。

第三节　进化渊源

我们的基因来自于父母。那么，父母、祖父母、以及他们的祖辈的基因是从哪里来的呢？这就是进化心理学要回答的问题。进化论的创始人 Darwin 认为，物种在生存、繁衍的过程中，会面临自然环境的威胁，如恶劣的气候、弱肉强食和食物匮乏等，物种中的部分个体可能具有某些较好的先天遗传特性，有助于个体更好地适应环境，使其在自然选择过程中成为幸存者，这样的个体才能生存下来并将自己的特性遗传给后代，而那些不具有这些特性的个体则被环境淘汰，这就是所谓的优胜劣汰，自然选择。世代选择的结果便使某物种形成了某些特定的性状，以帮助此物种生存，使其生生不息。人类也不例外，自然选择过程和社会适应导致了人类某些解剖生理特点的进化。那么，漫长的进化过程是否也会在人格上留下痕迹呢？进化心理学正是以进化论为基础，用自然选择的概念解释人类特性，从而使人格的形成和表达机制得到更深刻的揭示。这种理论认为，人类的心理机制也是经过自然选择进化而来的，是人类特有的功能，可以帮助人类有效地应付日常问题和满足生活需要，使人类更有可能成功地生存和繁衍（Burger，2004，p. 182）。大量的心理机制便组成了所谓的人性或人类本性（human nature）。要理解个体差异，必须以对人类本性的理解为基础（Buss，1999）。进化心理学研究了人类许多心理特征的心理机制，限于篇幅，在此不能悉数陈述。本节只选取与人格研究关系最密切的几项研究予以介绍，它们是：情绪、求偶、攻击、利他。

图 4-6　Darwin

一、情绪

Darwin曾说，不学即会的情绪化的面部表达（表情交流）是进化的产物，它使我们的社会和文化成为可能。当代进化心理学也认为，情绪及其交流使人类的社会生活成为可能，因为社会性交流的维持要求我们能够根据他人的情绪来调整自己的情绪。例如，我们看到他人痛苦时，一般会用同情和友好的情绪表示抚慰，否则，我们和他人之间的交流和关系就难以维持。

事实上，情绪进化的心理机制作为进化心理学传统的课题，已经得到了较为深入的研究。Buss（1997）认为，情绪可分为两组：一组是唤醒性情绪（arousal emotions），包括恐惧、愤怒和性唤醒。这三种情绪都与交感神经系统的强烈反应有关，恐惧和愤怒是动物受到威胁准备去战斗的反应；由性唤醒引起的生理反应虽然比较复杂，但是在性反应的后期，它的身体反应与恐惧和愤怒几乎是相同的。另一组是关系性情绪（relationship emotions），包括嫉妒、爱、愉快和悲伤。这组情绪在非社会性和中等程度社会性的哺乳动物中很少见或几乎没有。在关系性情绪中，很少或几乎没有自动的生理唤醒，如朋友之间的情感和母亲对孩子的爱，虽然这些感情都很强烈，但生理反应却是非常平静的。嫉妒的情绪虽然伴随有生理反应，但主要是由嫉妒所引发的愤怒导致的，倘若去掉愤怒的成分，嫉妒同样也不会伴随强烈的生理反应。

唤醒性情绪发生在所有哺乳类动物身上，而关系性情绪则主要发生在更高级的社会性哺乳动物身上，二者都是物种适应性发展的结果。唤醒性情绪直接有利于动物的生存，关系性情绪的作用则只是间接的。如动物在面临伤害或死亡情境时，恐惧和愤怒情绪会增强肌肉的紧张度，为即将进行的战斗做好身体状态上的准备。而性唤醒则增强了动物的基因得以延续的性动机。因此，唤醒性情绪对动物的生存和基因的遗传来说是至关重要的。关系性情绪在动物生存中的作用可能只是间接的，表现为有助于加强社会性动物的群体凝聚力和协作。在群体中，被同伴接纳和受欢迎的乐趣增强了动物间彼此接纳的倾向。而被同伴孤立所导致的悲伤、痛苦更易于激活他们的亲社会行为。一个抑郁的动物，在同伴的帮助和鼓励下，便能产生积极的情绪。因此，这种爱、愉快和悲伤的情绪有助于增强动物的社会性，有助于它们更好地适应环境。唤醒性情绪与关系性情绪的比较见表4-4。

表4-4　**唤醒性情绪与关系性情绪**

	唤醒性情绪	关系性情绪
情绪表现	恐惧、愤怒、性	爱、嫉妒、愉快、忧伤
自动的生理唤醒水平	高	低

续表

	唤醒性情绪	关系性情绪
行为反应	对威胁或性刺激做出的反应	接纳和拒绝
适应性功能	个体的生存和基因传递	群体协作
出现物种	所有的哺乳动物	高度社会化的哺乳动物

二、求偶

求偶是与基因复制最直接的人类行为，其进化机制最为复杂，涉及问题更多。进化心理学家探讨的主要问题包括：男性喜欢追求什么样的女性？女性喜欢追求什么样的男性？性嫉妒和性态度等等。

图 4-7 David Buss

男性喜欢追求什么样的女性？从进化论的观点来看，男性应该选择可能为他生更多孩子的女性。可是，如何从外表上知道女性是否具有高的生殖潜能呢？第一个线索是年龄。第二是与年轻有关的一些生理特点，如光滑的皮肤、苗条的身材、浓密的头发、丰满的嘴唇等，提供了女性繁殖能力的有关线索，而这些生理特征正是社会上公认的漂亮的特点。所以，年轻漂亮意味着高繁殖潜力。其中腰—臀比是一个特殊的线索（Singh，1993）。腰围与臀围差异大即低腰—臀比，差异小即高腰—臀比。当不考虑脂肪总量时，低腰—臀比的女性更具吸引力。从进化的观点来看，低的腰—臀比意味着健康、生殖力、没有怀孕，较高的腰—臀比则酷似怀孕。迷恋一个与别的男人怀孕的女性是有风险的：立即有自己后代的可能性低，同时会引起别的男人的嫉妒。Buss 等对各大洲共 37 个国家的跨文化研究证实了这个结论：求偶时，男性喜欢年轻的、生理上有吸引力的女性这一趋势具有相当的普遍性。另外，有研究表明，配偶外表的吸引力还影响着男性的社会地位。与一个有吸引力的配偶约会，很大程度上提高了男性的社会地位（Buss，1995）。因为漂亮的女性通常会被很多男性追求，如果一个外表普通的男性与一个美貌女子相配，人们会猜想，这个男性一定拥有较高的能力或社会地位。因此，男性一方面追求地位和荣誉以吸引女性，另一方面也十分重视配偶的容貌，因为生理吸引力不仅是女性生殖能力的标志，同时也是男性地位的标志。

女性喜欢追求什么样的男性？根据进化论人格理论，女性喜欢能为其后代提供保障的男性。这样的男性应该具有的条件是：年龄较大，可依靠，能挣钱，有抱负，事业心强（Buss & Barnes，1986）。当调查者让已婚夫妇描述自己配偶的吸引力时，女性比男性更多地强调这些条件。调查发现，女性比男性更希望找一个社会经济地位和抱负水平较高的配偶。男性应该具有的另一个条件是支配性。从进化的观点来看，支配性男性更可能升迁到社会组织的高层并由此而获得经济保障和其他好处，从而能够更好地满足家庭的各种需要。对女大学生的一项研究（Sadalla et al.，1987）显示，在交往中支配性男性比温顺性男性更具吸引力。同情心与合作精神也是女性喜欢男性的一个重要条件，因为与支配性男性结婚虽有好处，但如果他不愿为自己的孩子投资，这种好处就不存在了，所以那些爱帮助人、温柔大度的男性比单纯的支配性男性更受女性青睐。

在维持配偶关系的过程中，当个体与配偶的亲密关系受到威胁时，男女两性都会表现出嫉妒情绪，这种情绪会提醒个体解决配偶维持方面所面临的问题，因而也是具有适应性的。嫉妒的出现频率和强度虽无性别差异，但在引发嫉妒的具体事件上，男女两性却有不同的表现。在一项研究中，要求被试在两难情境中做出强迫选择："假设你发现配偶性不忠或感情不忠，这两种情况何者对你的打击更大（只能选其一)？"结果男性被试更多报告说，当发现伴侣有性越轨行为时感到更为郁闷、伤心。而更多女性被试报告说，发现丈夫的情感越轨使她们更加焦虑、不安。这一结果已在诸多研究，包括西方文化和非西方文化下的有关研究中得到重复验证。这与男女两性面临不同的适应性问题有关，从生育的生理过程来看，怀孕是发生在女性的身体内部而不是男性，因此男性面临的问题是父子关系的不确定性，伴侣与其他男性发生性关系是对男性成功繁殖的最大威胁，因而伴侣的性越轨更可能引发男性的嫉妒。而女性却不同，为了成功地繁殖和养育后代，女性最需要的是男性的时间、资源、注意等的投入，伴侣的感情变化则意味着她和子女可能会失去丈夫的关注和资源，因此伴侣情感上的不忠更能引发女性的嫉妒。

进化心理学还研究了男女两性在性态度上存在的差异。根据亲情投资和性选择理论，在抚养后代方面付出较少的性别——对人类而言是男性——对性伴侣的选择不太严格，同时倾向于拥有更多的伴侣。因为，这样可以使男性有更多的机会传递自己的基因。在一项研究中（Buss & Schmitt，1993），研究者请被试回答：如果允许的话，你希望在下个月拥有几个性伴侣？下一年呢？你的一生呢？被试是未婚大学生，其中，女性表示希望在下一个月有 1 个性伴侣，在一生中可以有 4~5 个；而男性表示，在下一个月里最好有 2 个性伴侣，下一年最好有 8 个，而在一生中男性可以接受 18 个性伴侣。男女两性在对性关系变化的愿望方面存在着较大的差异，同时，在具体行为表现上也有较大的差异。研究者（Clark & Hatfield，1989）请来一些同盟者去接近不同性别的被试，在做完一番自我介绍后，同盟者分别对第一组被试说："你好，我已经注意你很久了，你很迷人，今晚你愿意和我约会吗？"对第二组被试说："今晚你愿意到我家去吗？"对第三组被试说："你愿意和我发生性关系吗?”结果，女性被试中有55%的人愿意接受约会的邀请，只有6%的人同意去对方的家里，没有人同意跟对方发生性关系；而男性的表现则迥然不同，50%的人同意约会，69%同意去对方家里，75%愿意跟对方发生性关系。男性比女性更可能与陌生人发生性关系，但仍有半数的女性愿意与陌生人约会而似乎没有考虑安全问题。当研究者询问那些拒绝邀请的被试时，发现无论是男性还是女性，拒绝的理由十分相似：已经有男朋友（女朋友），或者不知道对方是否友善。

三、攻击

从进化心理学的观点来看，攻击行为至少具有以下功能：占有他人资源，防御他人攻击，争夺性伴，提高社会地位和权利，阻止和惩罚性伴的性出轨，减少非己后代对资源的消耗等。

男性之间为争夺基因复制而展开的攻击使社会成为以男性为主导的结构，同时使得男性之间的相互攻击比率明显高于女性，而且青年男性更富攻击性，因为他们处于生殖活跃期，更容易为占有美丽的、具有较强繁殖能力的女性而竞争（Jones，1999）。进化心理学有关亲情投资和性选择的理论对此做出了解释：男性为了成功地复制自己的基因，必须面临更多来自同性的挑战。对人类而言，在繁殖后代方面，女性的投资大于男性，因此女性在配偶选择上更谨慎，选择标准更严格，这样一来，女性特别是年轻漂亮的女性就成了有限的资源，而且人类一胎所生的子女数量很少，因此，男性是否能够成功复制自己的基因并不完全取决于自身的生存能力，而是更多地取决于他能否得到具有较高生育价值的伴侣，即取决于在争夺异性的竞争中能否获得成功。同时，由于男性只需少量的付出就能获得后代，而那些拥有丰厚资源的男性可能同时拥有多个性伴侣，因此一些男性拥有很多子女，而另一些男性则可能一个子女也没有，这种一夫多妻的现象加剧了男性之间的竞争。在一个男女比例相当的社会中，一些男性可能拥有数个妻子，而另一些男性则被迫成为单身汉。因此，男性为了使自己的基因获得被复制的机会就可能使用攻击的策略。例如，有研究发现：贫穷的、未婚的男性更多地卷入了暴力事件。

分子生物学的研究也支持了这个观点，Reinisch（1986）等研究发现：无论是青少年或成年男性，体内的雄激素水平越高，其攻击性就越强。而且，那些更具有攻击性的酗酒者和反社会性人格者，其雄性激素水平更高。

后来的研究发现（Buss，1989），现代社会中男人之间为争夺繁殖基因（性伴竞争）的攻击已经不是主要的了，代之而起的是为竞争社会地位和获得其他男人的尊重。这是不是个事实，或者说是不是攻击性进化表现的新趋势，还有待于更多的研究来检验。

四、利他

利他行为一直是心理学研究的课题。社会心理学中的利他行为是指不带回报动机的帮助他人的行为，而进化心理学的利他行为则与之内涵不同。进化心理学认为利他存在两种形式，不同形式的利他行为心理机制不同。

一种是**亲缘利他**（kin altruism），这种利他对象是朝向与自己基因同缘的直系或旁系亲属。根据进化论的观点，助人者与受助者间的亲缘关系是决定助人行为发生与否的主要因素。受助者与助人者之间的血缘关系越接近，助人行为发生的可能性越大，反之，可能性越小。一项在美国和日本进行的研究结果证实了以上推论。让被试想象，在一栋失火的房子里，有一些熟睡中的人，然后问被试：假如你有时间救其中的一个人，你最可能救谁？最不可能救谁？结果发现，人们最可能帮助的是与自己有亲缘关系的人，关系越近则帮助的可能性越大，尤其是在面临生死抉择的时刻。该研究报告还指出，人们更愿意帮助年幼的亲属而不是年老者，因为一般而言前者更可能成功地传递基因。1 岁的孩子得到的帮助多于 10 岁的孩子，而 75 岁的老人得到的帮助最少。在面临生死抉择时，年长的成员得到帮助的几率很低，但在日常生活中不涉及生死抉择的助人行为却正好相反，人们会更多地帮助那些最需要帮助的人，如老人和小孩。另一种是**互惠利他**（reciprocal altruism），它是指某群体内部成员之间发生的相互帮助的利他行为。对群体的归属可以使个体获得更多的保护，那么群体内部成员之间更可能出现助人行为和利他行为。我们可以推断，当群体内某个人身处困境时，如果你及时伸出友好之手，就意味着当你也身处困境时，得到别人帮助的几率会增加。在群体内部，经常助人者也能获取较高的组织地位。组织地位的提高和在困境时容易得到别人帮助都将有利于个体的生存。很显然，进化心理学中的利他包含有明确的、有益于自己生存繁衍的因素在内。

第五章

精神分析

精神分析学派关心的是人格的潜意识层面。从起源上讲，潜意识中包含的许多原始因素（如性和攻击冲动）有其生物学根源，可以说潜意识是与作为生物学意义上的人联系最直接的心理层面。如果说特质理论是心理学家对人格的较为表层的描述，生物学理论是心理学家从身体上对人格进行的解释，那么精神分析就是心理学家对人格内部的最深层的发掘，这种发掘有时就像是考古学的发掘。它将探索人性的目光投向内心深处，投向似乎早已被遗忘的早期经验，甚至投向现代人心灵深处积淀的人类祖先的丛林生活经验。**精神分析**（psychoanalysis）一词可以指一种理论，也可以指以这种理论为指导的心理治疗方法，以及由这些理论家和治疗家组成的一种学派。在本章，我们主要关心精神分析学派的人格理论，但我们要知道，所有的精神分析理论都是在临床实践中形成的，因此我们首先要将这些理论视为病理学理论，才能真正把握其要义。精神分析的创始人 Freud 本是维也纳大学医学院的优等生，具备丰富的生理学知识，却碰上许多在身体上查不出病因的神经症（neurosis）患者。他发现，在这种病人千奇百怪的症状背后，有一种说不清道不明的力量在作祟。一旦病人对这种力量有所领悟，症状就能缓解。这种临床经验使 Freud 相信，症状只是表象，其背后潜藏的动力才是病根。他进而推论，人的任何行为表现都有潜在的动因，并由此把整个心理学界的目光引向人性的深层——潜意识。他认为，潜意识中的生物本能（大部分与性和攻击有关）是人的动力源泉，在人格的发展中起着关键作用。

作为精神分析学派的创立者，Freud 坚定地发展和捍卫自己的理论，但这并没有阻止这一学派的多元化发展。不论是其他学派，还是精神分析阵营内部，围绕 Freud 的观点展开的争论始终没有停止过。Freud 的两位著名弟子 Adler 和 Jung 在一些基本的立场上与 Freud 发生分歧，分别提出了自己的理论。Anna Freud 继承了父亲的事业，与 Eriksen 等人共同将自我心理学（ego psychology）加以完善。Horney 和 Fromm 等人则认为人格的形成与发展主要取决于社会文化环境，心灵的冲突源于社会生活，源于人的存在状况，而不是 Freud 所说的社会文化对本能欲望的压抑。

但这些后来者都不同程度地继承了 Freud 的基本思想，特别是他的潜意识理论，所以都属于精神分析学派。他们的理论抛弃了 Freud 对人性的悲观看法，并着重探讨了被他忽略或轻视的主题，从而对精神分析进行修正、补充与发展。精神分析是一个自我更新能力非常强的学派，正是由于不断的分歧与争论，才使新理论层出不穷，以其对人性探索的独特贡献而在心理学中占有一席之地。在本章，我们将简要回顾精神分析学派的这些主要理论。

第一节　Freud 的精神分析

Sigmund Freud（1856~1939）毕业于维也纳大学医学院。私人诊所开业后，他接待了很多神经症（neurosis）患者。这种患者饱受焦虑的煎熬，却没有任何可以证明的器质性病变。当时的医学界对这种病束手无策，这迫使 Freud 自行探索神经症的病理学和治疗方法。1896 年，Freud 在实践中开发出了自由联想法，不仅提高了神经症的疗效，而且从中洞察到心理疾病的病理机制，从而创立了精神分析学说。Freud 的心理病理学就是他的人格理论，是在心理治疗实践中形成的。

一、心理的水平

在 Freud 看来，人的心理可以分成三个层面：意识（consciousness）、前意识（preconscious）和潜意识（unconscious）。这一主张被称为**心理地形说**（psycho-topography）。**潜意识**中蕴藏着人的欲望、本能冲动及其替代物，大部分为人类社会、伦理道德和宗教法律所不容。它是心理的深层基础，蕴含着强大的心理能量。潜意识在我们的意识之外，却是大部分言行、情感的动力所在。我们能轻易觉察外显行为，却很难洞悉这些行为背后的潜在过程。在大多数情况下，潜意识都包含有性和攻击的内容。在童年期，人的性行为会不断受到惩罚与压制，这会导致焦虑，进而迫使人把相关经验压抑到潜意识中。

图 5-1　Freud

潜意识中的经验并不是沉睡的，它总试图冲破意识的防线（Freud，1917）。然而，在潜意识与意识之间，存在一道关口，负责阻止会引发焦虑的潜意识信息进入意识。因此，潜意识经验必须伪装成毫无威胁性的经验，才能顺利进入意识。梦境、口误、神经症和各种类型的遗忘，都是潜意识内容经过伪装的表达。其中，梦是通往潜意识的捷径（Freud，1953）。潜意识经验通过凝缩和移置变成我们的梦境。凝缩是指潜意识内容在出现在梦境中时，单一因素象征着清醒时的许多因素，比如，一只家养的狗象征着整个家庭。移置是指引起焦虑的事物在梦境中以相似的并且能被接受的形象出现，比如，梦境中的洞穴很可能是阴道的象征。

前意识是潜意识和意识的中介环节，担负着一定的稽察作用，其中的内容很容易进入意识（Freud，1933）。前意识内容有两个来源：（1）人的知觉。人们所感知到的内容只能在意识中维持较短的时间，当意识的焦点转向其他对象时，它们马上转入前意识。这些观念更接近现实而非潜意识的欲望，因此不会引起焦虑，容易被意识接受。（2）潜意识。潜意识中的内容经过伪装可进入前意识，但并非所有的前意识内容都可进入意识，一部分伴有强烈焦虑情绪的内容又被压抑下去，而其他内容经过巧妙的伪装，会通过梦境、口误、防御机制等方式蒙混过关。

意识指心理的表面部分，是人们日常心理生活中唯一能直接触及的部分。意识内容也有两个来源。其一是人的知觉系统，将外部事件转为内部信息。其二是内部心理结构，来自潜意识中没有威胁的内容和有威胁但是经过伪装的内容。

二、人格的内在冲突

起初，Freud 用心理地形说来描述心理模型，把意识和潜意识之间的冲突视为唯一的心理冲突。后来，在《自我与本能》（1923）一书中，他将人格分为三个部分，分别称为**本我**（id）、**自我**（ego）和**超我**（superego），以便更好地说明人格的结构与功能。

本我是人格的原始部分，由一些与生俱来的冲动、欲望或能量构成。本我受**快乐原则**（pleasure of principle）的支配，它不知善恶、好坏，也不考虑应不应该、合不合适，只求立即得到满足。新生儿就是如此。自我是在外部环境的作用下形成的。儿童需要的满足依赖于外界的提供，有时能得到，但很多时候不能及时得到；在这种主客关系中，儿童形成了自我这种心理组织。自我遵循**现实原则**（reality principle），它依据现实条件调节、控制或延迟本我欲望的满足。同时，自我还要协调本我和超我的关系。超我由个体在父母的管教下将社会道德观念内化而成。它包括**自我理想**（ego-ideal）和**良心**（conscience），自我理想是自己行为的理想标准，良心是使自己免于犯错的限制。如果自己的行为符合自我理想，个体就感到骄傲；如果自己的行为违反了自己的良心，个体就会感到焦虑。因此，超我遵循的是**完美原则**（perfection principle）。本我追求快乐，自我面对现实，超我则追求完美，三者的冲突是不可避免的。能使它们保持相对平衡的人是健康的；有人要么一味地放纵本我，要么超我过分严厉，都可能导致适应困难。

三、本能与压抑

Freud 受能量守恒定律的启发，将人的身心组织看成是一个能量系统。能量可以被压抑但不能被消除，它必须寻找释放的途径。这些能量就是与生俱来的本能。Freud 早期把本能分为性本能和自我本能。自我本能是回避危险，使自我不受伤害的本能。第一次世界大战使他看到了人类自相残杀的残酷现实，促使 Freud 修改其本能理论。他进而将本能分为生本能和死本能。性本能和自我本能统称为生本能。生本能使人倾向于爱和建设，死本能使人倾向于恨和破坏。死本能表现于外，使人去破坏、攻击、侵略、战争；向外表现受挫折，就可能退回到个人内部成为一种针对个人自己的力量，使人自虐甚至自杀。

Freud 最看重性本能，将性本能的能量称为**力比多**（libido），把它看成人类行为的基本动力。力比多寻找满足的过程往往会伴随着焦虑。只有自我能产生或者感知焦虑，但是本我、超我、现实世界都会牵涉其中。**神经质焦虑**（neurotic anxiety）是由自我害怕不能控制本我冲动导致不良结果而产生的焦虑。**道德焦虑**（moral anxiety）是由本我与超我的冲突导致的羞耻感和内疚感。**现实焦虑**（real anxiety）也被称为**客体焦虑**（objective anxiety），与恐惧相似。在一个陌生的、交通繁忙的道路上驾车，往往会产生一种现实焦虑。与恐惧不同的是，这种焦虑不针对于任何一个具体客体。

为了缓解焦虑，人会不自觉地采用一些减少焦虑的方式，即**防卫机制**（defense mechanism）。防卫机制有很多种，主要有：（1）**压抑**（repression），指将力比多冲动排除到意识之外。真正通过两性活动得以释放的力比多能量仅仅是一小部分，大部分力比多能量是被压抑的，压抑可暂时减轻冲突，但能量还在，可能通过做梦、玩笑、变态行为等形式释放出来。神经症就是压抑的结果。一些症状就是性冲动通过伪装，以看上去不具性色彩的方式来得到满足。（2）**退行**（regression），就是以儿童的方式行动，从而避免成人角色所导致的焦虑。（3）**合理化或文饰作用**（rationalization），就是以社会认可的好理由，取代个人内心的真理由，所谓“吃不到葡萄说葡萄酸”。（4）**投射**（projection），就是将自己内心的不为社会认可的冲动加在别人身上，认为是别人有这种冲动，如不承认自己对某人有非分之想，而说别人在引诱自己。（5）**反向作用**（reaction formation），就是以与真实欲望相反的方式行事。如本来很想接近异性，却表现出回避或疏远。（6）**转移**（displacement），就是将对某对象的强烈感情转移到另一个对象上，如受了丈夫的气，却冲着孩子发火。（7）**升华**（sublimation），就是将本能欲望以符合社会要求的高级形式表现出来，如艺术、科学等创造性活动就被 Freud 视为性欲的升华。防卫机制往往是无意识、自动地形成的。它们能够暂时缓解焦虑，但不能从根本上消除焦虑。

四、人格的发展与健康

Freud 理论中最具争议的观点是儿童性欲论。他发现，病人在自由联想中回忆起的那些童年经验常常与性有关，于是就认为，人一出生就有性欲，只不过不以成人的方式表达而已。在不同的年龄，力比多通过身体的不同部位获得满足，这些部位即**性感区**（erogenous zone），Freud 以性感区的变化来划分人格发展阶段。人生全程有五个发展阶段，前三个阶段（从出生到六岁）的发展对整个人格发展起关键作用，这种观点即早期经验决定论。在前三个阶段，如果力比多的满足过分放纵或过分限制（通常是后者），就会导致人格发展的停滞，这种现象叫**固着**（fixation），即人的生理年龄虽然在增加，人格却没有相应地成长，即使到了成年，心理上还停留于儿童水平。人生的五个阶段如下：

（1）**口唇期**（oral stage，0~1 岁）：婴儿主要通过吮吸、咀嚼和吞咽等活动来满足欲望。婴儿即使不饿，也喜欢含着奶和吸自己的手指，因为其快感多来自口唇的活动。若人格的发展停滞在这一阶段，就形成**口唇性格**（oral character）。这种人往往好吃，过于依赖，自恋，缺乏耐心，贪婪，多疑，悲观。

（2）**肛门期**（anal stage，1~3 岁）：这时父母要求孩子定时大小便，并对如厕的卫生习惯提出严格要求（这在 Freud 所处的那种社会文化中的中产阶级家庭特别普遍），而本能又要求及时排泄以获得快感。由于要求控制而儿童又具有一定的控制能力，所以这个阶段的快感主要来自排泄时肛门扩约肌的伸缩。如果父母管制过严，导致人格发展的固着，就形成**肛门性格**（anal character），表现为过于守秩序、爱清洁，吝啬，固执，报复心强等。

（3）**性器期**（phallic stage，3~6 岁）：这时儿童开始关注身体的性别差异，甚至偷看异性同伴或异性父母的性器官，并触摸自己的性器官以获得快感（手淫），但这些冲动和行为都会受到压抑。他们会对异性父母产生爱恋，对同性父母产生嫉恨。这种感情，在男孩为**恋母情结**（Oedipus complex），在女孩则为**恋父情结**（Electra complex）。男孩由于嫉恨父亲，又发现女孩没有那个小器官，以为是她犯了错被父亲割掉了，于是产生阉割恐惧（fear of castration）或**阉割情结**（castration complex）。为了克服这种恐惧，男孩就转而向父亲学习，这种现象叫做**认同**（identification）。女孩发现男孩有的器官而自己没有，于是产生自卑，并心怀嫉妒，这叫做**阳具妒羡**（penis envy）。若这些问题不能顺利解决，就会固着在潜意识，成为以后心理疾病的根源。人格发展停滞在这一阶段，就会形成**性器性格**（phallic character）。在男性，表现为好炫耀自己的男子气概和能力，自夸、好胜、好表现；在女性，为了对抗恋父情结或出于阳具妒羡，可能会过分认同母亲或女性形象，一方面会引诱或挑逗男性，另一方面又否认自己有性意图并表现出天真无邪的样子。试图超过男性，或通过欺骗、伤害男性而使他们苦恼。

（4）**潜伏期**（latent stage，7 岁至青春期）：此时儿童的注意力从自己的身体和对父母的感情转向外部环境，转向学习和游戏，更多地与同性同伴相处，因此性心理的发展处于潜伏期。

（5）**生殖期**（genital stage，青春期以后）：性需求朝向年龄接近的异性，并希望与其建立两性关系，性心理的发展走向成熟，人格也趋向成熟。

Freud 的发展理论也是其病理学的组成部分，我们要将其与固着和退行两个概念联系起来才能理解其要义。固着使发展停滞在早期的某一个阶段，退行是指虽发展到后期，但有一种倒退的力量，要回到以前的停滞点。因此，固着与退行密切相关。退行意味着早期发展的某种程度的固着，固着则意味着将来有一天又会回到这一点。如果固着是完全的，就不会有退行，但这种情况十分罕见。退行常常在压力与焦虑的情况下发生，所以我们常常能看到人们在这种心境下会表现出贪吃、抽烟或酗酒等行为。我们可以不同意 Freud 的泛性论（pansexualism），但这样的意识对我们的人格健康发展还是有益的：过分依赖、过分固执或过分自夸都是人格不够成熟的表现。例如，遇到挫折，我们很容易退回到婴儿状态，表现出无能为力的样子，这是人类共同的弱点；但 Freud 明确告诉我们，这是不健康的。健康的方向是发展生殖性人格，也就是发展爱的能力，建立健康的亲密关系，去生产和创造。

精神分析学派自 Freud 创立，经过 100 年的发展，已形成许多理论并分裂成不同的学派。这些理论或学派围绕潜意识、冲突和焦虑等心理病理学问题修正和发展了 Freud 的人格理论。其中包括：分析心理学（analytic psychology），个体心理学（individual psychology），自我心理学（ego psychology）以及社会文化学派（socio-cultural school）等。

第二节　Jung 的分析心理学和 Adler 的个体心理学

一、Jung 的分析心理学

Carl Gustav Jung（1875~1961）是瑞士心理学家和精神分析医师，分析心理学的创立者。他是一个智力早熟的人，自小内向、敏感、想像力丰富。十几岁就广泛阅读古希腊罗马哲学家、中世纪经院神学家以及近代哲学家黑格尔、康德、叔本华、尼采等人的著作。早年曾和 Freud 合作，后来，由于对力比多概念、早期经验决定论等的解释有着不可调和的分歧，两人宣告决裂。他的分析心理学因集体潜意识和心理类型理论而声名远扬。

图 5-2　Jung

（一）心灵能量

与 Freud 不同，Jung 认为力比多（libido）是一种普遍意义上的生命能量，性驱力只是它的一个表现方面。他用**心灵能量**（psyche energy）代替力比多来指代这种涵义更丰富的生命动力（Jung，1969，p. 17）。

心灵（psyche）就是整个人格，是与人的物质现实相对应的心理现实。在心灵中存在着生命之能，即心灵能量。心灵能量不可感触，但会使人产生感情、思想和行为，这好比物理能量会产生光、热和电。心灵能量产生于心灵内部各种势力的对立冲突，冲突越激烈，能量就越大。心灵中的每一种结构都有它的对立面，有对立就必然产生冲突。例如，人格结构中的阴影（shadow）与自我（ego）就互为对立面，阴影是人类的邪恶本性，是人性中令自己恐惧的部分；而自我的其中一项功能就是将不愉快的经验赶出意识。显然，这两者是水火不相容的。心灵能量在对立冲突中产生，Jung 称之为对立律。心灵能量一经产生，则要么释放以产生行为，要么在心灵中四处流荡。Jung 借用热力学的两条基本原理来解释心灵能量运行的规律，即**守恒律**（principle of equivalence）和**熵律**（principle of entropy）（Jung，1928）。守恒律是指，在心灵的某处若有一定量的能量消耗，那么就会有等量的、形式或同或异的能量在心灵的其他方位产生（Jung，1969，p. 18）。这条原理说明，心灵能量不会凭空消失，此处能量减少必然伴随着彼处能量增加；反之亦然。例如，Jung 认为，个人对职业成就的关注增加，那么对精神生活的兴趣就必然减少。熵律，是指在心灵的某处若有能量聚集，在强度上占优势，就必然会在心灵内部产生驱力，使能量从高强度区域向低强度区域流动，达到平均分布。一个极端外向的人迟早会变得较为深沉，就是因为心灵能量由外向内扩散的缘故。Jung 认为，一个健康成熟的人格应该是不断趋于平衡的人格。

（二）人格的结构

Jung 继承了 Freud 有关意识和潜意识的划分，并进一步把潜意识分为**个人潜意识**和**集体潜意识**。个人潜意识有些类似于 Freud 概念体系中的潜意识，其中蕴藏着过去的经验，这些经验要么不太愉快，要么不太重要，因此被遗忘了；其中也包括无法意识到的微弱的感觉经验（Jung，1969，p. 376）。集体潜意识则是最难触及的意识层面，也是心灵中最为神秘的领域。它是整个人类进化史上所有人类经验的仓库。换言之，集体潜意识中埋藏着人类祖先的智慧，即远古人类在艰难的生存过程中获得的宝贵经验。人人都有这些经验，它们蕴含在神经系统中，使人生而具有对某些特定刺激产生特定反应的倾向。例如，惧怕黑暗，敬畏鬼神，依恋母亲，警惕陌生人等。

Jung 认为在心灵的各个意识层面存在许多功能各异并相互联系的单位，包括**自我**（ego）以及**人格面具**（the persona）、**阿尼玛和阿尼姆斯**（anima and animus）、**阴影**（the shadow）和**真我**（the Self）等原型。正是这些功能单位构成了完整的人格。根据这种设想，他描绘了人格结构的草图（见图 5-3，参见 Jacobi，1962，p. 126）。自我位于意识的中心，负责清醒时的活动（Jung，1923）。它的功能包括选择性注意、知觉、记忆、思维、情感以及自我意识，因此它具有相当的统合力量，使人保持同一感和连续感。集体潜意识中的经验是以原型的形式存在的。

这些经验在各个文化和各个历史阶段的人类生活中反复出现，与之相关的意象留存在人的心灵中，围绕一个主题组织起来，就成为**原型**（Jung，1947）。有多少共同的人类经验，就有多少原型，其中包括母亲、英雄、国王、白马王子、神、魔鬼、智慧老人等在古今中外不断出现的意象。原型尽管数量繁多，却只有少数对人格产生关键影响。Jung 描述了一些重要原型，它们分别为人格面具、阿尼玛和阿尼姆斯、阴影和真我。

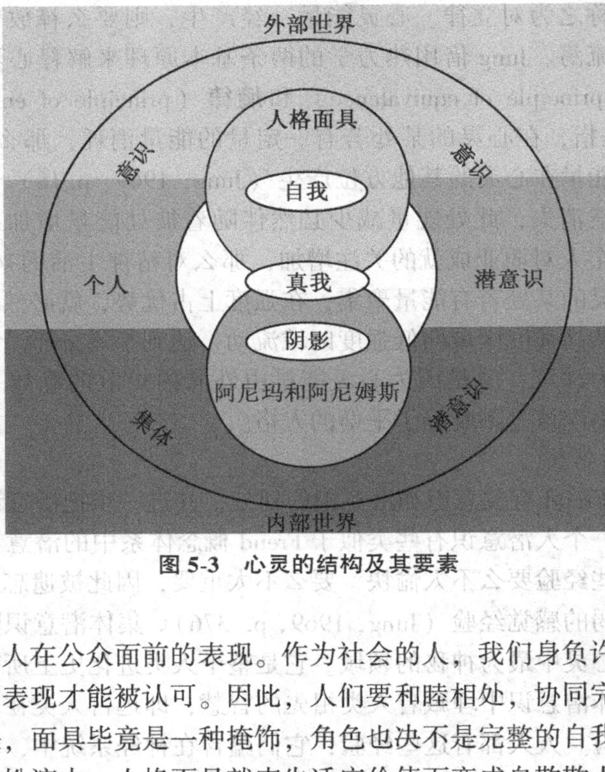

图 5-3　心灵的结构及其要素

人格面具是人在公众面前的表现。作为社会的人，我们身负许多角色，只有与角色身份相符的表现才能被认可。因此，人们要和睦相处，协同完成工作，就必须戴上面具。但是，面具毕竟是一种掩饰，角色也决不是完整的自我。所以，如果过分地沉溺于角色扮演中，人格面具就丧失适应价值而变成自欺欺人。阿尼玛和阿尼姆斯分别是男人心灵中的女性原型和女人心灵中的男性原型。从生理上讲，男女两性都有雌雄两种荷尔蒙，只是在量的比例上有差异；从心理上讲，男人能表现出女性化的特征，女人也能表现出男性化的特征。这种你中有我、我中有你的状态使男性和女性可以因爱而融为一体。但一个人若过分认同自己心灵中的某一个性别，都会出现适应困难。阴影是人性的阴暗面，是恶的源头。一切为人不齿的念头和冲动都藏在这里。人必须压制阴影中的冲动，否则会扰乱社会，受到惩罚。让人为难的是，阴影不单是恶的源头，也是活力、自主性和创造性的源头；完全压制阴影会使心灵了无生气。而且，即使阴影中的冲动被压制，其能量也并未消失。这种恐怖的力量蛰伏在心灵底层伺机而动，一旦自我的力量有所懈怠，它就会侵袭整个心灵。真我是人格进入成熟状态时的产物。它脱胎于自我，并远远超越自我。真我稳居心灵中心，像恒星一样平衡各种对立势力。它的出现意味着人格变得更加和谐统一，进入新的发展阶段。在心灵的各个要素中，真我出现最晚，而其完全实现则像一个神话，这种完美状态只能无限接近，永远无法达到。

（三）中年危机与个体化

Jung 认为人格发展贯穿人的一生，不仅受过去经验的影响，也受到未来的指引。他并没有明确地描述人格的发展阶段，而是强调人到中年时人格发展的危机与转变（Jung，1930）。童年早期，个体还没有区分主客体的能力，他的人格基本上是其父母人格的反映。在这一时期，父母对儿童人格发展的影响几乎是决定性的。当儿童能分清"我"与"非我"时，其自我才开始实质性的发展。在青春期，个体的人格基本成型。这时个体面临生活的压力，几乎要把所有精力都奉献给学业、工作以及家庭。在这一时期，个体关注客观现实而忽视主观世界，其意识功能占主导地位。人到中年，婚姻和事业已基本稳定，外界成就达到巅峰。可 Jung 发现：大多数人虽功成名就，却总免不了感到了无生趣。他把这种现象称为**中年危机**。他认为，这种危机也是转机，是人生必经的阶段。中年时生活问题已基本解决，可心灵能量还很充盈。大量能量淤积于心，无处发泄，就导致了心理危机。解决之道是将能量用于探索内心的深层，给人格创造新的发展机会。当潜意识中的内容被带入意识，与意识同等地发挥作用时，个体的人格就进入了新的境界，Jung 称之为**个体化**（individualization）。

个体化意味着个体成为一个独特的人、实现自己的潜能并发展自己的真我。要达到这种境界，个体必须放弃前半生以意识为主导的行为方式和优先关注客观现实的价值观，转而接受潜意识的引导。当然，接受潜意识并不意味着由潜意识主导我们的人格，而是使它与意识平等，在人格内部产生平衡。个体化的进程中，个体开始意识到人格面具的局限，并准备接受自己心中的阴暗面和另一性别，当这些都已完成时，真我就发展成熟了。此后，人格发展进入超越（transcendence）阶段，不断趋近完美。

（四）人格类型理论

心灵能量可向外部世界投放，也可向内部世界投放，但具体到每个人，则必定有一种倾向占主导地位。Jung 根据这种能量投放倾向的差异将人分为两类：倾向于向外投放能量者大方、热爱交际，更关注他人和外部世界；而倾向于向内投放能量者冷淡、容易害羞，更关注自己的想法和感情。前者属于**外倾型**（extraversion），后者属于**内倾型**（introversion）（Jung，1964，p. 52）。Jung 还假设心灵有四种功能：**感觉**（sensing）、**直觉**（intuiting）、**思维**（thinking）**和情感**（feeling）（Jung，1927）。感觉和直觉是对立的，感觉是指凭感官了解内外世界的信息，而直觉不经由感官就能获得信息，是类似于预感之类的功能。它们都只接受信息，并不对之进行解释和判断，故被称为非理性的心理功能。思维和情感也是对立的，思维要对所获得的信息进行解释，并判断其真伪；而情感则要对信息进行评价，看该信息是否令人愉快，自己是否喜欢。它们都会运用逻辑推理对信息进行组织与分类，故被称为理性的心理功能。虽然我们都具有这四种心理功能，但只有一种或一对能占主导地位。非主导地位的心理功能会被压抑在个人潜意识中。值得注意的是，感觉与直觉作为对立的心理功能不能同时占主导地位，同理，思维与情感也是如此。Jung 根据两种心理倾向和四种心理功能把人分为八类：外向思维型、外向情感型、外向感觉型、外向直觉型、内向思维型、内向情感型、内向感觉型、内向直觉型。

(五) 心理病理理论

虽然 Jung 认为人格会自动趋向整合的全面和谐的发展。但是这一过程不是一帆风顺的。不利的环境会阻止人格的成长，助长其符合环境要求的部分，并压抑其余部分。这种单方面的发展必然会造成这样的后果：心灵中被压抑的邪恶能量会毫无征兆地爆发出来，扰乱心灵的内部秩序，造成整个人格功能失调。这样就产生了**神经症**（neurosis）和**精神病**（psychosis）。神经症和精神病病理相同，只是在严重程度上有所差异。神经症患者的自我功能还没有彻底丧失，能够维持基本的意识活动；而精神病是恶化了的神经症，这时潜意识的势力吞噬了意识，自我彻底瘫痪。Jung 认为治疗神经症和精神病的关键就是把潜意识冲突带到意识中来，使病人意识到被压抑的内容和过程并接受它们。

二、Adler 的个体心理学

Alfred Adler（1870~1937）于 1895 年获得维也纳大学医学博士学位，从业后，很快成为当时精神分析学派的核心成员之一。由于他公开反对弗洛伊德的泛性论，两人关系宣告破裂。此后，Adler 创立**个体心理学**（individual psychology），其理论重点由生物学定向的本我转向社会文化定向的自我，对后来西方心理学特别是精神分析学派的发展产生了深远影响。

(一) 自卑与超越

Adler 认为人类活动的动力既不是 Freud 所讲的力比多，也不是 Jung 所说的心灵能量。人类奋斗的动力来源于克服自身不足的强烈愿望。人生来就有种种不足，有不足就会感到自卑。为了消除这种消极的感受，人会不断奋斗以弥补自己的弱点，这就是 Adler 所谓的补偿。个体的人格就是在各种补偿活动中不断成型的。

自卑感人皆有之，它起始于婴儿期的无能感。没有成人的帮助，婴儿就不能生存。这种处境自然使其产生卑微的自我感觉。自卑感还来源于个体真实的或想象的身体缺陷，例如身材矮小、面貌丑陋等。Adler 把这种因身体缺陷而产生的自卑感叫做**器官自卑**（organic inferiority）。自卑感是个体对自身缺陷的觉知，正是基于这种觉知，个体才会诉诸种种补偿活动以抗争自己的不完美。可以说，人格发展的过程就是个体对不完美的自我状态的抗争史，只要没有达到自己设定的完美状态，抗争就不会停止。Adler 把人对最终完美状态的追求称为**追求卓越**（striving for superiority）（Adler，1930）。自卑是个体奋斗的起始原因，卓越是其追求的终极目的。人生的主题就是自卑及其超越。Adler 认为，一千个人会有一千种完美的"我"。这是因为，理想的自我状态是主观想象出来的，因人而异。这种主观想象的完美状态叫做**虚拟目标**（fictional finalism）。梦想是虚幻的，但它对人的影响却是真实的。

图 5-4 Adler

（二）生活风格与出生顺序

在克服自卑，追求卓越的人生历程中，个体的人格不断成长。由于每个人的缺陷和虚拟的生活目标都不一样，由之而生的行为模式也是独特的。Adler 把每个人在补偿自卑感的活动中形成的独特习惯或行为模式称为**生活风格**（style of life）。在他看来，生活风格在个体 5 岁时就已经基本定型，成为其人格发展的基本框架。在生活风格的形成过程中，早期的社会环境非常关键。Adler 尤其强调亲子关系和出生顺序的作用。

父母是孩子最早的社会关系，是一个人一生中最早密切接触的他人。与父母的关系模式往往延续到个体成人后与其他人的关系中。但 Adler 尤其重视母亲在人格形成中的作用。这是因为母亲往往是个体最早、最深入和最广泛的亲密接触者。通过与母亲的互动，儿童开始形成对人际关系的看法。一个好母亲会让孩子感到他人是可亲可信的，她可以教会孩子以正确的态度应对生活考验，如工作中的合作精神，朋友之间的友爱尊重以及面对爱情时的勇气和执著。这样孩子长大后就会有较高的**社会兴趣**（social interest）。社会兴趣是人性中亲社会的一面。社会兴趣高的人乐意与人为善，有公益心，是 Adler 眼中心理健康的人。社会兴趣虽然是天生倾向，但是没有恰当的培养就会被埋没甚至扼杀。一个不称职的母亲往往令孩子缺乏社会兴趣，对他人充满疑虑和敌意，这样的孩子长大后容易出现适应问题。Adler 甚至认为，一切丑恶的社会问题都可归结为社会兴趣的沦丧。

多子女的家庭中，兄弟姐妹虽同在一个屋檐下，受到的待遇却大相径庭。这就是 Adler 强调出生顺序的原因：不同的出生顺序意味着不同的早期环境。第一个孩子集父母的宠爱于一身，享受无微不至的关怀。但好景不长，当第二个孩子出生后，他的地位就明显下降了。他必须忍受另一个孩子来分享本来由他独享的父爱和母爱。Adler 形象地称这种经历为"废黜"。越是被父母呵护备至，被"废黜"后的失落就越刻骨铭心。这种独特经验使长子形成了怀旧的性格，并倾向于保持现状。他们成人后善于维持秩序，恪尽职守，但可能墨守成规，并特别看重权位。第二个孩子造成了长子的心理冲突，但他自己却不会体验到这种冲突。一般而言，父母对第二个孩子不再感到新奇，不会娇宠他。所以，当更小的孩子出生时，他不会感到失落。但这并不意味着第二个孩子的成长过程会风平浪静。在他的心里有一个必须超越的目标——长子。这种与强者争胜的雄心会一直保持下去，因此，第二个孩子成人后会热衷于竞争。但是，若长子过于优秀，这种竞争的热情可能会熄灭在萌芽状态；又或者长子因为妒忌而恶意压制，第二个孩子在抗争过程中可能形成扭曲的人格。最小的孩子是全家的宠儿，也永远不会被废黜。在这种支持性的环境中，最小的孩子可以全力追赶他的先行者。在所有孩子中，他很可能发展最快，成就最高。但是，宠爱过了头就会变成溺爱（Mairet，1964，p. 107）。被溺爱的孩子永远是无助的，依赖的，没有办法应对生活考验。最后一种情况是独生子女。在家里，独生子女是父母的掌上明珠；但出了家门，他就不再是关注焦点。这种境遇让独生子女感到巨大的失落。由于没有兄弟姐妹，他只能同父母交流，因而往往显得少年老成。但是他既不会与人分享，也缺乏竞争意识，在人际方面可能困难重重。

个体的人格当然不会严格按照 Adler 描述的情形发展。这是因为，除了亲子关系和出生顺序这两个典型因素外，还有很多因素影响人格的发展。例如，个体对自己人格发展具有的能动性，即 Adler 所强调的自我的创造力。Adler 认为，人是自己命运的主人。5 岁以前的经历只勾勒出人格的草图，最终的人格形态还是靠自己在以后的生活中描绘。这使他与 Freud 的早期经验决定论划清了界限。

（三）生活风格的类型

在 Adler 看来，每个人的生活风格都是独一无二的（Ansbacher & Ansbacher，1956，p. 166）。但为了让人们了解什么样的生活风格是健康的、适应良好的，什么样的生活风格是病态的、适应困难的，他提出了四种生活风格类型：**控制型**（ruling type）、**索取型**（getting type）、**回避型**（avoiding type）以及**社会型**（socially useful type）。

控制型的人缺乏社会兴趣和勇气。只有凌驾于他人之上，才会使他们感到安全和重要。这样的人专横、冷酷，常常有意无意地对他人造成伤害。极端控制型的人会直接伤害他人并以此为乐，他们为社会所不容，最终会沦为罪犯和神经症患者；还有一些控制型的人通过虐待自己来伤害他人，如酒徒、吸毒者以及自杀者，这些人总是让关心他们的人陷入巨大的痛苦。索取型的生活风格是比较常见的。这样的人不能直面生活考验，总想依赖他人。小时候娇生惯养，成年后也希望别人来迁就并照顾自己。他们不注重培养生活技能，常利用自己的魅力来获得别人的帮助（Mosak，1977，p. 78）。这种人只懂索取，不能贡献，对社会毫无用处，但也没有太大害处。回避型的生活风格很像鸵鸟的处世方式：遇到危险，就一头扎进沙里。这种人几乎与现实生活绝缘，他们企图通过回避生活问题来避免任何失败的可能性，同时也扼杀了任何成功的机会，在现实中毫无建树。回避型的人往往耽于幻想，在白日梦中享受卓越感（Adler，1930，pp. 142-143）。社会型的生活风格是

Adler 极为推崇的健康的人格类型。这种风格的人成长于互相尊重和关爱的家庭中，养成了与人为善的品格，社会兴趣很高。他们勇于面对生活难题，愿意与人合作，也乐意把才能用于帮助他人和改善社会。

显而易见，控制型、索取型和回避型的生活风格都是不健康的，它们的典型特征是缺乏社会兴趣，是个体对自卑感补偿失败或补偿不当的产物。持有不当生活风格的人，面对生活问题时往往无法适应。不利性格与生活现实的冲突是导致神经症和精神症的根源。

（四）社会兴趣与心理健康

Adler 从人类进化的角度出发，把社会兴趣看成心理健康的标志性特征。社会兴趣是人类为了共同目标而友爱合作的内在天性。这个共同目标就是不断地完善我们的社会，使人类这一种族以不断升级的功能应对生存压力，适应严酷的外界环境。可见，不仅个人在努力追求卓越，整个人类社会也在向更完善的形态发展。补偿自卑有两条基本途径，一是以个人的奋斗不断完善自身的不足，迈向卓越；一是与人合作，通过互助弥补各自的不足。对一个健康的人而言，个人奋斗与社会兴趣都是其生活风格的必要成分。努力是个人超越自卑的必要条件，而合作是连接个人奋斗与社会进化的纽带：通过合作，个人加入了社会发展的洪流，并在这一过程中实现自己的潜能。

但是，社会兴趣可能在恶劣的环境下被扼杀。有的父母时而溺爱，时而拒绝，使孩子无所适从，不能相信自己和他人；还有的孩子生下来就有身体上的缺陷，这种处境使他们的自卑感异常强烈。这样的孩子成人后，其个人目标与社会目标就未必能保持一致。他们要么放弃个人奋斗，要么过度强调个人奋斗。前者被无能感吞噬，只能依赖他人和回避困难；后者迷恋权力和地位，形成控制型的生活风格。这两种人都极度关注自己，缺乏社会兴趣，陷入自卑情结和卓越情结中不能自拔，最终会不同程度地陷入到不同类别的心理困境之中。

Adler 相信，要治疗神经症，关键是改变患者对自己和他人的错误信念，使他放弃错误的生活目标，代之以新的、建设性的目标。“要引导患者走出自我关注的迷津，为他人而奋斗；使他领悟自身内在的社会兴趣，认识到自己是人类大家庭中的一员，在这个家庭中，人人平等……”（Adler，1973，p. 200）。

第三节 Anna 和 Erikson 的自我心理学

一、Anna Freud 的自我心理学

Anna Freud（1895~1982）是 Freud 的小女儿。她 13 岁就开始参加维也纳精神分析学会的星期三讨论会。1918 年，她开始接受父亲的精神分析，并在 1922 年被

图 5-5　Anna

正式批准成为一名精神分析师。Anna 的一个重要的贡献是开创了儿童精神分析研究。她的工作对日后自我心理学（ego psychology）的建立也起到了非常重要的作用。

（一）自我与防御机制

Freud 强调本我和潜意识，认为自我只是本我和超我之间的传递者。自我在不违反超我的情况下来寻找满足本我欲望的现实途径。自我只是本我的仆人，除此之外，它本身并没有特别的功能，只有本我才是整个人格的能量提供者。Anna 则更突出自我的作用，认为只有通过观察自我，才能了解本我与超我的活动方式；对心理异常的矫正，也是要使自我恢复统一性。把分析自我作为解决所有精神分析问题的起点，是精神分析发展史上的一大进步。Anna 认为，自我采用的防御机制不只是一种妥协，还具有重要的适应意义。在适应社会环境的过程中，这些机制的运用是正常而且必要的。健康人和神经症病人都会潜意识地运用防御机制，区别仅在于是否运用得当。

Anna 在《自我与防御机制》（1937）一书中除了对其父提过的 10 种防御机制进行总结，又添加了 5 种重要的防御机制，分别为：（1）**利他主义**（altruism），是一种投射作用，指的是通过满足别人的需要来对自己的本能冲动做出利他性降伏（altruistic surrender）。（2）**对攻击者的认同**（identification-with-the aggressor），也是一种投射，指接受令自己恐惧的对象，通过在内心把自己与他等同来消除恐惧。（3）**否认作用**（denial），是指人们将威胁事件排除在意识之外，不承认它的存在，以减轻焦虑。（4）**自虐作用**（turning-against-self），是一种受虐癖现象。患者把冲动转向自己，自己跟自己过不去，通过折磨自己、使自己受苦以达到内心平衡。（5）**禁欲作用**（asceticism），主要发生于青少年时期，这一阶段本能冲动逐渐增强。为了消除性冲动造成的不安，他们会通过禁欲来约束自己，以免越轨。

（二）儿童精神分析

Anna 在长期的儿童心理研究中发现，对儿童进行精神分析不能套用成人的精神分析模式。儿童的身心都还处在发展中，具有脆弱性、可塑性。对儿童进行分析时，分析者不应完全把注意力放在症状上，而应关注儿童未来的身心健康。Anna 特别强调，在儿童人格的形成过程中，环境因素影响很大，努力创设一个良好的教育与生活环境是解决儿童心理冲突的关键。

Anna 还提出**发展线索**（developmental line）的概念。发展线索主要强调自我在儿童的成长发展中所起的作用，它描绘了儿童正常发展过程中的特征表现，也可以作为儿童发展不良的指标。发展线索的主要内容有：从依赖他人到情绪上的自主；从哺乳到合理饮食；从大小便失控到能进行适当控制；从对身体管理不闻不问到负起责任；从关注自己的身体到关注玩具；从心理自我中心到建立友谊关系。发展线索的提出使精神分析不再只限于对潜意识这一纯粹内部世界进行分析，开始逐渐接近人的现实生活，因而具有进步意义。

在儿童精神分析的观点上，Anna 与另一位著名精神分析学家 Klein 发生了很大的分歧。Klein 认为，在儿童的发展中，人际关系的作用比生物性的内驱力更为重要。口唇期婴儿与母亲之间关系的体验，决定了他以后好与坏的观念原型。另外，儿童潜意识中的冲突可能在自然的游戏活动中表达出来，因此对其游戏活动的分析比自由联想或释梦更有价值。Anna 坚持传统精神分析原则，认为肛门期和性器期是儿童人格发展的主要决定阶段；在治疗技术方面，她也还是强调对儿童幻想和梦的分析。

Anna 对自我心理学和儿童精神分析的建立与发展做出了重要贡献。尽管如此，她始终恪守正统精神分析的理论观点，认为自我仍然以潜意识为主导、受本我的支配。另外有学者认为，在儿童心理治疗的问题上，她对社会环境的关注也只不过是强调改善家庭环境，这反而掩饰了社会的真正矛盾对个体的作用。与她相比，Erikson 在自我心理学的道路上往前迈出了一大步。

二、Erikson 的自我心理学

Erik H. Erikson（1902~1994）出生在德国的法兰克福，其生父是丹麦人，而养父是犹太人。小时候，犹太教儿童认为他是外邦人，而一般儿童又认为他是犹太人，两边都不接纳他。这种经历使他多次遭遇自我认同的问题。在 25 岁时，他结识了 Anna Freud，从而进入到精神分析的学术圈子里。1933 年，Eriksen 为了躲避纳粹的迫害而迁居美国波士顿，成了那里最早的儿童精神分析学家。他在儿童心理分析方面独树一帜，其著作《儿童与社会》（1950）、《同一性：青春期与危机》（1968）、《游戏与理由》（1977）等在心理学界有着极大的影响。

图 5-6 Erikson

（一）自我心理学

Erikson 对 Freud 的许多观点进行了扩展完善，自我心理学观是其整个理论的核心。Freud 在自己的理论中特别强调本我的作用，而自我（ego）则只是本我和超我之间的传递者。Erikson 的自我概念则更为理智、开放和积极。他认为自我是独立的力量，并把诸如信任、希望、意志、自主性、勤奋、同一性、忠诚、爱、创造、关心、智慧等品质都赋予自我，主张具有这些品质的自我能够创造性地解决人生发展每个阶段的问题，决定个人的命运。自我有着重要的建构功能，能帮助个体积极地适应环境变化；在个体面对危机和冲突时，它有助于逐渐建立一种"自我同一性"和学习控制环境。

自我同一性（self-identity）是 Erikson 理论中的重要概念，是对自我的基本功能的描述。Erikson（1963）认为，在错综复杂的人类社会里，没有自我同一性就没有生存感。自我同一性的涵义比较复杂，包括我们的个体性（individuality）、整体性和整合感（wholeness and synthesis）、一致性和连续性（sameness and continuity）以及社会团结性（social solidarity）。在成长过程中，我们需要意识到自己作为个体的独特性，并要将成长中的所有经验片段整合为一个有意义的整体。我们需要知道自己的生命，过去以及未来，正朝向一个确定的有价值的方向前进。在社会生活中，我们也在积极寻求社会和团体对我们的接纳和认可。同一性是健康的自我必须保持的一种状态。当人缺乏同一性时会感到混乱和迷茫，陷入危机。这种危机通常会出现在青春期，但是绝不仅限于青春期。当社会快速变化和动荡不安时，人们也很容易产生同一性危机。

（二）心理—社会发展阶段理论

Erikson 对 Freud 的发展理论进行了完善和拓展。他不再强调个体对身体快感的追求，转而关注社会心理和人际关系在个体成长中的重要意义，并把人格的发展放在生命全程中考虑。出生时，人还是一个未分化的混沌体，在生长过程中体验着生物的、心理的和社会的事件，并按一定的成熟度分阶段地向前发展。人的发展不仅表现为情绪过程或心理过程，而且将个人内心生活与社会任务加以结合，通过人际关系表现出来。人的发展分为八个阶段，它们依先天的次序进行。在每个阶段，个体都会面临一些"危机"，解决危机的方式将决定人格的发展方向。积极的解决办法有助于加强自我，形成较好的顺应能力；消极的解决办法则削弱自我，降低乃至阻碍自我的顺应能力。相应地，在某阶段对于危机的积极解决，会有助于下阶段危机的积极解决，消极解决会妨碍下阶段危机的解决。生物遗传因素只决定人格发展各阶段出现的顺序与时间，究竟如何解决每个阶段特征的危机，则与社会环境密切相关。

（1）**基本信任对不信任**（0~1 岁）。相当于 Freud 的口唇期。在这一阶段，母婴关系是决定人格发展的主要因素。受到母亲良好照顾的婴儿能够发展起对外界产生信任感，而不良的亲子关系则不利于儿童形成对于他人和世界的信任感。

（2）**自主性对羞愧和怀疑**（1~3 岁）。相当于 Freud 的肛门期。这个时期儿童的活动能力已经大大增强，他们会主动探索外部世界。若父母能够耐心和温和地鼓励孩子自由发展，就有助于他们建立自主性和培养信心。若家长过于溺爱或者缺乏耐性，则会使孩子变得退缩，并怀疑自己的能力。

（3）**主动性对内疚感**（3~5岁）。相当于Freud的性器期。这个阶段的儿童对周围环境和他人产生强烈的好奇心，父母要正确对待儿童的想像力和探索。成功度过这一阶段能提高儿童的自主能力，形成目标感。若解决不好，则可能使他产生内疚感和依赖性。

（4）**勤奋对自卑**（5~12岁）。这个阶段的儿童大多是在校学习。在与同伴的竞争与合作中，通过成功地完成任务，儿童可以体验到勤奋带给他们的自信和快乐。这时他们最需要的是老师以及父母的支持和鼓励，帮助他们避免自卑，积极健康地去生活和学习。

（5）**自我认同对角色混乱**（12~20岁）。此时，个体大都经历着一种身体上和心理上的巨变。在这样一个转型阶段，他们需要重新定位自己。于是他们将同伴、老师和父母对自己的评价，以及自我认识综合起来，理解、接受并欣赏自己。如果他们不能形成良好的自我认同，就会出现角色混乱，影响以后的人格发展。

（6）**亲密对孤独**（20~24岁）。在这个阶段，个体需要和别人建立稳定的亲密关系，如婚姻关系。如果在这个阶段我们不能坦诚地面对自己并接纳别人，就无法建立良好的亲密关系。如果长期经历这种孤独，就会导致情绪和个人满足感方面的欠缺。

（7）**生产对停滞**（25~65岁）。个人在这一阶段的主要任务是对家庭和社会做出贡献。人们通过照顾家庭、努力工作以获得生活的快乐和满足。倘若这时人们还无所事事，就可能会变得意念消沉，感到没有希望。

（8）**完满对绝望**（65岁至死亡）。到了老年期后，人们大多喜欢对自己一生的经历进行回顾。以满足的心情回忆往事的人，将获得一种完满的感觉；若是带着一种失望的心情回顾一生，就会给自己带来绝望之感。

Erikson的理论在教育、社会工作、职业以及婚姻咨询等领域都发挥着重要作用。虽然他提出了许多创造性的观点，但还是受到了一些批评。有人认为他的理论延续了Freud的观点，只是重新贴上了普通大众容易接受的标签。也有人认为，他有些概念模棱两可，欠缺精确（Rosenthal，Gurney，& Moore，1981）。还有人认为他的心理-社会发展阶段理论只适用于男性（Tavris，1992，p. 37）和有一定经济保障的人群（Slugoski & Ginsburg，1989）。

Anna和Erikson都是在继承Freud人格结构学说的基础上，将重心从本我转移到自我，并赋予自我以丰富的内涵和功能。而Horney和Fromm等人的社会文化理论则沿着Adler开创的思路走得更远，他们根本颠覆了Freud的人格结构和本能动力学说，不是将心理疾病归结为性本能与社会规范的冲突，而是归结为社会文化本身。

第四节　Horney 与 Fromm 的社会文化理论

一、Horney 的神经症理论

Karen Horney（1885~1952）出生在德国汉堡的一个犹太人家庭，她相貌不佳，得不到父母的关爱，后来的婚姻也很不如意。终其一生，她似乎都在寻找爱和安全感，并为摆脱自身的困境而斗争。1913 年，她获得了柏林大学医学博士学位。1914 年到 1918 年间，她在柏林接受了正统的精神分析训练，1932 年受邀前往美国，担任芝加哥精神分析学院的副院长。因为她对 Freud 的理论持有异议，1941 年被纽约精神分析学院开除。此后，她成立了美国精神分析研究所，以非凡的勇气和深邃的洞察力创立了新的神经症理论，并成为精神分析社会文化学派的领军人物。

图 5-7　Horney

（一）神经症的社会文化因素

Horney 的研究是围绕神经症的病理学而展开的。她发现德国患者与美国患者差别很大。如果人格仅受生物因素影响，那么处于不同文化中的人之间不会有如此大的差异。这让她看到社会文化因素的重要性（黄坚厚，1999，p. 128）。她发现，面临经济萧条，病人的问题主要与失业、无钱付房租、无钱购买食品、或无钱支付医疗费等问题有关，而不是潜意识里的性冲突。Freud 的理论可能适用于他所处的文化和时代，但对大萧条时期美国民众的难题却毫无作用。但 Horney 并没有完全抛弃 Freud 的观点，她也认为童年经历对人格有重要影响，只是在影响的内容和如何影响的问题上坚持社会因素的作用。

（二）安全需要和基本焦虑

童年时期，安全需要是最重要的。只要父母让儿童体验到安全感，他的人格就能正常发展。也就是说，Horney 认为并不存在像俄狄普斯情结那样的不可避免的童年冲突。儿童的冲突产生于父母破坏其安全感的行为，如不公正的惩罚，不信守诺言，嘲笑、羞辱孩子，将孩子单独关起来等等。这些行为使儿童愤怒，但又因无助、惧怕、渴望爱以及负罪感等缘故，不得不压抑内心的敌意，进而导致**基本焦虑**（basic anxiety），这是一种在充满敌意的世界中所感受到的、无处不在的孤独感和无助感（Horney，1937）。

（三）神经症需要

为了摆脱焦虑，神经症个体逐渐形成了自我保护机制。这些机制是一些潜意识的驱动力量，Horney称之为**神经症需要**（neurotic need），她认为有10种常见的神经症需要：（1）对友爱和赞许的需要；（2）对主宰其生活的伙伴的需要；（3）将自己的生活限制在狭窄范围内的需要；（4）对权力的需要；（5）对利用他人、剥削他人的需要；（6）对社会认可和声望的需要；（7）对个人崇拜的需要；（8）对个人成就和野心的需要；（9）对自足和自立的需要；（10）对完美无缺的需要。这些需要的内容本身并非神经质的，健康人也有这些需要，但神经症个体盲目地偏执于一种或少数几种，而不能根据现实条件的变化来选择适当的目标。

（四）神经症倾向

Horney相信，这些自我保护机制将成为稳定的生活态度和交往风格，一直保留到成年，形成**神经症倾向**（neurotic trends）。她区分了三种倾向，分别是**顺从型**（compliant type）、**敌对型**（hostile type）和**退缩型**（detached type）。顺从型的行为方式是接近他人（moving toward people）的。这种人强烈需要被接纳，强调无助感是他们应对焦虑的方式。他们认为自己渺小、无助，而别人比自己优越。为了得到爱和保护，他们往往表现得体贴、讨人喜欢，对他人总是很顺从；敌对型的行为方式是对抗他人（moving against people）的。在敌对型者的世界里，每个人都有敌意，不可信赖，与人建立关系不过是为了从中获利。主动出击是他们应对焦虑的方式。他们相信适者生存，优胜劣汰，所以他们渴望强大。他们会全力投入工作，以提升自己的声望和财富；退缩型的行为方式是回避人（moving away from people）的。这种人与周围的人保持情感上的距离，没有爱也没有恨。离群索居是他们应对焦虑的方式。他们只信赖自己，压制对他人的情感，精心保护自己的隐私。

在正常人身上，这三种行为方式可以根据条件的改变而改变，或顺从他人，或据理力争，或独善其身，三者相互补充。但神经症病人缺乏变通的能力，往往僵化地运用其中一种来应付一切生活难题。结果不仅不能克服焦虑，反而陷入更深的焦虑。

（五）神经症自我

Horney还从自我的层面对神经症的实质进行了分析。她认为每个人都是独特的，具有内在固有的潜能，这是人的**真实自我**（real self）。只要有适宜的环境，人人都能实现潜能。但童年期父母的粗暴对待使儿童丧失了安全感，不得不使用防御机制；这样，儿童的真实自我不能自由表达，就无从发展自身潜能了。然而，人毕竟是需要同一感和价值感的，所以**理想自我**（ideal self）便应运而生。正常人的理想自我是建立在对自己真实的能力的认识之上的。而对于神经症患者而言，它是一种无法达到的绝对完美的幻觉。在理想自我的左右下，他们觉得自己是全知全能的圣人，"应该无私、有预见力、不依赖任何人、不知疲累、从不失败"（Horney，1950，p. 65）。Horney称这类强迫性需要为**"应该"的专横**（tyranny of the shoulds）。神经症患者偏执地追求完美，却注定失败，因为他们此时此地的**现实自**

我（actual self）在理想自我面前，永远相形见绌。理想自我与真实自我、现实自我间的冲突使他们体验到更多的焦虑。

二、Fromm的社会性格和社会潜意识论

图5-8 Fromm

Erich Fromm（1900~1980）生于德国法兰克福一个正统犹太人家庭。第一次世界大战爆发时，从小受犹太教义熏陶的他无法理解人们何以如此疯狂和残忍（Fromm，1962）。带着这种困惑，他进入海德堡大学，并开始对精神分析产生兴趣，专程到柏林精神分析研究所接受精神分析训练。Fromm一生著作颇丰，代表作有《逃避自由》（1941）等，他在著作中深入探讨了现代人的心理困境以及通往幸福的途径。

（一）存在的矛盾

Fromm关于人的处境的观点是其整个思想体系的逻辑起点（郭永玉，1999，p.45）。他通过对文明史的分析，指出了人类面临的两难处境。一方面，人具有生物学意义上的软弱性，与其他动物相比，人类婴儿是最无能的；另一方面，进化使人拥有了自我意识、理性和想像力，这些能力使人类超越自然，有力量掌控自身的命运，是人作为万物之灵的资本，但也成了人存在的矛盾性的来源。存在的矛盾性有三重含义：一是个体化与孤独感的矛盾。摆脱本能控制的人类获得了自由，却与自然不再和谐，成为"永恒的流浪者"（孙依依译，1988，p.57）。远古时代，人类通过成为部族的一员来获得归属感。随着文明的发展，人类开始反抗从属于群体的地位。每段历史都是人不断离开群体、成为个体的历史。尽管拥有了更多的自由，个人却与自然、与他人、与真实自我相疏离。二是生与死的矛盾，了解自己早晚得死会让人感到不安和恐惧。三是自我实现与生命短暂的矛盾，人生苦短，人总会在充分诞生（自我实现）前死去（Fromm，1955）。三个矛盾中，个体化与孤独感的矛盾最具实质性，是Fromm理论的基石。这种矛盾也可表述为自由与安全的矛盾，个体化使人走向自由，但孤独使人失去安全感。古代人安全而不自由，现代人自由而不安全，所以现代人会逃避自由。

（二）人的需要

处在孤独、疏离的处境之下，现代人就会产生与自然、他人和真实自我建立联系的需要，这种需要不像与生俱来的生理需要，它作为人对生存处境的反应，是后天习得的（Ewen，2003，p.131）。Fromm区分了五种需要：（1）**关联的需要**（relatedness need）。人失去了与自然的原始联系后，就需要与他人建立联系。与他人建立联系的方式有很多种，最理想的方式是创造性的（productive）爱，这是一种对所有人、对这个世界、对生命的热爱（Fromm，1956），与Adler所说的社会兴趣

有相似之处（Even，2003）。人人都具有爱的能力，但要使它完全发挥并非易事，倒是很容易陷入自恋，只关注自己的感受和想法。（2）**超越的需要**（transcendence need）。人不满足于动物般被动地活着，想要超越，成为具有创造性的个体，达到自由的状态。这不仅是指艺术作品和思想的创造，还包括物质生产，孕育生命等。当创造无法实现时，就可能产生敌意和攻击。（3）**寻根的需要**（rootedness need）。人与自然相疏离后，就需要成为某个群体（如家庭、民族、国家等）中的一员。儿时依恋母亲，长大后以不妨碍自身理性和独立性的方式与他人相处，都能满足人们寻根的需要。而不健康的满足方式是在成年后仍过于依恋母亲或母亲的替代物，比如狂热的民族主义情绪。（4）**同一性需要**（identity need）。拥有自我意识后，人需要成为独立的个体，并接受和认同自己。人们可以通过发展自己的独特才能来满足这种需要，有时也会通过认同某个群体的方式来满足。当认同意味着必须顺从该群体时，真正的"我"就会黯然失色，进而蜕变成群体中随波逐流的一分子。（5）**定向的需要**（frame-of-orientation need）。这也源于人的理性与想象的能力。人需要形成一套框架来感知和理解周围世界，找到终极人生目标并为之献身。一套理性的框架能让人客观地感知世界并找到合理的人生目标，而非理性的框架会成为人认识世界的障碍并使人误入歧途，如相信某种图腾动物的力量、某种神的启示、某种迷信、某种使人沉溺的诱惑等，甚至为之献身。此外，Fromm 后来还提出过刺激的需要（excitation need），认为人需要刺激丰富的环境，否则索然无味的生活会使我们缺乏创造力，甚至采取暴力的方式回避厌烦。

（三）人格的形成与类型

上述个体化与孤独感的矛盾也存在于每个个体的生命历程中。婴儿完全依赖父母，当成为独立的个体后，他就要独自面对周遭的危险（Fromm，1941）。在这种处境中，人都会产生五种基本需要，以何种方式来满足需要则因人而异。这种差异是由什么因素导致的呢？Fromm 认为是社会文化环境。年幼时，父母作为社会的代言人影响着儿童人格的形成。如果父母对儿童是关爱的，儿童对自身能力的信念就会与孤独感的增长保持同步，人格也就得到正常发展。但如果父母以错误的方式对待孩子，比如总让孩子依赖自己，阻止他独立，就会让孩子以不健康的方式来满足需要。成年后，社会文化对人格发展的影响会更直接。另一个问题是，人格的发展方向有哪些呢？Fromm 从人与人和人与物的关系角度，划分了同化和社会化过程中的人格取向。同化是指人对物体的获取，描述人与物的关系；社会化指人与他人发生联系，描述人与人之间的关系。同化和社会化过程中各形成五种人格，而且有一一对应的关系。

在同化过程中，**接受取向**（receptive orientation）者总是依赖他人，希望从外部获得自己需要的一切；**剥削取向**（exploitative orientation）者会使用强迫或欺骗的手段，去占有他人珍视的东西；**囤积取向**（hoarding orientation）者无意创造新东西，只是尽力保存已经拥有的东西，保护着他们的金钱、物质、感情和思想不被夺走；**市场取向**（marketing orientation）者觉得自己的内在品质并不重要，关键是要有好的包装，以迎合他人的口味，从而在人力资源市场上找到好买主；**创造性取向**（productive orientation）是一种理想人格，是人类充分发挥自身潜能的状态，这种人只关心作为人的爱与理性潜能的充分实现。

在社会化过程中，**受虐**（masochism）倾向者通过屈从他人或成为某种势力的一部分来逃避孤立无援的处境；**施虐**（sadism）倾向者追求权力，通过使他人屈服和痛苦来显示自己的强大，克服自己的不安全感；**破坏**（destructiveness）倾向者由于害怕自己营造的世界被侵犯而主动地非理性地去摧毁对象；**迎合**（automation conformity）倾向者会放弃自己的个性，有意无意地同化于他人，根据社会的要求去塑造自己；**自发性**（spontaneity）倾向者积极表现人的情感和理性潜能，既保持自我的独立和完整，又与自然、社会、他人融为一体。

Fromm（1964）还从病理学的角度，将人格分为**堕落综合症**（syndrome of decay）和**成长综合症**（syndrome of growth）两种。前者表现为被死亡、腐朽的东西所吸引，冷酷，好用武力和权力，自视甚高，过于依赖母亲及其象征物；后者表现为被成长、创造和建设所吸引，希望用爱和理性影响他人，保持自己的独立性。大部分人会或多或少同时具有这两种类型。最后，他从价值观上将人的生存方式区分为重**占有**（having）的生存方式和重**存在**（being）的生存方式（Fromm，1976）。前者关注的是占有对象（包括物、人、精神）。我不是我自己，而是我所占有的对象所体现出的我。重存在的生存方式则关注生命的存在本身，以人的潜能（爱和理性）的实现为生存的目的。

（四）社会性格和社会潜意识

既然社会文化环境决定人格的形成和发展，那么身处同一社会的人们必然在其人格中有着某种共同之处。当以上所分析的各种需要、性格不仅存在于个体身上，而且存在于共同生存处境下的群体身上，那么这些需要和性格就不仅是个体心理现象，而是社会心理现象了。Fromm（1955）分别用**社会性格**（social character）和**社会潜意识**（social unconcious）的概念来说明社会中绝大多数成员所具有的基本性格结构和被压抑的领域。Fromm 力图在马克思与 Freud 的学说之间建立关联，他认为，马克思并没有阐明经济基础是如何决定上层建筑的。在一定经济基础所决定的社会环境中成长的人，其社会性格也受制于这种经济基础，具有这种社会性格的人又会提出特定的思想体系或意识形态，反过来，一定的思想体系或意识形态又强化了相应的社会性格，获得大众的支持并通过大众的行为对社会的经济基础发生影响。同理，在一个社会中，那些与特定经济基础不相符的经验被压抑为社会潜意识，相符的经验则上升为意识形态，而意识形态又会进一步强化压抑机制，巩固经济基础。可见，社会性格和社会潜意识都是人们在一定的处境下，为了满足与世界建立联系的需要而形成的，是为了逃避孤立和排斥而形成的心理机能。

第六章

行为主义

特质理论致力于描述人格，生物学理论从身体上寻求对人格的解释，精神分析从内心深处挖掘人性。与之不同，**行为主义**（behaviorism）关注外部环境与人格的关系，揭示环境对人格的塑成作用。行为主义认为，人格等同于行为：你做什么，你就是什么（Carducci，1998，p. 276）。行为主义者假定人类大部分的行为都是习得的，所以心理学家的任务是区分出能产生相应行为的环境条件。这种传统一开始倡导一种简单的刺激—反应（stimulus-response，S-R）心理学，以探讨特定的刺激如何与特定的反应相联结。

作为行为主义的开创者，Watson 摒弃心灵主义的东西，强调研究外显的行为，声称环境是人格形成的决定因素。俄国生理学家 Pavlov 对经典条件反射的研究，为 Watson 的观点提供了佐证。Skinner 倡导的科学行为主义虽强调环境的影响作用，但在本质上不同于经典条件反射的原理。他提出操作性条件反射的概念，用强化来解释学习和人格的形成。Dollard 和 Miller 则试图整合 Hull 的行为主义与 Freud 的精神分析，而我们知道 Hull 的理论与 Skinner 的理论有着本质不同，因此 Dollard 的理论和 Miller 的理论在很多方面不同于 Skinner 的。他们的理论关注影响学习和行为表现的中间过程，比如思考和推理过程。这使 Dollard 和 Miller 可以解释压抑等概念。他们还对 Freud 的有关观点和概念进行了整合。比如，对于神经症的成因问题，Freud 认为根本原因在于压抑，对此，Dollard 和 Miller 也明确指出潜意识冲突是神经症形成的必备条件。只不过他们没有采用 Freud 的主观性的说法，而是换用行为主义的表达，认为压抑是一种对不经过思考的那些不愉快思想的习得性反应（Dollard & Miller，1950/2002，p. 11）。

尽管行为主义包括很多观点，但他们共享着关于人格本质的几个基本假设：（1）人格的行为本质；（2）强调学习的原理；（3）强调个体学习史的重要性；（4）强调环境因素。换言之，行为主义认为：（1）行为就是人格；（2）人格是习得的，你学着成为你自己；（3）人格的获得需要时间；（4）外部环境会影响人格。以下我们就来了解这些基本立场是如何体现在行为主义的主要代表人物的理论中的。

第一节 Watson 的行为主义与 Pavlov 的条件反射

John Broadus Watson（1878～1958）是行为主义的开创者。他最初在芝加哥大学受到机能主义（functionalism）的教育。机能主义用心理机能的观点解释行为，认为人类像动物一样，不断地为生存而斗争。为了生存，人类必须调节自己的行为。由于人类拥有心灵，具备推理的能力，可以帮助人们解决环境中的问题，所以这种调节是可能的。Watson 拒绝此观点，认为这对于推动心理学使之成为科学一点用处也没有。Watson 相信，心灵、精神、灵魂这些概念毫无用处，因为这些内在过程无法客观、可信地测量。必须摒弃这些心灵主义的东西，关注可以客观测量的外显事件，心理学才能进步。Watson 因此宣称，心理学就是对可观测行为的研究，所有内在过程都不值得科学研究。在当时，Watson 的言论对心理学产生了重大影响。行为主义心理学家们认为环境才是人格形成的决定因素。环境塑造人，一个人成为一个什么样的人，取决于他生活在什么样的环境中，而不是取决于他有什么样的遗传特征。Watson 相信人生来是一块白板。除了那些生来就有生理缺陷的人，绝大多数人生来并没有什么区别。"个体在其出生以后发生的事情，使得一个人或成为干苦活的人，或成为外交家，或成为贼、或成为成功的商人，或成为著名的科学家。"（Watson，1925/1998，p. 266）Watson 受到俄国生理学家 Ivan Petrovich Pavlov（1849～1926）条件反射学说的启发，认为可以将行为原理建立在条件反射学说的基础上。由于后来有研究者又发现了其他类型的条件反射，所以通常将 Pavlov 发现的条件反射称为**经典条件反射**（classical conditioning）。

图 6-1 Watson

一、经典条件反射

Pavlov 最初进行的是对狗消化过程的实验研究。在研究中发现，即使没有食物，只是听到铃声狗也会流口水，这引起了 Pavlov 的兴趣。起初 Pavlov 采用内省法研究此现象，试图从狗的角度想象当时的环境，最终发现这个办法根本行不通（Liebert & Liebert，1998，p. 308）。随后，Pavlov 开始采用更客观、更可检验的方法。他经过推理得出，动物对食物流口水的这一天生反应即使在只听见铃声响起时也能引起，而这个反应并不是天生的，只有将铃声与食物同时或先后呈现若干次之后，单独呈现铃声狗才能流口水。他把食物称作**无条件刺激**（unconditioned stimulus，UCS），由食物引起的反应叫做**无条件反应**（unconditioned response，UCR）；铃声被称为**条件刺激**（conditioned stimulus，CS），它所引发的反应叫做**条件反应**（conditioned response，CR）。这个过程可用表 6-1 表示。

图 6-2 Pavlov

对特定刺激形成条件反射后，对类似的刺激会如何反应？举例来说，如果总是成对呈现某一声调与电击，使被试对该音调产生恐惧条件反射，那么被试对不同的声调会有怎样的反应？若被试对新的声音（与原始声音类似）也产生恐惧，我们就说发生了**泛化**（generalization）；若被试仅对最初的 CS 产生恐惧，对其他声音刺激没有反应，就产生了**分化**（discrimination）。生活中不乏这样的例子，比如爸爸是戴眼镜的，小孩子会管其他戴眼镜的人叫爸爸。但是他拒绝让奶奶抱，只肯让妈妈抱，就说明他已经区分奶奶和妈妈。泛化与分化具有梯度。换言之，原始刺激与其他刺激越相似，越有可能发生泛化；反之，二者越不相似，越有可能发生分化。条件反射形成后，需要无条件刺激与条件刺激继续成对出现以保持习得的反应，否则会逐渐**消退**（extinction），直到习得的条件反应完全消失。

表 6-1　　**经典条件作用形成的基本过程**

条件作用之前	食　物 ——————→ 流口水 （无条件刺激，UCS）　（无条件反应，UCR） 铃　声 ——————→ 不流口水 （中性刺激，NS）　（无反应或无相关反应）
条件作用期间	（多次重复）伴　随 铃　声　+　食　物 ——诱　发——→ 流口水 （条件刺激，CS）　（无条件刺激，UCS）　（无条件反应，UCR）
条件作用之后	铃　声 ——诱　发——→ 流口水 （条件刺激，CS）　（条件反应，CR）

二、经典条件反射与人格形成

Pavlov 还进行了另一个重要实验：通过食物让狗对圆形符号形成条件反射。接着进行分化训练，出现圆形符号给予食物；椭圆形符号没有食物，让狗区分椭圆与圆形。然后逐渐将椭圆的圆度增加，慢慢接近圆形。开始狗还能区分，后来越来越无法辨别，表现出焦躁不安的情况，如尖叫、扭动身体等。Pavlov 把这一现象称为**实验性神经症**（experimental neurosis）。这对现实生活的启示在于，人在遇到冲突或困难时表现出来的症状与之类似，也许这个实验对于解释神经症的形成有借鉴意义。

其实条件反射也就是对特定刺激作出特定反应的习惯。Watson 认为，人格不过是人的习惯系统而已。由于不同的人生活在不同的环境中，因而有不同的经历，接受不同刺激物的作用，形成了不同的条件反射系统或习惯系统，也就是形成了不同的人格。例如一个在学校经常受某位老师批评的学生，可能会变得一见到学校就害怕，甚至一想到上学就害怕，心理学家称这种情形为**学校恐惧症**（school phobia）或**教室恐惧症**（classroom phobia），这是因为学校与挨批评这两个刺激总是联系在一起，到后来即使不挨批评，学校这一单个刺激也会使他害怕，而这种情绪无疑会影响他的人格形成。

第二节　Skinner 的行为主义

一、Skinner 的科学行为主义

Burrhus Frederick Skinner（1904~1990）与 Watson 一样，坚持认为应当科学地研究人类的行为。Skinner 的科学行为主义观点认为，只有不涉及需要、本能或动机等概念时才能最好地研究行为。将行为归因于动机就好比将自然现象归因于自由意志：风不会因为想要推动风车而流动；鸟类不是因为更喜爱另一地区的气候而迁徙。同样，人们并不是因为饥饿而进食。饥饿是一种不能被直接观察到的内在状态。如果心理学家想要增加一个人进食的可能性，则必须首先观察与进食有关的其他变量。假如食物的剥夺（变量）能够增加进食的概率，那么就可以通过剥夺一个人的食物来更好地预测与控制随后的进食行为。食物的剥夺导致进食行为的产生。剥夺与进食都是可观测的事件，因而属于科学的范畴。认为人们因饥饿而进食的科学家

图 6-3　Skinner

则是在“剥夺”的物理事实与“进食”的生理事实之间假定了一种不必要、也不可观察的心理状态。为了科学地研究，Skinner 坚持，心理学研究必须避免内在心理因素，将自己限定在可观察的物理事件上。

尽管 Skinner 认为内在状态不属于科学的范畴，但是并没有否认它们的存在。诸如饥饿、情感、自信、攻击性需要、宗教信仰此类内在状态是存在的，但不能用来解释行为。因为这样解释不仅是徒劳的，还会限制科学行为主义的发展。科学行为主义提供了对行为的解释，并且可以将简单的学习条件推广到更复杂的条件中去。

二、操作条件反射

Skinner 区分了两种类型的条件反射，即经典条件反射与操作条件反射。Skinner 将 Pavlov 的经典条件反射称为应答条件反射（respondent conditioning），意指反应是由有机体针对特定刺激作出的。**操作条件反射**（operant conditioning）或 Skinner 条件反射（Skinnerian conditioning），是指当一个行为被及时强化后，这个行为更有可能重现。操作条件反射的实验情境如下：将一只老鼠关在一个设计好的笼子里，老鼠就会在笼子里四处乱跑，当它偶然踩到一个机关后，就会有一粒食物从一个自动装置掉进笼子里，经过几次试验，它就会自己去踩机关。在这种情境下，动物的反应是一个新的有效的行为（踩机关），而不是早先就有的反应（流口水）；强化跟随在这一有效的行为之后，针对这一行为，即在反应之后，而不是在反应之前，将条件刺激物和无条件刺激物先后或同时呈现；因此这种强化实际上是一种奖励，但在经典条件反射中，强化不是在反应之后，不是针对具体行为的强化，因此不具有奖励的作用；在操作条件反射中，动物学习到的是有效的行为，而不是刺激物之间的信号联系。两种条件反射之间的不同点见表 6-2。

表 6-2　　**两种条件反射的区别**

	经典条件反射	操作条件反射
反应的性质	早先就有的反应（流口水）	新的有效行为（踩机关）
强化的性质	在反应之前（铃声—食物—口水）	在反应之后（踩机关—食物）
强化的作用	建立条件刺激物与无条件刺激物之间的联系（铃声—食物）	奖励有效的行为
学习的内容	刺激物之间的信号关系（铃声是食物出现的信号）	有效的行为

尽管经典条件反射可以用来解释某些人类学习行为，但是 Skinner 相信人类的

大多数行为是通过操作条件反射习得的。操作条件反射的关键是在一个反应之后立即予以强化。有机体首先做了一件事，这件事被环境所强化；接着，强化会增加同样的行为再次发生的概率。之所以被称为操作条件反射是因为有机体通过操作环境从而产生出特定的反应。操作条件反射改变的是一个反应的频率或是该反应再次发生的概率。强化物并不能产生行为，但是能增加行为被重复的概率。

强化（reinforcement）是指跟随在一个行为之后，并使该行为出现的概率增加的条件。事实上，Skinner 声称强化有两种效果：它能够强化行为，还能够奖励个体。任何能够增加物种或个体生存概率的事件都可能成为强化物。比如食物、性以及父母的照顾对于物种的生存来说是必须的，因此这些事物的出现往往使相应行为得到强化。然而，伤害、疾病以及极端的天气对物种来说是有害的，所以能够减少或避免这些情境出现的行为也往往会得到强化。如此一来，强化可以分为产生有利环境与回避有害环境两种情况，前者被称为正强化，后者被称为负强化。

正强化（positive reinforcement）是指在一个行为之后呈现某种刺激，从而使这种行为出现的概率增加，如踩机关—食物。**正强化物**（positive reinforcer）就是当其被呈现而导致特定行为再现的概率增加的刺激物（Skinner，1953）。比如，食物、水、性、金钱以及社会赞许等都是常见的正强化物，其中金钱在人类社会是最常用的正强化物。人与动物的很多行为都是通过正强化习得的。Skinner 就利用操作条件反射训练动物完成许多复杂的任务。

负强化（negative reinforcement）是指在一个行为之后消失或减弱某种刺激，从而使某种行为出现的概率增加。**负强化物**（negative reinforcer）就是当其被撤销或减弱而导致特定行为再现的概率增加的刺激物（Skinner，1953）。如电击就是在动物实验中常用的一种负强化物。在 Skinner 的实验中，遭电击的老鼠偶然踩到机关导致电击被撤销，以后在电击的条件下它去踩机关的概率就会增加。噪音、电击等都是负强化物，因为减少或避免这些刺激能够加强随后的行为。负强化不同于正强化之处在于：前者需要撤销刺激，而后者则需要呈现刺激。二者的效果却是一样的——都会使行为加强。这是因为被撤销的刺激是阴性（有害）的，而被呈现的刺激是阳性（有利）的。如果撤销阳性刺激或呈现阴性刺激则会导致行为出现的概率降低，这就是**惩罚**（punishment）。呈现阴性刺激导致行为出现的概率降低，这是**正惩罚**（positive punishment）；撤销阳性刺激导致行为出现的概率降低，这是**负惩罚**（negative punishment）。

当严格控制强化的偶然性后，可以精确地塑造和预测行为。然而，对于惩罚而言，这种精确性是不可能达到的。理由很简单，惩罚只是以一种特殊的方式强行阻止某种行为。惩罚成功后，人会停止做这件事，但是依旧要做其他的事，而这是无法准确预测的。因此，惩罚的效果是抑制特定行为（Ryckman，1997，p. 545）。这种效果可能是通过经典条件反射的建立而获得的，即被惩罚的行为与阴性刺激联结

图 6-4 “嘿，你看我让这个家伙形成条件反射了！每次我一按，他就会投一粒食物下来。”

在一起而形成条件性恐惧（如前文所讲的学校恐惧症）。

Skinner 强调应当对期望的行为予以正强化，同时忽视不被期望的行为，即避免惩罚。然而，这仅仅是一种理想状态。很多时候惩罚孩子对父母来说是一种正强化。惩罚的效果对于父母而言是正强化，父母就会不由自主地更多地使用惩罚。正如 Skinner 所说，在一次学习中，总是有两个有机体的行为被调节。有时很难弄清楚究竟谁是实验者，谁是被试（Hergenhahn，1980，p. 216），图 6-4 的漫画反映的就是这种情形。

食物对人和动物来说都是强化物，因为它能消除饥饿感。但是金钱并不能直接消除饥饿感，是如何成为强化物的？答案在于，金钱是条件化的强化物。**条件强化物**（conditioned reinforcer），也称**次级强化物**（secondary reinforcer），是与诸如食物、水、性等初级强化物相联结的环境刺激。金钱可以换到各种不同的初级强化物，因而属于条件强化物（Carducci，1998，pp. 290-291）。此外，因为金钱可以与不止一种初级强化物相联结，所以也是一种**泛强化物**（generalized reinforcer）。

Skinner 曾区分了五种支持人行为的重要泛强化物，分别是：注意、认可、情感、他人的服从以及代币（金钱）。每一种都可以在很多情境中作为强化物使用。以注意为例，它是条件化的泛强化物，因为它与食物等初级强化物相联结。在哺育孩子时，孩子同样会受到注意，在食物与注意多次匹配出现后，根据经典条件反射的原理，注意本身也会成为强化物。即使没有预期得到食物，注意也具有强化作用。

在行为之后立即呈现正强化物或者撤消负强化物，会使行为出现的频率增加。然而，行为之后给予的强化既可以是连续的，也可以是间断的。在**连续程序表**（continuous schedule）中，对每一次反应，机体都会受到强化。这种程序表可以增加反应的频率，但却降低了强化物的效能。行为建立得快，消退得也快。相比之下，**间歇程序表**（intermittent schedule）不仅可以更有效地利用强化物，还可以使行为更持久。行为建立得慢，消退得也慢。Skinner 区分了四种基础的间歇程序表，分别是定比强化、定时强化、不定比强化与不定时强化。

定比强化（fixed-ratio，FR）是指依据机体反应的次数进行的间歇强化。比如，实验者决定鸽子每啄按钮两次，就给予一次食物强化。那么这只鸽子就是以 2 ∶ 1 的比例进行的定比强化，简称为 FR 2。几乎所有的强化程序表都是以连续强化为基础开始，然后逐渐变成间歇程序表。这样可能使行为建立得快，消退得慢。所以，如果想要采用极高的比例，如 200 ∶ 1 进行定比强化，则需从较低的比例开始，循序渐进。鸽子通过定比强化程序可以学会按照实验者的要求长时间啄按钮。但是，人类的薪酬奖励几乎没有按照定比强化进行的，因为一开始工作者通常不可能得到连续的及时强化。最接近定比强化的可能要数砖匠的报酬了，按照所砌砖的数目获得相应报酬。

定时强化（fixed-interval，FI）是指从机体第一次反应开始，隔一段设定的时间之后给予一次强化。例如，FI 2 是指从第一次反应开始，每隔 2 分钟给予一次强化。给员工发薪水比较接近定时强化——他们每周、每两周或每月拿一次薪水，但这并不是一种严格的定时强化。为什么员工总是一直工作，而不是在定时强化末期表现出在工作的特征？这是因为工作的报酬还取决于其他因素，比如监督机制、解雇的威胁、提升的可能以及自我强化等。

不定比强化（variable-ratio，VR）是指依据反应的平均次数给予机体以强化。这种程序表中，越快出现反应行为，越能得到更多的强化。因此，两次强化之间可能会非常近，也可能间隔很久。例如，赌博行为就是一个最好的例子。一个人越快速地按压吃角子老虎机，就越有可能得到奖励。这种机器的设计是按照一定比率出奖励的，但是比率却不固定，以防玩家预测何时会出奖励。

不定时强化（variable-interval，VI）是指在一段随机的时间间隔后给予机体以强化。例如，VI 2 意味着在一段随机长度的间隔之后给予强化，间隔的平均时间为 2 分钟。这种程序表与定时强化相比，可以导致在每一个间隔之内出现更多的反应。例如，那些看电视成瘾的人，每周都守着电视看自己喜爱的频道，希望看到更多的自己喜欢的节目。有时的确如此，但大多数时候，节目很枯燥（Schultz & Schultz，2001，pp. 379-381）。四种程序表之间的比较如图 6-5 所示（Liebert & Liebert，1998，p. 327）。

一旦习得之后，至少有四方面的原因会导致该行为的消失。第一，随着时间的推移会被遗忘。第二，行为很有可能受到先前或随后习得行为的干扰而遗忘。第三，可能会由于惩罚而消失。第四，由于没有继续得到强化，先前习得的行为有逐渐变弱的趋势，这被称为**消退**（extinction）。

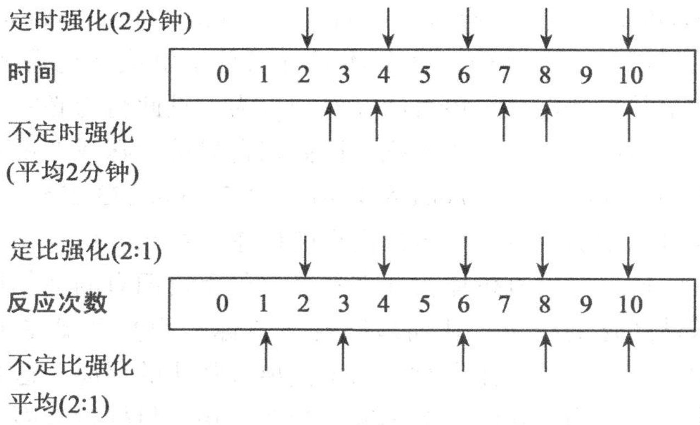

图 6-5 强化程序表之间的比较

当实验者有系统地减少强化先前习得的行为，直到该行为出现的概率降为零，这时就会发生操作性消退。操作性消退发生的比率很大程度上取决于行为习得时采取的强化程序表。与采用连续程序表习得的行为相比，间歇程序表习得的行为更不容易消退。Skinner 曾指出，每一次强化时，行为出现的概率越高，发生消退的概率就越低；机体必须作出的反应越少，或者强化物之间的间隔越小，行为就越容易消退。这说明在训练孩子时，应该慎用表扬或其他强化物，表扬不要太多。

在治疗以及行为矫正领域之外，人类的行为很少有消退发生。我们大多数人生活在一个相对不可预见的环境中，几乎从未经验到有系统的强化减少。因此，我们的许多行为会持续很长时间，因为这些行为是经过间歇程序表强化习得的，尽管强化过程对我们来说是模糊的。

塑造（shaping）是这样一种程序：由实验者或是环境首先对大致接近目标行为的行为作出奖励（reward），然后是接近的目标行为，最后是期望的目标行为。通过这个连续的过程，实验者或者环境最终得以塑成一系列复杂的行为。以训练一个重度心理障碍的男孩自己穿衣服为例。最终的目标行为是让孩子自己穿上所有的衣服。如果男孩的父母直到目标行为的出现才予以强化，那么这个男孩很可能永远不能完成这个行为。为了训练男孩，父母必须将复杂的穿衣行为分解成简单的步骤。第一步，只要男孩将手放到接近衣服袖子的位置时，父母应给予奖励，比如说糖果。一旦这个行为得到足够的强化后，父母不再奖励，直到男孩能够把手正确地伸入衣袖之中。然后，父母只对手臂整个穿进袖子中的行为进行奖励。按照同样的程序，完成扣扣子，穿长裤、袜子以及鞋子等行为。当孩子学会完全依靠自己穿衣后，每一次孩子成功穿衣之后都需要强化物的鼓励。到这时，穿衣的行为将会变成一种自我奖励。

在本例中，有三个基本条件，这也是所有操作条件反射所需要的三个条件：（1）前提（antecedent）；（2）行为（behavior）；（3）结果（consequence）。前提是指行为发生的环境。在本例中，这个环境可以是家里或任何需要男孩穿衣的情境。本例中第二个基本条件是男孩自己穿衣的行为，且此行为必须是男孩自己的技能，不能被其他竞争或对抗行为所干扰，比如来自兄弟姐妹或电视节目的干扰。结果是指强化，本例中即给糖果（Feist & Feist，2002，pp. 273-275）。

如果强化物可以增加给定反应再次出现的概率，那么如何将相对简单的行为塑造成复杂行为的？换言之，有机体为什么不是仅仅重复旧有的强化行为？为什么会发出新的，从未被强化的行为，从而最终变成目标行为？答案在于行为不是分离的，而是连续的。有机体的动作有时会稍稍偏离被强化的反应，这个有点例外的结果可以被用来作为强化物的新的最低标准。当然，相对目标行为而言，有机体的行为也许会倒退，也许会偏离，但是只有那些朝着目标行为的行为才会被强化。Skinner（1953）将行为塑造视为用一大堆粘土塑造一尊雕塑。最终的产品似乎与原始的形态截然不同，但是变化的过程却揭示出行为是连续的，而不是一系列孤立的步骤。

三、人格的发展

在解释人格的发展变化时，Skinner 提出了环境强化程序理论。尽管 Skinner 也承认 Freud 与 Piaget 的成长阶段理论有一些预测价值，但在总体上对他们还是持反对意见。因为 Freud 与 Piaget 的理论没有对行为的控制或操控，而这一点 Skinner 认为对于科学来说是至关重要的。Skinner 认为这些理论只是描述性的，而不是解释性的。在 Skinner 看来，科学的首要目标是预测和对事件进行控制（Skinner，1953）。

比如，在 Piaget 的理论中指出，在第一阶段，也就是从出生到 3 岁时，儿童的游戏没有打算采取任何社会准则；至第二阶段，即 3～5 岁时，儿童会模仿成人的规则约束行为。有了这些对不同年龄阶段行为的描述，我们就可以预测儿童将会表现出何种行为，前提是知道他们的年龄。但是对他们的行为我们却没有充分的解释，也就是说我们不知道他们为什么要那样做。仅仅只有描述性的信息，而没有因果作用的解释，其理论价值相当有限。为了了解儿童为何如此行事，我们必须能够操控对游戏活动有影响的事件。

因此，Skinner 偏重通过理解行为的习得过程来理解人格。人们毕生都在学习环境中哪些事件会带来满足，哪些事件会导致痛苦。儿童学会区分某个行为在什么样的环境中会产生强化，而同样的行为在其他环境中则不会产生强化。例如，孩子学会在公众场合大哭，因为这时会得到母亲及时的关注与照料；而在家里就不哭，因为此时的哭往往会被忽视。学生也会很快学会在图书馆上自习，而不是在嘈杂的寝室里。当然，Skinner并没有把人看作只是被动地对强化线索作出反应的有机体。相反，人类会积极地选择或改变环境变量，通过对环境的自我控制来满足自己的需要。

用操作条件反射的原理如何解释人格的个体差异？有机体由于其特有的遗传和环境的共同作用，表现了某种行为；接着他会受到强化或惩罚的作用，而使该行为继续表现或中止。没有另一个人会拥有和他完全相同的遗传，除非是同卵双生子，也没有另一个人会生长在和他完全相同的环境并具有相同的学习历史，因此，每个人的人格发展历程都是独一无二的（黄坚厚，1999，pp. 285-286）。

通过上述发展过程，有些人采用一套与环境的交流模式获得了我们称之为正常的行为；另一些人的经历则使他们形成独特的反应模式，我们称之为异常行为。在Skinner的眼中，所谓的正常行为与异常行为之间没有质的差异，用同样的强化原理可以解释所有个体的行为。有些人之所以会表现出异常行为，是因为当他们表现出正常行为时没有得到强化，或是正好受到惩罚而已。据Skinner的观点，我们应该更多关注行为的环境决定因素而不是个体的内在因素。Skinner认为Freud的理论会导致对行为的伪解释。然而，他也认为Freud为理解人类的行为作出了许多贡献，同时相信Freud的许多观点可以用更经得起科学调查的术语来表达。比如，Freud提出的各种自我防御机制，可以用人们试图回避或逃离惩罚来解释。惩罚会使与被惩罚行为相联结的刺激变成负性刺激，令任何可以减弱或消除该刺激的行为都形成了正强化。因此，对“压抑”来说，被惩罚的行为变得令人厌恶，通过不从事该行为或“眼不见为净”，个体就可以避免这种条件化的阴性刺激（Skinner，1974，p. 155）。根本没必要假设潜伏在潜意识中的本我的冲动作用。总而言之，Skinner的核心观点是，许多传统的临床心理学概念应该翻译成更经得起科学调查的术语。

四、治疗领域

Skinner认为，心理治疗是阻止心理学成为科学的主要绊脚石之一（Skinner，1987）。尽管如此，Skinner仍相信有效的治疗实质上就是用操作条件反射的原理来引起行为上的改变。他的行为塑造理论对后来的行为治疗运动产生了深远的影响。同时，他关于治疗的观点并不仅仅局限于行为治疗领域，还可以延伸到对所有治疗手段如何起作用的探讨。

传统的治疗师总是用虚构的概念来解释行为，如俄狄浦斯情结、集体潜意识以及自我实现的需要等。然而，Skinner认为治疗师的工作应当基于这样的假设：幻想、舌尖现象、防御机制等行为都可以用学习的原理来解释。不需要内在的影响或是虚拟的概念来解释神经症或不适应行为。Skinner的理由是，如果行为是由内在原因造成的，那么必须有事物为内在原因负责。传统的理论必须解释内在的原因是什么，而行为主义可以避过这一点，因为有机体的经历可以为假设的内在原因负责。

多年来，行为治疗已经发展出了大量的治疗技术，大多数是基于操作条件反射的原理，当然也有一些依据的是经典条件反射原理。比如**行为矫正**（behavior modification）、**辨别训练**（discrimination training）、**反应代价**（response-cost procedure）、**习惯逆转**（habit reversal）、**代币奖励技术**（the token economy）以及**厌恶技术**（aversive technique）等，可以治疗肥胖、少儿多动症、口吃以及自我破坏行为等一系列问题（Ryckman，1997，pp. 557-564）。由于其基本原理相同，现以"反应代价"为例说明其实施方法。

多动症儿童的症状是易冲动，难以集中注意力，课堂表现差。对多动症最常采用的手段是药物治疗，比如服用利他林。然而行为主义者采用反应代价程序对7~8岁多动症男孩的治疗效果明显好于利他林的疗效。治疗程序如下：要求参与治疗的两个孩子解决阅读和数学问题。两个观察者分别记录下每个孩子每天在20分钟的时间里花在作业任务上（专注地解题）的时间，以及花在任务以外的时间。收集一周的数据绘出治疗的基准线。然后在实施反应代价技术前，花数周的时间给男孩进行利他林药物治疗。最后，停止药物治疗，开始实施反应代价程序。告诉男孩，如果他们集中注意力认真解题，就能得到"点数"；攒够"点数"之后，他们可以用来交换20分钟的自由玩耍时间。当然，如果他们不能集中注意力，就会被扣掉已得的"点数"。结果发现，尽管利他林的疗效与基线相比确有改善，但是数据表明，在实施反应代价程序的日子里，男孩的注意行为有更大的改善。

第三节　Dollard和Miller的行为主义

在《人格与心理治疗》（1950）一书的首页，John Dollard（1900~1980）和Neal E. Miller（1909~2002）写着"谨献给Freud、Pavlov和他们的学生"。在较早的《社会学习与模仿》（1941）一书中，他们则表达了对Hull的敬意。Dollard与Miller的目标就是将Freud天才的洞悉力与学习理论家严格的科学方法相结合，以期在文化的背景下更好地理解人类行为。他们认为不仅简单、外显的行为是习得的，诸如语言以及Freud所描述的压抑、替代、冲突等复杂过程也是学习得来的。他们强调学习的原理，因为既然大多数的行为都是习得的，那么学习的原理对了解人类行为将是最根本的。

一、学习的原理

在进入Dollard和Miller的理论之前，让我们首先简要回顾一下Hull的理论。在前面的章节里我们知道，Skinner将强化物定义为跟随在一个行为之后，并使该行为出现的概率增加的条件。Hull 则认为，一个刺激若想成为强化物，必须能够使驱力得以降低，这就是学习的驱力降低理论。换句话说，一个能够降低驱力的刺激就是强化物，而实际发生的驱力降低就是强化。

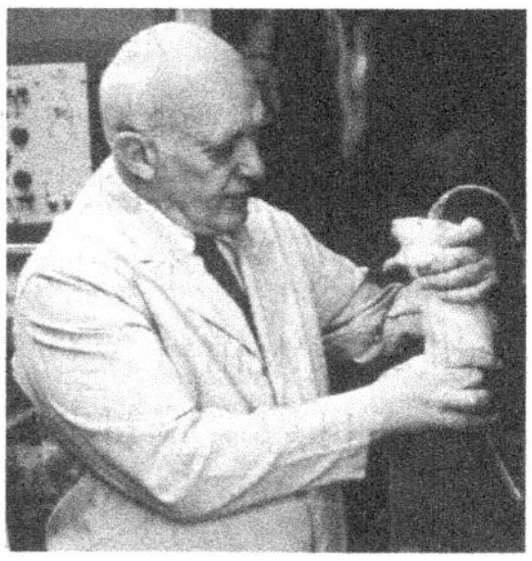

图 6-6 N. E. Miller

Hull 理论的核心概念是**习惯**（habit），习惯是刺激与反应之间的一种联结。如果一个刺激（S）导致一个反应（R），产生一个强化物，那么刺激与反应之间的联结就变强。我们就说在这一刺激出现时，表现该行为的习惯得到强化。由于习惯描述了刺激与反应之间的关系，因此 Hull 的理论也被称为学习的 S-R 理论。除了“驱力降低”与“习惯”之外，Dollard 和 Miller 还借鉴了 Hull 理论中的其他概念。比如，反应的层级、刺激泛化、初级驱力与次级驱力、预期目标反应以及线索产生的反应。下面我们来看看 Dollard 与 Miller 的理论是如何应用这些概念的。

首先要指出的是学习的四要素，即驱力、线索、反应和强化。这也是 Dollard 与 Miller 理论的主要基础（Hergenhahn，1980，pp. 235-238）。

驱力（drive）是指任何能够驱动有机体表现出一些活动的强刺激，它的消除或减弱的过程就是强化。一般而言，驱力越强，机体活动的强度越高。但也有例外，有时驱力过强，反而会妨碍有机体的活动。比如飞行员的恐惧十分强烈，就会妨碍其活动的可能性。

驱力可能是内在的，如饥饿或口渴；也可能是外部的，如嘈杂的噪音或高温。直接与生存有关的驱力叫初级驱力，如饥饿、疼痛、性等；习得的叫做次级驱力，如恐惧、焦虑、成功的需要等。次级驱力通常是由文化因素决定的，而初级驱力则不然。但初级驱力是人格的组成单元，所有习得的驱力最终都取决于它们。这与 Freud 的立场非常相似，我们日常所见的许多行为都是诸如性与攻击等基本驱力的间接表现。在 Dollard 与 Miller 的理论中，驱力是一个动机性的概念。驱力是人格的能量。显然，刺激越强，则驱力越强，动机也就越强。

图 6-7 Dollard

线索（cue）是行为发生时个体可辨别到的刺激。驱力为行为提供动力，而线索指导行为。线索决定有机体何时反应；何地反应；以及该做出怎样的反应。线索可能是外界的现象或刺激，也可能是有机体内在的状况或刺激。许多时候驱力也同时具有线索的作用，一方面推动机体表现活动，同时也构成某种性质的线索。比如饥饿的驱力使有机体进食，同时内在的感觉也在决定究竟是饱餐一顿，还是只需要稍微吃一点（黄坚厚，1999，p. 294）。无论是内在的，还是外在的刺激，只要它能使有机体将其和其他刺激区分开来，都具有线索的功能，都会引起有机体对它的注意。

反应（response）由当前的驱力与线索引发，反应的目标在于消除或降低驱力。举例说，一个饥饿（驱力）的人看见一家饭馆（线索），在饥饿驱力降低之前会走进那家饭馆（反应）。反应可以是外显的，直接帮助驱力的降低；也可以是内在的，通过思考、计划和推理最终降低驱力。Dollard 与 Miller 将内在反应称为线索产生的反应。

在某些情况下，有些反应比其他反应更易出现。例如，一个两岁的男孩听见上床时间到了，更有可能哭闹而不是安静地去睡觉。列出在某一情境下所有可能出现的反应，并且按照发生的可能性从高至低排序，就是**反应的层级**（response hierarchy）。本例中，反应的层级可能包含以下反应：

R1（最有可能）：哭闹
R2：去抓泰迪熊
R3：藏起来
R4：求助于爸爸
R5：安静地去睡觉

层级中最有可能发生的反应叫做**优势反应**（dominant response）。本例中，哭闹就是优势反应。除非环境变化阻止它发生，不然优势反应就会出现。例如，在某些特殊情况下，父母会威胁孩子，或者与孩子做交易，阻止孩子哭闹。如果哭闹反应受阻后，第二个反应将会出现。如果它也受阻，将会出现第三个反应，以此类推。

通过学习，反应可以改变在层级中所处的位置。等孩子到了 8~10 岁时，如果教育进行得比较成功，R5 将是最有可能出现的反应。通过奖励可以使行为在层级中的位置提升；而惩罚则会使行为的位置降低。

根据 Dollard 与 Miller 的观点，**强化**（reinforcement）等同于驱力降低。任何能够降低驱力的刺激就叫做强化物。强化物可以是初级的，满足与生存有关的需要；也可以是次级的，也就是说一个先前中性的刺激一贯与初级强化物配对出现，就成为次级强化物。比如，母亲就是一个次级强化物，因为她总是与初级驱力的降低联系在一起。如果线索导致一个反应，反应又导致强化，那么线索与反应之间的联结将会被加强。如果这个过程不断重复，最终有机体将会产生习惯。这就是学习的过程（Cloninger，2004，pp. 327-329）。

然而，如果优势反应能够满足驱力，学习就不会发生；如果优势反应不能够使驱力降低，就出现了一个**学习困境**（learning dilemma）：现有的反应不能得到强化

（或奖励）。如果驱力仍然存在，而且新出现的反应得到强化，机体就会学习新的反应。因此，安排可以出现预期的新行为的环境非常重要。这包括简化环境（减少线索），诱发期望的反应，提供可供模仿的榜样等。

不受欢迎的行为可以通过即时惩罚消除。然后，反应层级中的其他反应将会出现，如果该行为受到强化，它在层级中所处的位置将会提升。但是，惩罚可能不会按照期望的那样起作用，因为当环境改变后个体会对惩罚做出猜测。例如，孩子经过学习知道父母在场时（会受到惩罚）不可以欺负妹妹。而父母的不在场就提供了另一种线索，暗示着不会有惩罚，所以孩子学会当父母不在场时欺负妹妹。然而，如果妹妹不反抗，欺负将变得没有乐趣，这个行为很快就会被放弃。也就是说，当一个反应不被强化时，反应出现的频率就会下降，最后逐渐消失，这就是**消退**（extinction）。得到充分强化的反应，消退的过程非常缓慢。另外，不同类型的行为的消退过程也不尽相同：外显的行为可以完全消退，但是恐惧却不会。消退的过程可以使恐惧与焦虑削弱，但不会使它们完全消失。

即使某个行为消失之后，有时也会重新出现，即**自然恢复**（spontaneous recovery）。比如，到了上床睡觉的时间，一个孩子也许几周都不再哭闹，而这次却是个例外。Dollard 和 Miller 认为，学习理论不需要对这种偶尔出现的自然恢复现象作出解释。对动物的观察研究已经表明，如果自然恢复的反应不被强化，很快就会再次消失。

反应在一个刺激环境中习得后，如果其他环境的线索与习得的刺激环境有相似之处，该反应也会在其他环境中出现，这个现象被称为**刺激泛化**（stimulus generalization）。俗语所说的"一朝被蛇咬，十年怕井绳"就是这个意思。环境线索之间越是相似，反应越有可能出现；反之亦然。比如被大狗咬，更害怕大狗而不是小狗。

分化（discrimination）意味着仅对特定的线索做出反应。泛化的反应越多，分化的反应就越少。假如不断学习仅仅对特定的而不是其他类似线索做出反应，学习者就会区分这些环境线索。比如，如果家里只有一只猫对抚摸发出咕噜咕噜的声音，孩子将会学习只抚摸这只猫，而不是其他的猫。

应该何时给予奖励？很显然，如果猫咪立即发出咕噜声，抚摸行为就会被加强；而如果猫咪几分钟后才作出反应，行为则不太可能被强化。这就是**奖励梯度**（gradient of reward）的主要观点，即反应与奖励在时间上越接近，越有可能被加强。类似的，惩罚与不受欢迎的行为越接近，越能有效地消除该行为，这就是惩罚的梯度。

二、冲突的学习原理分析

内心冲突是精神分析的关键概念，Dollard 和 Miller 对**冲突**（conflict）作出了学习原理的分析。有时一个环境线索可能会产生不止一个行为反应。如果反应之间是相容的，即两个反应可以同时发生，对个体而言就不会产生问题。例如，忙碌的商人发现吃午饭与进行商务谈判可以是相容的行为。但是，如果环境线索产生两个不相容的反应，即两个反应不能同时发生，就会产生冲突。

梯度（gradient）反映了行为反应趋势的强度，而这个强度取决于个体与目标的距离。梯度可以帮助我们理解冲突概念。关于梯度，Dollard 和 Miller 提出了四个基本原理（Dollard & Miller，1950/2002，p. 363）：

(1) 趋近目标的倾向越强，个体离目标越接近。这称为趋近梯度。

(2) 回避恐惧刺激的倾向越强，个体离目标越接近。这称为回避梯度。

(3) 当个体趋近目标时，回避强度较之趋近强度增加得更迅速。换言之，回避梯度比趋近梯度更陡直。

(4) 趋近或回避倾向的强度随个体内驱力强度的变化而变化。换言之，内驱力的增加将提升整个梯度的高度。

图 6-8 可以对上述原理作出直观的补充。我们知道，冲突有很多种形式。有时我们必须在两个喜爱的反应之间作出选择：就餐时该点哪道爱吃的菜？有时的选择却是令人不愉快的：是接受罚单还是选择车辆被扣？有时线索还会产生喜爱与回避两种反应：喜欢一个女孩子，想要和她交往；又怕遭到拒绝而想逃跑。因此，Dollard 和 Miller 提出了四种趋避冲突（Cloninger，2004，pp. 333-335）：

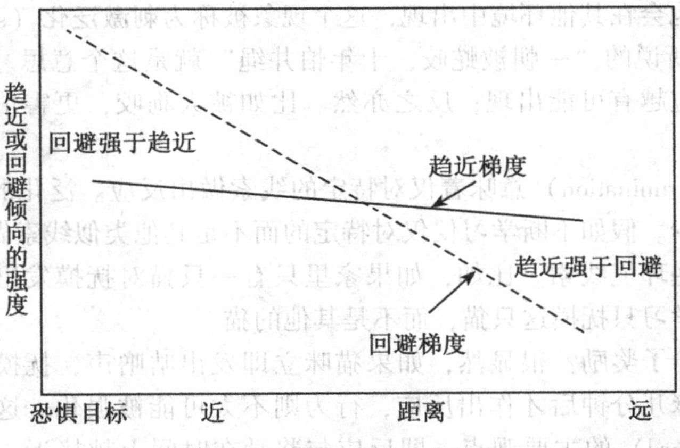

图 6-8　趋近—回避冲突简图

趋避冲突（approach-avoidance conflict）是指同样的行为会导致奖励与惩罚两种结果，个体对同一目标同时存在趋近与回避两种互相竞争的趋势。比如，工作可能很有吸引力，因为能够挣钱；但也可能很枯燥，使人没时间做他喜欢做的事。

Dollard 和 Miller 解释说，当个体远离恐惧目标时，趋近倾向大于回避倾向，个体会朝着恐惧目标移动；而接近恐惧目标时，回避倾向强于趋近倾向，因为回避梯度比趋近梯度更陡直（见图 6-8）。此时，个体想要远离恐惧目标。最后个体会到达趋近强度和回避强度的平衡点上停下来。简言之，当个体远离目标时会朝着目标靠近部分距离然后停止不动；而当接近目标时，就会退缩部分距离然后停止不动。最后停留在二者交叉的某个区域内。

双避冲突（avoidance-avoidance conflict）是指个体必须在两个不喜欢的目标之间选择一个。进退两难，腹背受敌。如果有可能的话，两个都避免当然最好。但在无法逃避时，个体会停在两条回避梯度交叉的中间位置不动，因为无论朝哪个方向运动都会增加焦虑感。用惩罚的方法来控制儿童的行为往往会产生这种冲突。比如孩子必须吃掉讨厌的胡萝卜或是选择挨打，就会采取不作为以示抗议。要让个体作出反应的唯一方法是增加惩罚的威胁性，使惩罚的回避梯度增加。但这样做又会增加个体逃避的可能性，因此对个体控制的强度也要相应加大。

双趋冲突（approach-approach conflict）是指需要在两个同等喜爱的目标之间选择其一。鱼和熊掌不可兼得。可以说，这种情况下产生的冲突最小，因为两边的趋势平衡。但是，朝向任一目标哪怕是最小的运动，也会打破这种平衡，使得朝向该目标的趋势增加。所幸这种冲突比较容易解决。正如 Dollard 和 Miller 所说“驴子不会在两堆都爱吃的干草前挨饿”。（Dollard & Miller，1950/2002，p. 366）

双重趋避冲突（double approach-avoidance conflict）是指两个目标同时既有喜欢，又有令人不喜欢的方面。当个体需要从中择一时，就会产生双重趋避冲突。当个体接近目标时，两个回避趋势的增加与两个趋近趋势相比而言更快。因此，当个体远离两个目标时，很少体验到冲突，这时趋近的愿望会占上风。一旦作出了选择，个体朝着某一目标运动时，回避趋势就会增加。如果回避趋势足够强，使趋近与回避梯度相交，个体就停止运动，犹豫，焦虑，不再朝目标运动。实际生活中有很多这样的冲突。比如工作枯燥无味，但能保持收入；不工作令人愉快，却要饿肚子。

三、挫折与攻击假设

Dollard 和 Miller 对挫折与攻击的关系，也作出了行为主义的分析。他们认为攻击是挫折的结果，而不是如 Freud 所说，攻击源于死本能。他们假设，攻击总是受挫的后果，而挫折的存在总会导致某种形式的攻击，即**挫折—攻击假设**（frustration- aggression hypothesis）。Dollard 和 Miller 对**挫折**（frustration）的界定是：当驱力降低受到干扰时发生的事。而**攻击**（aggression）是指故意伤害他人的行为。举例说，当你很饿刚坐下来吃饭时，有人打电话叫你出去，你此时的攻击倾向就可能增强。

挫折—攻击假设对个体与社会行为有许多暗示意义。例如，青少年的攻击行为是由于该阶段日益增加的挫折感导致；贫穷会带来许多挫折，因此穷人区的犯罪率通常很高。Dollard 曾总结，有三个主要的因素决定着挫折会产生多少攻击：

(1) 与挫折反应相联的驱力水平。换言之，个体想要得到某个目标的感觉越强烈，当获取目标的行为受阻时，他的挫折感越强烈，随之产生更多的攻击行为。

(2) 挫折的完全性。如果获取目标的反应只是部分受阻，产生的挫折感少，攻击行为也少；如果完全受挫，攻击行为更多。

(3) 小挫折的累积效应。小挫折最终会聚在一起产生相当大的挫折，导致相当大的攻击。“屋漏偏逢连夜雨，行船又遇顶头风”。

四、人格的发展

对于人格的发展，Dollard 和 Miller 的一些观点与精神分析学者很相似。比如他们认为儿童期的经验与成年后的人格有重要关系。不同的是他们用学习的原理理解儿童的人格发展，将 Freud 阐述的心理性冲突用学习理论的语言重新表述。此外，他们还加上了一个重要的儿童期冲突——愤怒。Dollard 和 Miller 认为，儿童无法表达，也无力控制环境，习得的内容将视所接受的训练而定。因此儿童期的四个关键训练阶段，对人格的发展有重要影响。这四个阶段分别是喂养情境、排便训练、早期性训练与愤怒—焦虑冲突。

(1) 喂养情境：由于进食可以降低饥饿驱力，进食行为得以强化。母亲的出现总是伴随着哺乳行为，因此母亲成为次级强化物。母亲为孩子提供的喂养环境决定何种反应会被强化。饥饿的孩子大哭时总是被置之不理，没有食物，就会学会不以哭来要食物，哭这一反应就会消失。慢慢形成冷漠与忧虑的特质。一个哺育适当的孩子（饥饿时哺乳，同时有一个温暖的人际环境）会发展出对母亲的爱，通过泛化，形成亲社会的人格。

(2) 排便训练：这个阶段会产生个体与社会需要之间的冲突。孩子学会将内在的生理线索（膀胱的满胀感）与排泄反应联系在一起。但是，排便训练要求减弱这些线索与反应之间的关联，才能够形成更多复杂的行为（去厕所，脱裤子，坐在马桶上）。如果这个阶段非常仓促，就会使孩子习得过分的服从与愧疚感。此外，为了避免父母的惩罚，孩子还会学着躲避父母。假如把排便训练推后，直到孩子语言能力的产生，语言就能够提供调节的线索，使这一阶段复杂的学习变得简单，也就不太可能产生焦虑与愤怒感。

(3) 早期性训练：早期性训练常常是对手淫行为的惩戒。这会导致冲突：性冲动依然有吸引力，但是却会唤起焦虑。通过泛化的结果，孩子会产生对床的恐惧，因为手淫总是在床上进行，惩罚也是如此。Dollard 和 Miller 支持对此行为更多地应持一种宽容的态度，如果在性冲动问题上产生冲突，孩子会习得对权威人物的恐惧感，这是从对父母的恐惧感泛化而来。

（4）愤怒—焦虑冲突：儿童期会产生许多挫折，比如兄弟姐妹之间的竞争，儿童期的依赖感等。孩子必须学会处理愤怒，因为当孩子明白表达他的愤怒时（扔东西）会受到惩罚。通过这种方式，他学会对愤怒感到焦虑。在某种程度上这是必要的结果，可以帮助孩子学会自控。但是，如果做得过分就会扼杀合适的、自信的行为。愤怒的感觉可能会被贴错标签：孩子因爆发愤怒被惩罚，可能认为愤怒是“坏的感觉”而不是“愤怒的感觉”。随后产生愧疚感，而不是自信感。如果孩子能正确看待愤怒，愤怒就可以为现实世界的合适行为提供线索。

五、神经症与心理治疗

对于神经症的形成，Dollard 和 Miller 沿袭了 Freud 的假设：冲突是导致神经症行为的核心，并且冲突是潜意识的，通常在儿童期习得。在此基础之上，Dollard 和 Miller 以学习理论为基础，解释和论证了神经症的性质、症状形成的条件和过程以及心理治疗的实质等问题。

神经症是指个体应付自己生存过程中产生的令人痛苦、显得愚笨的方面，这些方面通常会导致生理症状。如果一个孩子因为性活动（比如手淫）而受到严厉惩罚，他将学会压抑性行为，并像成人那样思考。但他的生活被强烈的性驱力驱使，需要从事性活动，同时对因此将会受到的惩罚产生强烈的恐惧。在这种情况下，性活动的想法会被压抑，并且这种强的趋避冲突会保留在潜意识里。Dollard 和 Miller 认为神经症是由受挫的驱力与趋近反应所带来的恐惧感之间令人不堪忍受的冲突造成的。神经症患者感到神秘疾病缠身，但是说不清到底是什么。Dollard 和 Miller 认为，神经症患者之所以显得神秘，是因为他们有行为能力却不能去行为和享受。尽管有获得性快乐的能力但却性冷淡；尽管有攻击的能力，但却温顺服帖；尽管有情感反应能力，但却表现得冷漠和麻木。在旁人看来，神经症患者不会利用生活赋予他的各种明显的享乐机会（Dollard & Miller，1950/2002，p. 12）。

Dollard 和 Miller 认为，强烈的情绪冲突是神经症行为的必备基础。患者内心有两个或多个驱力在起作用，并且产生了不相容的反应。比如刚才提到的孩子的性行为。那么导致神经症的冲突从何而来？Dollard 和 Miller 认为，这种冲突是由父母所教，孩子所学而来。比如，家长一方面训练孩子在家要听话，另一方面又要求孩子在外面要具有竞争力，这不仅让孩子难以做到，还会直接使其陷入混乱之中。

神经症往往产生恐惧、抑制、强迫以及瘫痪等生理症状。尽管神经症患者通常认为他们的症状就是自己的问题所在，但其实不然。神经症症状只是受压抑的冲突的表现。Dollard 和 Miller 引用了 A 女士的案例来解释这一点。A 女士是个孤儿，出生于南部一个城市。抚养她长大的养父母给予她非常压抑的性训练。尽管她有很强的性欲，但性对她来说渐渐变成脏的、讨厌的事物。即使想到或提及性都会令她痛苦。最终，A 女士产生了许多恐惧症状，如过分关注自己的心跳。担心自己一旦不数心跳次数，心脏便会停止跳动。通过分析发现，她过分关注自己的心跳实际是一种阻止性想法的手段。通过 A 女士的案例，Dollard 和 Miller 分析说，神经症症状是习得的，因为它们可以降低恐惧与焦虑感，但产生的症状并不能解决根本问题。就像 Freud 所说的压抑策略一样。但是，至少可以使神经症患者暂时能够忍受自己的生活（Hergenhahn，1980，pp. 253-255）。

如上所述，Dollard 和 Miller 关于神经症的主要假设是，神经症是习得的。既然如此，它也可以通过学习而解除。心理治疗的实质是建立一套能够解除神经症习惯，同时习得非神经症习惯的学习环境。我们已经知道，使一个习得的反应得以消退的唯一途径是：行为首先要出现，而且出现之后不给予强化。如果要消除不切实际的恐惧，恐惧首先要出现，随后不出现第一次导致恐惧产生时的事件。但是，前面也提到过，个体通过学习会抑制恐惧，因而阻止恐惧的表现，使之无法消退。因此，心理治疗需要创造一个鼓励患者表达被抑制的思想的环境。如果患者表达自己的痛苦情绪，治疗师要小心地、积极地鼓励患者，而不是惩罚他。治疗师进一步帮助患者理解这些情绪，告诉患者情绪如何发展而来。

然而说服患者表达被压抑的情感并不是件容易的事。临床通常采用的治疗手段类似于连续近似的方法。举例说，假设一个患者习得一种对母亲的恐惧感，以至于不能谈论母亲，甚至不能触及直接与母亲有关的事。而且，这种回避会转移到与最想回避的目标相似的事物上：患者不仅逃避自己的母亲，也会回避与母亲相似的人（初级泛化），或者所有的母亲（次级泛化），甚至对所有女性都抱有轻微的恐惧。应用 Dollard 和 Miller 的治疗技术，治疗师不会直接和患者谈论他的母亲，而是从谈论和母亲间接有关的事情开始。间接的程度取决于患者对母亲回避趋向的强度。当治疗师和患者在一种没有威胁的环境下开始谈论与母亲不太相干的事件时，对母亲的回避就会发生少量消退。这个过程也就是 Freud 所说的宣泄。随着回避反应有些减弱，治疗师将谈论的话题与母亲更接近一些，当然依旧保持安全的距离。这样，回避反应更进一步减少。逐渐地，治疗师将话题越来越接近母亲，当回避反应得到充分减少后，直接与患者谈论母亲本人。现在，由于大部分回避反应已经消失，患者已经可以无惧地谈论自己的母亲。Dollard 和 Miller（还有 Freud）认为心理治疗的过程是一个依赖泛化而逐渐消退（宣泄）的过程。因此讨论的事件必须和最终目标有某种程度的联系。也可以说，治疗过程会涉及冲突、泛化、转移和消退等各个方面。

Dollard 和 Miller 的治疗思想值得肯定。他们将行为主义的学习理论与 Freud 的治疗体系巧妙地结合起来，使两个学派迸发了新的生命力。这一点，无论是 Freud 的还是 Hull 的理论，单个儿都是不能同它相比的。Dollard 和 Miller 采用客观、科学的术语描述、分析神经症的成因及治疗，这是以往的理论所不具备的。作为严格的行为主义者，Dollard 和 Miller 提出儿童期生活经历对后期人格形成的重要性，关注文化和生活条件在神经症形成过程中的影响，为神经症的治疗提供了新的途径。当然，Dollard 和 Miller 在他们的心理治疗理论中过分强调环境和刺激的作用，个体似乎完全是被决定的，这一点又犯了行为主义者的通病。

第七章

人本主义

作为心理学第一势力的精神分析把病人与正常人等同，以潜意识解释整个人格，陷入了生物还原论；作为心理学第二势力的行为主义把人与动物等同，以刺激—反应解释人格，陷入了机械还原论；而作为心理学第三势力的人本主义则主张研究人的本性、价值、潜能与创造力，从而使得心理学真正成了一门“人”学，使人格心理学真正在人的层面上来研究人。

人本主义心理学是以存在主义为其哲学基础，以现象学为其方法论基础的。它并不是一个思想完全统一、组织十分严密的学派，而是一个由许多观点相似的心理学家所组成的松散联盟。其中 Abraham Maslow（1908~1970）、Carl Rogers（1902~1987）和 Rollo May（1909~1994）等人是人本主义心理学运动的公认领袖和代表人物。人本主义心理学发端于 20 世纪五六十年代的美国，1961 年《人本主义心理学杂志》的创刊和 1963 年美国人本主义心理学会的建立，标志着人本主义心理学正式踏上历史舞台。1971 年，人本主义心理学会成为美国心理学会（APA）的第 32 分会，这标志着人本主义心理学获得了整个心理学界的承认，从此成为心理学的第三势力。

人本主义心理学内部存在着两种思想取向，一种是以 Maslow 和 Rogers 为代表的自我实现心理学的取向，另一种是以 May 为代表的存在心理学取向。这两种取向的区别表现在三个方面。其一，May 受存在主义哲学的影响要比 Maslow 和 Rogers 深得多。其二，May 认为人性既善又恶，我们尤其要警惕恶，而 Maslow 和 Rogers 则认为人性是善的。其三，May 认为心理健康的标准是人有勇气进行自我选择，而 Maslow 和 Rogers 则认为心理健康的标准是人的自我实现。虽然这两种思想取向各有特点，但它们都强调人的价值与尊严，强调创造性与潜能的实现，强调现象学方法的重要性。在这一章，我们就以 Maslow、Rogers、May 的思想为线索，为读者勾画人本主义心理学的脉络。

第一节 Maslow 的自我实现论

一、需要层次论

Maslow 认为，人有若干种基本需要，各种需要是“以一种层次的和发展的方式，以及一种强度和先后的次序，来彼此关联的”（Maslow，1987，p. 137）。我们的日常生活也表明，一旦某种需要得到满足后，它就不再具有支配性的优势了，获得支配性优势的是另一种需要。由此，Maslow 将各种需要排成一个按层次发展的系统，就形成了**需要层次论**（need hierarchy theory）。

图 7-1 Maslow

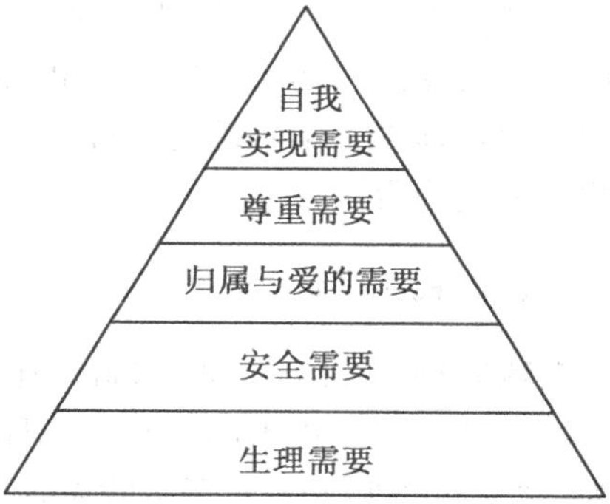

图 7-2 需要层次结构图

在需要层次结构图中（图 7-2），最基本的需要是生理需要。生理需要与个体的生存息息相关，它主要包括对食物、水、性的需要。在人的所有需要中，生理需要是最强有力的。但 Maslow 认为，对人类来说，生理需要虽然是最基本的，却不是人类唯一的需要。高级需要才是更重要的需要，能给人们带来更多有价值的东西。

如果生理需要得到了基本满足，个体接着就会出现另一种需要——安全需要。安全需要最初的涵义是避免危险，但在现代社会中，安全涉及稳定的职业、无疾病、社会环境的安定等。当安全需要未得到满足时，它就会成为起支配性作用的需要，这时个体大部分行为都是为了能得到安全。

当生理需要和安全需要都得到基本满足后，归属与爱的需要就会产生，并且成为占优势的需要。处于这一需要层次的人把爱看得极其重要，希望拥有幸福美满的家庭，渴望得到一定社会与团体的认同，并与周围的人建立和谐的人际关系。如果归属与爱的需要得不到满足，个体就会产生强烈的孤独感、异化感、疏离感。

在上述三种需要均得到基本满足后，尊重的需要就会产生并支配人的生活。尊重的需要涉及自尊、自信等。我们可以把追求成就视为尊重需要的表现，因为达到一定的成就就会获得社会的尊敬。

Maslow 把各种需要分为缺失性动机和成长性动机，前述四种需要均为缺失性动机，更高的水平是属于成长性动机中的自我实现的需要。关于自我实现的需要在下一小节中我们将会详细讨论。

Maslow 指出，需要层次理论是对需要与行为之间关系的一种概括分析，动机的层次发展原理只是一般的模式，在实际生活中，虽然大多数人都感到这种需要层次有合理性，但是也存在着许多明显的例外。例如，一些艺术家放弃满足自己的低级需要，努力去完成他们的创造愿望；富有理想和崇高价值的人“为追求某个理想或价值可以放弃一切……他们是坚强的人，对于不同意见或者对立观点能够泰然处之，他们能够抗拒公众舆论的潮流，能够为坚持真理而付出个人的巨大代价”（Maslow，1987，p. 61）。因此，Maslow 指出，满足理论是一个不完整的理论，它必须与挫折理论、学习理论、神经症理论、心理健康理论、价值理论、约束理论结合起来才更为合理。

二、自我实现论

自我实现（self-actualization）在 Maslow 的需要层次中处于金字塔的顶层，与前述四种缺失性动机不同，它是一种成长性动机，是动机发展的最高层次。Maslow 认为，“它可以归入人对于自我发挥和完成的欲望，也就是一种使他的潜力得以实现的倾向。这种倾向可以说成是一个人越来越成为独特的那个人，成为他所能成为的一切”（Maslow，1987，p. 53）。在 Maslow 的心目中，自我实现是有关人性的最美好的图画，自我实现者是最理想的人类。

Maslow 最初认为自我实现是一种状态，自我实现是人超越了缺失性需要之后所到达的人性潜能充分实现的理想境界，是一种只有极少数人才能达到的完美的最终状态。但在后来的高峰体验的研究中，他逐渐意识到，仅将自我实现定义为一种状态是不对的。因为当人们沿着需要层次上升时，所经历的每一次成长都会伴随着高峰体验，而处在高峰体验中的人都会暂时性地具有自我实现者的许多特征。因此，“从理论上来说，这样的状态可以在任何人一生的任何时刻到来”（Maslow，1987，p. 88）。这就是说，自我实现只是一种程度问题、频率问题，并非全有或全无。所以 Maslow 后来把自我实现看作是状态与过程的统一。

Maslow 在提出了自我实现的概念后，对于“自我实现”概念被误用存在着深深的忧虑。其中最重要的一点是自我实现在人们的心目中，仿佛成了自我中心主义的代名词。它似乎充斥着利己的原则，忽视了对他人和社会贡献。因此，在 Maslow 晚期，他发展出超个人心理学以取代人本主义心理学，称超个人心理学为心理学的“第四势力”，从超个人心理学的角度对自我实现的内涵进行了扩展。自我实现不再是以个人为中心的“小我”的实现，而是以宇宙为中心的“大我”的实现。在《Z理论》中，Maslow还区分出健康型自我实现与超越型自我实现，以示其自我实现观的转变。

在对自我实现者的研究中，Maslow找出了自我实现者所共同具有的一些特征，这些特征不仅是对自我实现者的描述，也是普通人迈向自我实现过程的行为准则。这些特征包括：

（1）对事实有准确的洞察力和判断力。他们能比其他人更敏捷更准确地看出被隐蔽和混淆的事实。

（2）对自己、他人和世界有更大的认可。自我实现者对自己与他人不可避免的优点和缺点都能接受。

（3）思想言行自然、坦率和纯真。自我实现者的思想言行均发自其本性，对他们的行为最有影响力的不是社会规则，而是符合其自己的观点的基本准则。

（4）以问题为中心，而不是以自我为中心。自我实现者把注意力集中在事业上，而不是追求金钱、名望和权势。

（5）有独处的需要。自我实现者会主动寻求独处，他们的思想和行为是自我导向的，不会被他人所主宰。

（6）能以新奇的眼光欣赏生活中平常的事物。

（7）能经常体验到**高峰体验**（peak experience）。Maslow指出，“在这些神秘体验中都有视野无垠的感觉，从未有过的更加有力但同时更孤立无援的感觉，巨大的狂喜、惊奇、敬畏，以及失去时空感的感觉。这最终使人确信，某些极为重要极有价值的事情发生了”（Maslow，1987，p. 192）。

（8）对人类有一种很深的认同、同情和爱的感觉。自我实现者不仅仅关心的是他们的朋友和家人，他们关心的是整个人类、整个世界。

（9）具有深厚的人际关系。自我实现者的朋友不多，但他们的友情却最为长久、深厚、深邃。

（10）具有民主的性格。自我实现者不以种族、地位、宗教等背景来看人，对任何性格相投的人都能表示友好，完全无视此人的阶级背景、教育程度、政治信仰、种族和肤色。

（11）有富于哲理的幽默感。

（12）能超越各种二歧式的对立而达到一种整合的状态。自我实现者并不是用非此即彼的思维去认识世界的，在他们眼里仁慈与冷酷、具体与抽象、接受与反抗、神秘与现实均是相互协作、相互协调的。

自我实现者表现出的积极的人格特点进一步验证了人性是积极而健康的，同时也让我们看到了在人类身上还有许多我们不曾意识到的成长潜能。去努力实现这些潜能，才是最合乎人性的价值选择。

我们如何才能有意识地去达成自我实现呢？1967 年，Maslow 在《自我实现极其超越》一文中，提出了趋向自我实现的几条途径：

（1）个体应全身心地专注于事物或工作，真正进入“无我”状态。

（2）在面临成长与防御的选择时，要能选择成长。

（3）要让自己的思想成为自己行为的最高准则，不必拘泥于他人的意见。

（4）要勇于承担责任，每次承担责任都是一次自我的实现。

（5）自我实现是一种状态，我们必须时刻准备发挥自己的潜能。

三、高峰体验论

给高峰体验下一个明确而具体的概念的确是一件很困难的事。Maslow 的高峰体验论从多个侧面对高峰体验现象进行了详细、生动的描述，所以我们对这一现象能有个大致的了解。但是，由于他对这种现象只是描述而未加确切的定义，因此其笔下的高峰体验便似乎有点捉摸不定。

Maslow 认为高峰体验有以下三点共同特点：第一，高峰体验是个人生命中最快乐、最心醉神迷的时刻。第二，在高峰体验中，个人的认知能力发生了深刻的变化：挣脱了功利主义的羁绊，超越了缺失性认知的偏狭，进入到存在认知的境界，领悟到了存在价值。自我的特性也发生了深刻的变化：在这一时刻，人们往往有“他们最高程度的同一性，最接近于他们真正的自我，最有特异性”（Maslow，1987，p. 94）。第三，高峰体验的持续时间往往是短暂的。“所有的高峰体验都是转瞬即逝的，而非永久不变。虽然其影响和作用可能长期存在，但是体验出现的一刹那却是短暂的”（Maslow，1987，p. 374）。

Maslow 指出，通往高峰体验的道路有千万条，高峰体验完全是自然产生的。高峰体验可以来自爱情，来自审美感受（特别是对音乐），来自创造冲动和创造激情（伟大的灵感），来自意义重大的顿悟与发现，来自女性的自然分娩和对孩子的慈爱，来自与大自然的交融（在森林里、在海滩上、在群山中等等），来自某种体育运动（如潜水），来自翩翩起舞时……（Maslow，1987，p. 368）。例如，当我们面对夕阳西下，彩霞满天的景色时，就会领略到一种崇高感，获得一种宇宙人生的高峰体验；甚至，在春雨中，在晨露浸润的草地上，在看见阳光下孩子们自由自在的欢笑时获得的那种欣喜的生命的体验，也是一种高峰体验。

Maslow 认为，虽然通向高峰体验的途径有千万条，但它们完全是毫无预料、突如其来的。意志的力量无法帮助我们产生高峰体验。我们只有任其自然、不加干预、彻底地放松自己，完全被动地去感受，才最易于产生高峰体验。但 Maslow 又指出，我们在高峰体验的产生过程中也并不是无能为力，人格的成熟、自我实现与高峰体验之间有着紧密的联系。如果我们自己具有统一和谐的心理状态，那么我们就比较容易觉察到真、善、美以及世界的统一性，进而产生高峰体验。“几乎在任何情况下，只要人们能臻于完善，实现希望，达到满足，诸事顺心，便可能产生高峰体验”（Maslow，1987，p. 369）。

人本主义能作为心理学的第三势力，与精神分析和行为主义分庭抗争，这在很大程度上是与 Maslow 的努力分不开的。Maslow 提出的需要层次论、自我实现论、高峰体验论、性善论、内在价值论、社会改良论、心理治疗论、优美心灵管理理论和内在教育论等，几乎涵盖了人本主义心理学的所有研究领域，为其他人本主义心理学家提供了宝贵的资料。Maslow 提出的“以人为中心”的理论立场，成了人本主义心理学的基本原则。

Maslow 认为人性在本质上是由生物学基础决定的，强调人的社会性的自然基础，并且对人性持乐观的看法，认为个人与社会之间不存在根本的矛盾，理想社会应以充分发挥人的潜能为目的。他的研究的重心是人与生俱来的生物学本性，而不是人的现实性与社会性。这一人性理论的问题在于仅用生物机体或遗传天性去解释人性中许多及其复杂的需要，而忽视了复杂的社会和文化因素对人性的重要作用和影响力。

Maslow 倡导以“问题中心论”来代替“方法中心论”，在此原则指引下开辟了“自我实现者研究”这一心理学的新领域，为价值、人性、动机、健康人格等课题积累了重要的材料。从某种程度上来说，Maslow 心理学中最富有启示性的内容，在于他的整合的、以人为中心的心理学方法论。它超越了二歧式心理学，以整合的思维来进行心理学的研究，动摇了占主导地位的机械主义心理学方法论的根基，构建了以人为中心的心理学研究范式。但是，在其具体研究过程中，由于缺乏成熟的研究方法，Maslow 只能依赖于小样本的个案研究，其中包括访谈、临床观察、内省报告与文献资料的分析等，这些方法离“科学”心理学家们的标准相距甚远，也是 Maslow 心理学以至整个人本心理学被批评的主要方面。

第二节 Rogers 的以人为中心的理论

一、自我心理学

Rogers 认为，**自我概念**（self-concept）的内涵包括对象与作用两个方面。它既是个体现象场中与个体自身有关的内容，是个体自我知觉的组织系统和看待自身的方式，同时它还对人的个性与行为具有重要意义，它不仅控制着个体对环境的知觉，而且决定着个体对环境的行为反应。这样，Rogers 就将 James 和 Mead 的主体

图 7-3　Rogers

我（I）和客体我（me）的概念整合到了一起。

自我概念是在个体与环境互动的过程中形成的。如果一个孩子在努力学习时感到愉快，他就有了一个积极的直接经验，而父母也表扬他，于是来自父母的评价性经验也是积极的。这时他的自我是协调的。在这种情况下，儿童会形成“我是好孩子”、“我是愉快的”等自我概念。相反，如果父母只在孩子努力学习时才给予表扬，而孩子又只在玩耍时才能感到愉快，那么儿童的直接经验与来自父母的评价性经验就不一致了，这时孩子就会陷入自我不协调状态。

导致自我不协调的另一种原因是个体自我概念中的理想自我与真实自我之间不一致。理想自我是个人最希望自己是什么样的人，或应该是什么样的人，真实自我是自我概念中对自己真实状况的觉知。例如一个人的理想自我是一个学习很优秀的人，而在真实生活中他的学习成绩只能排在中等，这个人就会感到焦虑。实际上理想自我往往是来自他人的评价，如“这个人人品不错”等，真实自我则来自自己的直接经验，二者之间的不协调，往往使个体用理想自我歪曲或否认真实自我，从而使真实自我受到遮蔽。

自我不协调的个体会产生焦虑，进而采用各种防卫机制阻止与自己的直接经验相左的经验进入意识的层面。**歪曲**（distortion）就是其中一种防卫机制，比如孩子会认为父母不是不表扬我，只是嘴上不说。**否认**（denial）也是其中一种防卫机制，比如孩子会认为父母没有不高兴，对父母的反应视而不见，听而不闻。歪曲和否认都是为了避免自我不协调，即使一个好的评价性经验对于一个自我概念中缺乏相应经验的人而言，可能也会使他产生不协调从而导致焦虑。如一个自认为缺乏吸引力的女性，当有人说她有吸引力的时候，她可能会想，这人不是出于礼貌，就是有什么企图。

自我发展的过程可以让我们更好地理解自我不协调是如何发生的。家长常常会要求孩子往好的方面发展，凡事要努力，要尊重长者等等，Rogers 在童年时也受到过这种压力。他把这些来自父母的观念称为**价值条件**（conditions of worth），即个体为了获得积极的体验所必须满足的条件。如果孩子不满足，就会受到惩罚或忽视。Rogers 把这个过程称为**有条件积极关注**（conditional positive regard），就是说只有孩子的表现符合家长的价值条件时，家长才会给予孩子爱（积极关注）。有条件积极关注会导致孩子只接受他自己好的部分，而抛弃别人认为他不好的部分。尽管家长的意图是好的，但不幸的是，家长觉得孩子“不好”的那些品质往往才是真正的健康品质。

Rogers 认为，过分严格的父母之所以在教育孩子的方式上不对，在于他们认为孩子的自我应该符合父母的价值条件。良好的教育方式应该是不给孩子强加任何价值条件的。由此，Rogers 提出了**无条件积极关注**（unconditional positive regard）的概念，它意味着全心全意地去爱孩子，而不管其行为如何。Rogers 认为人性在根本上是好的，任其发展会使一个人发挥出其所有的功能，所以无条件积极关注是有利于孩子充分发挥潜能的。有研究表明，有人本主义价值观的父母更加愿意孩子把服用违禁药品的经验告诉自己，虽然这些父母不提倡孩子做违法的事（Garnier & Stein，1998）。当然，Rogers 并不是说父母不要去指导孩子的方向或是不教导孩子，无条件积极关注的真正意义在于让孩子在任何时刻都能感觉到父母的爱，这样孩子才能健康成长。

二、以人为中心的心理治疗

Rogers 于 1957 年发表的《治疗性人格改变的充分必要条件》在心理治疗的学术历史上是一篇极为重要的文章。在这篇文章发表以前，心理治疗领域一直是精神分析和行为主义占统治地位，这些学派非常看重心理治疗过程中的技术，他们认为专业知识在心理治疗过程中是最重要的。而 Rogers 在这篇文章中所提出的六项条件，没有一项涉及技术，全是属于治疗关系方面的内容。正是由于这篇文章，治疗关系才得到充分重视，并在心理治疗领域掀起了改革的浪潮，确立了**以人为中心的治疗**（person-centered therapy）的地位。Rogers（1957）写道：

> 要使建设性的人格改变得以发生，需存在以下一些条件，且它们须持续一段时间：
>
> 1. 治疗者与当事人有心理上的接触；
> 2. 当事人处在一种不和谐的状态，脆弱或焦虑不安；
> 3. 治疗者在此关系中是一致的或整合的；
> 4. 治疗者体验到对当事人的无条件积极关注；
> 5. 治疗者体验到对当事人的内在参考系的同理心，并力图把这种体验传达给当事人；
> 6. 治疗者对当事人的同理心和无条件积极关注至少在一定程度上成功地传达给了当事人。
>
> 除此之外的其他条件不是必要性。如果这六项条件存在，并且存在一定时间，这就足够，人格的建设性改变也会随之出现。

在 Rogers 提出的六项条件中，最为重要的是无条件积极关注、真诚和同理心，下面我们将分别讨论这三个条件。

(一) 无条件积极关注

我们在自我的发展一节中已经谈到无条件积极关注，对其概念我们已有相当的了解。Rogers 认为："当治疗者发觉自己怀着一股温情，接纳当事人的任何感受，认它为当事人的一部分，这时候他就在经验着对当事人的无条件积极关注。"（Rogers，1989）关于无条件积极关注有这样一个例子，Rogers 对他的当事人 Gloria 说："你看起来就跟我漂亮的小女儿一样。"（Shostrom，1965）这句话表明 Rogers 对 Gloria 是看重、认可的，欣赏她，喜欢她，而且这种感受是自然发生，非强迫出来的。最重要的是，这种感受并不以 Gloria 的某个特点、某个品质或者整体的价值为依据。由于感受到了 Rogers 的无条件积极关注，Gloria 变得更加能够接受她自己，其童年期由价值条件所被压抑的真实自我也得到了认可，她开始相信自己个人的经验，用自己的价值判断机制来指导自己的行为。

(二) 真诚一致

真诚一致（congruence）即要求治疗者对自己不加任何矫饰，不加任何隐瞒和作假，表现真实的自我，言行一致，表里如一。治疗者要让自己的任何经验、任何感受、任何冲动毫无保留地进入自己的意识。Rogers（1961）曾写道：

> 在咨询关系中，治疗者越是他自己，越是不戴专业面具和个人面具，来访者就越有可能发生建设性的改变和成长。真诚意味着治疗者对当时当地流过自己心头的情感和态度保持开放。"透明地"一词与真诚的要素较为一致——治疗者对来访者保持透明，来访者在咨询关系中对咨询者能够看得真切，能体会到咨询者是毫无保留的。

Rogers 认为，真诚起作用的机制在于它能产生信任。治疗者如能把自己的本来面目，把自己的内心实情真诚地暴露给对方，就会使对方觉得他能轻易的进入治疗者的内心世界，这就是产生信任的重要条件。

(三) 同理心

有效治疗的第三个条件是**同理心**（empathy）。要明白同理心的意义，首先需要明白的一个概念是内部参考系（internal frame of reference）。内部参考系是涉及个体主观世界的一些经验：感知觉、记忆、思维方式、爱好等。人们使用内部参考系来加工信息、理解信息。这个内部参考系只存在于个人内部，代表着不同的个体看待问题的不同角度，所以每个人的参考系都是他个人所特有的。同理心的作用就是进入他人的内部参考系。治疗者站在当事人的角度去理解当事人，深入到当事人的内心世界，感受当事人的愤怒、绝望、迷惘和恐惧，就像那是治疗者的愤怒、绝望、迷惘和恐惧一样，然而并无治疗者自己产生的愤怒、绝望、迷惘和恐惧卷入其中，这就是 Rogers 所要描述的同理心（Rogers，1989，p. 226）。

一些精神分析学家，例如 Freud 和 Kohut，他们也认为同理心是心理治疗中一项重要的技术。实际上，精神分析学家 Kohut 是受了同在芝加哥大学任教的 Rogers 的影响才发展了他的自我心理学的理论的（Kahn & Rachman，2000）。然而，对于精神分析学家来讲，同理心只是使患者的心理动力能量增加的一种技术工具，是 Freud 和 Kohut 手中的冷冰冰的和非人性的病理学工具（Rogers，1986）。对 Rogers 来说，同理心是在与无条件积极关注的互动中发生的，实际上，无条件积极关注就是深度同理心的自然外延。虽然治疗师无需同意当事人的经验，但他承认当事人是有价值的。

三、以学生为中心的教育观

Rogers 认为教师应该充分尊重学生的学习自由，让学生自由的进行学习。他在《自由学习》一书中提到，学习的能力是先天的，人类个体天生就有学习动机，教师的任务不是向学生传授知识，而是指导学生自主学习，尽可能地满足学生的求知欲和创造欲。在 Rogers 看来，教师传授给学生的知识对学生的行为没有什么影响，能够影响学生行为的只能是学生自己发现并吸收的知识。教师仅仅是一个学习的促进者，一个有效的促进者不取决于他的教学才能，不取决于他的专业知识，也不取决于课程设计、先进的教学工具等等，而取决于教师是否以真诚、无条件积极关注和同理心来与学生互动。Rogers 还认为，要使学生的情感和理智全部投入到学习中去，就必须让学生所学的内容有现实意义，并把这种现实意义同课程密切结合起来。Rogers 提出了自由学习的四个要素：第一，学习具有个人参与的性质；第二，学习是自我发起的；第三，学习是渗透性的；第四，学习是由学生自我评价的。他还提出了自由学习的多种方法，如提供学习的资源、构建真实的问题情境、同伴教学、分组学习、自我评价等。

与传统教育相对，Rogers（1983，pp. 188-189）认为以人为中心的教育有以下特点：

1. 教师对自己有足够的自信，从而他能够信任学生的自律、成长的能力。教师起着促进者的作用。

2. 促进者为学生提供学习资料。学习资料的来源与传统教育有很大不同，它可以来自教师的个人感受和经验，也可以来自书刊文件和生活事件，学生也可提供自己的学习资料与全体学习者共同分享。

3. 教师有能力在全班发展出真诚、无条件积极关注和同理心的气氛。

4. 教师主要关注的是学生的学习过程而不是教学内容，即教师在评价学生的学习成果时，是从学生是否学会了学习入手，而不是看学生是否学完了该学的内容。

5. 学校还是存在着纪律，只不过这种纪律主要是学生的自律。

6. 学习的价值首先应由学生自己来评价，教师评价只是给学生提供一个不同的参考。

7. 学生依据自己的兴趣、目的和基础确定自己的学习计划，并且他能够对自己的学习计划负责。

8. 以人为中心的教育提供了有利于生长的气氛，学生的学习会进步很快，并且在其中学生不只是学到了知识，他的态度、情感等方面也会发生积极的变化。

Rogers 提倡以人为中心的教育观，反对传统心理学把学生视为较大的老鼠或较慢的计算机，也反对那种认为学生有自私的、反社会的本能，而强调学校和教师应把学生看做“人”，相信他们的本性是好的。他认为学生的人格健全问题在整个教育中占有非常重大的地位，因为学生的人格形成过程就是他的生理和心理的潜能实现的过程。但不足的是，Rogers 显然过分地夸大了学生的先天素质对他们后天学习的影响，片面强调了自由选择和自我设计，而忽视了人的心理和行为的社会制约性。

在 Rogers 过世之后，他曾经的合作者 Cain 将 Rogers 的贡献概括为 10 点（Cain，1990），其内容如下：

1. 强调在心理治疗的过程中，把治疗关系作为一种有治疗效果的要素的重要性。

2. 阐明了人天生具有趋向自我实现的潜能。

3. 开创和发展了倾听与理解的艺术，并证明它对于当事人是有治疗功效的。

4. 以“当事人”（client）一词替换了“病人”（patient）一词，维护了求助者的尊严，表达了对求助者的尊重。

5. 将录音用于治疗会谈，为其他研究提供了典范。

6. 为心理学家和其他非医学出身的专业人士从事心理治疗铺平了道路。

7. 用科学方法研究心理治疗过程和结果。

8. 对“会心团体”运动的发展作出了重要贡献。

9. 为教育领域的变革贡献了一种激进的理念和实践。

10. 将以人为中心的理念和实践应用于化解冲突和世界和平。

Cain 在这篇文章中还对 Rogers 的影响进行了展望，他认为再过 50 年，Rogers 仍然能被心理治疗界记住的东西可能只剩下两样：治疗关系和倾听。但其理论中也存在着一些局限，例如过度强调主观经验和自我报告，理论相对简单，以及对人性的态度过分乐观等。

第三节 May的存在分析理论

一、存在主义的背景

图 7-4 May

在存在主义哲学内部，理论家们的观点并不一致，但有着以下一些共同点：首先，存在主义者认为过程（precedence）优于本质（essence）。存在意味着形成，本质意味着静态的和不变的物质；存在涉及过程，本质涉及产物；存在意味着成长和改变，本质意味着停滞和结局。西方人，尤其是西方科学家，一贯认为本质优于存在，他们倾向从本质的角度来理解一切——包括人。存在主义者则与之相反，他们倾向于从成长和改变的角度来理解世界。

其次，存在主义者反对把主体和客体分开的观点和西方科学界把人视为客体的思维方式。西方科学以一种非人的方式研究人，并强调对人类行为的研究必须采用客观中立的测量手段。存在主义者认为，这种价值中立的态度是不正确的。我们首先是人，在研究时每个人必须作为独立的个体进入研究者的视野，科学主义的态度恰恰忽视了这一基本事实。存在主义者所倡导的是将我们的内部经验世界引入科学的视界。但他们并没有因此而忽视主客观的平衡。他们在注重主观经验的同时，还对问题进行尽可能客观的研究。

再次，存在主义者认为人们会去寻找生命的意义，会问一些关于他们存在的问题，诸如“我是谁?”、“我的生活有何意义和价值?”等。

又次，存在主义者认为人们应对自己的成长负起责任。自己的生命只能由自己负责，我们不能依赖于父母、老师和上帝。

最后，存在主义者重视人的自由选择。Heidegger在其著作《存在与时间》中用大量的篇幅描述了各种不同的自由，譬如真实性选择的自由、存在与愧疚的自由、良心的自由等。

May的存在分析学说是以存在主义哲学为基础，结合新老精神分析的观点而形成的。由于存在主义哲学强调本体论（ontology），所以May试图从人的本体论结构中找出人性存在的特点。所谓本体论，简单来讲就是指关于存在的研究，关于世界本源的哲学学说。1959年，May发表了《心理治疗的本体论基础》一文，在这篇文章中May列举了存在的六个本体论特点，分别是自我核心（self-centeredness）、自我肯定（self-affirmation）、参与（participation）、觉知（awareness）、自我意识

(self-consciousness) 和焦虑 (anxiety), 这六个特点也被 May 视为人格的基本组成要素。

(一) 自我核心

自我核心是指一个人不同于他人的存在, 代表着一个人的独一无二性。May 认为, 心理治疗必须以个体性原则为基础, 个体必然发展成为自己, 每个人都生活在自我核心之中, 谁攻击这个核心, 谁就攻击其存在本身。后来 May 根据自我核心的特点, 提出了有关神经症的一些新的看法。他不再认为神经症是由于人对环境的不良适应所致, 而把神经症看作是人在一定程度上对自我核心的适应, 是使自己的核心免受外部威胁的一种方式。May 写道:"难道神经症不正是一种使人保持其自我核心和自我存在的方式吗? 他避免与外界接触, 其目的就是为了逃避由接触所引起的威胁, 从而使其自我核心暂时得到保存。" (May, 1969, p.75)

(二) 自我肯定

自我肯定是指一个人成为自我的勇气。May 认为, 人的自我核心不是自动地发展和成长的, 他必须不断地鼓励和督促自己, 使其自我核心和独立感得以发展、成熟。May (1969) 写道:"成为自己, 使自己成为具有个性的人的勇气是真正实现人类自由的一个方面, 心理治疗的作用就是帮助病人发现真正的自我、看到他自己的自我核心并勇敢地肯定这个自我。"

May 把勇气看作一切美德的基础, 一个人有了勇气, 才能实现其自我和潜能。在此观念的基础上, May 又进一步将自我肯定的勇气细分为身体勇气、道德勇气、社会勇气、创造勇气。身体勇气是有关体格、力量、暴力的勇气, 这是层次最低的一种勇气; 道德勇气是有关正义、同情心、奉献精神的勇气; 社会勇气涉及真诚的人际关系; 创造勇气是最难获得的一种勇气, 但它能促进人与社会的改革与创新, 而且现实生活中的每一项工作都需要它。

(三) 参与

参与是指个体与他人的交往, 并且通过交往建立和保持良好的人际关系。如果存在是指人以各种方式存在于世界上, 那么个体必然会以各种不同的水平参与到与别人的互动中。虽然 May 强调人的个体性, 但他也十分看重自我核心与参与的平衡。一个人离自我核心太远, 就会过分地认同他人, 顺从他人, 从而失去自己的独立性, 感到空虚, 找不到自己生活的意义。但一个人如果过分地追求自我核心和个体的独立性, 忽视与他人的交往, 则会阻碍人格的发展。

(四) 觉知

在 May 的概念中, 觉知是一种对感觉、愿望、身体需要和欲望的体验, 这种体验比自我意识更加直接。May 认为, 由于心理治疗的目的是帮助病人体验到他自己的存在, 所以觉知作为对感觉、愿望、身体需要和欲望的体验, 理所当然是心理治疗过程中不可缺少的一个环节。一个只能体验到低级的生理需要、忽视和压抑其全部存在的人，是不健康的人。心理治疗就是帮助他恢复这种觉知。

（五）自我意识

自我意识是人类独有的特征，是人类领悟自我的一种独特的能力。May 指出，通过自我意识，自我才能领悟到他是这个世界上的存在。自我意识能够使个体超越自己，使个体拥有抽象意识，并能用语言和象征符号与他人交流。个体通过自我意识理清自我、他人与世界的关系，并可从这些错综复杂的关系中决定自己的行为（May，1967，pp. 96-97）。

需要特别指出的是，虽然自我意识有如此重要的功能，但它也常常使人面临两难之境。自我意识使个体能同时把自己看作主体与客体，所以个体在一方面是可进行自由选择、超越时空限制的主体，但另一方面，又面临着有限的自我存在和必然死亡的残酷事实，这种困境就导致了人类特有的焦虑。

二、焦虑

从存在主义的角度来看，焦虑就是指个体的存在面临威胁时所产生的一种痛苦的情绪体验。此处的威胁，不仅包括威胁个体生存的疾病、灾难和死亡，也包括对精神信念、理想和价值的威胁，只要个体意识到存在受到了威胁，焦虑便产生了。下面我们将就此作详尽讨论。

在 May 于 1950 年出版《焦虑的意义》之前，大多数的焦虑理论认为精神病理学中的神经症就代表着高焦虑。May 在悉心研究后指出，潜在的焦虑也是人类行为的动力机制之一。May 的焦虑理论已不是纯粹心理学意义上的焦虑理论，而是哲学、生物学和社会文化意义上的焦虑理论。

May 把焦虑为了两部分：正常焦虑与神经症焦虑。May 认为正常焦虑是个体成长过程中的一部分，个体在成长过程中必须不断挑战自己的存在，这种挑战就必将引起焦虑。May 写道："在成长过程中，一个人要把过去的价值观转化为更广泛的价值观，必然会发生价值观间的冲突，从而使人陷入焦虑。正常的焦虑会始终伴随着成长，它意味着放弃眼前的安全而追求更广泛的存在。"（May，1967，pp. 80-81）产生焦虑是正常的，但逃避正常焦虑则会导致神经症焦虑的产生。例如，大多数人在第一次登台演讲时都会产生正常焦虑。这是因为我们体验到了新环境的威胁，然而如果我们能正确的面对这种威胁，就能成功地克服它，摆脱危机，变得更加自信。相反，如果我们第一次演讲时不敢面对观众，感到害怕和压抑，或者为了逃避演讲而假装生病，这样的心态就会导致神经症焦虑的产生。

通过对焦虑的分类，May 认为心理治疗的目的并不是让人们摆脱所有的焦虑，而是帮助人们克服神经质焦虑，使人能更积极地面对正常焦虑。"在一个变换的时期中，当旧的价值观是空虚的，传统的习俗再也行不通时，个体就特别难以在世界上发现自己。"（May，1967，p. 25）个体由于感觉不到自己的存在而产生焦虑，由此推论，焦虑的一个主要原因就是现代社会价值观的缺失。May 指出有三种价值观已被现代社会遗弃。

我们失去的第一种价值观是健康竞争的观念。19 世纪以前的美国充斥的是旨在最大限度地谋求利益的健康的个体竞争的观念，今天我们采纳的是一种不健康的、掠夺式的竞争方式，“这使得每个人都成了他人的一个潜在的敌人，造成了人际之间许多的敌意与仇恨，并极大地增加了我们的疏离与焦虑”。

我们失去的第二种价值观是理性与非理性协调运作的观念。在 17～18 世纪这种观念为启蒙运动和世界的发展做了重大贡献，而进入 20 世纪以后，由于科学技术对人类生活的重大影响，人们逐渐把理性意识与非理性意识分离开来，并认为理性意识是好的，而非理性意识是不好的，从而造成了理性与非理性的分裂。人们在本来统一的情境中做出理性与非理性的选择，陷入了分裂的困境，从而导致焦虑。

第三种价值观是人的价值感和尊严。May 认为，价值感和尊严的丧失很大程度上是由于人们感到他们在国家机器面前是无力和渺小的，他们无法影响国家的政策。人们面临着战争、失业、贫穷的威胁，世界上有太多的不确定事件威胁着人类的生存。在这种环境中，人们失去了自己的价值感和尊严，从而产生焦虑。

除了上述三种价值观的丧失之外，当代社会中的人与自然、人与社会、人与自我之间关系的破坏也是引发焦虑的原因。May 列举了两种遭到破坏的关系。其一，我们失去了与大自然和谐的关系。现代社会中人类在依靠科学征服大自然，并从大自然获取利益的时候，并不关注人类与自然的关系，他们一味追求技术，拼命掠夺自然的财富，从而失去了对大自然的敬畏感。其二，我们失去了与他人的成熟的爱的关系。现代社会的人们往往混淆了爱与性，他们企图以性代替爱来与他人建立爱的关系。May 认为，性只是一种麻醉剂，它使人感觉迟钝，使个体不能正确地意识到自我，从而导致巨大的焦虑。

三、爱与意志

现代人最易犯的错误就是把爱和性相混淆。May 认为爱的范畴明显要大于性，性只是爱的一种形式。在《爱与意志》一书中，May 把西方传统中的爱分为四类：性爱（Sex）、爱洛斯（Eros）、菲利亚（Philia）、厄盖普（Agape）。

性是我们的一种生物驱力，它可以通过性交和其他一些性紧张的释放方式而得到满足。尽管它在现代西方社会已十分廉价，但它还是保持着生殖的力量，驱动着种族的延续，它是人类最强烈的快乐和最深刻焦虑的根源（May，1969，p.38）。May 相信，在古代性爱同吃饭睡觉一样是一个很正常的事情，但到了现代社会性爱则成了一个问题。在维多利亚时代，人们普遍对性持否定态度，性不是有教养的人士所谈论的话题。在进入 20 世纪 20 年代后，人们开始反抗这种性压抑，性忽然变得公开了。May 指出我们的社会已从拥有性就会感到罪疚和焦虑的时代，转向了没有性就会感到罪疚和焦虑的时代。

在美国社会中，人们经常将性与爱洛斯相混淆。性是生理的需要，而爱洛斯是一种心理的欲望，它通过与一个所爱的人保持长久的合一关系而进行繁殖与创造。May 写道："爱洛斯寻求与爱人进行愉快而有激情的结合，它能扩展和深化两个人的存在状态……正是这种与爱人结合的渴望，使人类有了温情。爱洛斯产生的是一种分享，这是一种新的格式塔，一种新的存在状态，一个新的磁场。"（May，1969，pp. 74-75）

爱洛斯虽是性的一种拯救，但它是建立在菲利亚的基础上的。所谓菲利亚，是源自亚里士多德提出的一个概念，指的是两个人之间亲密的但无性关系的友谊。菲利亚不会突然地到来，它需要花时间去培养，它是兄弟般的或老友般的缓慢的情感。"菲利亚是面对所喜爱的人时的一种放松，喜欢和另一人在一起，喜欢其走路和说话的节奏，喜欢另一个人的完整存在。菲利亚并不要求我们为所喜爱的人做任何事情，而只是接受他，使他感到高兴。这就是友谊。"（May，1969，p. 317）

就像爱洛斯建立在菲利亚基础上一样，菲利亚也建立在厄盖普的基础上。May 把厄盖普定义为，"对他人的尊重，对他人幸福的关注，它超越了任何索取，是无私的爱，是上帝对人类的爱"（May，1969，p. 319）。厄盖普是一种利他主义的爱，是一种精神的爱，它不依赖于他人的任何行为和特征，从这个意义上讲，它类似于 Rogers 的无条件积极关注。

May 认为，健康成人的爱的关系应建立在这四种爱的结合之上。这种爱基于性的满足、长久的合一关系的保持、真诚友谊的获得和对他人幸福的无私关注。但遗憾的是，获取这种健康的爱是相当困难的。它需要自我肯定、温情、对他人加以肯定、放弃竞争、为了喜爱的人的利益而自我克制，并要有仁慈和宽恕的古老美德。

在《爱与意志》一书中，May 把意志定义为"组织个体自我的能力，它可使个体向着某一目标和方向前进"（May，1969，p. 230）。May 认为，个体的意志不是漂忽不定的幻觉，而是一个在时空上与世界息息相关的具体而又有结构的反应。正是在意向性和意志中，在朝向意义的人类倾向中，个体才会体验到他的同一性和自由，感受到他自己的存在。

May 认为，在现代社会中，爱与意志已遭到分裂。爱与肉欲和性联系起来，而意志则意味着顽固的坚持，人们抓不着爱与意志的真实意义。为何爱与意志会遭到分裂？May 提出了一个生物学上的解释。当婴儿来到这个世界上时，他与宇宙万物、母亲以及他自己是混然一体的。他不需要自我意识的努力就能满足他的需要，因为母亲的奶水就能满足他的一切。后来，当他的意志得到发展时，他便不能满足于早期婴儿的存在方式，进而拒绝这种存在方式。这种拒绝不仅是他反抗父母的标志，也是他积极肯定自己的标志。然而不幸的是，人们常常把这种拒绝看作是消极的，因而抑制了儿童的自我肯定，结果导致儿童将意志从他们的爱中分离出来。所以，整合爱与意志，使其重新融为一体，是我们当今极为重要的任务。

四、人格的发展

May 虽然是一名心理治疗学家，但他一直认为许多心理疾病都与人格有关。May 对人格的理解也有其个人的特点，例如他认为人格是动态多变的；促进人格变化的因素是紧张；进行内部适应是解决人格问题的关键，遗传和环境的因素并不能最终解决人格问题。May 根据存在心理治疗的观点，探讨了人格的形成及其发展阶段。

May 对人格的发展阶段的探讨集中于我们和父母或其他有密切关系的人的生理或心理的联系。人在胎儿期是通过母亲的脐带获得营养的，虽然出生后个体与母亲的这种联系被切断了，但个体对母亲的依赖依然存在。正是这种生理和心理的依赖影响了人的独立性和创造性的发展，也影响了人格的发展，并在很大程度上决定了我们的人格是否能够走向成熟。我们必须为自己的行为负责，并且需要自主做出决定。因此，“一方面人们需要努力增强自我意识、成熟、自由和责任，但另一方面人们倾向于像个孩子似地依赖于父母或者父母替代者的保护。这种冲突存在于每个人身上”（May，1953，p. 193）。

人格发展的第一个阶段是婴儿时期，二三岁以前的儿童基本属于这个阶段，此时个体还没有自我意识，个体的各种潜能也尚未发掘出来。但这一时期对个体以后的人格发展十分重要，它将奠定儿童人格发展的基础。如果处于这一阶段的儿童过分依赖父母，他将来也很难发展起具有独立性和创造性的人格。

人格发展的第二个阶段是反叛阶段，个体开始寻求建立自身内在的力量。这个阶段一般出现在 2~3 岁，并且会一直持续到未成年期。反叛阶段是意识发展的重要的一步，我们要注意不能将它与自由混淆。反叛是一种反抗，是拒绝父母和社会规则的行为。这种行为是自动的、稳定的、反应性的。而真正的自由则与之相反，它包括“开放性、成长的准备……意味着灵活性，准备寻找更大的人类价值”（May，1953，p. 159）。

人格发展的第三个阶段是一般的自我意识阶段。这个阶段在时间上与第二个阶段有穿插，它出现在婴儿期并维持到青少年后期。在这个阶段我们有能力理解自己的错误，并能从中吸取教训，为自己的行为负责。许多人认为在自我意识阶段，人就能获得成熟和健康的存在感，但 May 认为处在这一阶段的个体，其自我意识只是处于一般发展水平，并不是真正意义上的存在，也不意味着人格的成熟和健康。而且大多数人正是处于这一阶段。

人格发展的第四个阶段是创造性的自我意识阶段。个体到达这一阶段才真正意味着人格的成熟。在这个阶段，个体的意识能够超越各种限制，并且还能够经验到没有被扭曲的真相。这一刻是短暂的、令人喜悦的并且是带有偶然性的。当我们体验到这一令人喜悦的时刻时，我们将获得成熟的自我意识，并且接近自我实现。“自我意识给了我们力量，使我们能脱离刺激—反应链的约束，并打破这个链索，用一种新的方式做出反应”（May，1953，p. 161）。我们可以发现，创造性自我意识的概念和 Maslow 的高峰体验极其相似。

May 的贡献首先在于他在美国创建了存在主义心理学。存在主义哲学原本起源于欧洲，第二次世界大战期间，大量存在主义学家涌入美国，May 吸收存在主义哲学和精神分析学派的思想，创建了他的存在分析心理学，并著述了大量的理论著作。他把人生的意义、价值观、自由选择、潜能和责任等作为存在心理学的研究主题，探讨了焦虑、爱与意志、存在、权力、死亡等众多问题。他的存在心理学在人格心理学界、心理治疗学界均有着重大影响。

其次，May 作为人本主义心理学的领导者，推动了人本主义心理学的发展。20 世纪五六十年代，May 与 Rogers、Maslow、Bagentalg 一道被认为是人本主义心理学的主要创建者，促进了美国人本主义运动的蓬勃发展。由于 May 更倾向于存在主义，所以他与其他人本主义心理学家也有一些分歧，但这不仅不影响 May 对人本主义运动的贡献，反而是对其他人本主义心理学家的一种补充。

最后，May 的理论相比其他的人本主义心理学家而言更为全面。他的理论整合了心理学和存在主义的观点，提出了详细的针对人的发展过程的心理疗法，其涉及面比 Rogers 和 Maslow 的理论更为广泛。

May 的存在心理学的局限在于，它不是科学研究得出的结果，只是 May 经临床分析得出的描述性的讨论，在他的著作中只有极少的假设，他的理论也没有十分清楚的理论结构，这使得许多人批评其学说不是心理学而是哲学。May 所用的许多概念和术语都非常模糊，在不同的著作中往往有不同的意义，例如存在、原始生命力、意向性、潜能、意志、命运、本体论罪疚等词就属于此类。由于 May 的理论缺乏科学理论的假设检验的结构，不能对其进行客观的检验，它在许多心理学家面前就难以树立其应有的地位，以至于他的一些深刻思考和具有启发性的观点都被忽略了。

第八章 认知与社会认知理论

生活中，我们会用心去理解发生在自己身边的每件事，并根据自己的经验对未来进行预测，进而确定自己的目标；我们也会记住每一个值得回忆的片断，不断丰富和积累自己对世界的认识。认知就是这样一种心理过程。与精神分析关注内在的潜意识，行为主义看重外在强化的作用，人本主义突出主观的自由意志的力量不同，人格的认知与社会认知观点，主要关注个体内在的认知能力及其与动机和情绪的关系，同时也重视个体所处的社会情境以及个体自身的生理特征。在认知理论家看来，人类的行为是认知—情感过程与外在情境相互作用的结果。

认知取向的人格理论是在认知革命的影响下发展起来的。但事实上，这种取向可以追溯到 Kurt Lewin（1890～1947）的场论。Lewin 认为，人在其“生活空间”中对重要的要素表象进行组织时，都有自己不同的方式。这意味着，不同的人对同样的要素表象可能进行不同的处理，从而对其产生不同的认识。这一思想经过 George Kelly（1905～1966）、Julian Rotter（1916～）、Albert Bandura（1926～）和 Walter Mischel（1930～）等人的发展，便形成了关于人格的认知与社会认知理论。在这四位心理学家中，以 Kelly 关于个人建构的理论形成得最早。自从他的《个人建构心理学》一书于 1955 年出版后，其理论便极大地影响了认知取向的人格研究者。有趣的是，Kelly 本人却认为自己并非是一个认知心理学家，而应该是一位现象学家、存在主义者和人本主义者。尽管如此，他的理论依然被公认为是我们这一章所谈论的“认知人格理论”的源头（Mischel，1980，pp. 85-86）。另一位早期的认知人格理论家 Rotter 曾与 Kelly 一起在 Ohio 州立大学共事多年，他的理论和稍后出现的 Bandura、Mischel 等人的理论被合称为“社会认知”理论。这些理论家都重视外部环境对个体行为的作用，在这一点上，他们认同了行为主义者的立场；但他们又更强调个体内部的认知因素（如 Rotter 的“期望”、Bandura 的“自我效能感”和 Mischel 的“认知人格变量”）对行为的重要作用，在这一点上，他们超越了行为主义。

本章将从 Kelly 的个人建构心理学开始，介绍 Rotter 的社会学习理论，Bandura

和 Mischel 的社会认知理论。通过这一章的学习，我们将了解心理学家如何以认知和社会认知的观点来探索人格。

第一节　Kelly 的个人建构心理学

一、建构选择主义

George Alexander Kelly（1905~1966）在治疗实践中，他发现人们最需要对发生在自己身上的事进行解释和预测，便逐渐开创了关于“个人建构”的人格理论。1955 年，他出版了重要著作《个人建构心理学》（The Psychology of Personal Construct）。

Kelly 的理论建立在自由和决定论关系的基础之上。“决定论和自由是不可分离的，一个决定了另一个，基于同样的原因又独立于另一个”（Kelly，1955，Vol. 1，p. 21）。他认为人的行为既源于客观现实，也源于对现实的感知。这既不同于 Skinner 认为人都是由环境（现实）塑造的观点；也不同于极端现象学认为唯一的现实就是人的感知的说法。Kelly 认为客观现实是存在的，不同的人建构它的方法却不一样。因而，人们分析和解释事物的方法，即**个人建构**（personal constructs），才是预测人类行为的关键。

图 8-1　Kelly

Kelly 相信人是负责任的行动者，有能力做出选择和决定。同时，人也都能改变自己对当前事件的解释（Kelly，1955，Vol，1，p. 15）。人并非直接根据经验做反应，而是以自己特有的方式去解释或再解释这些经验，进而做出反应（Fransella & Dalton，1990，p. 1）。如果一个学生以获得高学位为重要目标，那么这种主观事实将决定其相应的行为：花更多的时间学习，放弃一些娱乐和社交。对他来说，确定目标是自由的，可一旦选定目标就必然会决定一些相关行为。因此，人在创建建构系统时是自由的，但既成的建构会限定人的行为方式。这种观点被称为**建构选择主义**（constructive alternativism）。

二、人人都是科学家

Kelly 认为人人都像科学家一样，会提出问题、建立假设、检验假设并预测结果（Kelly，1955，p. 15）。举例而言，你 2 点有个约会，现在 1 点半，公车却碰上交通阻塞。怎么办？这类日常决策过程和科学家解决问题的过程并无本质区别。你会提出问题（“怎样按时赴约?”）；预测答案（“来不及了，打电话再约”）；分析利害关系（“爽约太伤感情”）；假设可能方案（“先通知他稍等，再乘出租赶去”）；最后执行可控事件（“坐出租，按时赴约”）。这种决策跟科学家的研究结果一样不确定、不彻底，需要不断思考并重构。

个体通过概括化过程对经验进行建构，然后用既成的建构去处理来自环境的新信息。Kelly 认为，建构（constructs）就是根据相似和差异来组织经验的方式（Kelly，1955，p. 61）。也就是说，形成一种建构至少要对三个成分加以比较：两个相似的事物和一个相反的事物。同时，建构也具有两极性——既涉及差异性，又包含相似性。例如，我们说这是一件上衣，同时也就意味着这不是一条裤子；这种款式的上衣穿起来很漂亮，也就意味着另外一种款式的上衣穿起来就不好看。这就包含了“好看—不好看”的两极。

建构是个人化的，因此，同样的经验会被贴上不同的标签。甚至当两个人对同一经验贴上相似的标签时，这一标签的另外一极也可能不同。比如，你可能会用聪明—愚蠢、有趣—乏味、文雅—阳刚这些建构来描述某人；我可能会用外向—内向、自信—自卑、文雅—粗俗这些建构来形容他。人人都有一套独特的、相对稳定的个人建构系统，用来解释、预测和控制外部世界。

三、基本假设及推论

个人建构理论包括一项基本假设和 11 项推论。其**基本假设**是：“个人历程在心理上是由其对事件的预测方式所引导的”（Kelly，1955，p. 46）。所谓**个人历程**（person's processes），是指生活着的、不断运动变化的人本身；而引导（channelized）则指人被一种网络通路指引着有选择地进行个人历程。这种网络可以变化，却是有结果的，它能扩展人的生活，同时也限定其活动范围。换言之，人们看待未来的方式决定了他们的行为（思想和行动）。

（1）**建构推论**（construction corollary）即“一个人通过解释他们生活中的重复经验预测事件”（Kelly，1955，p. 51）。重复包括从不同的经验中抽象出共同的成分，贴上一个建构标签，将来用这个建构去预测别的行为。也就是说，我们在经验的基础上，会从行为中看出规律性，并在此基础上预测某些结果。

（2）**个性推论**（individuality corollary）即人们之所以不同，是因为他们具有不同的经验，并用不同的方法对相同的事件进行预测（Kelly，1955，p. 55）。因此，人所具有的建构系统在很多方面是异质的。但人们解释事件的方式还是有共同性的；人们能够而且也确实会用相同的方式解释经验。

（3）**组织推论**（organization corollary）即为了方便地预测事件，每个人都颇有特点地形成了包含概念间顺序关系的建构系统。人之所以不同，不单因为其建构不同，而且其建构的组织方式也不同。建构的组织有助于人们减少认知冲突。

(4) **对立推论** (dichotomy corollary) 指"一个人的建构系统由许多相互对立的建构组成" (Kelly, 1955, p. 59)。一个建构至少包含三个成分，其中两个是相似的，另一个则与这两个是相对的。"相似的性质"和"相对的性质"就构成一个建构的两极。

(5) **选择推论** (choice corollary) 人会不断地在建构的两极间做选择，并倾向于做出最有效的选择。也就是说，人天生会做精明的选择。合适的选择会增强人解释世界的信心，使其敢于试验新建构，以加深对世界的认识。

(6) **范围推论** (range corollary) 即"一个建构只适用于对一定范围内事件的预测" (Kelly, 1955, p. 69)。没有一个建构能与所有事件都相关。每个建构的适用范围是有限的。"高—矮"这一建构对人、树和马而言都是合适的，对空气、恐惧及原子而言则不合适。

(7) **经验推论** (experience corollary) 即"人的建构系统会在他连续解释重复出现的事件时产生变化" (Kelly, 1955, p. 72)。偶发事件会促使人形成新建构。若这些事件一再发生，就会促使人去重构自己的建构，使其能预测这类事件。这就是通俗意义上的经验。

(8) **调节推论** (modulation corollary) 指"一个人建构系统的变化，会被建构的渗透作用所限制，只发生在这种建构适用的范围之内" (Kelly, 1955, p. 77)。所谓"渗透作用" (permeability) 是指一个建构能在其适用范围内对新元素做出解释。

(9) **分裂推论** (fragmentation corollary) 人的建构系统处于不断流动的状态，他会相继使用一系列互不相容的次级系统 (Kelly, 1955, p. 84)。换句话说，建构的次级系统并不总是互相一致，人有时也会表现出与最近经验不一致的行为。

(10) **共同性推论** (commonality corollary) 即"两个人对经验的建构相似到什么程度，他们的心理过程就相似到什么程度" (Kelly, 1955, p. 90)。个性推论指出，如果人们对事件有不同的建构，那么他们的相应行为也不一样；共同性推论则认为，如果人们以相似的方式解释事件，他们的行为也将是相似的。

(11) **社会性推论** (sociality corollary) 指"一个人若能在一定程度上解释别人的建构过程，他就可能同等程度地在涉及此人的社会过程中扮演一定角色" (Kelly, 1955, p. 95)。换句话说，我们若能在一定程度上理解别人的建构，就能在同等程度上预测其行为，并对自己的行为进行相应调节。

四、固定角色治疗

能够运用自己的建构系统对生活进行描述、解释、预测和控制，人才有良好的适应；如果不能正确预测生活事件，就会产生不良适应。Kelly 认为，要改变不良适应，就必须建立一套更加适当的建构系统。心理治疗应该帮助来访者检讨其现有的建构系统，并帮他建立新的建构系统。Kelly 采用**固定角色治疗**（fixed-role therapy）来达到该目的。

这种疗法鼓励来访者以新的方式来呈现自己，表达自己，了解自己，以对生活遭遇建立一套新的看法，使自己成为一个新人。在进行固定角色治疗时，咨询师会针对不同的来访者设计具有某些特征的角色，向来访者详细描述这些特征，要求他在指定时间内使自己完全按照设定的人物行事。Kelly 认为，让一个人扮演和本人截然不同的角色，可能比让他扮演和本人接近的角色要更容易。治疗的目的在于重构来访者的建构系统。由于来访者换了一个角色，他就需要改变对某些事物的原有看法，重组自己的建构系统。这样，来访者的整个人格也会随之改变。

五、角色建构库测验

固定角色治疗旨在帮助来访者重建个人建构系统，这需要对来访者原有的建构系统进行充分了解。Kelly 在实践中设计并完善了“角色建构库测验”（The Role Construct Repertory Test，RCRT）（见表 8-1），用于诊断来访者的个人建构系统。具体步骤如下：

（1）要求来访者在表格上方列出自己生活中的重要人物的名字或代号。在整个测验过程中，这些人是不能变化的。

（2）让来访者对这些人进行分类，每次考虑三个人，在他们下面画○，并在每一行右边的空处把他们记下来。三人中，必须有两者在某一方面相似而与第三者不同。

（3）将每一行发现的“相似之处”和“不同之处”写下来，这些就是来访者日常生活中用来建构的样本。

（4）如果把两个人及其相似点都选出来了，就在两者对应的圆圈里画×，确定一个建构的相似部分。再要求来访者考虑在表中所列的其他人，如果有人也具有第一次所选的两个人的相似点，就在他下面画√。如果空格没有填，就表示建构的相异部分在这里是适用的。

（5）重复操作，直至全部做完为止。

咨询师可以用 RCRT 详细了解每个来访者的个人建构系统。比如，来访者使用了哪些建构？在有限次数的人物比较中，采用了哪些建构？有没有重复使用的？又有多少建构是具体的人物特征？等等。当然 RCRT 只能收集来访者的一部分个人建构。但由于表中所列角色都是和他密切相关的人物，因此他对这些人物的看法就应当是有意义的。心理学家 James Bieri（1955）通过比较不同行中的标号模式来收集信息。标号模式相似表明受测者对人的理解缺少区分性（认知相似性）；标号模式多样则表明他对别人的认识有高区分性（认知复杂性）。在临床上，治疗者可以用认知复杂性来阐明来访者的问题。Hergenhahm（1990，p. 421）指出，RCRT 的应用不应局限于心理治疗的临床诊断，也应被推广到市场研究和管理心理学等领域。

表 8-1　　　　　　　　**Kelly 角色建构库测验（REPT）的形式**

我	妈妈	爸爸	祖父（外）	祖母（外）	兄弟	姐妹	异性朋友	同性朋友	小学同学	中学同学	医生	邻居	最可怜的	最害怕的	最吸引人的	喜欢的老师	讨厌的老师	最有权力的	最成功的	最快乐的	最高尚的	姓名：__年龄：__ 性别：__日期：__		
( )	( )	( )	( )	( )	( )	( )	( )	( )	( )	( )	( )	( )	( )	( )	( )	( )	( )	( )	( )	( )	( )		相似之处	不同之处
1	2	3	4	5	6	7	8	9	10	11	12	13	14	15	16	17	18	19	20	21	22			
																			○	○	○	1	____	____
																○	○	○				2	____	____
			○										○		○							3	____	____
							○	○	○													4	____	____
	○	○			○																	5	____	____
						○										○				○		6	____	____
	○									○						○						7	____	____
		○																○	○			8	____	____
				○	○												○					9	____	____
						○				○							○					10	____	____
						○							○								○	11	____	____
			○		○									○								12	____	____
							○							○						○		13	____	____
	○						○		○													14	____	____
		○					○		○													15	____	____
				○				○							○							16	____	____
○					○	○																17	____	____
																		○	○		○	18	____	____
	○	○												○								19	____	____
○													○		○							20	____	____
			○	○									○									21	____	____
○							○	○														22	____	____

第二节　Rotter 的社会学习理论

一、社会学习理论的基本概念

Julian Rotter（1916~）生于纽约布鲁克林的一个犹太移民家庭。在求学岁月里，他曾拜访过 Adler，并深受其影响（Mosher，1968）。Rotter 还受到 Lewin、

图 8-2 Rotter

Thorndike、Tolman 和 Hull 这些学习理论家的影响。他的社会学习理论尝试去整合这些心理学家思想中的两种主要趋势：强化观和认知观（或场论）（Rotter, Chance, & Phares, 1972, p. 1)。

社会学习理论有四个主要概念：行为发生的可能性（behavior potential, BP)、行为期望（expectancy, E)、强化物的价值（即强化值，reinforcement value, RV）和心理情境（psychological situation)。Rotter 认为："一种行为在某种情境下发生的可能性，是由个体对该行为的期望和强化值共同决定的"（Rotter & Hechreich, 1975, p. 57)。这就是著名的期望—价值模型（expectancy-value model）（Feather, 1982)。

用公式表示：BP = f（E×RV)

（一）行为发生的可能性

行为发生的可能性即"针对于某种（某些）强化物，一种行为在某种（某些）情境下发生的可能性"（Rotter, Chance, & Phares, 1972, p. 12)。在具体情境中，人有多种行为可以选择，而在决定是否要采取某一特定行为时，他会预期这一行为导致某种强化的可能性有多大，同时也会考虑这种强化的价值有多大。如果他认为这一行为被强化的可能性很小，或者其带来的强化对他价值不大，那该行为发生的可能性就会降低。一般而言，个体所选的行为往往是强化值和预期的最优结合（即 BP 函数值最大)。

（二）期望

所谓期望，即行动前个体对各种行为导致强化的概率的主观预测。如果个体对某件事的期望低，表示他认为这件事不会发生；期望高则表示他认为这件事多半或必然会发生。所以，人的行为大多不是盲目的，他之所以这么做，是因为对后果有所期待。

对某件事的期望，通常和人过去的经验（直接或间接）有关。稳定的期望会导致稳定的行为模式。一个喜欢炒股的人，在决定是否购买某种股票时，会考虑它能否带来收益。若这种股票确实增值了，他就会对买这种股票抱有高期望。经过几次强化后，他的期望趋于稳定。对他而言，购买这类股票就意味着挣到钱，于是，他逐渐习惯买这种股票。然而，在没有任何经验积累的新情境中，个体如何做出期望呢？答案是**泛化期望**（generalized expectancies）（Rotter, 1966)。认为自己无论做什么都会成功的人，在面对新任务时也总是信心十足。不同的人对某一期望的泛化程度会有所不同。有人在做任何事情时都怀有很高的期望，有人只在某些方面很自信（如学术水平），在其他方面（如动手能力）却没有信心。

（三）强化值

生活中能对人产生强化作用的事物很多，但相同的强化物在不同人心中的价值却相差甚远。Rotter 对**强化值**的定义是，“如果一系列强化物出现的概率相同，个体希望某种（某些）强化物出现的程度，就是该强化物的价值”（Rotter, Chance, & Phares, 1972, p. 21）。简而言之，强化值就是个体所认定的各种行为的重要程度。有时某件事情成功的可能性很大，人却不一定愿意去做，就是因为其强化值不够。同样是过周末，有人参加亲朋聚会，有人独自一人看书，每个人都选择了对自己来说意义最大、强化值最高的事件。

（四）心理情境

心理情境即人的主观观念中的情境。Rotter 认为，人的心理情境是决定其行为的重要因素。传统理论多关注人格因素，认为行为由特定的动机或特质控制，与情境无关（Rotter, Chance, & Phares, 1972, p. 37）。例如，若某男性周期性地表现出不可遏制的攻击性冲动。在特质论看来，不管情境如何，该男子都会表现出较强的攻击性。另一方面，以 Skinner 为代表的行为主义观点论则强调环境而忽略个体差异。社会学习理论对两方面一视同仁，既强调个体独特的过去经验又关注当前情境对其行为的影响方式。例如，由于过去经验而形成较强攻击性的个体，若处于特定情境（如惩罚）之下，就会抑制其攻击性。

（五）行动自由度

在 Rotter 的理论中，**行动自由度**（freedom of movement）也是一个相当重要的概念。所谓行动自由度就是“个体为了获得一些在功能上有关联的强化物，所表现出的相关行为中，那些能证明满足平均期望的行为”（Rotter, Chance, & Phares, 1972, p. 34）。例如，学生通常会获得关于如何在各种学业课程和情境中表现好的一般期望。有的学生对成功有较高的一般期望；而有的学生对成功的一般期望则较低。因此，可以说，前者具有较高的活动自由，后者的活动自由则较低。

（六）最低目标

最低目标（minimal goal）是“在某些生活情境中被认为是一种满足的潜在强化连续体上的最小目标”（Rotter, 1954, p. 213）。最低目标是正强化物与负强化物的分界点。一般说来，行动自由度越高，期望得到满足的可能性越大；但最低目标不宜过高。若一个学生期望每门功课都拿满分，这显然不切实际。但若有人认为生活中几乎没有得到强化的机会，而事实上环境并非极端恶劣，这说明他对自己能力估计过低，也就是 Alder 所讲的自卑。可以将行动自由度和最低目标这两个概念结合起来预测个体行为。能够灵活调节学业目标的学生会有较高的行动自由度，他们不会奢望每门课都至少得满分。然而，有的学生对学业成绩具有较低的行动自由度，却坚持设置很高的最低目标，就难免会适应不良。

二、控制点

社会学习理论的另一个关键概念是**控制点或内外控制**（locus of control or internal/external control）。对于强化作用能否由自己的行为控制，人会形成泛化期望（Rotter，1966，p. 1）。有人相信生活中的一般强化作用大都可以由自己控制，这就是“内控”（internal control）。有的人则认为生活中的一般强化作用都由外力或他人所左右，这就是“外控”（external control）。他编制了内外控制点量表（I-E Scale）来测量人的“内外控”的信念倾向。I-E 量表包括 23 道迫选题（见表8-2）。每题有两个题项，一个代表外控信念，另一个代表内控信念。评定时只计所选外控信念的题项，每题 1 分，所有题目的得分之和就是测验得分。最终得分在0~23之间。得分较高就表明较高的外控性。值得一提的是，Rotter 认为不应该把把人简单划分为外控者或内控者，而应将其描述为比较外控或比较内控（Rotter，1975，p. 57）。但研究中往往依据中位数或平均数把被试区分为内控或外控。控制点的产生根源、其与学业成就和身心健康的关系等都曾是研究的热点。

（1）控制点产生的根源。研究表明，内控儿童的父母也是内控的。他们对儿童的要求不会经常改变：始终鼓励适当行为，惩罚不当行为。在这样的环境中，儿童容易形成内控信念。同时，外控儿童的父母也倾向于外控。他们经常改变规则。有时过度惩罚，有时又过度保护和控制，这会使孩子怀疑自身能力，感到无力解决问题。研究进一步表明，在关系紧张的家庭和单亲家庭中，儿童容易形成外控信念（Morton，1997；Trusty & Lampe，1997）。

（2）控制点与学业成就。研究表明，在考试成绩方面，内控者要好于外控者（Cassidy，2000；Kalechstein & Nowicki，1997）。这可能是因为，与外控者相比，内控者更加关注任务本身和学习解决问题的必要规则时的主动性、灵活性与效率；同时，内控者会更多地了解所处情境的有关信息，这也有助于选择应对任务和控制结果的策略。

（3）控制点与身体健康。研究发现，内控者会更多的参与有益健康的活动，因此比外控者更健康（Steptoe & Wardle，2001；Wallston，1981）。研究者对来自包括美国在内的 19 个国家的学生进行了研究，结果表明：内控的大学生了解更多关于合理饮食和营养的知识，也能理解锻炼对身体健康的好处以及吸烟和酗酒对身体的危害等（Quadrel & Lau，1989）。不仅如此，内控者也更可能积极地参加体育锻炼（Burk，1994）。

（4）控制点与心理健康。大量研究表明，内控者比外控者的心理更健康（X. Liu，Kurita，Uchiyama，Okawa，L. Liu，& Ma，2000；Bostic & Ptacek，2001；Kelley & Stack，2000）。抑郁的、精神分裂的、神经质的人更可能是外控者。吸毒者比不吸毒者更倾向于外控，对攻击性冲动的控制力低（De Moya，1997）。在许多情境中，内控者都更善于应对压力。例如，刘贤臣（Liu et al.，2000）的研究发现，在升学、同伴竞争以及师长的期望等重重压力下，中国青少年往往会焦虑、压抑、害怕失败，甚至与师长产生冲突。其中，内控者相信自己能控制消极事件的结果，这种信念会降低压力带来的消极后果。同时，内控者更可能使用积极有效的应对策略，如请求朋友支持以及花费更长时间来学习以解决压力。

表 8-2　　**I-E 量表**

1	a 人们生活中很多不幸的事都与运气不好有一定关系。 b 人们的不幸起因于他们所犯的错误。	13	a 谁能当上老板常常取决于他能很走运地先占据了有利的位置。 b 让人们去做合适的工作，取决于人们的能力，运气与此没什么关系。
2	a 产生战争的主要原因之一就在于人们对政治的关心不够。 b 不管人们怎样努力去阻止，战争总会发生	14	a 我常常发现那些将要发生的事果真发生了。 b 对我来说，信命远不如下决心干实事好。
3	a 最终人们会得到他在这世界上应得的尊重。 b 不幸的是，不管一个人如何努力，他的价值多半会得不到承认。	15	a 多数人都没有意识到，他们的生活在一定程度上是受偶然事件的左右。 b 根本就没有“运气”这回事。
4	a 那种认为教师对学生不够公平的看法是无稽之谈。 b 大多数学生没有认识到，他们的分数在一定程度上受偶然因素影响。	16	a 想要知道一个人是否真的喜欢你很难。 b 你有多少朋友取决于你这个人怎么样。
5	a 如果没有合适的机遇，一个人不可能成为优秀的领导者。 b 有能力的人却未能成为领导者是因为他们未能利用机会。	17	a 最终我们碰到的坏事和好事会均等。 b 人多数不幸都是因为缺乏才能、无知、懒惰造成的。
6	a 不管你怎样努力，有些人就是不喜欢你。 b 那些不能让他人对自己有好感的人，不懂如何与别人相处。	18	a 只要付出足够的努力，人们就能铲除政治腐败。 b 人们想要控制那些政治家在办公室里干的勾当太难了。
7	a 就世界事务而言，我们之中大多数人都是我们既不理解也无法控制的努力的牺牲品。 b 只要积极参与政治和社会事务，人们就能控制住世界上的事。	19	a 有时我实在不明白教师是怎么打出卷面上的分数的。 b 我学习是否用功与成绩好坏有直接联系。

续表

8	a 对于一个准备充分的学生来说，不公平的考试一类的事是不存在的。 b 很多时候测验题总是同讲课内容毫不相干，复习功课一点用也没有。	20	a 很多时候我都感到我对自己的遭遇无能为力。 b 我根本不会相信机遇或运气在我生活中会起很重要作用。
9	a 取得成功是要付出艰苦努力的，运气几乎甚至完全不相干。 b 找到一个好工作主要靠时间、地点合宜。	21	a 那些人之所以孤独是因为他们不试图显得友善些。 b 尽力讨好别人没什么用处，喜欢你的人，就自然会喜欢你。
10	a 普通老百姓也会对政府决策产生影响。 b 这个世界主要是由少数几个掌权的操纵，小人物对此做不了什么。	22	a 事情的结局如何完全取决于我怎么做。 b 有时我感到自己不能完全把握住生活的方向。
11	a 当我计划时，我几乎可以肯定我能实行它们。 b 事先定出计划并非总是上策，因为很多事情到头来只不过是运气好坏的产物。	23	a 大多数时候我都不能理解为什么政治家如此行事。 b 从根本上讲，民众对国家地方政府的劣迹负有责任。
12	a 就我而言，能得到我想要的东西与运气无关。 b 很多时候我们宁愿靠掷硬币来做决定。	说明：对所有下划线的选择记分，每选中 1 题，记 1 分。		

第三节　Bandura 的社会认知理论

一、三元交互决定论

图 8-3　Bandura

Bandura 认为人的行为既不完全由内在冲动所驱使，也不单纯地由环境刺激所左右；而是内部动力和外部环境之间复杂交互作用的结果（Bandura，1971，p. 2）。他指出，人的认知活动与其行为之间存在着因果关系，而内在的认知活动又与外部环境因素联系起来，共同决定人的行为。

他提出“三元交互决定论”，认为人的行为是主体（人）、行为和环境这三种因素动态交互作用的结果。在图 8-4 中，B 代表行为（behavior），E 代表外部环境（external environment），P 代表行为主体（person），包括他的性别、社会角色、外貌特征以及思维、记忆等认知因素；双向箭头表示两个因素之间是相互决定的关系。人不仅对环境事件做出反应，还会积极创建并改变自己的环境。认知因素决定哪些环境事件会被知觉，怎样被解释和组织，以及被加诸何种行为（Bandura，1978，p. 345）。值得强调的是，B、P、E 三个因素对思想和行动的影响作用不是均等的。在不同的时间和条件下，三者中任何一个都可能占据主导地位。但任何一个都不可能单独决定行为，三者永远处于交互作用的状态中。

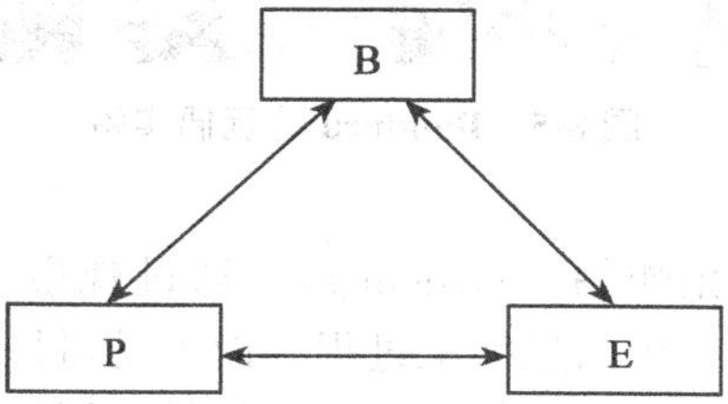

图 8-4 Bandura 的三元交互作用论模型

二、观察学习

传统行为主义者认为人的学习方式是**亲历学习**（enactive learning），其基础是实际经验，学习在行为的结果上发生。对此 Bandura 并非全盘否定。但他认为亲历学习并非学习的基础，强化也不是学习的必要条件。他指出，人类更重要、更普遍、更有效的学习方式是观察学习。人不仅可以通过观察自然现象，也可以通过观察别人的行为来学习。

传统行为主义者认为，只有在行为反应被强化后，学习才能发生。Bandura 对这一观点提出质疑，并区分了学习（习得）和行为表现（performance）这两个不同的概念。从 1963 年开始，他对学龄前儿童进行了一系列的经典实验（图 8-5）。实验中，儿童被分为控制组和对照组。实验组观看一部影片（如左图），其中一个成年人对一个充气娃娃又踢又打，对照组则不看。其后，儿童被带入有一个充气娃娃的房间玩耍，实验组儿童对充气娃娃的暴力行为超过了对照组的两倍。这说明对照组模仿了成年人的暴力行为。为了探究榜样（model）的行为后果对儿童的模仿是否产生影响。随后的实验把被试分为三组，第一组看到榜样的暴力行径受到奖赏，第二组看到榜样施暴后受到惩罚，第三组所看到的榜样既没受到奖赏也没受到惩罚。后来在与充气娃娃玩耍时，第一组的攻击性行为最多，第二组最少，第三组居中。然而，当被试被鼓励去模仿榜样行为时，三组儿童都表现出了类似的攻击性。Bandura 的结论是：通过观察，三组儿童实际都学会了榜样的攻击性行为，但只有在看到榜样受到强化，或观察者自己期望在做出相同举动后也能得到强化时，行为才有可能发生。所以，学习通过观察便可发生，但学习是否转化为应用则取决于观察者对行为结果的预期。

图 8-5 Bandura 的玩偶实验

观察学习的核心是**示范作用**（modeling）。通过观察，观察者对榜样行为进行取舍、抽象和概括。这是一个信息加工过程，而不是对榜样行为的简单模仿。观察者必须把榜样的行为结构、模式及信息转换成符号表征加以储存，以作为日后表现这种行为的内部指导。观察学习有四个具体过程：（1）**注意过程**（attention processes）指观察时将心理资源如感觉通道、感知注意及认知加工等开通的过程。这些过程决定了观察者选择什么样的榜样（通常是比较熟悉的人或引人注目的公众人物）和什么样的示范行为（通常是观察者认为重要的和相关的行为）。（2）**表象过程**（representation processes）指将观察结果以符号形式储存在记忆里以便产生新行为模式的过程。表象的记忆储存以意象和语言两种形式进行。意象虽然鲜明，但局限性也较大；而语言符号可以更好地概括抽象和更灵活地取舍观察学习的结果，也更有利于认知演练，以备日后使用。（3）**行为重现过程**（behavioral production processes）是观察学习的操作方面，是把符号形式编码的示范信息转化成适当的行为。在将示范行为表征化、储存和不断演练后，观察者将学习的结果外化为实际操作。（4）**动机过程**（motivation processes）是指在诱因驱动下表现出对观察结果的内在愿望。对示范行为的注意和表象可以导致观察学习，但应用行为的发生必须以内在愿望为前提。通过前三个过程，观察者已经掌握了示范行为，但却并不一定有愿望去付诸实施。没有动机，注意、表象和动作重现过程都不会发生，观察学习就无从说起。观察学习只有在四个过程都完成的基础上才能实现。

观察学习理论具有极强的现实意义。成百上千的研究证明了观看媒体暴力节目会导致攻击性行为显著增加，证明了儿童观看暴力节目会增加他们成年后的攻击性，也证明了媒体暴力正是使青少年的暴力行为逐年攀升的危险因素（Anderson & Bushman，2001，p. 354）。

三、自我效能

行为是由互动的环境和认知因素决定的，但后者往往起着主导作用，**自我效能**（self-efficacy）就是一种关键的认知因素。它是“人关于自己能否控制影响其生活的环境事件的信念”（Bandura，1989）。这种信念一般针对新的、无法预测的、困难的情形。从理论上讲，自我效能是人从事某一活动时所表现的能力，但在实践上，这种能力只是一种潜在的自我因素，一种感受。和传统心理学的能力理论不同，自我效能并非描述主体自我的某种稳定不变的属性（Evans，1989），而是从人的心身机能如何发挥这一动力学角度来探讨主体自我的作用。所以，自我效能实际上是人以自身为对象的思维（self-referent thought），指个体在执行某一行为前对自己能在什么水平上完成该行为所持的信念（Bandura，1994）。

由于不同学者对自我效能内涵的理解存在分歧，因而出现了两种不同的测量方式：一般自我效能测量和领域关联自我效能测量。Jerusalem 和 Schwarzer 认为存在一种可测的、不以活动领域为转移的一般自我效能，并制定了一般自我效能量表（general self-efficacy scale，GSES）。量表有 10 个项目，α 系数在 .75 到 .91 之间，也有良好的聚合效度。张建新等人将 GSES 翻译成中文，修订后得到了中文版本（见表 8-3）。GSES 中文版的 α 系数为 .87，分半信度为 .90，间隔 10 天重测信度

表 8-3 **GSES 中文版**

请你仔细阅读下面的问题，按照从不符合到符合 4 点记分。请在右侧 4 个不同的答案中选一个您认为最合适的答案，并在所选的答案上画勾。				
	完全不符	稍微不符	基本不符	完全符合
1. 如果我尽力的话，我总是能够解决难题的。	1	2	3	4
2. 即使别人反对我，我仍有办法取得我所要的。	1	2	3	4
3. 对我来说，坚持理想和达成目标是轻而易举的。	1	2	3	4
请你仔细阅读下面的问题，按照从不符合到符合 4 点记分。请在右侧 4 个不同的答案中选一个您认为最合适的答案，并在所选的答案上画勾。				
4. 我自信能有效地应付任何突如其来的事情。	1	2	3	4
5. 以我的才智，我定能应付意料之外的事情。	1	2	3	4
6. 如果我付出必要的努力，我一定能解决大多数的难题。	1	2	3	4
7. 我冷静地面对困难，因为我相信自己处理问题的能力。	1	2	3	4
8. 面对一个难题时，我通常能找到几个解决办法。	1	2	3	4
9. 有麻烦的时候，我通常能想到一些应付的办法。	1	2	3	4
10. 无论什么事在我身上发生，我都能应付自如。	1	2	3	4

为.83。探索性因素分析表明该量表具有单维性。然而一些研究表明，用 GSES 测到的实际是人的自尊水平，对绩效的预测力并不显著。领域关联自我效能的测量强调在具体活动领域中有针对性地施测。比如在学习领域中测量学业自我效能，在组织机构中测量工作自我效能。自我效能同自尊、成就动机等其他自我机制的主要区别在于它同具体领域联系密切，它随情境的变化而变化。所以，领域关联的效能感测量比一般自我效能测量更能反映自我效能。有关自我效能的更多内容将在本书第 14 章详细探讨。

第四节　Mischel 的社会学习理论

一、Mischel 对特质理论的批判

Walter Mischel（1930~），出生于奥地利维也纳，第二次世界大战爆发后随家人移民至美国。年轻的 Mischel 在心理学理论上受到 Kelly和 Rotter 的影响。1962 年 Mischel 进入 Stanford 大学与 Bandura 共事。

图 8-6　Mischel

Mischel 批判了传统的人格研究范式——心理动力论、特质论和传统行为主义。其中，他对特质论科学地位的挑战最引人注目。他指出：如果人格特质确实存在，那么反映某种特质的思想、情感和行为就应该具有跨时间、跨情境的高相关。但当时有实验研究表明，除了人格的智力特征和行为模式具有跨情境的一致性，场独立性或场依存性测验与行为测验的相关系数高达.50之外，其余特质（如性别认同、依赖性、攻击性、支配性）都是值得怀疑的，这些特质的测量分数与在不同情境下行为的测量分数间的相关系数（Mischel 称为“人格系数”）很少超过.30 或.40。所以，特质与行为之间的一致性是值得怀疑的。即便它们相关显著，特质的测量分数在统计上也只能解释行为变异的 10%。Mischel 指出，对所有关于特质一致性数据的评价，显然依赖于评价时的选择标准和研究目的；此外，特质论者在研究方法上也存在严重的问题。他提倡用人们表现出的、许多独特的“如果—那么”（if-then）、“条件—行为可能事件”（condition-behavior contingency），来揭示特质的结构和功能，这便是特质建构的条件方法。

二、人格变量

Mischel 提出五种认知社会学习人格变量，以解释个体行为中稳定的个体差异

及其内部的信息加工过程。分别是：（1）认知与行为建构能力，即个体产生特定认知和行为的能力。建构能力具有较大的稳定性，来源于人的内在潜力，人可以通过直接学习、观察学习、模仿等途径获得。（2）编码策略与个人建构，是人对事件进行分类和自我描述的单元。通过编码和个人建构，人能对刺激进行认知转换，有选择地注意客观刺激的某一方面，对之加以解释、分类，从而改变刺激的意义，最终影响行为习得及随后的反应。（3）行为—结果预期与刺激—结果预期，前者涉及特定条件下的行为—结果关系，它代表在特定情境下，行为选择与预期的可能结果之间的“if-then”的关系；后者涉及刺激与结果之间的关系，是人们对某事件能否引发另一事件的预期。（4）主观刺激价值，指个体主观知觉到的某类事件的价值，即他对刺激、动机和反感的激发或唤起。这种个体变量与那些能使个体产生积极或消极情感状态、并对行为具有诱发或强化作用的刺激有关。（5）自我调节系统和计划，即对行为表现和复杂行为序列的组织规则和自我调节。尽管人的行为在很大程度上由外部结果（奖励或惩罚）控制，但个体也通过自己的目标、标准、自我产生的结果来调节和激发自己的行为。

这些人格变量有助于在不同情境下及特定的行为水平上去描述那些独特的、适应性的、与特定情境有关的反应机能。Mischel 认为，有这五种人格变量，不需要传统的特质概念就能判断人们行为中的稳定模式。

三、人格的认知—情感系统理论

Mischel 强调情感和目标的作用，并将这些变量称为**认知—情感单元**（Cognitive-Affective Units，CAUs）。认知—情感单元是指个体可以获得的心理—情感表征，即认知、情感或感受，具体包括编码、预期和信念、情感、目标和价值、能力和自我调节计划。由这些认知—情感单元所构成的人格系统被称为认知—情感人格系统（Cognitive-Affective Personality System，CAPS）。认知—情感人格系统理论视人格为一个统一的系统：个体可获得的、可通达的不同认知—情感单元之间相互关联，组成关系网络；这种独特的关系网络构成人格的基本结构，是个体独特性的基础。

认知—情感人格系统理论有两个主要假设：一是人在认知—情感单元的长期可通达性不同，即特定的认知—情感单元或内部心理表征被激活或“想起来”的难易程度不同；二是人在认知—情感单元之间关系的结构上存在稳定差异。认知—情感人格系统理论对人格系统、状态、特质、动力进行了重新界定：人格系统指在独特的关系网络结构中的认知—情感调节单元；人格状态指在特定时间，系统中的认知—情感单元之间的激活模式，它有赖于当时个体经历的特定场合和心理情境；特质即是个体特有的认知—情感加工结构；而这种认知—情感加工结构又是独特的加工动力的基础。在 Mischel 看来，个体差异是认知建构能力、解码策略、结果预测、结果价值和自我管理系统等变量共同作用的结果。个体稳定而独特的人格结构是其经验、社会学习史与决定气质和遗传的生化因素交互作用的产物。人格结构不断与外部环境互动：由人格系统产生的行为影响其社会环境，影响人对人际情境的选择；而这些情境因素又反过来影响其人格系统（Mischel & Shoda，1995）（见图8-7）。

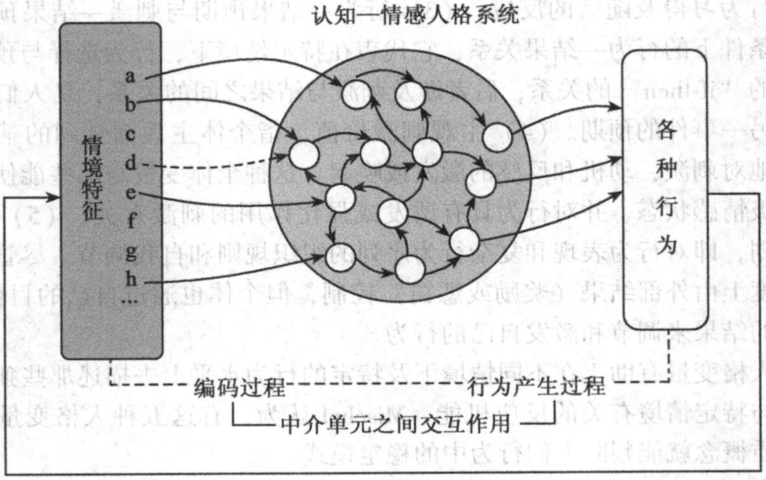

图 8-7　认知—情感加工系统示意图

认知—情感人格系统理论既在心理学又在生物社会学的水平上对人格的稳定性和可变性进行了分析。心理学的分析水平又可分为四级：一级水平是具有一定结构和"加工动力"的心理加工系统；二级水平是系统的行为表达方式和表现模式；三级水平是对人格和个体行为的"知觉"，包括个体的自我知觉；四级水平由情境中稳定的个体环境构成，这些情境体现了个人的生活空间的特点。此外，还有生物社会学这一水平上的**性情**（predisposition），它由社会文化和遗传决定，在累积的社会学习中生成。Mischel 认为，以往的人格研究之所以长期处于混乱和纷争，是因为只在某个或某几个水平上分析人格，忽视了其他水平，因而概念含义不明。而认知—情感人格系统理论提供了一种统一的观点，它既以证明稳定的人格结构为目标，也关注与情境特征相互作用过程中人的动力过程；既能解释行为表现的可变性，又能解释产生行为的人格系统的稳定性。

四、延迟满足

延迟满足（delay of gratification）是 Mischel 关于自我调节机能这个人格变量的一个具体佐证。延迟满足指一种甘愿为更有价值的长远结果而放弃即时满足的抉择取向，以及在等待过程中展示的自我控制能力。

最基本的延迟满足实验情境是这样的：把 4～10 岁左右的孩子带入实验室玩“游戏”。游戏期间实验者借故离开，并告诉孩子如果要实验者回来，只需摇手边的一个铃铛。离开前，实验者给孩子呈现一大一小两支棒棒糖，告诉孩子必须等到实验者“亲自”回来，才能够吃大棒棒糖。在等待期间，孩子可以随时摇响铃铛，终止等待，这样马上就可以吃小棒棒糖，但必须放弃大棒棒糖。这些孩子就被单独留下，对着诱人的糖果呆上 15 分钟。研究发现，有三分之二的孩子都能克制自己，等待更大的奖励；另外三分之一的儿童却不能忍耐，宁愿尽快吃小棒棒糖。

Mischel（1973）的实验表明，影响个体做出延迟选择的因素有：个体对等待的久暂，延迟奖励是否真会发生的预期，奖赏的主观价值，以及目标追求过程中应对诱惑和挫折的策略（如认知能力、注意能力等）。早期研究发现，延迟选择与社会责任、对时间回忆的准确性、智力、某些条件下父爱的缺失呈正相关，与过失行为呈负相关（Mischel，1961）。那些选择延迟奖赏并能有效等待的人，往往在“自我控制”的测量上得高分，能更详细地制定未来目标，有较高的成就动机，较少冲动以及更加亲社会（Mischel，1983）。他们还发现，5 岁以下的儿童没有选择偏好；到了 5 岁末，更多儿童会在等待过程中将奖赏物遮起来；从 7 岁左右，儿童能自发产生有效的认知策略，并能验证策略的可行性，能理解某些抵抗诱惑的规律；到 10 岁左右，儿童的延迟策略更为复杂，他们已经牢固掌握了基本的延迟规律。此外，学前期延迟时间的长短与青少年期的学业成绩、社会能力和应对技能显著相关，且不存在性别差异。从父母的评价可以看出，那些能够较长时间等待的儿童语言表达更流利，做事更专心、理智、果断，更有计划性，更自信，更富好奇心和求知欲，社会适应能力更强（Mischel，Shoda & Peake，1988）。

人格的认知和社会认知取向都强调认知层面的重要性和人格的社会本质。但不同的理论家在各自研究中都有独特的着眼点。Kelly 认为，个体通过独特的个人建构来分析和解释事物，其个人建构就是人格。Rotter 提出人的行为由强化物和期望共同决定，把动机和认知两大主题整合到更为广阔的理论结构之中。虽然观察学习并非全新的概念，但 Bandura 对其进行严格的分析，以大量的研究使之得到科学证明。Mischel 对特质的批评虽有不妥之处，但他使情境成为人格研究的重要变量，拓宽了人格研究的领域。

强有力的实验背景是社会认知取向的一大优势。Bandura、Mischel 等人的理论都是以一系列经典的实验研究为基础，并不停地被其他研究所推动。认知取向的人格研究从认知因素和社会环境两个方面探讨诸如媒体对儿童攻击性的影响、自我调节机制以及个体控制能力等重要问题，摆脱了人与情境的无谓之争，深入揭示了行为的复杂成因。

认知取向的人格理论和研究固然有很大的贡献，但也受到一些批评。首先，有些概念过于模糊，缺乏操作性定义。例如，“个人建构”到底是什么？个体到底有多少“建构”？角色建构库测验侧重描述而非客观的量化，我们还需要更好的工具来测量认知结构。其次，这一取向缺乏系统性，没有建立起完整清晰的理论模型。各种认知结构和信息加工过程有怎样的联系，机制又是如何？个人建构和认知结构是什么关系？这些问题都尚待解决。最后，人格认知层面的研究往往与人格的其他层面纠缠不清。一些常用概念如预期、目标、自我效能等，同时也是重要的动机成分。研究中有时将能力也牵扯进来，如解决问题过程中评定情境和计划策略的能力。

第二编

人格表现

第九章

认 知

人类之所以成为万物之灵，有很大一部分原因是，在亿万年的生物演化过程中，只有这种生物获得了足以理解这个世界的认知系统。动物也有感知，在某些方面甚至超越人类，但它们的认知系统只能适应有限的环境；只有人类的认知系统才能得到真理性的知识。正是依靠这些知识，人类不断拓展自己的生存疆域，成为这个世界的主宰。可以说，是高超的认知能力成就了人类。所以，谈及人性，我们首先要探讨人性的认知方面。

自心理学诞生以来，“认知”这一主题就一直是心理学家的宠儿，大多数研究者都把它当成一种人所共有的心理过程来分析。最典型的当然是信息加工理论，它将人的认知描述为个体接受并利用信息的过程。毋庸置疑，所有的人在加工信息时都会经历编码、贮存和提取三个步骤，这是人们共通的一面；而在这一过程中，不同的人会有不同的表现，每个人都有其独特的一面。人们在认知过程中的个体差异被心理学家们忽视了很久。直到20世纪40年代，心理学界才开始有人意识到认知过程是存在显著的个体差异的，每个人都在以自己特有的方式认识这个世界。因此，每个人头脑中有关这个世界（包括自己）的建构是独一无二的。

如今，对认知过程和认知方式的研究都取得了丰硕的成果。有关认知过程的研究成果丰富了实验心理学和认知心理学教材的内容，而关于认知方式的研究成果则构成本章的主题。本章将探讨三种认知风格，分别为：场依存—场独立的认知风格、归因风格和乐观主义的认知风格。所谓**认知风格**（cognitive style），就是习惯化的认知方式。认知学派的人格心理学家认为正是千差万别的认知方式造就了千差万别的人格。所以，也可以将这些认知风格看作是人格特质，不同的人在同一风格维度上处于不同的位置。人们在生活中的不同表现，也可以从认知风格的角度做出解释。为什么有人在学术上出类拔萃，在人际关系上却总不如意？同样经历失恋，为什么有人自杀，有人则能很快找到新的伴侣？为什么人们都说乐观的人健康长寿？对于这些问题，你都可以通过学习本章的内容而尝试得出自己的答案。

第一节　场独立—场依存

一、知觉与人格

多年以前，美国心理学家 H. A. Witkin 与他的同事在棒框测验（Role and Frame Test，RFT）中发现了一个有趣的现象（Witkin，Dyk，Fatersen，Goodenough，& Karp，1962）。不同的被试在判断物体是否垂直时会依赖不同的线索，有的人主要依赖内在线索（动觉与平衡觉，即身体受地心引力的线索）；另一些人则主要依赖外部线索（外部环境中的线索）。这一现象引起了研究者们的重视，他们由此开始注意知觉过程中的个体差异。

（一）棒框测验

棒框测验（RFT）的工具是棒框仪，它的主要特点是：在一个暗视场背景上，提供一个亮度均匀的亮的框和棒，棒在框的内部，两者都可以单独作顺时针或逆时针调节。测验时，主试先调节框和棒的倾斜度，当然这一过程不能让被试看到。然后要求被试调节棒的倾斜度，使其与地面垂直。结果发现，有的人调节时将棒与框看齐，即根据框主轴来判断垂直；而有的人则利用感觉到的身体位置，把棒调成接近于垂直（见图 9-1）。

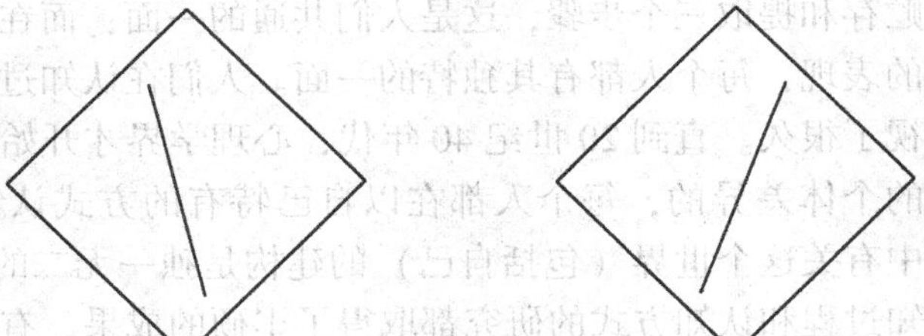

图 9-1　棒框测验示意图

这一现象使 Witkin 等人相信不同的人有不同的知觉风格，他们把以内在线索为主进行垂直判断的人称为独立于场的人，把以外在线索为主进行垂直判断的人称为依存于场的人。此后，他们把研究范围从知觉领域推广到思维、想象、记忆、学习与问题解决等复杂智力机能领域，最后又转向情绪、人际关系等领域，都发现了类似的个体差异。于是，这些研究者提出**场依存—场独立**（field-dependent and field-independent）的人格维度的概念，以描述人们在认知上的这种差异。这个构念完美地将认知过程与人格特征结合起来，从而突破了心理学理论往往将心理过程

（认知过程）与心理特征（人格特点）割裂开来的人为界限。而正是由于这一人格维度描述的是人们在认知方式上的差异，因此也常被称为认知风格。

（二）心理分化理论

Witkin 发现，随着年龄的增长，人们在场依存—场独立的认知风格上越来越向场独立一端靠拢。他意识到这种变化可能与心理发展的一般原则有关，于是提出了分化理论。在这一理论中他认为，人在成长过程中，身心都在逐渐分化，变得日益复杂和完善。这种分化表现在三个方面：自我与非我的分化，心理机能的分化，神经生理机能的分化。具体模式见图 9-2。

在这一模式中，每个方面在分化程度上都各有表现。具体而言，自我和非我分化较好的人表现为场独立，他们的思维与行动主要以自我为参照，不依赖于外物，这样的人发展出较好的认知重构技能，但其在人际交往技能方面的发展往往不够完善；而自我与非我分化较差的人表现为场依存，他们主要以外界为参照，容易受外部事物和其他人的影响，这样的人有较好的人际交往技能，但其在认知重构技能方面的发展有限。在分化模式中，人格中自我与非我分化程度是内在实质，人们在场依存—场独立的人格维度上的位置是其外在表现。自我与非我的分化程度越高，个体在认知风格上就越倾向于场独立一端。

心理机能分化较好的人表现为有组织的控制和特异化的防御。有组织的控制是指对自己的情绪和冲动的有效管理。婴儿的心理系统是混沌未分的。随着心理机能的不断分化，人会发展出丰富的情绪表达方式和自觉的控制能力。这时的人，不仅会分别以微笑和大笑来表达不同的情绪强度，甚至还能压抑悲哀，强颜欢笑。这便是有组织的控制。而特异化的防御是指对引起焦虑的经验进行的有效防御。特异化的防御机制包括孤立、理智化和投射等。这些防御机制的特点是它们只消除经验中引起焦虑的成分，对无害的成分则留下利用。个体的心理机能分化程度越高，其对自己情绪和冲动的控制及对焦虑的防御就越有效。

神经生理机能的分化具体表现为大脑半球机能特殊化趋势。研究发现，大脑的左半球和右半球的功能是不一样的。或者说，左右两半球各具有独特的不同的加工信息的方式（Dimond & Beaumont，1974；Milner，1975）。对于右利手者，主要直接由右视野和右耳服务的左半球，长于加工有关语言—概念的信息，并负责执行的动作活动；而主要直接由左视野和左耳服务的右半球，则偏重于对完形做整体的加工，并与情绪的产生有关（Bogen，1975）。大脑的这种功能分化是心理分化的生理基础。大脑左右半球的功能差异越大，说明分化程度越高。

Witkin 分化理论的一个重要假设就是，在个体的发展中，各领域的分化程度是一致的。也就是说，当一个人自我—非我分化的程度比较高，那么他的心理机能的分化程度和神经生理机能的分化程度也会比较高。这意味着，一个倾向于以场独立的方式加工信息的人，也能较好地控制自己的情绪冲动，而且其大脑两半球的机能

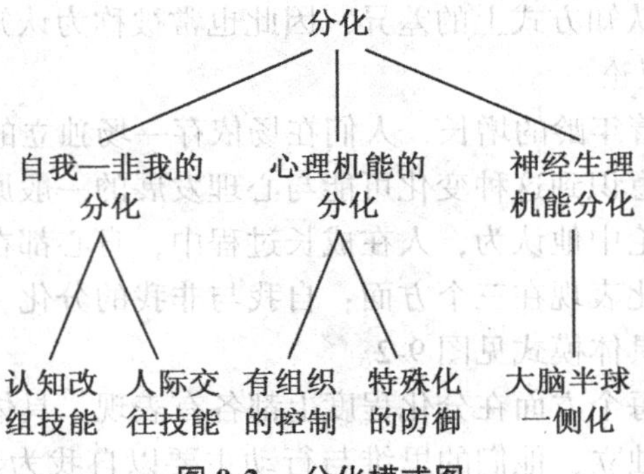

图 9-2　分化模式图

分化程度也更大一些。在分化理论的背景下，“场依存—场独立的认知风格”这一构念不再仅仅是描述一个知觉现象或认知现象，它成为一个可以观察和测量的指标，这个指标能够反映人的心理在更深层面上和更广阔领域中的差异。

二、两种认知风格的基本特征

作为一个人格概念，场依存—场独立的认知风格具有一些典型的特征。其中一个重要特征在于，它是一个过程变量，而非内容变量。场依存—场独立的认知风格描述的是认知过程的形式，而不是认知的内容。测得一个人在该维度上处于什么位置，我们了解的是他会以什么样的方式来加工信息，而不是他会加工什么信息。这个人格维度更为重要的特征是它的普遍性和稳定性，以及两极性和中性。

（一）普遍性和稳定性

Witkin 在研究场依存—场独立的过程中，使用过很多工具。除了棒框测验（RFT）外，还有身体顺应测验、图形隐蔽测验（EFT）等等。

在身体顺应测验中，请被试坐在一间小型斜屋内，要求他把身体调正。依存于场的人往往把身体调整到与斜屋一致的方向上，这表明在确定身体位置时，他们习惯以外在环境为参照；而独立于场的人则不大受小屋的影响，而是更多的依靠身体内部的经验。而在图形隐蔽测验中，要求被试在一个复杂的图形中找出隐藏在其中的一个指定的简单图形（见图 9-3）。测验的分数反映了被试克服隐蔽的知觉能力——空间重构能力。

Witkin 发现，人们的认知风格在不同测验中的表现相当一致。在棒框测验中表现为场独立的人，在身体顺应测验、图形隐蔽测验以及其他相关测验中仍然表现为场独立。这种跨测验的一致性说明了人们在场依存—场独立人格维度上的位置不会随情境改变而改变。人们在认知风格上的这种跨情景一致性不仅表现在不同的测验之间，而且表现在各种心理领域之间。在知觉领域，倾向于场独立的人更擅长完成图形隐蔽测验中的任务；在智能领域，倾向于场独立的人更容易从习惯的解题方法中摆脱出来，采用新的方法；在社会领域，倾向于场独立的人很少凭借可利用的社会线索指导自己的行为。这就是说，在各种心理领域中，比如在知觉领域表现为场独立的人，在智能和社会领域同样也表现为场独立。这种跨诸心理领域的一致性更有力地证明了这个人格维度的普遍性，即跨情境的一致性；也支持了分化理论，说明在一定的分化水平上，一个人在知觉、智能、社会诸领域的行为表现是一致的。

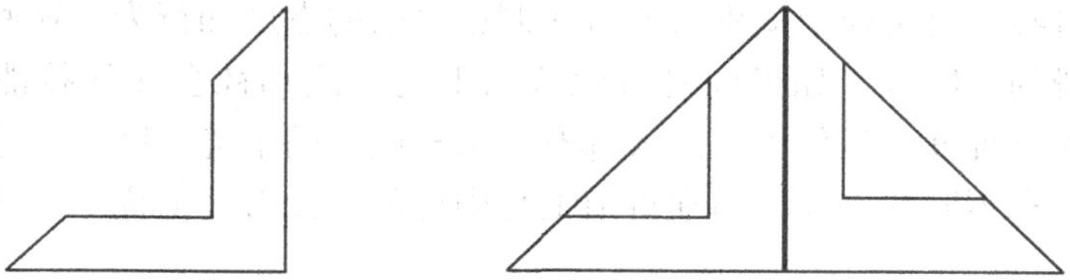

图 9-3 图形隐蔽测验例图

人格特质的另外一个必备特征是稳定性，即跨时间的一致性。换句话讲，一个人的特质应该是可以预测的，不轻易随时间的流逝而变化。在这一点上，Witkin 和他的同事为我们提供了有力的证据。在一项为期 10 年的纵向研究（Witkin et al.，1977）中，他们对 1548 名大学生进行了追踪调查，时间从被试大学入学到他们毕业几年后。该研究的目的是查明认知风格在学生学业演变中所起的作用。这些学生在刚入学时就集体接受了图形隐蔽测验，以确定他们的认知风格。随后的调查发现，认知风格不同的大学生所选的专业也不相同：相对独立于场的大学生喜欢需要认知重构技能的、与人无关的学科，如自然科学、数学和工程学等；而相对依存于场的大学生喜欢重视社会技能的学科，如各种社会科学和教育学科。几年后，在入学时选科与其认知风格不符的学生，日后会转到与其认知风格相符的学科领域；而认知风格与选科相符的学生则一直留在原来选择的学科领域，且学生在与他认知风格一致的学科领域中会有较好的表现。这一研究说明人们的认知风格不会轻易改变。

（二）两极性和中性

这两个特征涉及对不同认知方式的价值判断，就是说独立于场的认知风格和依存于场的认知风格，两者孰优孰劣的问题。

一般可能认为，独立于场的认知风格比依存于场的认知风格要好。因为，场独立意味着较高的心理分化程度，而场依存代表着较低的分化，所以，场独立性高可能暗示着更为彻底的发展。在解决问题时，独立于场的人能摆脱思维定式的困扰，发现新途径；或者能重新组织问题情境，透过表象发现本质。而依存于场的人在解决认知任务时，容易被问题情境的表象迷惑，他们倾向于接受事物呈现给他们的样子，不能探索其背后隐藏的本质联系。在社会情境中，独立于场的人也更有优势，不会轻易受他人的影响，可能适合当领导。

诚然，场独立可能帮助一个人成为一个优秀的科学家，或者一个称职的领导。可是，天才科学家有时会显得很怪异，而刚愎自用的领导很难讨人喜欢。场独立性强的人太过我行我素，社会敏感性差，因此他们很难交到朋友；而搞人际关系恰恰是依存于场的人的强项。在认知风格上偏向场依存一端，意味着自我与非我还有着较强的联系。这在人际情境中就表现为对他人感兴趣，对别人的意见很敏感，愿意对别人表露自我，会迅速根据别人的看法调整自己的态度和行为。这些特点正是人际关系的润滑剂。所以，如果同时考虑认知重构技能和社会交往技能，处于场依存—场独立人格维度任何位置上的人都有其擅长应对的情境。因此，这个人格维度虽然在两极上有不同的表现，但在价值上是中性的，没有高低优劣之分。

三、发生与发展

场依存—场独立的认知风格的个体发展趋势是从比较依存于场的状态向比较独立于场的状态发展，即个体的场独立性随年龄而增长。但这并没有否定这一维度的稳定性。因为与同龄人相比，人们在这一人格维度上的相对位置是稳定的。这种个体发展是由生物性的因素决定的，还是在环境中习得的？这一问题还没有定论。Witkin 等人相信生物因素和环境因素是同时在起作用的，但是环境的影响更值得重视。但新近的研究认为，生物因素的重要性也不可低估。

（一）生物因素

初生的婴儿就已经表现出大脑半球机能特殊化程度上的差异。这意味着，有的婴儿天生就比其他婴儿有更高的心理分化程度。这在认知风格上表现为，有的初生婴儿在气质上比别的婴儿更倾向于场独立。婴儿之间的这种天生的差异，会使抚养者以不同的方式对待他们。例如，场依存性强的婴儿会更加依赖抚养者，这使他与抚养者的关系更为亲密，得到更多的照顾，但这使他失去了许多独自探索的机会；而场独立性强的婴儿则更倾向于满足自己的好奇心，他乐于探索，但这使他与抚养者的亲密接触减少了。另外，基因也会影响场依存—场独立认知风格的个体发展。研究发现，X 染色体与场依存性有较高的相关。X 染色体是女性比男性多，而显而易见，女性比男性更加依存于场（Goodenough et al.，1977）。

生理因素对认知风格发展的影响还表现在生理成熟上。研究者早就发现，成年男子比女子表现出更强的场独立性。但是这种性别差异在儿童群体中却很不明显。对这一现象的解释是，之所以会产生这种性别差异是由于男子和女子在性成熟方面的早晚不同。男子比女子性成熟晚，有更长的青春期，在这段时间里其各种心理机能可以进一步分化。因此，性成熟以后，男子比女子显得更加独立于场（Witkin et al.，1962）。

（二）环境因素

有关上述性别差异的另一种解释认为，社会赋予男性与女性不同的角色，使得男子和女子在认知风格上表现各异。许多文化都要求男性比女性表现得更具独立性。研究显示，只有在性别角色有明显差异并强调性别角色定型的文化背景下，认知风格测验中（图形隐蔽测验、棒框测验）存在的性别差异才比较明显（Berry, 1966）。另外，儿童在场依存—场独立的认知风格上与同性长辈更为一致。这些结果都说明，性别角色模仿可能是认知风格发展上性别差异的重要原因。

很多环境因素都可以影响人们在认知风格上的表现，包括物理环境、社会文化环境、家庭环境等。自然的物理环境影响认知风格具体表现在对视觉分析能力的培养上。有研究比较了爱斯基摩人和特姆尼人。前者生活在白茫茫的雪地环境，后者生活在杂色灌木丛生的地方。按生态学理论的假设，在雪地环境中渔猎，爱斯基摩人需要高超的视觉分析技能。那么，在这种环境中成长起来的人应该比特姆尼人更倾向于场独立。事实也的确如此，爱斯基摩人在图形隐蔽测验（EFT）中的得分显著高于特姆尼人（Berry, 1966）。

研究者还曾比较过塞拉里昂的特姆尼人和门德人。结果发现，特姆尼人有严格的社会化措施。在他们的社会中，一般由母亲主管家事，家规很严，社会规则会压制个人竞争；门德人则反其道而行之，母亲没有权威，社会规则也很松散，个人创造受到推崇。研究者认为这两种社会环境会培养出不同的认知风格，对两个部落的男人分别进行图形隐蔽测验（EFT）后发现，门德人的场独立得分更高（Dawson, 1967）。这样的结果似乎说明，服从权威的儿童比自由的儿童更加依存于场；过多照顾或粗暴干涉，阻止孩子独立行为，会使儿童变得依存于场；而鼓励儿童独立，再加上适度帮助，会使儿童变得独立于场。可见，在个体早期社会化过程中，抚养方式的影响是巨大的。

（三）固定性与灵活性

有的人变得相对依存于场，发展出了较高的社交技能，但认知技能受到了限制；有的人相反，成了相对独立于场的人；还有的人处于中间位置。有没有人能够鱼和熊掌兼而得之呢？根据不断积累的新论据，Witkin 发现的确有人能够在两种技能上都发展出较高的水平。他们既可以高度独立于场，凭来自自我的信息独立行事，又可以高度依存于场，对周围环境信息保持敏感。篮球运动员就是最好的例子。一个人在篮球场上要对队友的位置和移动了然于胸，同时还要能不受对方队员的干扰。篮球高手在认知风格的两极上都是高度发展的。

Witkin 认为有些人按照典型的场依存—场独立认知风格的发展模式，要么只获得一种优势技能，要么在两种技能上都保持中等水平，这样的人可以称为“固定性的人”；而那些两种风格兼而有之，两种技能都高度发展的人，可以称为“灵活性的人”。灵活性的人是怎样炼成的？这一问题还没有确定的答案。但一般认为，只要有适当的生活环境和教育经验，认知重构技能和人际交往技能都是可以培养的。

第二节　归因风格

一、归因与人格

当遭遇某种事情时，不论它有利还是有害，我们总会探寻其背后的原因。这种对事情发生的原因进行推理的认知过程，心理学家称之为**归因**（attribution）。社会心理学家F. Heider认为人们有两种强烈的需要：一是对周围环境形成一贯性理解的需要，二是控制环境的需要。为了理解并控制自己所处的社会环境，人们就必须能预测其他人会怎样行动。而要想预测他人的行动，我们必须了解是哪些因素决定人的行为。因此，在人际交往过程中，人们总是会通过对一个人的行为做出解释来判断他是怎样一个人。例如，对迟到的学生，老师在决定处理方式前会推测他迟到的原因，如果老师认为该学生懒惰，所以才会迟到，他不可能会饶恕这一行为；如果他认为这个学生之所以会迟到，是因为他家离学校确实比较远，他多半会原谅这个学生。可以说，人们在很大程度上要通过归因来形成对他人的认识，在此基础上才决定怎样与这个人打交道。

社会心理学家关心的是人们如何通过归因过程来“知人”，而人格心理学家之所以也对归因这一概念感兴趣是因为人们同样通过这一认知过程来“知己”。对自己的行为及其后果进行不同的归因，显然会使人们对自己产生不同的认识。例如，一个男人失恋了，他会扪心自问：我为什么不能赢得她的芳心？如果答案是“我魅力不够”，那么这个男人的自尊心定会受到挫伤；但倘若他觉得自己挺好，是那个女人不懂得欣赏，那么这次失恋就不能对他构成打击。可见，人们可以通过归因来认识自己，评价自己。其结果是，不同的归因方式产生不同的自我印象，进而产生人格上的差异。

人人都会对事件进行归因，每个人在归因过程中所表现出的独特的一贯的模式，称为**归因风格**（attributional style）。也就是说，采用归因这一认知过程解释我们的世界时，人与人之间存在很大的差异。这一差异首先表现在归因者的意愿和对自己的信心上。

（一）归因不确定性和归因复杂性

人格心理学家用**归因不确定性**（attributional uncertainty）这一维度来区分相信自己归因能力的人与不相信自己归因能力的人。虽然Heider和Kelly都认为人们需要利用归因来减少社会生活的不确定性，但是有研究者发现不是所有人都对自己了解事件之间因果关系的能力有足够的自信（Weary & Edwards，1994）。在归因不确定性维度上得分高的人不相信自己能够发现事情之间的因果关系。他们不是不愿意对发生在自己身上的事做出解释，而是对自己这方面的能力缺乏自信。研究发现，轻度和中度的抑郁症患者在归因不确信性这一维度上得分比较高。这类患者不能肯定自己所认识的行为与遭遇之间的因果关系是否正确，所以归因不能使他们产生安定感，他们只能以减少活动来控制生活中的不确定性（Weary & Edwards，1994）。所幸的是，进一步研究发现，在归因不确定性上得高分的人可以用一定方式提高对自己归因能力的自信（Weary & Jacobson，1997）。

人们对自己的归因能力有褒有贬，他们利用归因解释事件的意愿也有强有弱。人格心理学家用**归因复杂性**（attributional complexity）这一维度来区分强意愿的人和弱意愿的人（Fletcher，Danilovics，Fernandez，Peterson，& Reeder，1986）。在这一维度上得分高的人不仅有很强的对事件做出解释的动机，而且对自己推理的质量也有很高的要求。他们不仅仅用单一的因素来解释事件，而是去探求导致事件发生的多重因素；他们还会对自己的归因过程进行分析以查漏补缺。总之，乐意对事件进行归因的人会不遗余力地使这一过程尽善尽美；而弱意愿的归因者只是对事件的原因进行不求甚解的分析。研究发现，轻度和中度抑郁的人倾向于对事件进行复杂归因，他们相信导致事件的原因有很多，并且会同时考虑环境因素和个人因素；而不抑郁的人则不然。有趣的是，严重抑郁者的归因意愿也很弱。那些毫不关心自己周围事件来龙去脉的人显然也会四处碰壁，陷入无助的境地。

（二）归因内容维度

以上两个维度分别在归因者对自己相关能力的自信程度和归因者的意愿强弱两个方面对人们作出区分，人们在信心和意愿方面的不同使得他们在归因过程一开始便显示出不同的风格，但这还不是归因风格的全部。归因风格更重要的层面与人们在归因内容方面的偏好有关。所谓归因内容，这里是指归因者所认为的导致事件发生的因素。导致一个事件发生的原因有很多，不同的人会用不同的原因对同一事件作出解释。人们这方面的差异可以通过以下四个维度来描述：

第一个维度是控制点维度。控制点这一概念最先由 J. B. Rotter 提出。用来描述人们对导致事情发生原因的不同预期。有的人相信事情的发生是自己造成的，这样的人被称为内控者；而在控制点维度另外一端的人则相信事情总是由自身以外的一些因素操纵的，这样的人被称为外控者。内控者对发生在自己身上的事归因时，总是寻找个人因素，如自己的能力、个性、容貌、努力程度等，他们相信“我命由我不由天”；外控者归因时喜欢寻找自身以外的因素，如运气、缘分、他人的影响、事态的变化等等，他们常挂在嘴边的一句话是“造化无常，天意弄人”。

第二个维度是稳定性维度。Weiner 认为人们归因时对不同原因的偏好不仅可以用控制点维度来描述，还可以在另外两个维度上加以区分。其中之一便是稳定性维度。人们用来解释事件的原因，有些是时时变化的，比如说运气，它对事情的影响就是随机的；而有些因素就很稳定可靠，比如技术和能力，常言道“只要有一技傍身，就可以走遍天下”，知识和技能是可以终身受用的。

第三个维度是可控性维度。在这一维度上可以看出，有些用来解释事件的因素是可以由个体的主观意志决定的，比如说努力程度，个人可以决定自己努力还是不努力；有些因素就超出了个人的控制范围，如运气、自己的能力（事到临头，不可能一下子提高能力）等。

第四个维度是普遍性维度。这一维度是在研究归因对习得性无助的影响的过程中发现的。有些用来解释事件的因素适用于许多不同的情境，比如说智力，一个在数学考试中失败的学生如果将这一结果归罪于自己智力低下，那么他不会奢望自己能通过在物理、化学、语文等许多其他领域取得好成绩来找回面子，因为智力影响的范围实在太广泛了。喜欢以适用于许多情境的因素归因的倾向叫做普遍归因，而在普遍性维度另一极端的归因倾向叫做具体归因。采用具体归因的人用来解释事件发生的原因只适用于此时此地，换一种情境它将不会起任何作用，比如，上例中数学考试不及格的学生，如果认为这次没考好是因为自己刚好没有认真复习数学，这种归因不会影响他对其他科目的信心。

通过以上讨论，我们可以了解，不同归因者在整个归因过程中，不仅在自信和意愿方面表现各异，而且在原因的选择方面也各有所好。也就是说，个体在对发生在自己身上的事情做出解释时，在上述几个方面都表现出独特的风格。不同风格的归因者认识自己的方式当然也不同，这种不同会影响到人格的各个方面。我们可以在人的各种归因偏好中区分出几种相对稳定的风格，不同的归因风格造就不同的人。

（三）解释风格

解释风格（explanatory style）这一概念最早用来解释习得性无助感的形成。研究者（Abramson，Seligman，& Teasdale，1978；Miller & Norman，1979）假设：人类的习得性无助是由失控感发展而来的。当一个人感到自己不能控制事态发展时，他就会问自己“为什么我控制不了这种情形?”如何回答这一问题就决定了他是否会形成无助和抑郁。换句话讲，要知道一个人会不会体验到无助感和抑郁，得看他对失控事件做出怎样的归因。

那么，怎样的归因风格会导致抑郁和无助呢？研究发现：用内部的、稳定的、普遍适用的因素对失控事件（如失业）作出解释的人更容易滑向抑郁的深渊；而用外部的、不稳定的、只适用于具体情形的因素来解释失控事件的人则会远离抑郁和无助感。如果一个人认为保不住工作是因为自己没能耐，那他就采用了前一种归因风格，这种归因几乎卡死了一切改变现在不利处境的希望，使其只好默默忍受，最后陷入抑郁。而如果此人认为自己之所以会丢饭碗是因为目前的老板不喜欢他，那么这件事对他而言就没什么大不了的。采用后一种归因风格的好处是给自己留了很大的余地，不会陷入死胡同，自然也不会抑郁了。

在解释风格上的个体差异不仅仅可以用来解释抑郁和无助感，还可以用来区分乐观主义者和悲观主义者。这一点将在下一节谈到。

二、控制点维度与自尊

归因风格这一变量会影响到与人格有关的许多关键因素，其中之一就是个体对自我的价值评价——自尊。对生活中的重大事件（成功与失败）作出不同的解释，会对人的自尊造成不同的影响。相应的，出于对自尊心的保护，人们也会以各种方式调整自己的归因风格。在构成归因风格的各维度中，控制点维度与自尊的关系最为直接密切。很显然，不论是消极的事件（失败）还是积极的事件（成功），必须归罪于或归功于个体本身，才会影响其自尊。具体来讲，对事件做内部归因会牵涉到人对自我价值的评价，如果对消极的事件做内部归因，会威胁到归因者的自尊；而对积极的事件做内部归因，则会巩固归因者的自尊。如果对事件做外部归因，则无论事件是积极的还是消极的，都不会改变归因者对自己的评价。为了保护自尊心，人们会不由自主地采取一些办法来把自己的归因导向较少威胁的一面。

（一）自我妨碍

自我妨碍（self-handicapping，或自我设障）是个体保护自尊的其中一种方式。有研究者（Jones & Berglas，1978）发现，有些人在面临重要任务时，会为自己制造一些障碍，这些障碍会降低成功的可能性，但也可以成为失败后的借口。有什么东西值得一个人用增加失败风险的代价来换取呢？答案当然是自尊。如果在重要任务中失败，能力差可能是一个很重要的原因。而对任何一个人来讲，承认自己能力差都是对自尊心的一个沉重打击，这种打击是很难承受的。而如果在完成任务的过程中有一些障碍，一旦失败，人们可以将它归因于这些障碍，倘若任务成功，人们当然会把它归因于自己的能力。可见，从保护自尊心的角度讲，这种自己制造失败原因的做法是只赚不赔的。例如，学生在重要考试之前还天天玩耍，如果考砸了，就归咎于自己努力不够，这种归因比起承认自己能力低下对自尊心造成的伤害要小得多；而一旦考的不错，就说明自己的能力出类拔萃，自尊心会得到极大的满足。但自我妨碍者给自己设置的障碍都是非常真实的，会极大地降低他们成功的可能性，甚至会威胁到他生活的其他方面。例如，有的学生在重要考试前会突然生病，这些病其实都是他们自己有意无意制造出来的真实病症，例如通过淋雨患上感冒、肺炎等，这种做法为他们可能的失败提前找到不威胁自尊的理由，但是生病不仅影响了他们的考试，还严重损害了他们的健康。

（二）弱势群体的自尊维护

弱势群体中的人大都具有一些被社会大众所轻视的特征或身份，例如，妓女、犯人、精神病患者、少数民族、肥胖者、相貌丑陋者、同性恋者等等。按常理，一个人评价自己时，或多或少会考虑到自己所属的群体是如何被社会评价的。所以，有研究者假设，弱势群体中的个体，其自尊水平比一般人要低（Cartwright，1950）。然而还有一些研究者发现，尽管弱势群体受到轻视，但这并没有降低其成员的自尊水平（Crocker & Major，1989）。

如何解释这种看似矛盾的发现呢？人格心理学家考虑到归因风格的影响。身处弱势群体的人往往采取一种自我保护机制：将消极事件归因于外部因素，尤其是他人的歧视态度。这样就可以理解为什么处于被人们轻视的群体中却依然能自我感觉良好。比方说，一个同性恋者失业了，他可以觉得这是因为上司对同性恋者有成见。这样他就不必为别人的弱点而贬低自己。

但事情没有这么简单。把消极事件归因于他人的偏见并不总能保护弱势归因者的自尊。有研究者（Ruggiero & Taylor，1997）发现，除非对方的歧视很明显，女人和少数民族（亚裔美国人和非裔美国人）很少将失败归因于评价者的成见。因为，如果如此归因，他们会觉得自己无法得到他人的接受，是社交能力低下的表现。另外，还有研究（Crocker，Cornwell，& Major，1993）发现如果弱势群体成员的弱势地位可以通过自己的努力改善，他就很难采用外部归因，比如肥胖者。其实人通过训练后，总是能在一定程度上降低体重的，而有的人因为无法坚持而肥胖依旧，那么他就很容易陷入自责。可见，要想了解归因风格如何影响弱势群体成员的自尊，仅仅考虑控制点维度显然不够，还得加上可控性维度。

三、归因风格与成就动机

成就动机是人格心理学家最感兴趣的研究对象之一。而 Weiner（1979，1986）则将归因风格带入了这一领域。Weiner 认为归因风格这一认知变量会影响人们面对成败结果时的感受，进而影响他们的成就动机。他确定了影响成败的六个因素：个人能力、个人的努力程度、运气、任务难度、身心状态以及他人的影响。如果再考虑归因风格的几个维度，我们可以得到表 9-1 所示的关系。

表 9-1　成就动机的决定因素分类表

归因别	内部				外部			
	稳定		不稳定		稳定		不稳定	
	可控	不可控	可控	不可控	可控	不可控	可控	不可控
个人能力		√						
努力程度			√					
运气好坏								√
任务难度						√		
身心状态				√				
他人影响								√

根据 Weiner 的理论，一个人如果将成功归功于自身素质，就会感到自豪；而将失败归罪于自身素质，他就会感到羞愧。另外，如果他将自己的成功与失败归因于外在因素，如运气、环境和他人影响等，他就不大可能有这些情绪反应。不同的归因风格会导致不同的成就动机。

归因的稳定性也能影响成就动机。我们可以用自身相对稳定的素质（如智力）或自身可变的因素（如付出的努力）来解释我们的成败。如果一个人认定在考试中失利是因为自己智商太低，那么根据 Weiner 的理论，他很难振作起来为下次考试努力学习。因为智力很难在短时期内有所改变。另一方面，如果这个人觉得这次考试失利是因为自己努力不够，那么他会很快走出失败的阴影，为下次考试做准备。因为努力程度是可以由自己的意志改变的。

如果综合考虑两种维度的影响，我们可以得到更完整的归因风格对成就动机的影响模式。具体来说，对于失败，用内在的稳定归因（如能力）会削弱一个人的成就动机，而用内在的不稳定归因（如努力程度）则会增强一个人的成就动机；对于成功则有所不同，作内在的稳定归因会增强一个人的成就动机，作外在的不稳定归因（如运气）则不会影响成就动机。

研究者设计了很多实验来验证这一模式。如在一项研究（Weiner et al.，1972）中，被试在一个数字置换任务中不断遭遇失败。有的被试把自己的失败归因于努力和运气等不稳定的因素，他们对下次成功的期待就更高一些。而另外一些被试则把失败归因于能力和任务难度等稳定的因素，他们对下次的成功不抱太高期望。这些研究表明，人可以通过改变自己的归因风格来提高自己的斗志。这一点很受教育家们的欢迎，也为那些追求成就的人提供了唾手可得的精神装备。

第三节 乐观主义

一、信念与人格

当一个人相信自己能够达到所追求的目标时，他会不断地为之付出努力；而当他感到目标无法企及时，多半会放弃尝试。有研究者提出**结果预期**（outcome expectancies）的概念来描述人们对达到某一具体目标的可能性的信念，而他们提出的另一个概念，**泛化预期**（generalized expectancy）则用来表示人们在复杂事态中对自己的结果所持的一种信念。人们在生活中经历许多事情后自然会产生一些信念，有的人相信生活是美好的，他人是善意的，自己总能得到积极的结果；有的人则相信生活是一场灾难，自己总是遭遇不好的事情。研究者把对积极结果的泛化预期称为**气质性的乐观**（dispositional optimism）或乐观主义（optimism），把经常预期积极结果的人称为乐观主义者（optimist）；而将对消极结果的泛化预期称为悲观主义（pessimism），将经常预期消极结果的人称为悲观主义者（pessimist）。他们相信，气质性乐观可以用来表示人内在的稳定的人格特质或人格维度，乐观主义与悲观主义是这一人格维度的两个极端（Scheirer & Carver，1985）。前已述及的场独立性与场依存性这对概念在价值上是平等的，而乐观主义与悲观主义则存在价值上的优劣之分。Scheirer 和 Carver 还设计了生活倾向测验（Life Orientation Test，LOT），用来检验一个人在乐观主义认知风格上的位置。这些研究者发现，乐观主义这一人格变量同其他许多人格变量，如解释风格和自我效能感等，在概念上有某些共通之处。

（一）气质性乐观与解释风格

研究者（Abramson，Seligman，& Teasdale，1978；Miller & Norman，1979）提出解释风格这一概念，最早是用来解释习得性无助感的形成。有两种相对的解释风格。一种风格表现为个体用内部的、稳定的、普遍适用的因素（如能力）对生活中的积极事件（如成功）做出解释，用外部的、不稳定的、只适用于具体情形的因素（如他人的影响）来解释生活中的消极事件（如失业）；另一种则表现为个体用内部的、稳定的、普遍适用的因素对生活中的消极事件作出解释，用外部的、不稳定的、只适用于具体情形的因素来解释生活中的积极事件。前者被称为乐观主义的解释风格，后者被称为悲观主义的解释风格。

这两种归因风格反映了个体在对生活的信念上的差异。具体而言，持乐观主义的归因风格的个体，相信自己对生活事态有一定的控制能力，自己能够趋利避害。即使事与愿违，也是暂时状况，能通过调整来改变。而悲观主义者的解释风格则反映了他们那种自我毁灭的信念。在他们的世界里，生活充满了挫折，自己的行为随时都会带来惩罚，所以最好什么都不要做。

（二）气质性乐观和自我效能

自我效能（self-efficacy）这一概念由 Bandura（1986）提出，它是指人们对自己完成某一任务能力的信念。例如，某人相信自己能够爬上珠穆朗玛峰。这种对自己完成爬山任务能力的主观上的信任，就是自我效能。这一概念与气质性乐观既有联系又有区别。

两者的联系在于，它们都是对自己所持的一种信念，这种信念会对人们当前的行为产生影响，如果信念是积极的，人们会继续努力追求自己的目标，而倘若信念是消极的，人们很可能会选择放弃。另外，习惯于预期积极结果的人，即乐观者对生活有一种控制感，他们常常体验到较高的自我效能；而习惯于预期消极结果的人，即悲观者则不相信自己有控制自己生活的能力，他们的自我效能常常是很低的。

两者的区别在于，自我效能是对自己能力的信念，这种对能力的自信来自于以往的经验，过去成功的经验会强化一个人的自我效能，失败的经验会使人对自己的相关能力产生怀疑。而泛化预期是对自己的结果的一种信念，这种结果可能是自己造成的，也可能是环境造成的，还可能是多种因素共同造成的，但无论如何，人们会在直觉上对这种结果的利弊好坏有一个预先的判断，有人认为结果会是好的，对自己有利，而有人认为结果会是坏的，对自己不利。

二、乐观主义与健康

“笑一笑，十年少。”“笑口常开身体健，愁肠百结长寿难。”这些俗语虽说有些夸张，但也十分形象地反映了人们对乐观与健康之间关系的看法，即乐观有益于健康，而悲观则不利于健康。心理学家对此也获得了许多证据。

（一）健康的保护神与掘墓人

有研究者（Peterson & Seligman，1987）在详细回顾了有关乐观主义同健康之间关系的研究之后认为，气质性乐观的人更可能有一个健康身体，乐观主义与健康和健康行为之间的相关系数在 .20 与 .30 之间。当然，相关研究的论据不足以说明乐观主义与健康之间存在因果关系，但乐观主义至少是导致较低的患病可能性、更快恢复、病情恶化可能性更低等倾向于健康的现象的其中一个因素。

有一项典型研究（Scheirer & Carver，1985）考察了压力情境下，乐观主义与健康的关系。在一学期的最后四个星期之前，研究者对大学生被试进行了 LOT 测验并让他们报告自己的健康状况。期末正是准备期末考试的一段时期，学生们往往备受压力困扰。学期结束后，研究者就再次对大学生被试进行 LOT 测验并报告其健康状况。研究发现，乐观者的健康状况比悲观者要好。另外，有些大学生第一次测验时报告了相同的健康状况，但 LOT 的得分不同，四星期后，他们中的乐观者的健康状况似乎并没有因为压力而受到很大的消极影响，而悲观者则出现了很多反映健康状况恶化的症状。这项研究可以证实乐观主义对健康的保护作用。

但是也有人批评说，将被试的口头报告作为其健康状况的指标会产生误解，也许乐观者只是不愿意报告那些反映不好的健康状况的症状，而悲观者则不介意报告这些信息。换句话讲，乐观者可能只是对病痛的忍耐力或者自尊心更强一些罢了。为了消除这些误解，研究者们又开展了一项以进行心脏手术的病人为被试的研究（Scheier et al.，1986）。在手术结束的当天就对其进行 LOT 测验。病人的健康指标则由医务组根据经验和恢复指标的常模来评定，当然也包括病人的口头报告。研究结果进一步证实了乐观主义者在维护健康上的优势。乐观主义者能更快地达到阶段性康复标准，如坐起、走动等，另外，他们遭遇心肌梗死的风险也更小。

另一方面，有研究（Peterson & Seligman，1987）表明，乐观者比悲观者更长寿。后来，Peterson 及其同事实施了一项规模宏大的纵向研究。这一研究调查被试愈千人，历时超过 50 年。研究者分析了乐观者和悲观者在各种死因上的差异。结果出乎意料，在乐观者与悲观者之间产生最大差异的死亡原因并不是研究者设想的后者更早更多地患癌症和心脏病而死亡，而是意外事故和暴力事件。这就是说，悲观者比乐观者更多地死于意外事故和暴力事件。这种效应对样本中的男人而言特别明显。看起来，悲观者，尤其是男性悲观者，总是在走霉运。他们好像习惯在错误的时间出现在错误的地点，以成全自己的悲剧命运。这项研究无法告诉我们这些因意外和暴力事件而死的人离开这个世界时的具体情况，但是，很显然他们当时呆在一个致命的场景中。悲观主义者可能经常呆在类似的环境中。

（二）乐观者的健康优势

乐观主义的人格特质有益于健康；而悲观主义的人格特质对健康没好处。这一点毋庸置疑。那么为什么乐观者会有这些健康上的优势？对这一问题，研究者给出了许多答案。有研究者将乐观主义与有关压力应对方式的理论（Folkman & Lazarus, 1980）联系起来。这一理论认为人面对压力情境时，有两种降低压力的办法，分别是问题中心的应对方式和情绪中心的应对方式。前一种方式表现为，感受到压力困扰的个体直接采取行动，找到产生压力的根源，并着手消除它或降低它的影响。后一种方式并不直接针对压力源，而是通过暗示、否认等方式来消除或减弱因压力而生的情绪困扰。研究者（Scheier et al., 1986）发现，乐观主义者应对压力的方式更加灵活有效。在压力情境中，他们大多采用问题中心的应对方式，即直接消灭压力源以永绝后患；而当他们无法控制情境时，也会采用情绪中心的应对方式。而悲观主义者则始终不愿意面对压力情境，他们过多地采用情绪中心的应对方式，在事态还可以控制的时候却缺乏改善现状的信念，所以，他们常常放弃努力。所以，在维护健康方面，乐观者往往付诸实际行动，做有益的事（例如锻炼、保持充足的睡眠等），不做有害的事（例如酗酒、不安全的性行为等）；而悲观者总是逆来顺受，无所作为。

乐观者在健康上的另一项优势表现在免疫系统上。Seligman 和他的同事通过研究（Kamen-Siegel et al., 1991）发现，在面对挑战时，乐观主义者的免疫系统比悲观主义者的更加有效。还有研究者发现，乐观的艾滋病患者在症状出现后比同样情况下的悲观者活得更久。这应归功于乐观主义者更为强大的免疫系统。还有研究（Wiedenfeld et al., 1990）表明，在压力情境下，人的免疫能力虽然会下降，但如果人们学会处理压力，获得控制感，其免疫能力会很快恢复。而乐观者的观念中本来就有“我可以控制自己的生活”这种信念，这就能解释为什么乐观者会有一个相对强大的免疫系统。乐观者还有一个优势，就是有更多的社会接触。悲观主义者比较孤独，而有研究（Cobb, 1976）发现社会隔离很可能导致不幸、健康水平的下降以及对生活的不满。

三、学会乐观

乐观者可以远离疾病和灾祸，即使他们不幸生了病，乐观的性格也能帮助他们化险为夷。乐观主义的认知风格是一种力量，它可以提高我们的生活质量。在当今这个重视生活品质的时代，这种力量的现实意义是不言而喻的。我们是不是都能拥有这种奇妙的特质？换句话说，乐观主义的认知风格可以通过教育培养吗？

心理学家 Martin Seligman 和他的同事曾经做过尝试。他们以小学生为对象，教他们以乐观的信念代替不合理的信念。结果令人兴奋，那些接受过乐观教育的学生比没有这种经历的学生更少表现出抑郁症状。这种结果说明，乐观的认知方式是可以教会的。但是，这一研究还没有结束。这些被试还太年轻，更有趣的是这些受训者长大后的表现，他们能够保持这种认知方式，使其成为自己一生的风格吗？Seligman 认为答案是肯定的。乐观的小孩也很可能成为乐观的大人。

虽然还在探索阶段，Seligman 等人却坚信人人都可以获得乐观的品质。只要不断地质疑悲观的思考方式，削弱它的影响，并逐渐以乐观的思想取代它，悲观者也可以乐观起来。这些关于认知风格的探索提醒人们，我们可以通过调整自己的思想来改造自己，进而改变自己的命运。

第十章

情　绪

在认知一章，我们了解到人格中蕴涵的智慧的力量。其实，人格中还有一种力量——情感，其影响甚至可以超越理性和智慧。情感因素是生活画板上的颜色，正是由于喜、怒、哀、乐的存在，人生才绚烂多彩。有些人总是愁眉苦脸，有些人则永远笑靥如花；有些人惶惶不可终日，有些人则泰山崩于前而面不改色……也正是由于认知和情感风格的差异，人与人之间才会如此不同。当然，认知与情感是交互作用的，将它们分开讨论只是为了研究的方便。

在过去的一百多年间，心理学家对情绪的基本成分、文化普遍性、适应性功能、表达方式等进行了深入研究，从理论上对情绪的形成和发展提供了不同角度的解释。但是，在人格领域，有关情绪维度的研究曾经一边倒地只关注对焦虑、抑郁等消极情绪的描述、解释及应对，而对积极情绪置之不理。所幸，随着积极心理学的兴起，心理学开始对幸福感、满意感等与积极情绪有关的主题加以重视，进行了大量的探索；这从一定程度上弥补了以往情绪研究的缺憾。当代人格心理学有关情绪的研究内容非常丰富，不仅包括对情绪的描述和理论解释，而且包括了对各种积极情绪和消极情绪变量的实证研究。本章将着重从本质、个体差异、影响因素等几个层面逐一探讨四个相对重要的情绪维度——焦虑、抑郁、孤独和幸福感。

第一节　焦　　虑

在相当长的时间内，**焦虑**（anxiety）都是精神病学家和临床心理学家的重点关注对象。在快节奏的现代社会，压力无处不在，焦虑似乎成为每个人的日常情绪体验。尽管所有人都不约而同地用这个词描述了那种担心、忧虑和不安的心理状态，但在生活中却几乎没有人去深究它真正的内涵和外延，心理学家当然例外。在早期的研究中，临床心理学家和变态心理学家将重心放在其病态形式——焦虑障碍上。到了现在，人格心理学家开始关注焦虑体验的正常形式，即特质焦虑。有证据表明，焦虑障碍和特质焦虑有相似的内在过程，如对威胁刺激的过度警戒，焦虑障碍个体有较高的特质焦虑水平（Eysenck，1997）。下面，我们将主要从特质焦虑这一较宽泛的人格维度着手，理解“焦虑”这个熟悉而陌生的词语。

一、焦虑概念的本质

许多心理学家都曾试图准确地界定焦虑，但由于出发点和视角的差异，焦虑的定义可谓千差万别。Freud 认为，焦虑是一种自我知觉和应对威胁时所作的反应，是一种不愉快的、伴随有生理症状的、由意识经验感知到的现象。Rogers 认为，焦虑是一种不安的紧张状态，这种状态主要因为个体自我内部不同经验的不一致而产生。May 将焦虑看作是个人因为与基本存在感有关的价值观受到威胁而产生的恐惧感。Honey 认为，焦虑是富于敌意的世界中个体体验到的一种孤独、无助的感受。Watson 和 Friend 则认为，焦虑是个体在社会情境中产生的一种情绪，主要特征包括不自在、苦恼、害怕别人的批评等。

综上所述，我们可以根据情绪的构成成分——认知、生理和行为三方面对焦虑做如下的界定：首先，从认知层面来看，焦虑是一种强烈的、令人不快的主观感受，会使人产生紧张和恐怖的感觉；其次，从生理层面来看，焦虑伴随有明显的生理反应，如心率增加、血压上升等；最后，从行为层面来看，焦虑将导致个体的特定行为反应的发生，如逃离、争斗或试探等（Carducci，1998，pp. 412-413）。

二、特质焦虑与状态焦虑

从情绪状态的稳定性出发，研究者将焦虑分为**状态焦虑**（state anxiety）和**特质焦虑**（trait anxiety）两大类。状态焦虑是指焦虑的暂时波动状态，是个体面临威胁情境时体验到的、短暂的情绪反应；而特质焦虑则是个体体验到焦虑的倾向性，是对危险情境的预先反应倾向。更准确地说，特质焦虑是对紧张、恐惧乃至不断提高的自主神经系统活动水平做出反应的稳定倾向（Spielberger et al.，1970）。几乎所有人都可能体验到暂时的不安和紧张（状态焦虑），但人与人之间在焦虑倾向性（特质焦虑）上存在很大差异。特质焦虑和状态焦虑在焦虑反应的范围和强度上存在着明显的差异（Carducci，1998，pp. 417-418）。

就反应的范围而言，状态焦虑往往在威胁情境下出现，是个体对具体刺激的情绪反应，在威胁情境消失后，状态焦虑也会消失；特质焦虑则具有跨情境的稳定性，可被看作是个体稳定的情绪反应风格，可用于描述个体之间焦虑程度的差异。例如，面试是一种典型的焦虑唤起情境，低特质焦虑者也会为之焦虑，但是面试一结束，焦虑就减轻或消失了；而高特质焦虑者则不然，焦虑对他们的影响是弥散的、无处不在的，在任何情境下，他们都是最容易焦虑的人。两种焦虑的反应强度也存在着差异。与低特质焦虑者相比，在面临相同的威胁情境时，高特质焦虑者会体验到更强烈的焦虑感受。例如，同样是面试，所有人都会担心，但是高特质焦虑者会更焦虑，更担心。

虽然有着上述不同，状态焦虑和特质焦虑却不是截然分离的。每个人都能在特质焦虑的维度上找到自己的位置，不过是位置有所不同而已；每个人也都有焦虑的状态，不过出现的频率和强度不同而已；特质焦虑通过频繁的、强烈的状态性焦虑表现出来，反过来，由于特质焦虑的个体差异，不同个体的状态焦虑也有所不同。从某种程度上讲，两种焦虑是同时作用的，或者说，任何焦虑状态的出现，都与特质焦虑的调节作用分不开。Spielberger（1972）等对这一过程做出了详尽的说明。

如图 10-1 所示，在面临威胁刺激时，由于特质焦虑水平不同，不同个体表现出不同水平的焦虑反应，因而会对刺激做出不同的认知评价，由此引起不同的认知预期、生理反应和主观感受，促使个体表现出不同的避免焦虑的适应性行为，最终在多数情况下也产生了预期的效果——焦虑程度下降，然后通过感觉、认知和防御机制的反馈，个体会根据生理需要、内部刺激、防御机制的反馈等再度做出认知评价，进一步影响个体的预期和生理反应，从而再度引起与认知和情感反应相应的行为反应，如此不已。接下来，我们将从生理、认知和行为三个层面对焦虑发生的内在过程及其产物做进一步的探讨。

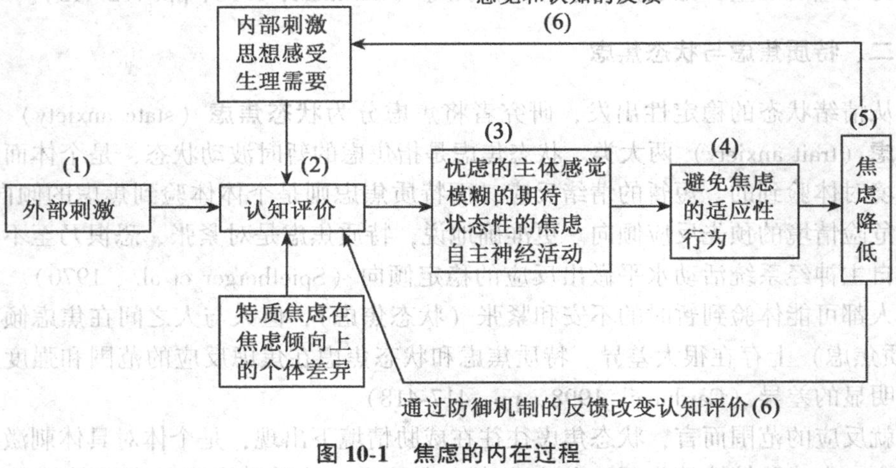

图 10-1　焦虑的内在过程

三、焦虑的生理反应

焦虑的生理反应主要体现在交感神经系统的唤起上。威胁刺激将导致交感神经系统的活动水平增加，从而引起身体的各种适应性反应。具体表现为：心率增加、血压上升、呼吸加快，使得肌肉获得足够的血液和氧气，尽可能变强；肾上腺素释放量增加，以使个体更持久、更好地应对压力；瞳孔放大，以更清楚地观察威胁来源。不仅如此，焦虑情绪还将引起其他系统的抑制乃至关闭。例如，在威胁情境下，个体的生殖系统和消化系统的活动将受到压抑。此外，焦虑情绪还将影响到个体的日常进食行为和睡眠状态，严重时会引起食欲不振和失眠（Strongman，1986）。

焦虑的进化观点认为，焦虑情绪反应是在进化过程中保存下来的防御机制的重要组成部分，有助于充分利用身体资源以应对可怕的潜在威胁。以 Gray 的理论为基础的特质焦虑的神经生理假设指出：对焦虑的易感性主要取决于行为抑制系统的高反应性，这种高反应特性使得高焦虑个体对惩罚信号、非奖赏信号和新奇刺激更为敏感（Gray & McNaughton，1996）。分子遗传学研究则表明，一些神经递质如去甲肾上腺素、5-羟色胺、谷胺酸等在上述神经系统中发挥着重要的作用，调节着高焦虑个体对惩罚信号的敏感性（Zuckerman，1995）。

四、焦虑的认知维度

如图 10-1 所示，焦虑的认知成分首先体现在个体对焦虑刺激的认知评价上。根据认知理论，特质焦虑的本质就是刺激选择、信息解释等信息加工过程的系统偏差。故而，特质焦虑最重要的功能是帮助个体更早地觉察环境中潜在的威胁信号，更快引发个体的防御反应（Eysenck，1992）。研究表明，高特质焦虑者会选择性地注意威胁刺激，并倾向于将模糊刺激解释为威胁刺激（Calvo & Cano-Vindel，1997）。

焦虑的认知特征包括认知内容、认知操作、认知结构和认知产物等四个方面（Ingram & Kendall，1986）。其中，认知内容是指实际表现和考虑的信息，认知结构则是内容在记忆中组织和表达的方式，认知操作是认知的过程和程序，认知产物则是内容相互作用的结果。当个体知觉威胁刺激时，相关的认知图式就被激活，开始对事件做出评价，并为适应某个图式，对事件的真实信息做出调整，因此，对事件的解释是真实信息和认知图式共同作用的结果（Beck，1985）。此外，在焦虑发生的过程中，可以预期在刺激和反应中也有“认知中介”的作用。根据认知预期理论，在做出条件反射、榜样观察和信息传递的过程中都可能形成对焦虑的预期（Reiss，1980）。预期一旦形成，在我们遇到相似刺激时，就预感可怕的事情又要发生，焦虑就出现了。

大量的实证研究支持上述假设。研究表明，焦虑障碍患者和高焦虑倾向的正常被试能够更好地知觉到与恐慌相关的词汇，并对之做出反应（Calvo & Cano-Vindel，1997）。其他研究者还指出，高特质焦虑个体对威胁刺激过度的注意和夸大的解释偏差不仅体现在个体对外在刺激的反应上，而且体现在个体对内在信息（如自身的生理活动性和行为等）的反应上（Eysenck，1997）。还有研究表明，高特质焦虑者尽管客观上没有任何不良的症状，但他们更易于察觉自己的沮丧感受，更关注自己的内在感受，也更可能报告自己的不良体验（Calvo & Cano-Vindel，1997）。

事实上，认知因素不仅在焦虑的形成过程中发挥重要作用，其本身也是焦虑反应的重要结果。在焦虑状态下，我们的思维开始变得混乱、固着，容易出现思维停滞的现象。考试中大脑一片空白，出了考场答案却跃然而至，这是很多人都遇到过的现象。

五、焦虑的行为维度

相对于焦虑的认知成分，其行为成分则比较容易观察。总的来看，焦虑的行为反应主要包括以下三种类型：连贯程度下降、攻击和回避。

行为连贯程度的下降表现为，当我们焦虑时，原本非常顺畅、自然的行为开始变得不连贯，令人尴尬。说话开始变得结结巴巴，音调变得异常且难以控制，四肢会出现颤抖现象或者开始无意识地、心不在焉地玩弄衣服或头发。总之，焦虑的情绪状态使人变得坐立不安，手足无措。

攻击和逃避这两种反应可以用斗争—逃避反应模式（fight-or-flight reaction）来概括。我们知觉到威胁时，会出现心跳加速、呼吸加深等一系列生理反应，本能地准备战斗；但是当威胁力量过于强大时，我们会明智地“战略性撤退”。面临身体威胁时会如此，面临心理威胁时也会如此。当考试失利时，我们要么与之“斗争”，争取在下次考试中挽回面子；要么尽力不去想这件事，以“回避”这种威胁。还有研究者发现，人们在感到焦虑时，还会以趋近—友好的方式反应。至少有一半人，尤其是女性，会通过向他人寻求支持来缓解焦虑（Taylor，2000）。

六、社交焦虑：特殊的焦虑类型

焦虑的种类非常繁杂，但生活中常见的焦虑类型主要包括社交焦虑（social anxiety）、考试焦虑（text anxiety）和焦虑障碍（anxiety disorder）等几种，下面我们将着重介绍社交焦虑这个重要的人格维度。

顾名思义，社交焦虑就是与社会交往或社交活动有关的焦虑，与“羞怯”基本同义。社交焦虑发生时，具有一般焦虑的生理、认知和行为反应。但是作为焦虑的一种特殊类型，它也有自身独特的表现。在社交焦虑者看来，即将或正在面对的社交对象是威胁来源。他们与人交谈时，往往因紧张而不由自主的结巴或出现口误，结果不仅自己尴尬，还使人觉得他们紧张、压抑和不友好（Cheek & Buss，1981）。

虽然这些行为往往被视为性格内向的表现，但是从本质上讲，它们又并不等同于内向。因为，尽管社交焦虑者在客观上并没有很多朋友，也很少有求助，但是他们渴望友谊和关怀（Zimbardo，1977）。研究表明，约有 2/3 的社交焦虑者认为自己的社交焦虑“是件麻烦事”，其中有1/4的人愿意通过专业人员的帮助克服社交焦虑（Pilkonis，1977）。

有研究者认为，社交焦虑背后真正的原因是**评价恐惧**（evaluation apprehension）。这就是说，社交焦虑之所以产生，是因为社交焦虑者在意别人对自己的看法，尤其害怕别人对自己的消极评价。有研究发现，社交焦虑者不仅非常关心他人对自己的评价，而且还更倾向于将他人的评价解释为消极评价（DePaulo，Kenny，Hoover & Oliver，1987）。任何能引起他人评价的情境对他们来说都是威胁。这就使得他们表现出了回避威胁的行为倾向，如拒绝参加社交活动、逃避与人会面、避免当众发言等。如果实在无法回避，他们则会通过避免与人发生目光接触、缩短谈话时间等方式减少他人发现错误、做出消极评价的机会（Farabee，Holcom，Ramsey & Cole，1993）。

第二节 抑 郁

抑郁（depression）也是研究者一直关注的一个重要的情绪维度。焦虑和抑郁往往被看作是消极情绪和神经质的重要构成成分，而且二者的关系极其密切，常常相伴而生，因此焦虑和抑郁的关系也是研究的热点，产生了大量的理论探讨和实证研究。在这一节，我们将首先介绍抑郁的相关描述和研究，并在此基础上进一步论述焦虑和抑郁的关系。

一、抑郁的外在表现

如前所述，抑郁是一种常见而备受关注的消极情绪，是一种因无力应对外界压力而产生的消极情绪体验。与焦虑相似，抑郁情绪出现时，也会伴随失眠、难以平静、注意力不集中等不适症状；但与焦虑不同，抑郁还将引起悲观、沮丧、忧郁、活动性和反应性下降等症状。抑郁的外在表现主要体现在以下几个方面：从情绪体验的角度来看，抑郁的核心特征可以用快感缺失（anhedonia）来概括，即心情低落、体验不到生活的快乐，悲哀和冷漠成为了生活的主色调；从动机的角度来看，抑郁的个体往往感到所有的活动都枯燥无味，对生活和事物缺乏兴趣，认为自己无力也没有必要参加任何活动；从认知的角度来看，除了和焦虑相似的无法集中精力和记忆力下降外，抑郁还导致了消极的自我感受和绝对化的思维，如认为自己没有价值，看不到未来和生活的希望，认为自己是个彻底的失败者；最后，从行为表现来看，抑郁者往往回避与人接触，不愿参加社交活动，并表现得反应迟钝、动作缓慢。

二、抑郁的类型

几乎所有人都有过不同程度的抑郁体验，抑郁症也有很高的发病率，被称为精神疾病中的“流感”。抑郁尤其是抑郁症的种类繁多，包括精神性抑郁和神经症抑郁、双相和单相抑郁症乃至其他特殊的严重抑郁症如更年期抑郁症等，不同抑郁具有不同的症状和影响源。以上都是变态心理学和临床心理学中对抑郁的分类。本节将着重介绍外源性抑郁和内源性抑郁的区别以及在人格特质的基础上提出的两种抑郁类型。

外源性抑郁和内源性抑郁在影响源上有着明显的不同。**外源性抑郁**（exogenous depression）主要由外界环境的变故引起；而**内源性抑郁**（endogenous depression）主要是由体内生理机能的失常所致，往往有更多躯体症状，也更为严重。但有人指出，外在诱因和抑郁之间不过是相关关系，而且外在诱因和潜在的抑郁倾向很可能有相互作用，因此，以影响源为分类标准是不妥的，从症状的反应模式对它们加以区分似乎更为有效。一般认为，缺乏反应性、兴趣丧失、深度抑郁、反应迟缓等严重症状是内源性抑郁特有的症状，是区分两种抑郁的有效指标（Strongman，1986）。

与上述抑郁的分类相比，另有研究者以人格特质为基础将抑郁区分为情感依附型抑郁和摄取型抑郁两种类型。**情感依附型抑郁**（anaclitic depression）主要以无助、无能和对被抛弃的恐惧为特征，主要由其接纳与理解的需要无法满足而生；而**摄取型抑郁**（introjective depression）则以强烈的自卑、自罪和自贬为特征，主要由其成就需要无法满足和苛刻的自我审查引起。两种类型分别与依赖（dependent）和自责（self-critical）的人格倾向有关。依赖反映着渴望亲近他人的需要，即对接纳、理解和社会支持的强烈需求。而自责则反映着个体对内化标准的关注和远大目标的追求，反映着其自我定义和自我认同的需要（Blatt，Cornell & Eshkol，1993）。

三、抑郁的内在影响源

在面对相同的挫折情境时，有些人可以安然处之，另一些人却陷入抑郁不得自拔。显然，这种差异是由个体的内在因素决定的。研究者对抑郁的生物学和心理学根源进行了大量的研究。

神经递质对抑郁有决定作用。具体而言，抑郁与神经递质去甲肾上腺素和5-羟色胺的缺乏有关。有研究发现，认知压力会导致脑干部分去甲肾上腺素释放比例的增加，进而刺激相关神经元更快速度的吸收，最终导致去甲肾上腺素的缺乏，引发抑郁症状。还有研究发现，抑郁症患者大脑内 5-羟色胺的利用率偏低（Yatham et al.，2000）。此外，研究者还指出，在正常条件下，神经元的外部有更多的 Na^+，而内部有更多的 K^+，这有利于控制神经系统的兴奋，但抑郁症病人的电解质的新陈代谢存在着失调现象，上述离子分布非常紊乱（Strongman，1986）。

而对抑郁的心理根源，社会认知流派强调那些与抑郁易感性有关的认知因素。Beck 认为抑郁者特有的认知图式导致其形成消极的信息加工方式。这些图示在意识之外自动运作，以特殊的方式扭曲了个体对自我、世界和未来的看法，导致抑郁的感受和行为。认知扭曲的形式包括：过度推论（overgeneralizing）、人为推断（arbitrary inference）、个人化（personalizing）、灾难化（catastrophizing）等（参见表 10-1）。

表 10-1　　　　**抑郁图式造成的认知扭曲**

认知扭曲形式	定义	对自我的看法	对世界的看法	对未来的看法
过度推论	将一种情况推论到许多或所有的情况。	“这个考试我没考好……我什么事情都做不好。”	“如果用这个方案有可能出错，任何环节都会出错。”	“为什么我想要尝试的所有事情都将是失败呢？”
人为推断	选择性注意消极结论，即使没有根据。	“老师没有时间理我。也许她不喜欢我。”	“这个老师不细心，也许没有老师会在意学生。”	“我相信我以后的所有老师也将是令人讨厌的。”
个人化	认为一切都是自己的错。	“我们球队输了……都是因为我。”	“这使我想起，在高中时，我们球队每次都输。”	“我将永远不会成为常胜队的成员。”
灾难化	认为最糟糕的事情将会发生。	“这次考试失败了我将再没有机会学习。”	“这次考试失败可能意味着我再不能进医学院。”	“既然我可能无法进入医学院，我应该现在退学。”

Beck 还提出了两种导致抑郁的人格特质——社会奖赏型人格和自主型人格。**社会奖赏性型人格**（sociotropic personality）以高度渴望亲密、理解和接受为特征，而**自主型人格**（autonomous personality）的主要特征则是不喜欢寻求帮助，不易为他人的评价和批评所影响。依赖性或社会奖赏人格和自主性与抑郁都有显著的相关（Bartelstone & Trull，1995）。此外，抑郁与归因风格、低水平自我评价、高水平的自我意识和低自尊等也有一定的相关。

四、抑郁的外在影响源

最直观也最常见的外在影响源就是生活事件。研究发现，多数抑郁症患者报告在抑郁出现前有严重的生活事件发生（Kessler，1997）。严重的生活事件是非常普遍的，但只有少数经历了类似生活事件的人会变得抑郁。因此，外在因素和个人因素对抑郁的影响是交互的，这与素质—压力模型的观点一致，即不同的个体有不同的抑郁易感性，这是由内在因素决定的，但抑郁的出现也需要压力事件的激发。二者同时作用，抑郁才会发生。

根据 Coyne（1976）的人际模式，不良的人际关系尤其是亲密关系不仅对抑郁情绪的出现和保持有重要作用，而且会强化抑郁者的抑郁素质。抑郁者对自己维系关系的能力缺乏自信，因而需要向重要他人寻求安慰，来求证对方对自己关心的真诚性，但在重要他人提供了安慰后，他们又会怀疑这种关心的真诚性，进而会要求更大程度的安慰。但面对无休止的要求，他们的重要他人会表现出越来越多的拒绝行为。这使得抑郁者人际压力增加和社会支持程度下降，进而导致其抑郁水平提高。

研究表明，抑郁个体所处的社会环境拥有更多的人际冲突和人际伤害。对大学生的调查表明，与抑郁者打交道很不快乐，会给人带来较强的抑郁感；向他人寻求安慰不仅提高了抑郁个体对人际拒绝的易感性，而且使重要他人的抑郁敏感性也有所增加（Joiner & Alfano，1992）。对依赖型个体和自责型个体的研究表明，依赖型个体过高的人际卷入程度，会阻碍重要他人对个人目标的追求，增加其来自成就和人际方面的压力，而且导致了社会支持的下降。而自责倾向则可能使个体因强调对目标的追求而失去良好的人际关系，导致社会支持的缺乏和人际压力的出现。这些都会增加他们的抑郁易感性（Priel & Shahar，2000）。

总之，抑郁是在内在因素和外在因素的交互作用下产生的。作为一种消极情绪体验，抑郁在症状表现和影响因素等各个方面都与焦虑有千丝万缕的联系。

五、焦虑和抑郁的共生关系

焦虑和抑郁的关系之所以成为近年研究者的重点，主要是因为用临床和实证方法区分两者的难度。研究表明，患者自我报告的焦虑和抑郁的相关往往在.45～.75之间；临床医生或教师评定结果也表明，二者有高相关。在临床表现上，焦虑障碍和抑郁障碍也往往同时出现，焦虑可以说是抑郁症和抑郁精神疾病的伴生物（Clark & Watson，1991）。为了明确焦虑和抑郁的关系，研究者提出了焦虑和抑郁的三重模型。

在这个模型中，焦虑和抑郁的症状表现被区分为三种不同的类别。第一类症状表现是非特异性的症状表现，包括焦虑和抑郁所共有的情绪反应和症状，如失眠、易怒、难以平静、注意力不集中等。另外两类症状表现则是焦虑和抑郁的相对特异性表现。抑郁的特异性反应主要包括与快感缺乏或积极情感缺失有关的症状，如对事物缺乏兴趣、没有活力、生活失去意义等；而焦虑的特异性反应主要包括与躯体的紧张和唤起有关的表现，如呼吸急促、头昏目眩、口干舌燥等（Clark & Watson，1991）。该模型得到大量研究的支持。对相关量表进行内容分析后发现，区分效度良好的焦虑量表只是测量了焦虑的生理唤起症状，而非作为非特异性成分的焦虑心境；区分效度良好的抑郁量表也只测量了兴趣和快感的丧失，而不是其他抑郁症状。从临床症状来看，也只有部分的焦虑和抑郁症状可以用于有效地区分焦虑和抑郁患者。最后，对量表进行因素分析后的结果也证明了模型的三个潜在结构。研究者（Watson et al.，1995）用心境和焦虑症状问卷（Mood and Anxiety Symptom Questionnaire，MASQ）和其他症状认知测量指标发现，快感缺乏的抑郁量表和焦虑唤醒量表在5个不同的样本中都发现了结构上的分离，并有良好的聚合效度和区分效度，而其他部分则是非特异成分的良好指标。

还有研究者从另外的角度明确了二者的差异。鉴于精神分析理论家把抑郁看作是压抑愤怒的结果，有研究者通过愤怒的预测作用确定了抑郁和焦虑的区别和联系。愤怒包括外部愤怒、内部愤怒和愤怒控制三个维度。其中，内部愤怒是压抑愤怒思想和情感的倾向，外部愤怒是向环境中客体和个人表达攻击行为的倾向，而愤怒控制则是控制和阻止愤怒表达的能力。研究发现，焦虑和抑郁可以同时用内部愤怒和缺乏愤怒控制来预测，但是外部愤怒却只能预测抑郁。此外，自责、多思、灾难化、积极的再评价等认知指标可以同时预测焦虑和抑郁，但接纳只能预测抑郁（Bridewell & Chang，1997）。

第三节 孤 独

孤独（loneliness）也是心理学研究者关注的一个消极情感维度。但是，与焦虑和抑郁不同，孤独并没有确凿的生物学根源，因而可以被看作是纯粹的心理变量。有人说，正是由于疏远和孤独的情感开始潜入许多美国人的生活，20世纪60年代人本主义心理学的名望才直线上升（Buhler & Allen，1972）。因此，无论对个体还是对心理学本身来说，孤独都是一个重要的心理变量。下面我们将对孤独这个变量做出简要的探讨。

一、孤独的理论渊源

早在20世纪50年代，不同流派的心理学家就开始探讨孤独现象。早期的精神分析理论家将孤独归因于婴儿期的自恋和敌对，亲密需要的不充分满足或早期安全型依恋关系的缺乏。新精神分析理论家如Erikson则强调了青少年期和成年早期发展与孤独感的关系；Fromm 则从更广阔的社会背景对孤独做出了深刻的阐述：在资本主义使人获得自由的过程中，人与人间的联系也逐渐减少，使个体不得不从整体中游离出来，孤独地面对这个世界。

一些存在主义心理学家认为，孤独情感反映了人们对情感疏远问题的深切关注和对生活意义的反省（Sadler & Johnson，1980）。Moustakas（1961）将孤独描述为个体不得不与其他人分离时的产物，是一种对不断加深的自我闭塞的焦虑表现；Mijuskovic（1977）则认为，孤独是个体为获得更深层次自我意识而产生的正常体验。存在—人本主义心理学家把孤独看作是因归属和爱的需要得不到满足而产生的情绪体验。社会认知流派的心理学家认为，孤独是个体不合理的期望、归因、信念等认知因素作用的结果。行为主义者则多认为，孤独由缺乏发展适当亲密关系和社交关系必需的社交技能引起（Jones，Hobbs，& Hockenbury，1982）。

二、孤独概念的界定和分类

20 世纪 70 年代以后，研究者开始探索孤独的概念及其结构。由于理论渊源千头万绪，研究者对孤独的界定也大相径庭。从需要的角度出发，有研究者（Weiss，1973）将成人孤独定义为“个体因感到与他人疏远或被拒绝、对关系和互动的情感需要而产生的长期苦恼状态”；从认知的角度出发，有研究者（Peplau，1982）指出，孤独是个体知觉到期望的关系模式和客观的关系模式的差异后产生的感受；而行为取向的研究者则将孤独看作是重要的社交强化缺乏或不充分的产物。我们只能从这些定义中总结出孤独的若干特点：首先，孤独是在人际交往过程中因人际缺陷而引起的情绪体验；其次，孤独是一种依赖于个人期望和感觉的主观体验；最后，孤独是一种消极的情绪体验，是个体希望努力缓解或避免的。

和所有复杂的心理现象一样，孤独也是多样的，可根据不同的标准分类。根据孤独持续的时间，可将其分为长期孤独、情境性孤独和暂时性孤独三类。其中，**长期孤独**（chronic loneliness）是个体经常感到缺乏满意的人际关系或存在社交缺陷的情绪状态，可被看作是特质性孤独。**特质性孤独**（trait loneliness）是一种人格维度，不同的人对孤独都有不同程度的敏感性，一些人更容易体验到孤独，而另一些人即使没有朋友也不会感到孤独。**情境性孤独**（situational loneliness）是由人际关系破裂或处于陌生、封闭的社交环境等情境而产生的孤独。而**暂时性孤独**（temporary loneliness）则是很多人都会体验到的偶尔的孤独。与长期孤独不同，情境性孤独和暂时性孤独只是对环境的特异性反应，被统称为**状态性孤独**（state loneliness）。与特质性孤独者相比，状态性孤独者在人际交流中表达得更充分，也更主动。

Weiss（1973）则根据孤独产生的原因将其分为情感孤独和社会孤独两类。**情感孤独**（emotional loneliness）产生的原因在于缺乏能够满足个体情感和安全需要的重要关系；而**社会孤独**（social loneliness）则产生于缺乏社交网络或不能被自己所需要的团体接受。情感孤独可以导致焦虑、无名的恐惧、对威胁的警惕、被遗弃的感觉、过度敏感等反应；而社会孤独则导致抑郁、无价值感和漫无目的。两类孤独也有相似的表现：沮丧、紧张、无缘由的不满意等反应。

三、孤独的群体差异

在孤独的群体差异研究中，性别差异是其中的一个重要方面。有研究表明，大学男生比女生更为孤独，这可能是因为男生的消极自我评价，社会支持网络缺乏以及人格上的局限。但也有研究发现，孤独感的性别差异并不明显，但性别特征可以预测孤独感，这可能说明男性更不愿意承认自己的孤独感（Ponzetti & James，1990）。

孤独的年龄差异也是孤独感群体差异研究的重要主题。研究者曾以为儿童没有孤独感；但后来的研究者发现，9 月大的婴儿就有孤独感，5 岁大的儿童可以理解孤独的本质，8 岁的儿童可以定义和描述孤独（Cassidy & Asher，1992）。另有研究发现，成年早期是孤独体验的高发期，而老人的孤独感随年龄的增加而增加（De Jong-Gierveld，1999）。

孤独群体的差异研究最受关注的还是文化差异研究。孤独感存在文化差异，而且孤独感的群体差异也因文化背景的不同而不同。有研究表明，北美被试的孤独感高于克罗地亚被试和西班牙被试的孤独感（Rokach，2001）。但一项对加拿大和捷克青年人孤独感的比较研究表明，加拿大被试在情感孤独维度的分数较高，而捷克被试在社会孤独维度的得分偏高（Rokach，2003）。

四、孤独者的人格特点

除了上述的空虚、无助、不安、焦虑、被人疏离和不被人爱的体验等情绪特点，孤独者还有独特的认知、行为特点。对这些特点加以考察，有助于了解孤独的本质和形成。

从认知特点来看，孤独者对自己、他人乃至世界的预期和评价都是消极的。研究发现，孤独者会消极地评价自己和他人，并预期他人对自己持有消极评价。他们报告了更低的自尊水平，对自己的身体、性别、健康、外表、行为和能力也持消极评价，并认为自己的生活是受外力控制的（Jones，1982；Hojat，1982）。其他研究表明，孤独者难以信任他人，认为他人也不信任自己，不喜欢自己（Rotenberg，1994）。而且，孤独者更倾向于注意并更容易记起他人对自己的消极评价（Frankel & Pretice-Dum，1990）。就归因而言，孤独者往往对人际失败做出更内在、稳定的归因，而对人际成功做出外在、不稳定的归因。他们甚至以自我诋毁的方式解释自己孤独的原因，将孤独归因于稳定的特点（Peplau，Russell，& Heim，1979）。

从行为风格来看，孤独者在社交活动中表现得更笨拙，更不友好。孤独者与朋友共处的时间更少，也更少参加聚会约会，并报告难以交朋友、组织社会活动、参加社会群体（Hoover, Skuja & Cosper, 1979; Horowitz & de Sales Frech, 1979）。而在社会交往中，孤独者往往反应性更差，自我意识更强。孤独者更少觉察并关心同伴的反应（Sloan & Solano, 1984）；并更倾向于谈论自己，表现得对对方更不感兴趣，也更少问对方问题，在讨论过程中较少参照对方，会更可能地挑起与对方兴趣无关的新话题，也较少使用社会认同、自我表露规则等社交技巧，并更少有效的非言语交流，同时也倾向于扮演“被动的人际交往角色”（Solano & Koester, 1989; Vtkus & Horowitz, 1987）。

除此之外，孤独者还有其独特的人格特点。孤独者更容易羞怯，也更内向，在社交时非常谨慎，并有更低的自尊感。有研究者指出，性情孤僻、自卑感强、好忧虑且胆怯的个体更容易产生孤独感；而且孤独与内向、神经质和低自我表露有高相关（Peplau & Perlman, 1982）。但是，自尊与孤独的关系可能是非线性的。孤独者往往有低的自我评价，但自我评价过高也会导致孤独感，高自我评价者往往需要用不同于他人的观点来补偿自己的孤独（Gerst, 1983）。还有研究发现，高度男性化和女性化都可以减少个体感受到孤独的程度（Wittenberg & Reis, 1986）。其他研究也表明，热情、同情心、关怀、对他人的情感开放、独立能力、支配性、成熟等人格因素都与孤独有一定的负相关。

五、孤独的社会环境因素

如上所述，孤独与性别、年龄、文化背景、人格特点等都有密切关系，尤其是上述人格因素不仅是孤独者独特而稳定的表现，而且可能是孤独产生的内在原因。但除此以外，孤独的产生还有其社会情境根源。

首先，和其他任何个人特征一样，孤独也受到了与家庭有关的各种因素的影响。据孤独者的回忆，他们与父母和同伴的关系往往不佳，家庭聚会较少。孤独与不安全依恋类型有密切的关系（Paloutzian & Ellison, 1982）。

其次，对孤独者现有人际状态的研究表明，孤独者往往只有较小的社交网络，常常与不同的社交网络互动，并更不满意当前的社交网络。许多研究发现，社会关系结构松散的个体往往更容易孤独。此外，社会网络中在需要帮助时可以提供全力支持的成员数目、亲属的比例等与孤独都有显著的相关（Stokes, 1985）。拥有满意的婚姻，可以减轻甚至避免孤独，但与配偶的分离容易导致孤独，分离时间越长，孤独感就越强烈。

值得一提的是，孤独感与社交频率、交往时间和接触异性的比率并无太大关系，但与社会关系满意度、亲密程度等变量关系密切。研究证明，与朋友、家庭成员保持满意的亲密关系比社交次数、朋友数量、约会数量等更重要（Cutrona &

Peplau，1980)。

最后，有压力的人际事件也与孤独有关。对大学生的研究表明，离开家庭和与朋友分离是孤独的主要原因。还有研究发现，与家庭、朋友等分离、单独一个人、被动地拒绝（不被邀请参加聚会)、主动拒绝、人际矛盾等情境会引起孤独感(Jones et al.，1985)。对成人而言，离婚、丧偶、父母去世、遭朋友拒绝等压力事件等也会导致孤独（Weiss，1973)。

第四节 幸 福 感

以上我们提到的都是消极情绪，这显然不是生活的全部。除了苦难，生活中还有幸福。否则，我们将失去活着的乐趣和希望。那么，什么是幸福？似乎每个人都知道幸福，但却又没人能够给出精确定义。几千年来，人类无时无刻不在通过探索幸福来寻求自己存在的意义，从这一意义上讲，人类的发展史就是幸福的反思史。这种探索反映在今天，具体到科学心理学领域，就是积极心理学对幸福感的科学研究。

一、主观幸福感和心理幸福感

秉承不同的哲学渊源，对幸福感的研究自然分流成了两种截然不同的取向——**主观幸福感**（subjective well-being）和**心理幸福感**（psychological well-being)。除了哲学传统，两种幸福感研究取向在概念体系、理论框架和测评技术等诸多方面都有着明显的分歧。

以 Diener 为代表的研究者提出的主观幸福感可以追溯到享乐主义哲学观，即人的本性就是追求快乐，逃避痛苦，快乐是幸福生活的起点和终点。在快乐论者看来，快乐和痛苦彼此联系、相倚而生，“当缺少快乐或感到痛苦时，我们就会感到需要快乐；当没有痛苦时，我们将感受不到快乐的需要”。与其哲学渊源一致，快乐感研究者强调广义的生理、心理愉悦，认为幸福感主要由主观的快乐构成，重视个体对积极或消极生活事件的判断和由此产生的愉悦或不愉悦的情绪体验。在此基础上，研究者近来提出了新的概念——主观幸福感。

根据主观幸福感研究者的观点，主观幸福感是个体对自身整体生活质量的判断，具有主观性、整体性和相对稳定性等特点，主要包括情感和认知两大成分。其中情感成分包括频繁的积极体验和较少的消极情感两个方面；而认知成分则是生活满意感，不仅包括整体生活满意感，而且包括具体领域的生活满意感（Diener，1999)。主观幸福感的具体内容和结构如表 10-2 所示（Diener，1999)。

表 10-2　　主观幸福感的结构和内容

情感方面		认知方面	
积极情感	消极情感	整体生活满意感	具体生活满意感
欢喜	羞愧	想要改变生活	工作满意感
振奋	悲伤	对目前生活的满意感	家庭满意感
满意	焦虑、担忧	对过去生活的满意感	健康状况
骄傲	气愤	对未来生活的满意感	经济状况
爱	压力、紧张	他观的生活满意感	自我
幸福	忧郁	满意观	所属群体
极乐	忌妒		

对于主观幸福感情感成分的两大组成部分——积极情感和消极情感的关系，研究者对其进行了深入的探讨。首先，大量研究表明，尽管从一段时间来看，积极情感和消极情感是相互独立的，但在特定时刻二者并不是相互独立的。其次，两种情绪的长期平均水平（即强度和频率的共同作用结果）相关程度较低，但是控制了情感程度后，两种情感呈高的负相关。最后，两种情感在发生频率上并不独立，即积极情感越多，消极情感越少，反之亦然。研究表明，个体似乎更倾向于将积极情感看作是整体幸福感的决定因素，而幸福感的判断主要是根据愉快情感的频率，而不是情感的强度（Diener & Lucas，2000）。

研究者认为，情感成分和认知成分是不同的，但存在着相关，其相关程度会受到文化因素的调节。认知成分是个体对其生活所作的整体性评价，而情感成分是个体对自己所经历的生活事件的情感反应，有可能受到潜意识目标和生物学因素的影响。研究表明，二者存在一定的相关，可以共同归于总体幸福感因子；但其变化趋势并不完全一致，并且与不同的因素有关。例如，不同文化下的两种成分的相关程度不同，在个体主义文化下，二者的相关系数高于.50；而在集体主义文化下，二者的相关系数甚至低于.20（Suh et al.，1997）。

与主观幸福感不同，心理幸福感的研究秉承实现论的哲学渊源，认为幸福感涉及人与真实自我的协调一致，幸福发生在全身心投入与深层价值相匹配的活动、充分发挥自我潜能的过程中，是一种实现自我的愉悦。在他们看来，快乐经验是活动的伴生物，活动是快乐的媒介；活动有带给人快乐的可能性，但快乐是否发生，则取决于人的因素。其他研究者（Ryff，1995）则根据人的发展理论提出了心理幸福感的多维模型，并通过实证研究证实了心理幸福感的6个基本维度：自我接受（self-acceptance）、个人成长（personal growth）、生活目的（purpose in life）、良好关系（positive relationship with other）、情境把握（environment master）、独立自主（autonomy）。其中，生活目标和与友好关系是心理幸福感最重要的特征。其他研究者提出的自我决定理论（self-determination，SDT）指出了3种对幸福感来说至关重要的心理需要：自主需要（antonomy）、认可需要（competence）、关系需要（relatedness）。尽管心理幸福感的模型不尽相同，但都强调潜能的充分实现和心理机能的良好状态，与快乐取向的主观幸福感大相径庭。

主观幸福感和心理幸福感的哲学基础和理论内涵是截然不同的，许多研究者也认为二者是相互独立的。有研究者将两种幸福感结合，抽取了两个相互独立的因子：快乐感（包括积极情感、消极情感和生活满意度）和意义（包括个人成长、生活目标、与他人的积极关系和自主性），证明了两种取向的差异：快乐感与目标成效（goal efficacy）有关；而意义则与目标整合（goal integrity）有关（McGregor & Little，1998）。但是，越来越多的证据揭示了两种取向的相互联系。一项研究表明，心理幸福感的两个维度——自我接受和环境控制与快乐感和生活满意度有中度的相关，而其他四个维度——自主性、个人成长、与他人的积极关系、生活目标则与主观幸福感有弱相关。其他研究者（Keyes，2002）进一步对二者的关系进行拟合，得出了一个理想模型，如图10-2所示（Keyes，2002），主观幸福感和心理幸福感虽然彼此不同，却又密不可分。

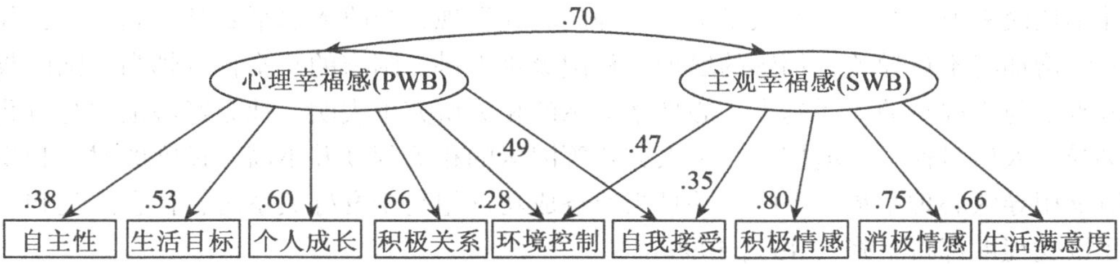

图10-2 主观幸福感与心理幸福感拟合模型

在此基础上，研究者提出了交叉分类模型，包括水平交叉分类对角类型和非对角类型个体。属于对角类型的个体在两种幸福感取向上水平相当，如两种幸福感都偏高或偏低，而非对角类型个体的两种幸福感水平则相互分离，即或者有高的主观幸福感和低的心理幸福感，或者有低的主观幸福感和高的心理幸福感。

二、幸福感的群体差异

早期研究者就幸福感的性别差异、年龄差异、种族差异乃至社会经济地位的差异等进行了大量的研究。关于幸福感性别差异的研究结果并不完全一致。有研究者对146项整体幸福感研究进行分析发现，性别只能解释主观幸福感不到1%的变异。

其他研究者对 39 个国家 18032 名大学生进行调查发现，男女被试对自己生活感到满意的比率基本相同。可见，主观幸福感没有显著的性别差异。但也有研究表明，男女被试体验到积极和消极情绪的频率虽无显著差异，但女性情感体验的强度显著高于男性。

幸福感的年龄差异是幸福感群体差异研究的另一重要组成部分。研究者发现，各年龄段的心理幸福感和主观幸福感都大体相当，尤其是生活满意度，几乎没有明显变化。但是，情感维度却随年龄不断变化。Diener 等（1998）的一项跨文化研究也发现，在 18~90 岁的人生阶段中，生活满意感的平均水平非常稳定，几乎是一条完美的扁平曲线；在 20~80 岁间，积极情感则呈缓慢而稳定的下降趋势；消极情感在 20~60 岁间有缓慢的下降趋势，但在 70~80 岁间却出现了缓慢的回弹趋势（Diener & Suh，1998）。关于心理幸福感的研究也表明，各年龄段的整体幸福感水平大体相同，但各个子因素的变化趋势却不相同，如生活目的和个人成长的水平随年龄而下降；情境把握和独立自主则随年龄而逐渐增加。

国家和个人水平的经济因素与主观幸福感的关系不仅是研究者关注的重点，也是争论的焦点。根据几十年来相关研究结果，Diener 等（2000）得到以下结论：富裕国家人们的幸福感水平高于贫困国家人们的幸福感水平；发达国家财富的增加并没有导致幸福感水平的增加；在同一国家内部，个人收入水平与幸福感只有微弱的相关关系；个人财富的增加并不一定导致幸福感水平的增加；看中金钱和财富的人并不比漠视财富和金钱的人幸福。另外的研究发现，当收入水平到某一高度时，收入的增加将不再导致幸福感的增加。从国家水平讲，国家的富裕程度越高，国民收入水平与幸福感的关系越小。心理幸福感的相关研究也表明，社会经济地位与自我接受、人生目标、情境控制、个人成长等因素的相关程度并不高。过度的财富和物质欲望导致心理幸福感下降，并且当经济成功欲望高于友好关系时，社会感觉和自我接受程度都将下降（Ruff，1999）。

研究者还研究了教育状况和年龄对两种幸福感的影响。结果发现，高主观幸福感和高心理幸福感者往往处于中年，而且受教育程度较高；而低主观幸福感低心理幸福感者则比较年轻，受教育程度也相对较低。其他研究也发现，相对于受教育少于 11 年的个体，受过 17 年甚至更多年教育的个体更少出现高主观幸福感低心理幸福感的情况；同时低主观幸福感高心理幸福感者的受教育程度比低主观幸福感低心理幸福感者高，而高主观幸福感低心理幸福感比低心理幸福感低主观幸福感者受过更少的教育却更年长（Keyes，2002）。

三、幸福者的人格特征

研究者发现，上述人口统计学变量只能解释 20%以下的幸福感变异，个人的心理因素如人格特质、目标等对幸福感有更大的作用。研究者就与幸福感有关的人格特征进行了大量的探索。

首先，幸福者最突出的人格特征是外向和低神经质。Eysenck 指出："幸福可以称之为稳定的外向性……幸福感中的积极情绪与易于社交的性格有关，这样的性格容易与他人自然而快乐地相处。同样，抑郁和焦虑等导致的消极情绪不是幸福感，因此，情绪不稳定和神经质与不幸福相联系。"（Eysenck，1983）有研究发现，外向性与积极情感的相关系数为 .38，还有研究用另外的测量方法发现，二者的相关高达 .80；在用结构方程模型估计神经质和消极情感的关系时，相关也高达 .80（Lucas & Fujita，2000）。

还有研究者发现，人格五因素与主观幸福感均有显著的相关。经验开放性与积极情感和消极情感都有正相关，随和性和尽责性与生活满意感和积极情感呈显著正相关，与消极情感呈显著负相关。回归分析结果表明，五个人格因素可以解释主观幸福感分数 43%的变异（Casta & McCrae，1991）。关于心理幸福感的研究也发现，神经质、外向性和尽责性是心理幸福感中诸因素如自我接受、环境控制和生活目标的有力预测源，随和性可以很好地预测个体与他人的积极关系，经验开放性和外向性预测着个体成长，神经质则是自主的决定因素（Keyes，2002）。Keyes 等（2002）将两种幸福感结合发现，神经质是生活满意感、积极情感和消极情感的有力预测源；外向性和责任心是主观幸福感和心理幸福感的有力预测源；而高心理幸福感低主观幸福感者的经验开放性比高主观幸福感低心理幸福感者高；高心理幸福感低主观幸福感者往往有高神经质和高尽责性。

幸福感还与很多与认知有关的人格因素有关。有研究者指出，自尊与幸福感的相关系数达 .50 甚至更高，总体自尊与积极情感的相关系数达 .50，与消极情感的相关为 -.43。但跨文化研究发现，这种相关在集体主义文化背景下不具普遍性，如印度妇女的自尊与生活满意感的相关为 .08，美国妇女则为 .60（Kitayma，1991）。

此外，乐观、控制点、生活目标等也是幸福感的重要预测因素。有研究发现，乐观与主观幸福感的相关系数高达 .75，尤其在压力条件下，乐观可以使个体保持高的幸福感（Hills & Argyle，2001）。关于控制点的研究发现，内控者相信自己的力量，也往往有更好的应激方式，因而幸福感程度较高。关于生活目标的研究也发现，参加有价值的活动和努力为个人目标工作都会对幸福感产生重要的影响（Cantor & Sanderson，1999）。

第十一章

意　志

"生命诚可贵，爱情价更高。若为自由故，两者皆可抛。"这是26岁便为国捐躯的裴多菲写的一首小诗，代表了他对生活道路的选择。平凡的你我也同样有着各种各样的目标，并会为着这些目标不断地付出努力。你有没有想过，人们这种有目的的行为是源自何种力量？是我们自己，还是命运，抑或是神灵让我们作出选择并付诸行动？人们有时会认为是自己在做着选择，但面临一些出乎意料的事情时，又不免会疑惑是否果真如此。就像足球明星马拉多那的那个不可思议的手球，人们会叫它"上帝之手"，但那真是上帝的旨意吗？先来听听哲人们的回答。比如柏拉图就认为人是有意志的，他把人的灵魂分作理性、意志和情欲三个部分，其中意志代表着勇敢、有生气的那部分，而且它是自由的，所以人应对自己的行为负责。康德则把世界分为现象界和自在之物，当人处于现象世界，人的意志服膺于因果律，是不自由的，但作为"自在之物"，其意志就是自由的。唯意志主义者叔本华则说意志无处不在，其本质是永不疲倦的生命冲动。

哲学家们在不停地思考，也许他们不知疲倦的思考本身能作为对意志更好的注解。让我们换个角度，从心理学角度来看意志。冯特就非常重视研究意志，他认为人的随意行为受普遍意志和个体意志的影响，前者代表着社会对人的影响，比如人们发现，只要社会条件保持不变，每年发生的刑事犯罪数目、自杀人数和结婚人数就可以在几十年中保持恒定。个体意志代表着个人的最终选择。他把个体的意志区分为简单意志和复杂意志。情感由简单意志引起，任何感觉或概念都带有情感，于是感觉也是由简单意志引起；复杂意志则引起有意行为和选择行为。也就是说，冯特认为意志对任何有目的的行为、情感和感觉都具有统摄作用。那么在个体意志的作用之下，个体又是怎样做出选择的呢？普遍意志为它提供了一些可能的选择目标，但这些目标是否会成为个体意志的目标则取决于个人因素。冯特强调个人因素在意志的独立活动中的决定性作用，而个人因素就是指人格（Wundt，1863/1997，pp. 456-461）。

这一章就从人格的角度来看心理学家是如何研究个体的有意行为的。我们选取四种有意行为，分别是攻击、利他、控制和独处。人们确实能够选择是否攻击他人，或者相反为了他人而牺牲自己的某些东西，要不要去控制他人和周围的环境以及是否离开众人独自呆着。这些因素作为人格的重要方面究竟有哪些特征和规律性呢？让我们来了解心理学家们的研究。

第一节 攻 击 性

每天我们翻开报纸，都能从中找出各种与攻击有关的新闻，大到国家间的战争，小到个人之间因琐事而起的争执，可以说，我们生活在一个并不安宁的世界里。资源有限、观念不同，冲突的确在所难免，但该如何解决冲突呢？每个人都会有不同的方式，有的人会更多地使用攻击的方式来发泄或占有某些东西，而另一些人则会采用温和的或迂回的方式达到自己的目标。于是研究者们用攻击性这一变量来描述这种个体差异。

一、作为一种人格特质的攻击性

攻击（aggression）是指故意伤害他人或破坏物体的行为。**攻击性**（aggressiveness）则是个人一贯表现出攻击行为的程度。人格心理学家把攻击性看作一种人格特质，认为它具有跨时间的稳定性。如有纵向研究发现，一些在8岁的时候被评定为具有攻击性的个体，在22年之后，也就是当他们30岁的时候，仍具有高攻击性，与同龄的其他人相比，他们成为罪犯的可能性更大（Huesmann et al.，1984）。

还有研究者（Pulkkinen & Pitkanen，1993）测量了人们在8、9岁，14岁和26岁的攻击性，研究中对不同年龄阶段的人，采用的攻击的测量方法也不尽相同。对8、9岁的儿童，是通过询问老师和同伴来了解其攻击性的，而26岁的人则是采用自我报告法，同时还会考察他们的犯罪记录。研究者发现男性受测者的攻击性是相当稳定的。男性在8、9岁时的攻击频率预示了他们14岁甚至26岁时的被捕次数。14岁男孩攻击测量预示了26岁时其自我报告的攻击性及当时的被捕情况。这种在攻击性上个体差异的稳定性为攻击倾向和特质提供了支持证据。那么，应该如何对攻击性这一个体差异的产生、维持以及它所具有的特征进行解释呢？

二、有关攻击性的理论

（一）本能论

Freud是攻击性的本能论的著名代表。在《文明及其不满》一书中他曾写道："攻击的倾向是人天生、独立的本能倾向。"在他看来，人除了具有我们熟知的性本能、饮食本能、防御本能之外，还有攻击的本能。他甚至推测在人身上还有容纳这种通过遗传获得的攻击性能量的存储器，存储器中的攻击性能量迟早要释放出来的，他称之为“宣泄”。如果能量宣泄指向内部，就表现为对自我的折磨摧残，甚至自杀；若指向外部，则表现为对他人的伤害，也就是多种多样的攻击行为。第二种攻击本能论是由动物行为学家 Lorenz 提出的。他以对动物攻击行为的观察为基础，然后将研究结果推及人类。他认为，所有的本能，包括攻击，都可以从适应上得到解释，即从生存和繁衍的机制上得到解释。

攻击的本能论遭到了许多人的批评。首先是它的循环论证：为什么攻击是一种本能？因为人类表现出攻击的行为。为什么人类会表现出攻击行为？因为人有攻击本能。其次，跨文化和人类学研究表明，有些社会比其他社会更具攻击性，因此攻击性具有文化的差异。而且，目前尚无确切的神经生理学证据显示身体会产生或累积攻击能量。

（二）社会学习论

社会学习理论是由 Bandura 提出的，它以行为主义为基础，同时强调了认知因素的影响。Bandura 认为，攻击性可经由两种方式获得。第一种也是最重要的方式就是观察学习——儿童能注意到别人的行为，并将该行为保存在记忆之中。他的著名实验表明，那些在实验中看到成人的攻击行为受到奖励的儿童，随后的攻击行为显著多于那些看到成人的攻击行为受到惩罚的儿童，也多于那些没有看到成人攻击行为的儿童。进一步的研究还表明，不仅直接的观察学习可以使儿童学习到攻击行为，通过大众媒体实现的间接学习，也可以使儿童受到同样的影响。那些攻击行为得到强化的儿童，将来进行攻击的可能性也比较大。

这一理论的优点在于，它不仅说明了攻击是如何习得的，而且也进一步说明了攻击行为的维持和控制。攻击行为如果成为攻击者获得利益的工具，就会因能满足攻击者的目标而被维持下来，并变成习惯。这意味着，高攻击性的儿童可能已经学会攻击是一种达到其他目的的有效而且实际的手段。Bandura 对降低和控制人类的攻击行为是非常乐观的。既然攻击习惯是一种习得反应，如果我们努力消除维持攻击行为的各种条件，就可以消除攻击行为。如我们可以教导人们以非攻击的反应来应对“负面的”情绪状态如生气或挫折，也可以树立使用非攻击的方式解决问题的榜样。

（三）社会信息加工理论

这一理论是从个体在信息加工方面的差异来分析攻击性的，也就是说，个体对所发生的事件的加工和解释，将决定其是否会表现出攻击行为。个体是带着过去的经验（即记忆储存）及某种目标（例如交朋友、避免麻烦、寻找乐趣）而进入每一个社会情境的（Dodge，1980）。当突然间有事情发生时，就必须去加以解释。一般来讲，当人们处于模棱两可的情境中时，会采取以下步骤：（1）寻找合理线索以明确别人在做什么；（2）解释线索，即对线索进行推论和归因，以明确他人为什么这么做；（3）确定应该采取的措施。

而那些有暴力倾向的人，尤其是情绪性攻击者，其记忆里常常有“他人对我有敌意”这种强烈的预期，当他们受到伤害时，他们就会去寻找符合这种预期的社会线索。在模糊情境中，他们通常采取以下的步骤：（1）在许多不同环境中，他们都会试图寻找隐含有潜在恐吓和敌意的线索；（2）倾向于将模棱两可的线索解释为敌意；（3）很少会想到其他的、非暴力的方式去解决他们所面临的问题。

社会信息加工理论可以确切地描述攻击或非攻击个体的信息加工差异，但仍不能清楚地说明个体为什么会有攻击或非攻击性行为以及他们为什么一开始就会有不同的信息加工方式等问题。另外，它认为人总是处于理性状态，但实际上，人们常常会在情绪化的或不理智的情况下（如喝醉了酒）发动攻击。这是社会信息加工理论所不能解释的，因此，这一理论对攻击行为的解释能力也是有限的。

三、与攻击性有关的人格和性别因素

攻击性作为一种人格特质具有跨时间的稳定性，而且在个体之间还存在着攻击性上的差异，那么哪些人会有更高的攻击性呢？高攻击性的人还具有哪些特征？男人是否像人们惯常认为的那样，比女人更具攻击性？

（一）人格特征

神经质和精神质是 Eysenck 运用因素分析得到的两个人格基本维度。许多研究都表明，这两个人格维度与攻击行为之间存在相关关系。如国内有学者就曾做过有关小学儿童欺负与人格倾向的关系研究，结果发现小学生欺负他人的发生频率与神经质水平、精神质水平之间均存在显著或极其显著的正相关（谷传华等，2003）。这说明，欺负者多具有较强的精神质和神经质倾向或情绪不稳定性。

另外，自尊（self-esteem）与攻击行为的关系也一直备受关注。以前人们普遍认为低自尊容易导致攻击行为，但近年来越来越多的研究者对这个结论提出了质疑。有人（Baumeister et al.，1996）就提出攻击性起因于肯定的自我概念遭到别人指责或威胁，所以攻击性强的人自然是那些高自我评价甚至自我膨胀的人。人们在得到与其对自身良好观点相冲突的反馈，并要接受这些不太好的观点时，就会变得有攻击性。另一方面，有人（Egan & Perry，1998）研究了低自尊与欺负的关系，结果表明自尊心较低的儿童常受他人欺负。受欺负严重削弱了儿童的自尊心，降低了儿童的自我评价或自我价值感，而这种消极的自我概念又使儿童陷入了受欺负的恶性循环当中。还有人（Kernis et al.，1989）研究了自尊稳定性与攻击之间的关系，他们发现有着极高且不稳定自尊的人更有可能报告愤怒情绪的体验。那些在对自身积极评价上变化颇大的人极可能在自尊受威胁时感到受伤害，而愤怒也就是他们用来抵御这种挑战的策略。那些稳定且高自尊者攻击性最低。

（二）性别

攻击性对男女两种性别来说都是一种相当稳定的人格特质，但攻击性存在性别

差异吗？男性的攻击性的确像我们通常认为的那样明显高于女性吗？来自世界各地100多项研究的结果显示，男性不仅在身体攻击上比女性强，在语言攻击上也是如此（Shaffer，1995；Eagly & Steffen，1986）；当被问及是否参与过任何攻击行为时，发现男性报告了比女性更高的攻击行为参与率（Harris，1994，1996）。

但是所有这些关于攻击的性别差异的研究都是基于对身体的、外在攻击（overt aggression）的研究。更深入的研究发现，攻击的性别差异可能不是强弱或多少的问题，而是方式的问题。例如，女性可能比男性更委婉，她们的攻击也许以更加微妙的方式表达出来。有研究者（Crick，1995）指出，女孩的攻击行为并不一定比男孩少，只不过她们采取了不同于男孩的攻击方式——**关系攻击**（relational aggression）。关系攻击是指通过操纵和破坏同伴关系来有意伤害他人的行为。比如，通过将某人排除在某个社会关系之外，说她的坏话，散布不利于她的谣言等，来攻击受害者。这种攻击在女孩中更为常见，同样是一种有意伤害他人的行为，只不过更多的是心理的伤害，而不是身体的伤害。研究发现，受到关系攻击的受害者往往会出现一系列的适应问题，如被同伴拒绝，感到孤独、抑郁、焦虑，更多地表现出退缩、服从、冲动的攻击行为等。

四、引发攻击行为的因素

虽然攻击性是一个稳定的人格特质，但即使是一个高攻击性的人，也并不是时时刻刻都处于战斗状态的。那么哪些因素会激发其表现出攻击性，进而产生攻击行为呢？

（一）挫折

以前人们认为挫折（目标导向行为的失败）总是会产生某种攻击，因此攻击通常是由挫折引起的。的确，在生活中我们确实可以观察到很多类似情形，如没考好的学生会把书扔得老远。但是，研究者也发现了许多受挫但没有出现攻击行为的情况。这又该如何解释呢？有研究者（Berkowitz，1983）提出挫折并不一定引起攻击反应，它导致的只是“攻击行为的预备”而已。引发攻击反应的另一个关键因素是攻击线索。攻击线索是指任何与过去的攻击行为有联系的物体，如枪、刀、棍棒等。高度攻击预备状态加上特定的攻击线索，就会引发相应的攻击行为。此后，他发现攻击线索并不是攻击的必要条件，当消极的情绪反应足够强大的时候，即使没有攻击线索的存在，也会发生攻击行为。图11-1说明了这些因素之间的相互关系。

（二）生理唤醒

可以说挫折引发的只是一种消极情绪，而这里所说的生理唤醒则涉及更宽泛的层面。有研究者（Zillmann，1983）分析了生理唤醒在激发攻击行为中的作用。他认为，由某一来源引起的生理唤醒，在其来源消失后也不会立刻终止，它能迁移到

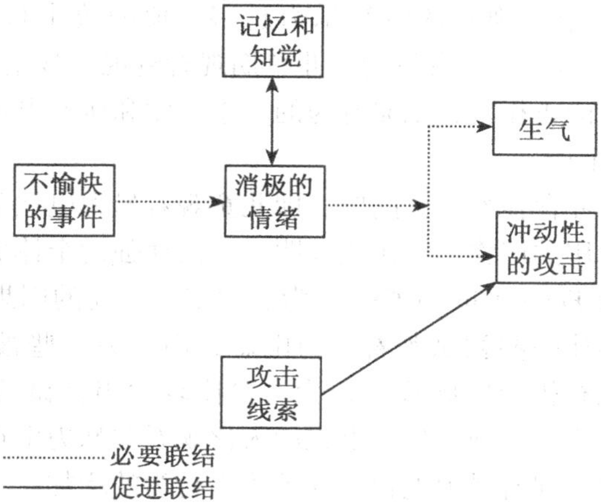

图 11-1 Berkowitz 对挫折—攻击假说的修订

其他情境中去，成为随后表现出来的具体情绪反应的一部分。例如，如果有一天你刚刚晨练完，邻居抱怨你的狗每天早上 7 点都会叫得让人心烦，那么你的火气就会比你还没有去晨练之前就听到抱怨要大得多。因为晨练兴奋的迁移使你对邻居的情绪反应更加强烈，如图 11-2 所示。这一思路还能解释许多以唤醒为基础的攻击案例。如身体运动、暴力电影、噪音等都可以引发个体的兴奋状态，这种兴奋被迁移至个体所处的情境中后，就更有可能激起个体的攻击行为，所以说生理唤醒能够对攻击产生“助长”的作用（Donnerstein & Wilsonm，1976）。

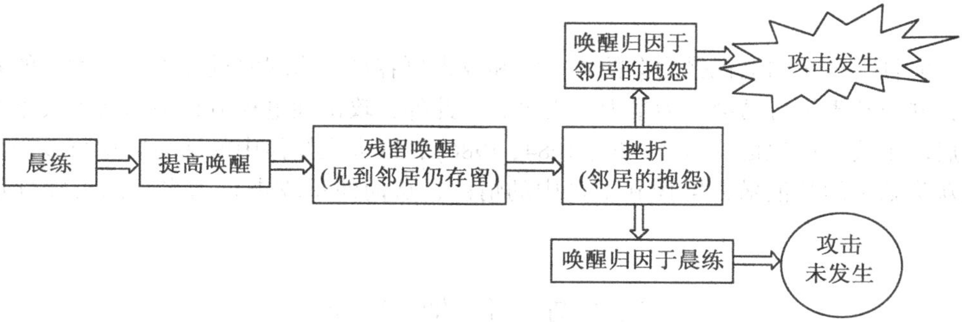

图 11-2 兴奋—迁移理论图示

（三）媒体暴力

有一种外在因素会在激发攻击行为的过程中起到重要作用，那就是媒体暴力。

这与前述的社会学习理论是相符的。电视暴力的确会影响到我们对攻击和暴力的感受、观念和行为，一个人观看的电视暴力越多，他的攻击行为也越多（Eron & Huesmann，1984，1985）。研究者发现，儿童期观看电视的数量和22年后攻击行为出现的可能性呈显著的正相关，犯罪行为的严重程度和所看电视的数量亦呈显著的正相关，如图11-3所示。

但是这类相关研究存在着一个问题，即儿童观看暴力电视节目很可能是他们本身所具有的攻击性作用的产物。有研究表明，攻击性强的个体更偏爱看暴力电视节目（Bushman，1995；Fenigstein，1979）。为了判定二者间的因果关系，研究者们设计了一些实验。他们让一些被试观看暴力电影，而让另一些被试观看非暴力的电影。随后，这些被试有机会实施攻击行为，再比较两组被试的攻击行为。结果表明，无论是儿童还是成人，观看暴力电视的人比观看非暴力电视的人表现出更多的攻击行为。这就证明了观看暴力电视会导致攻击行为的增加。

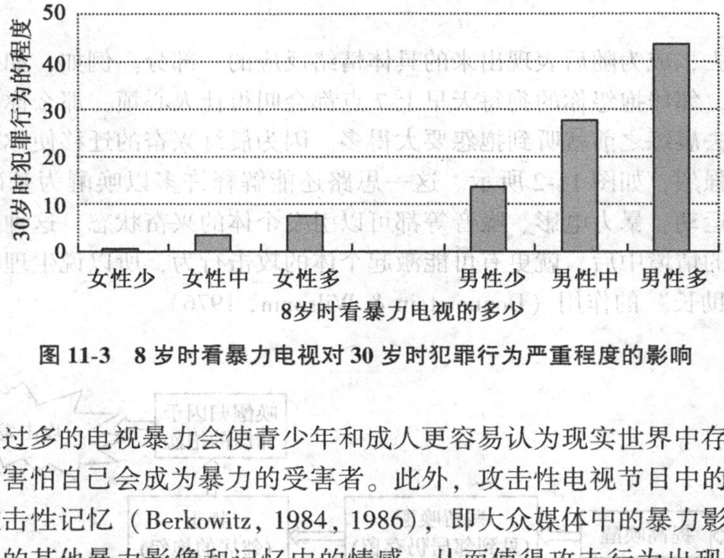

图11-3　8岁时看暴力电视对30岁时犯罪行为严重程度的影响

而且，过多的电视暴力会使青少年和成人更容易认为现实世界中存在大量的暴力，并非常害怕自己会成为暴力的受害者。此外，攻击性电视节目中的暴力线索表征启动了攻击性记忆（Berkowitz，1984，1986），即大众媒体中的暴力影像可以激活观众头脑中的其他暴力影像和记忆中的情感，从而使得攻击行为出现的可能性增加。

第二节　利他主义

人类行为如此复杂和自相矛盾。在我们因目睹人类的同类相残、损人利己等种种恶行而备感失望时，“老吾老以及人之老，幼吾幼以及人之幼”、助人为乐甚至舍己为人等行为折射出的利他主义的光辉又激起了我们对人性的殷殷希望。在对利他行为的研究过程中，人格心理学家曾经力图证实“个人与情境之争”中人格因素的重要作用，为此，他们提出了利他人格的概念。

一、利他人格的发现

20世纪70年代，大多数利他行为研究者都否认**利他人格**（altruistic personality）这样一个实体的存在，甚至提出异常强烈的质疑（Latane et al.，1970）。尽管如此，人格研究者仍积极寻找利他行为人格因素存在和相对重要性的实证支持证据。这些努力最早可以追溯到20世纪70年代，有研究发现，亲社会定位指数（一种结合了个人责任感测量、社会责任感、道德推理、亲社会价值观和低水平马基雅维利主义①的聚合倾向性测量指标）是一种相当好的利他行为预测指标（Staub，1974）。其他研究也发现，个人倾向性变量对于那些发生在现实情境中需要更高代价、长期的助人行为有更强的预测力（Batson，2003）。

在20世纪80年代进行的一项针对第二次世界大战期间曾营救过犹太人的援助者的回溯性研究（Oliner，1988），是关于利他人格是否存在的问题的经典研究。研究者利用访谈法和问卷法确定了影响援助者利他行为的预测指标，其中最具预测价值的个人倾向因素包括：对需要帮助者的同感倾向、对社会团体压力的感受性以及对平等和正义等普遍道德原则的坚持。研究者发现，援助者与非援助者的不同之处在于，援助者表现出对犹太人更多的仁慈，更加强调遵从道德规范，更重视个人责任。

而且，援助者同自己母亲的关系比非援助者要更亲密，并表现出更多的社会责任。他们对“如果我身边的人情况很糟糕，那么我也会感到难过”这样的观点表示赞同。援助者更相信自己对环境的控制能力，他们认为自己有能力去制定和执行计划，并对随后的结果负责。此外，与非援助者相比，援助者会更少使用刻板印象，更重视关怀和慷慨的价值观，更少相信和顺从权威的价值观。援助者从他们的利他行为中获得了自豪感，赢得了他人的感激和社会的认可；而非援助者则普遍感到内疚。

因此，援助者身上应该存在着一系列不同于非援助者的人格特质。这些特质结合起来就构成了利他人格这一更宽泛、更具概括性的人格概念。有人认为利他人格是指考虑他人福祉、关心他人、在行动上处处为他人着想的持久倾向（Penner，1998）。还有人认为，利他人格是慷慨、助人、仁慈等人格特质的组合（Rushton，1981）。

---

① 尼可罗·马基雅维利（Niccolò Machiavelli，1469～1527），是意大利著名政治家，他的著作《君主论》影响了后世许多政治家，他的理论也被曲解为马基亚维利主义，即为达到目的不择手段，强权至上主义。

二、利他人格的支持证据

近年来，利他人格这一人格心理学概念之所以得到越来越多研究者的认可和关注，可以说主要得益于两个方面证据的累积，一方面是救援者与非救援者之间人格差异的证据，也就是说，那些付出巨大代价帮助他人的个体和不肯救助他人的个体确实拥有不同的人格；另一方面的证据体现在利他行为的跨时间的稳定性上。

对交通事故现场第一援助者的研究表明，第一援助者与没有伸出援助之手的人相比，在社会责任量表（Social Responsibility Scale）和情绪同感问卷（Questionnaire of Emotional Empathy）上都有更高的得分，而在敌意和自私倾向的量表上得分较低（Bierhoff, 1991）。社会责任、同感意味着更多地关心他人，而敌意则意味着更少地关心他人。此外，研究中的第一援助者在内控量表（Internal Locus of Control Scale）项目上显示出更高的一致性，在世界公正量表（Just World Scale）上也有更高的得分。世界公正量表旨在测量人们对于“每个人都应得到他应该得到的一切”这一信念上的个体差异。测量结果证实，“当利他行为有可能完满解决问题时，世界是公正的”这样一种信念将会是促成助人行为发生的积极因素（Miller, 1977）。

另有研究为人格与助人行为之间的系统相关提供了强有力的证据。在此研究中，被试作为旁观者会看到身边的人遭受病痛的折磨（如胃病等）。研究者对这些被试的行为（其中包括助人行为或袖手旁观）进行记录。这些被试接着要完成一系列的人格量表。结果表明，助人行为与社会责任量表（Social Responsibility Scale）的得分存在正相关，与 Kohlberg 的道德判断水平量表呈正相关，而与马基雅维利主义呈负相关（Staub, 1974）。

利他行为的纵向研究也为利他人格的存在提供了支持证据。一项长达 16 年的纵向研究对儿童 4~20 岁的利他行为进行了跟踪研究。结果表明：在 4~5 岁时儿童的自愿分享（儿童允许他人暂时使用或拥有先前属于他的东西）与 15~16 岁的亲社会行为，及 19~20 岁时由其朋友报告的同情心之间存在显著的相关（Batson, 2003）。这说明，利他倾向作为一种个体差异变量在童年早期就已经出现，并在 15 年之后仍保持稳定。利他人格的确可以解释现实生活中那些需要付出代价的助人行为上所存在的个体差异。

此外，近年的研究还证实了儿童利他倾向跨情境的一致性，也预示着利他人格的存在。研究表明，在一种情境下愿意助人或与人分享的儿童，在另一种情境下很可能会有相应的表现。有同情心的 4 岁幼儿比没有同情心的同龄同伴在不同情境中都表现出更多的分享或协助（Grusec, 1988），常照顾年幼弟妹的儿童比没有弟妹的儿童更加慷慨、乐于助人和富有同情心（Whiting, 1988）。各种不同的利他行为指标之间具有中等程度的相关（Green, 1974）。因此，可以推测儿童表现各种利他行为的意愿之间也具有中等程度的一致性。

三、利他人格的结构

在翔实的实证证据证实了利他人格的存在之后，越来越多的研究开始关注利他人格这个人格变量，并试图更深入地了解这一变量的本质，对它的结构做出更为精细的描述。究竟何为利他人格？作为一种稳定的人格特质，利他人格又蕴含着哪些重要成分呢？研究者对此做出了大量的论述。

有研究者指出，社会责任感（social responsibility）可能是利他人格的首要因素。如果人们重视道德义务，他们的行为就会与其自身的道德信念保持一致。有研究者曾做过紧急状况下助人行为的研究，结果显示，社会责任与助人行为之间存在着正相关关系（Schwartz，1976）。

利他人格的第二个要素是同感（empathy），它是一种设身处地地感受他人当前情绪的稳定倾向（Hoffman，1975）。人类的同感水平存在着个体差异，一些人更善于同感，高同感者会比低同感者更主动地帮助那些经历痛苦的人。同感导致利他行为并非只是个体想要消除他人受困给自己带来的忧伤。无论他人的困难是否容易摆脱，高同感水平的个体都乐于提供帮助，而低同感水平个体只有在难以摆脱困境的时候才会提供帮助（Batson，1981）。并且，许多实证研究的元分析结果也显示同感与助人行为之间存在正相关（Eisenberg，1987）。

利他人格的第三要素是对世界公正的信念。有世界公正感的人相信人们会得到他们应该得到的，而且他们所看到的、接触到的世界不是杂乱无章、无法预见的。当有人明显受到不公正对待时，这种对正义世界的信念就极有可能土崩瓦解。为了维护这种信念，人们常常会伸出援助之手，去帮助那些受害者，补偿他们所遭受的痛苦和损失，从而恢复到一个井然有序的公平世界（Lernern，1980）。

利他人格的第四个要素则是内控。内控者一般认为，凡事都在自己的掌握之中，自己的命运可以由自己主宰。他们将成功归因于自己的努力，将失败归咎于自己的失误。正是因为他们认为自己可以控制事件的发展，内控者往往表现出了更多的利他行为（Midlarsky，1971）。

有些研究者还指出，利他人格中尚有一个要素是低利己主义。具有利他人格的个体利己主义的倾向更低，更少地关注自我和竞争。研究者还发现，在其他人格因素中，最容易使人帮助他人的因素是赞许需要。个体的赞许需要越强烈，越容易激发助人行为。当个体的助人行为受到表扬、感激之类的奖励时，在以后类似事件中这一个体助人的可能性会增加。信任他人的人比不信任他人的人更容易卷入亲社会行为。对儿童的研究表明，当助人倾向成为自我图式的组成部分时，在特定的求助情境中，这种倾向会得到体现。

在前人研究的基础上，有研究者指出利他人格是一系列与强化或妨碍亲社会反应有关的人格特质的组合体，主要包括同感能力、同情、观点采择、称许需要、人际信任、社交性、亲社会图式、情绪稳定性、公平信念、社会责任、内部控制、低自我中心、发展关注、自主性、低马基雅维利主义等（Baron，2003）。这使得利他人格除了包含正向指标外，还具有了如马基雅维利主义这样的负向指标。

第三节 控 制

拿破仑曾说不想当将军的士兵不是好士兵。这句话中隐含的控制欲的概念其实可以扩展到生活中的各个方面，我们经常通过对一些事情进行控制，来满足我们的需要，避免不愉快的事情发生，并以此感到自己有能力面对生活的挑战。其实关于控制往往涉及两方面的问题，除了人们是否有意愿去控制某个事物，即控制欲之外，还有就是人们认为他们能否控制某个事物，即个人控制感。一个人知道什么时候自己能控制事情的发展进程，什么时候自己又该放弃控制而去接受所发生的事情，这对其心理适应是非常关键的。

一、个人控制感

个人控制感（perceived personal control）是指人在主观上知觉到自己能否以及在多大程度上能控制事件，而不是实际上能不能控制。也就是说，一个人实际上对所发生的事件有多大影响是不重要的，重要的是个人主观上相信他们能对事件进行控制的程度。拥有控制感既有可能产生积极影响，也可能会带来消极影响。

（一）控制感的积极方面

控制感的积极方面是说它意味着良好的个人适应和心理健康。许多研究发现当剥夺了个体对重要事件的控制时，个体会有许多不良的反应。一个很好的例子就是**习得性无助**（learned helplessness），它是指因一系列失败经验而造成的无能为力的绝望心境。如果个体发觉无论他如何努力、无论他干什么，都以失败而告终，那么他的精神支柱就会解体，从而丧失求生斗志，放弃一切追求，陷入绝望的心境之中。Seligman（1975）以狗为被试，将其分为实验组与控制组。实验组的实验分两个阶段：（1）将狗置于一个无法逃脱的笼子中，施予电击，电流强度以能引起狗的痛苦，但不伤害其身体为限。电击引起狗的惊叫与挣扎，但无法摆脱电击。（2）将狗置于中间立有隔板的房间中，隔板的A边有电击设备，隔板的B边则无电击设备。隔板的高度是狗可以轻易跳过去的。将经过第一阶段实验的狗放入A边，发现它们除了在头半分钟内惊恐一阵之外，一直卧倒在地板上接受电击的痛苦，那么容易逃脱的条件，它们连试也不去试一下。控制组的狗，不经过第一阶段实验，直接从第二阶段开始，结果全部能从A边跳到B边，轻而易举地逃脱电击之苦。实验装置见图11-4：

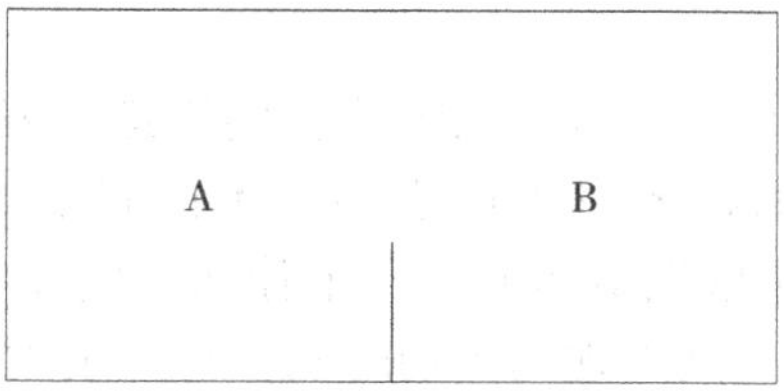

图 11-4 习得性无助实验图示

习得性无助的实验，在人的身上也得到了验证。有人发现让大学生被试经历一连串不可解决的猜字谜问题后，随后的一些简单的题目，他们也放弃尝试。而控制组被试则能轻易地解决这些简单的题目。这意味着人们有时会错误地把在一种情境下没有控制力的知觉，迁移到另外一些能控制的情境下。有研究表明人们在某件事情上受到挫折后，就可能认为自己在任何事情上都会做不好。这一想法若不加以阻止，那么这个人就可能陷入抑郁。有研究者给予被试不利的刺激，如噪音。让一组被试能找到办法来控制噪音，而另一组被试则怎么也找不到办法来控制噪音。然后让这两组被试完成其他的作业，并测量他们的抑郁程度。结果发现不能控制噪音的被试会把不能控制的知觉错误地迁移到新的任务上去，他们在新任务上的作业成绩显著地低于那些能控制噪音的被试，抑郁水平也较高。

后来的研究者更深入地研究了习得性无助感，如一些研究试图了解人们对于不能控制某一情境的解释。一个人在数学测验中没有获得好成绩，他可能将之归因于一般能力的缺乏，也可能认为是教师不公平或自己仅在当时条件下没能很好地发挥，两种情况下他的反应是非常不同的。当人们把失去控制归因于内部的、稳定的和整体的因素时，就更可能产生习得性无助感（Abramson et al.，1978）。也就是说，当一个人把失去控制归结为自身的、长时间起作用的、影响生活的许多方面的因素时，这个人就更可能经历到习得性无助感和抑郁。还有一些研究也发现有的人遇事比一般人更可能做出容易导致抑郁的归因（Peterson & Villanova，1988）。

（二）控制感的消极方面

以上讨论主要从失去控制感或缺乏控制感所导致的消极后果来看控制感的重要性和积极面，但个人控制感也可能会是消极的。

第一，当我们习惯于对整个情境进行控制时，我们就对事情的结果负有更多的责任，这种责任的增加就会使人更加关切别人对自己的评价，从而增加了焦虑。例如在一个公司里，一个人被提拔为经理，这固然能使其从对公司的控制中得到乐趣，但是如果这个公司效益不好，他将对此负有责任，也格外关切周围人如何评价自己，结果控制的增加可能也带来压力和焦虑的增加。有研究发现人有时会通过**自我妨碍**（self-handicaping，或自我设障）的方式，如分散注意力或吃一些抑制性的药物等，来减少对任务的控制，从而减少应负的责任、避免负面评价（Arkin & Baumgardner，1985）。

第二，我们控制一件事情，也就意味着我们知道将发生什么和什么时候发生。尽管人们通常喜欢能预测将要发生的事情，不能忍受未来的不确定性（Kelly，1955），但是有时人们宁愿事先不知道会发生什么。例如，让一组被试看着时钟等待电刺激出现，并告知电刺激出现的确切时间，另一组被试则不知道电刺激何时会出现，前者的焦虑水平显著地高于后者（Monat et al.，1972）。等待坏事的来临会让人更加焦虑。

第三，如果我们试图去控制一些自己没有能力控制的事情，那么事情更有可能往不利于自己的方向发展。在一项研究中，医生让一些病人自己调整某种治疗过程，另一些病人则由医护人员来调整这种治疗过程。结果发现，当病人感到自己有能力完成此任务时，自我调整的病人比由医护人员来调整的病人所表现出来的抑郁水平要低。但是，如果病人感到对自己的病情缺乏控制能力，那么自我调整的病人与那些由医护人员来调整的病人相比，就表现出更高水平的抑郁（Eitel et al.，1995）。

（三）从不能控制中发现控制

人们有时会遇到些几乎不能控制的情境和事件，如癌症患者对疾病的控制能力是极有限的。那么在这些情境下，人们会如何获得控制感呢？一种方法是利用所谓**次级控制**（secondary control）（Rothbaum et al.，1982）。在这种情况下，人不是放弃任何努力，或陷入习得性无助感，而是通过接受事实、相信命运或神、或用一种积极的方式来解释事件，从而保持一种控制感。如研究发现，患有乳腺癌的女性，当她们接受已经发生的事情，并相信神会使每一件事情变好，她们对自己的疾病就会表现出较少的紧张（Carver et al.，1993）。而那些致力于积极重构自己生活的女性，其紧张水平会更低，她们会将注意力集中于生活的积极面，如将她们与所爱的人之间的联系变得更加紧密。另一种策略是把注意力集中在他们所能做的事情上（Taylor，1983）。对那些患有重病的人而言，如果能对自己生活的其他方面保持一种控制感（如每天都很积极地与他人保持良好的交往），就会表现出较少的抑郁（Thompson et al.，1993）。

总之，通过练习学会控制是有益处的，但有时人应该接受那些不能控制的现实，并将注意的焦点集中在那些能够做到的事情上。换句话说，最好是去做我们能做到的，而接受我们所不能做到的。知道如何区分这二者，是人的智慧所在，也是问题的关键。

二、控制欲

人对控制的需求或**控制欲**（desire for control）是不一样的，而且像其他的人格变量，个体的控制需求在不同时间和不同情境下是相对稳定的（Burger & Cooper, 1979）。一些人有强烈的控制需要，而另一些人则没有控制的需要。那么控制欲的个体差异表现在哪些方面呢？

（一）高控制欲者的特点

对于有高控制欲的人而言，对社会相互作用的控制是很重要的。研究发现高控制欲的大学生比低控制欲的大学生更可能在大学里的一些组织中担任领导角色（Burger, 1992），而高控制欲的公民更喜欢涉足政治和社会活动（Zimmerman, 1990）。这些活动能影响公共政策，使人能对重要的社会事件进行控制。而且在怎样对待他人的影响方面，高控制欲者与低控制欲者的表现也不同。当他们听到团体中他人的不同评价，或被告知多数人已经同意和拥护某一立场时，他们更可能抵制群体的压力而坚持自己的立场（Burger, 1987）。

在人际交往中，高控制欲的人对待朋友和陌生人的方式往往不同。当与朋友交往时，他们所用的策略往往是采取直接的行动来控制谈话的进程；在和陌生的人交谈时，高控制欲者则表现出比低控制欲者说话的声音更大，更经常地打断对方，说话的速度更快（Burger, 1990）。另外，在交谈即将结束时，高控制欲的人比低控制欲的人更可能对交谈过程进行总结，他们是最终做决定的人。但高控制欲的人并不总是积极主动地控制交往的进程和结果。有时为了避免被他人操纵，高控制欲的人会给别人较多的说话时间（Burger, 1992），而较少说出自己隐秘的信息，这就好比一个狡猾的玩牌者，宁愿去了解别人在想什么，而不是自己过早地摊牌。

高控制欲的人在努力工作、战胜困难方面一般地比低控制欲的人完成得更好。高控制欲的大学生比低控制欲者获得更高的等级，高控制欲的工人比低控制欲者在不同的工作中均有更高的成功水平。那么高控制欲者完成任务是为了奖励，还是为了展示自己的能力以获得满足感呢？研究发现后者对于高控制欲者来说更重要。对高控制欲者强调外部奖赏会对其动机产生消极影响。许多研究证明，对人已经喜欢的事情给予奖赏通常会降低他们继续从事这一活动的动机。对于这一现象的解释，一些研究者认为可能是由于个人的关于他为什么要从事某一活动的知觉发生了从个人选择到外部控制的改变。当提供外部奖赏时，高控制欲的人更可能对活动失去兴趣（Thompson et al., 1993），因为这些人特别希望看到他们自己在决定着自己的选择，他们对来自其他方面的信息会特别敏感。

此外，高控制欲的人更喜欢分析和思考环境和事件（Jarvis & Petty, 1996），更可能注意到那些能帮助他们理解他人行为原因的信息，也更可能对他们自己的行为进行反思和更复杂的分析。但这些较高级的认知活动并不一定意味着高控制欲的人比低控制欲的人在对事件的评价上更准确。如果一个人相信自己控制着事件的发展，但实际上决定事件的因素是随机的，那么这时当事者的控制感就只是一种**控制错觉**（illusion of control）。高控制欲的人更容易受控制错觉的影响（Burger,

1986）。如抛掷一个硬币或骰子，实际上是由随机因素决定的事件，但看起来像是由一个人的技能决定的游戏，当高控制欲的人相信自己能抛出这个数目时，他们就会下更高的赌注。

（二）性别差异

一般人们会认为，男性可能比女性有更高的控制欲。男性似乎天生具备控制、玩弄权力和占统治地位的需要，这就是我们社会历来有关男性的观念。与此相一致，早期的许多研究发现，在控制欲上男大学生比女大学生分数要高。但是，一个纵向研究发现性别与控制欲之间的关系其实要更复杂（Burger & Solano, 1994）。研究者在1980年测量了一组大学生的控制欲水平，发现男生有预期的更高的分数。但是，当研究者在十年后再一次测量这些学生的分数时，则发现了一些有趣的变化。在这十年中，女性的控制欲有了显著的增长，几乎接近于男性（见图11-5）。尽管对这一发现可能有几种不同的解释，但研究者推断20世纪80年代以来性别角色上的变迁和妇女在学校及职业上所面对的挑战，对她们在生活中对事件的控制需求的增加是有很大影响的。

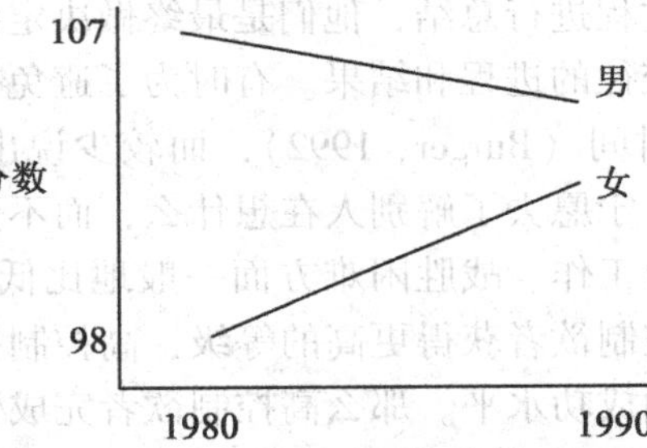

图11-5　控制欲在20世纪80年代的性别变迁

第四节　独　　处

人本主义者认为，**独处**（solitude）与孤独（lonliness）不同，它是一种积极的、具有潜在价值的人类经验。Vicktor Frankl曾说："我们需要新的休闲方式，一种能带来沉思和冥想的方式。为了这个目的，人需要有独处的勇气。"他希望人们能摆脱无休止的聚会等与人共处的休闲方式，花些时间完全只与自己相处。同时，他也意识到，回归自己的世界是需要勇气的。而选择了独处的人得到的回报也是十分丰厚的。

一、独处的个体差异

很明显，有些人喜欢独处，有些人更愿意与人共处，人们对独处的需要是不同的。有研究者认为，确实存在独处偏好这一人格维度，它能描述人们在寻求和享受独处时间的程度上的差异（Burger，1995）。处于这一维度一端的人偏好独处，对于他们而言，独处能带来舒适感。Maslow 认为，自我实现的人偏爱独处时光，喜欢享受舒适的与人分隔的状态。他们不喜欢参加聚会，不希望因为一些小事情而分心。他们愿意花时间和精力去保持一些亲密的友谊关系，而不是周旋于一大帮朋友之间（Alexander，2000）。他们是学会了从独处中受益的人。还有一些人，因为某些性格因素而偏好独处，比如内向的人喜欢安静的环境（Dornic，1990）。相比而言，外向的人对独处的偏好较低。

二、独处与心理健康

（一）独处时的心理体验

独处能带来成长和发现，形成对自己更深的理解和评价，提高内在的力量感和自我信赖（Tricia1，2004）。我们都知道与他人建立良好的关系是幸福感的源泉，然而人们往往忽视了，要与他人建立亲密关系，首先应该学会和自己友好相处。自我接纳是建立起有意义的人际关系的先决条件。而独处恰恰能为我们提供自我评价、反省（reflection）和计划的机会。那些在独处时不觉空虚无聊的人，更能享受与人交往时的美好感觉。独处还能为我们提供自我整合的机会。每天我们都会经历着不同的事情，这些新的经验必须能够与我们已有的经验建立联系，融为一体，自我才能成为一个不断生长完善的系统。而当我们不再关注别人的时候，我们能更好地关注自己的直觉、感情和想法，所以独处能使我们有机会整理自己的生活历程。

有学者通过名人传记研究了独处与创造性的关系，发现人在独处时更富于创造性，有很多因独处，甚至是被迫的独处，而产生伟大的作品的例子（Buchholz，1997；Storr，1988）。有些作品是在狱中完成的，比如雷利的《世界史》，另外因疾病造成的独处也会产生同样的作用，比如耳聋后的音乐家贝多芬、画家戈雅创作出了大量的传世之作。还有一些富于创造性的天才人物，则是从主动选择的独处中获益，比如哲学家康德、维特根斯坦等人，他们通过独处来保持自我的完整感（unity）。晋代诗人陶渊明也只有在“结庐在人境，而无车马喧”的僻静山村中，才能达到“采菊东篱下，悠然见南山”的意境。还有中国古代众多艺术家，他们或孤傲地冷眼旁观，或因不得志而潦倒，但也正是远离官场，甚至远离尘嚣的生活经历才成就了他们的不朽作品。难怪李白会发出“古来圣贤皆寂寞”的慨叹，这也应是他自己的肺腑之言。

独处体验是一种很主观的经验，有时候会很奇妙，可能会包含真实、美、自然、尊敬和仁慈（Moustakas，1961）。也许正因为这样，独处才与宗教有着某种奇妙的关联。穆罕默德经常隐居在山顶的洞窟里，昼夜沉思冥想。经过几年的思考，他的思想逐渐成熟，看清了生活中的虚假浮华。释迦牟尼是独自在菩提树下静思默想，才顿悟而成佛的。耶稣在忍受了 40 天极度的孤独和屈辱之后，才终止苦难，得以升天。独处使他们获得对人世的新的洞察，成为宗教领袖。普通人也有可能通过独处而获得宗教体验，那是一种个体与外在世界相和谐的一体感，一种人与自然融合的、具有神秘色彩的体验。正是道家所谓的"居尘出尘，住世超世"。罗曼·罗兰认为，它是"对永恒的一种感动，是一种无边无际的大洋似的感觉"。还有近些年来在繁忙的都市人中流行，而实已流传千年的瑜伽，其呼吸冥想讲究"调息、调身、调心"，意即借助于身体的平静而至内心的安宁，于呼吸之间，便能达到物我两忘的境地。

独处还能缓解压力。关于这一点，从前面已讲到的心理体验就能感觉到。这些美妙的体验是在与他人共处时很难达到的。有人用电话的方式访问了 500 个美国的成年人，要求他们完成独处时的舒适感、抑郁程度、身体症状、生活满意度等几个问卷（Larson，1996）。结果发现，独处时的舒适感与抑郁及身体症状呈负相关，而与生活满意度呈正相关。另一项研究让被试在实验者要求的时候报告他们的情绪状态和正在干的事情，结果发现，在独处后，青少年和成年人都报告比其他时间更多的愉快情绪（Csikszentmihalyi，1987）。还有研究者发现在心理治疗过程中，主动选择的独处能减少失调行为，促进心理健康（Suedfeld，1982）。

（二）独处的作用机制

既然独处能带来如此之多的益处，我们要问，这其中的机制是什么，独处是如何起到这样的作用的呢？研究者认为，独处可能会提供一种独一无二的机会，使人可以看清楚现在的压力和生活状态，从而使独处变得有建设性（constructive）。这暗示了独处具有认知功能，能提供评价压力的机会。而精神分析学家 Winnicott 强调独处时潜在的情绪调节功能。他认为，完全成熟的成年人是能够利用独处来平息焦虑的，比如那些因压力而生的焦虑，而且他们也能利用独处来重建情绪平衡。独处能力是情绪发展成熟的一个最重要的标志。因此，独处对心理健康的作用能从认知和情绪这两个方面来解释。

另一方面，独处时间的长短也影响着心理健康。人们能从或长或短的独处时光中获益。研究发现（Larson，1990），美国的成年人平均花掉 30%的清醒时间用于独处，而且这个时间比例会随年龄的增加而增加，特别是那些丧偶和离异者。对于那些丧偶者，他人的同情和劝慰虽能起到一定的作用，但更重要的是在独处中让自己接受这一现实。这种接受的过程非常私密，因为这与丧偶者和死者之间的亲密关系有关，别人没有分享过，也不可能分享。在另两项研究中（Larson，1980），研究者发现那些有规律地花掉清醒时的 20%~40%的时间用来独处的青少年，比那些从不独处的青少年要适应得更好，因为在这一人生阶段要解决自我同一性这样的重要而有难度的问题。而那些承受着很大压力的人会经常抱怨他们没有时间独处，正如 Horney 所说，渴望有意义的独处时间绝不是神经症；相反，没有能力创造独处时间其本身就是一种神经症的征兆（Burger，2004，p. 252）。

尽管一定时间的独处对我们有益，但是这并不意味着独处时间越长越好。有一项针对青少年独处时间的调查表明，中等程度的独处对青少年的成长和适应最有利，太少或太多的独处可能会带来负面作用（Larson，1997）。太长的独处时间，会带来抑郁、更多的身体症状，以及更少的幸福感。而缺乏独处时间也会造成严重的心理后果。其实独处和与人接触都能让我们的生活变得丰富，我们应该学会寻找到两者的价值，并保持对我们最有利的平衡。

三、独处的文化差异

人所处的文化背景也会影响到独处偏好。在不同的文化中，人际交往的方式和可获得的社会支持是不同的，这些差异会影响到人在独处时的感受。而且不同的文化会赋予独处不同的价值和目的。有一项跨文化研究发现，和土耳其人和阿根廷人相比，美国人更愿意把独处看作是反省（reflection）和接纳自我的机会（Ami et al.，2000）。这与美国文化是有密切关系的。独处在北美文化中很流行甚至被鼓励，随着因特网的普及，该文化中的人们变得愈发孤独、与他人缺乏联系。当今的北美社会，初级群体的互动呈下降趋势，这是指面对面的亲密交流，比如与家庭成员、亲属、亲密朋友等人的交流。美国文化强调个人成就和竞争，强调自我成长、自我理解和自我接受。因此他们更愿意把独处作为一个认识自我，接纳自我的机会。而对于像土耳其这样的国家，绝大部分居民是穆斯林，还保持着传统的价值观。人们所拥有的共同的教育和职业背景，以及他们的宗教团体，是他们归属感的来源。土耳其的文化强调忠诚、婚姻关系及友谊。在这样的文化背景中，人们对于独处的态度较为负面，也更难以积极的方式来对待它。另外，研究者还认为（Warren，1985），不同文化中描述独处及其影响的语言的可得性是不同的，这也是影响人们独处偏好的因素之一。

第三编

人格动力

第十二章

社会性动机

当我们关注一个人的动机时，我们正企图解释此人行为的主观原因。动机即指促使个体去从事某种活动的内在原因。它不是用来说明活动本身是什么（what）或怎样进行（how），而是用来说明个人为什么（why）要从事该活动。稳定的动机也可称为人格动机，是比特质更深层的东西。特质研究主要回答人格“是什么”的问题，重在静态的描述，属于结构性的探讨；动机研究主要回答“为什么”的问题，重在动态的解释，属于机制性的揭示。

本能论者试图通过对动物本能行为或人的潜意识行为的分析来解释人类全部的行为。驱力论者则认为个体的行为起于驱力，如果行为结果导致驱力降低，那么之后同样的驱力就会引起同样的行为反应。Murray 的需要—压力理论和 Maslow 的需求层次理论也可以解释人的行为动力，故可被看成是动机理论。Murray 认为人格是个人需要与环境限制相互作用的产物。需要是多样的，包括追求成就和交往等。需要这种力量能组织知觉、智力和动作，使现存的、不如意的环境朝着一定的方向改变。Maslow 则强调从整体上来构建动机理论，他认为需要并不是某个器官的需要，而是整个个体的需要。因此，动机研究不仅应关注生理需要，更应重视人特有的高级需要。

相对于饥、渴等生理性动机，人格心理学家更为关注体现个体差异的社会性动机。由 Murray 开创而后由 McClelland 发展的动机研究，深入探讨了三种重要的社会性动机：成就动机、权力动机和亲和动机。这三种动机与个人社交行为特征、事业奋斗、领导能力、人际关系、自我建构、心理调节和健康等等都有着重要关系。本章将评述心理学家关于成就动机、权力动机和亲和动机的研究。

第一节 追求卓越：成就动机

一、成就动机的起源与界定

从儿时起，我们就会为自己的良好表现而高兴。我们努力使自己变得有能力以探索和操控这个世界。对成功表现的关注，可以追溯到人生的头几个月，就是在这一时期婴儿体验到了最基本的兴趣和惊奇。他们对变化的刺激更感兴趣，对其注视的时间明显多于一成不变的刺激。这种兴趣的适应性功能就是“使注意集中并保持从而驱使其去探索”（Izard，1978，p. 397）。当婴儿学会走路和交谈时，他们会以更积极的方式去探索周围的世界，也越来越自主地去寻找能带来兴趣和惊奇的事情（Erikson，1963）。就其认知发展而言，蹒跚学步的孩童已开始逐渐懂得和欣赏这种略显粗糙的“卓越”表现（Kagan，1994）。他们在一种简单却又让人惊叹的水平上，意识到“事物是以一种特定的方式活动着”，进而去发现那些方式，并试图掌握它们。

众多心理学家都认为，早期的兴趣和随后的探索经历象征着人作为一个充满好奇且勇于开拓的成功者的形象，说明追求成就的倾向是天生的，具有适应的价值。尽管每个人都被赋予了这种倾向，但仍可以观察到明显的个体差异。一部分人有着更强烈更广泛的成就动机，他们对成功如饥似渴。成就动机使人随时准备着表现出色和体验成功。一旦出现了诱发成功行为的诱因，成就动机就会被激起并指导人的行为。

简而言之，**成就动机**（achievement motivation）就是个人追求成就的内在动力。包括个人追求进步以期达成希望目标的内在动力；从事某种工作时，个人自我投入精益求精的心理倾向；在不顺利情境中，冲破障碍克服困难奋力达成目标的心理倾向（张春兴，1994，p. 512）。研究表明，低成就动机者和高成就动机者在行为方式上存在很大差异。例如，高成就动机者偏爱中等难度的，可以立刻得到反馈的任务，在这样的任务中，他们表现更积极；他们会坚持去完成更多的作业而且保持高效，有时会为成功而走捷径甚至欺骗；他们常常表现出极强的自控力，而且永不满足，不断开拓，时刻准备迎接挑战和变化（McClelland，1985；Spangler，1992）。他们对程式化和枯燥的工作不感兴趣，可一旦某项工作需要一定的创造力和见解，并且该项工作的完成会给他们带来极大的成就感，高成就动机者就会比一般人更执着地努力工作（Burger，2000，p. 151）。而且，高成就动机者更可能回忆起那些被中断的成就性任务，显然，半途而废会让他们耿耿于怀。

随着成就动机研究的不断深入，人们对其内在结构也有了越来越清晰的认识。20 世纪 60 年代，Atkinson 等人提出了成就动机的两个维度：希望成功和恐惧失败。如果个体对成功的希望远远大于对失败的恐惧，那么他的成就动机就会高；反之则否。个体成就动机的水平可以从他们选择任务的难度上看出来。一般而言，只有在对成功极其渴望而对失败的恐惧又不及这种渴望时，人们才可能有勇气去选择困难的任务。对于一个害怕失败的人，如果没有能够让他克服这种失败恐惧的成功渴望，他是不可能有勇气去挑战困难的。尽管这一判断标准能够解释某些情况下人们的成就动机和情境，但用它还不足以解释所有的成就行为。人们是否选择困难任务，通常还会涉及认知方面的因素，个人成就目标的定向不同会导致不同的成就动机和行为。在此基础上，有研究者（Dweck，1986）提出了目标定向理论，进一步完善了成就动机的概念。

二、成就目标定向理论

通常，个体在从事某项工作时都有一个要达到的目标，而不同的人有着不同的成功标准（目标）。目标定向理论认为，个体主要具有两种目标定向：一种是**学习目标定向**（learning goal orientation），即个体关注的是通过获得新技能和掌握新情境来发展能力。具有这种目标定向的人追求自我成长。他们希望从经验中学到新知识和新技能，从而增强自身能力。另一种是**表现目标定向**（performance goal orientation），个体关注的是通过寻求好的评价和避免不好的评价来证实自己有能力。具有此种目标定向的人最看重别人对自己的评价。其实，学习目标定向和表现目标定向的本质区别就在于是关注自身能力的发展还是关注自身能力的证实。

研究者认为，由于个体对自己的内在特质（智力、能力）是否可控这一问题持有不同的内隐理论（implicit theories），故而在目标设定时会有不同的关注。学习目标定向的个体所持的是增值理论（incremental theory），他们认为能力是一种可发展、可控制的特质，可以通过努力得到提高。因此，他们的目标是追求了解新事物，通过学习、努力来提高能力，失败也是寻求解决问题的方法和达到特定目标的有效途径。而表现目标定向的个体则持另一种内隐理论——实体理论（entity theory），在他们看来，能力是一种固定的、不可控制的个人特质，后天行为对能力的改变作用是微乎其微的，个体必须保护它免受伤害。因此，他们的目标是获得对自身能力的良好评价，避免对它的负性评价，即通过高绩效来展现高能力（Elliott & Dweck，1988）。概括来说，两者主要在以下四个方面存在明显差异。

第一，成就目标定向不同的个体对待任务的方式不同。学习目标定向的个体倾向于把注意力集中在对任务的把握和理解之上，他们把能力的提高和对任务的掌握和理解程度作为成功的标准。表现目标定向的个体有向他人展示自己才智和能力的意愿，他们倾向于以参照群体为标准来评价自己的成功。当个体绩效较低时，表现目标定向占优势的人会怀疑自己的能力，并做出一些非适应性行为（Nicholls，1984）。

第二，不同成就目标定向的个体对努力的看法也各不相同。学习目标定向的个体相信努力能带来成功，他们认为努力不但可以激活个体现有的能力，顺利完成任务，而且通过努力，个体还能够提高自己原有的能力，并且还能发展出其他诸多新能力，这些能力是完成今后任务所必需的；而表现目标定向的个体则由于将能力视为一种固定不变的特质，因而对努力可能达到的效果也不抱希望。在他们看来，个人努力无法改变这种原有的、固定不变的能力，更不可能发展出新能力。不仅如此，表现目标定向的个体甚至将高努力视为低能的象征，他们的理由是高能力者可以很轻松地完成任务而不需要如此努力，而那些需要付出很多努力才能取得成功的人，显然能力低下（Ames，1992）。

第三，不同成就目标定向的个体偏好不同难度的任务。学习目标定向的个体倾向于做更多富有挑战性的工作，即使面对比较困难的任务，他们也会迎难而上。成功会带来莫大的满足感，而失败也会让他们获益良多。研究表明，在完成任务的过程中，学习目标定向的个体有较高的任务满意感和兴趣（Butler，1992；Duda & Nicholls，1992）。他们根据自定的标准来判断自身的能力，关注当前任务的完成以及对任务的掌握程度，其主观成功感取决于自身的进步和学习。与别人相比，无论自己的能力是高还是低，他们都倾向于选择有助于提升自己能力的挑战性任务。对于失败，他们会归因于努力不够或学习策略不当，进而对学习策略进行分析与调整并加倍努力。表现目标定向的个体在选择任务时，会避开那些只有50%成功机会的任务，而偏爱最容易或最难的任务。容易的任务会确保他们取得成功，进而受到他人的赞扬；而极难的任务如果完成不了，自身能力也不会受到他人质疑，一旦成功则会让人刮目相看。个体将自己的表现和努力程度同他人比较来判断自身能力，关注于自己能力表现的充分性，当其超过他人时就体验到了成功，尤其当他用更少的努力时。

第四，不同成就目标定向的个体对失败的反应方式也不一样。学习目标定向的个体表现出一种具有较好适应性的控制（mastery oriented）反应模式，主要表现为：寻求挑战性任务，追求提高能力，掌握新知识，新技能；在困难的情况下有较高的、有效的坚持性，对任务乐于投入更多的努力，面对失败，只把它作为一种有用的反馈，保持或增强积极感，维持或提高绩效水平。而表现目标定向的个体则表现出一种非适应性的“无助”（helpless）反应模式，他们回避挑战，寻求对自己能力的良好评价，避免对自己能力的不良评价；碰到障碍、失败时绩效下降，面对困难时表现出低的坚持性，常把失败归因于自己的能力低下，表现出不良的自我认知和情绪（Dweck & Leggett，1988；Elliot & Dweck，1988）。

不同的成就目标定向表现出不同的行为模式，进而对绩效和投入程度产生不同的影响。有研究者通过实验研究发现在学习目标定向的工作情境下，个体的绩效会有很大的提高，但是在表现目标定向情境下的个体绩效却很低（Butler，1993）。另外的研究以医疗器械销售员为被试，调查不同目标定向者与销售绩效之间的关系，发现学习目标定向与销售绩效之间有正相关，而表现目标定向与销售绩效之间没有相关（Vandewalle，1997）。还有研究者（李燕平，郭德俊，2004）采用实验法探讨成就目标定向对投入程度的影响。他们将被试随机分配到学习目标组或表现目标组，考察两组被试在任务前、中、后三个阶段的投入程度及动机状态。结果表明，成就目标对投入的作用差异主要体现在任务结束后，表现目标组对尚未完成的任务的继续投入明显少于学习目标组；而且表现目标组在实验过程中体验到的愉悦感较少，对任务的内在兴趣也较低。

尽管如此，表现目标也并非毫无可取之处。无论是学习目标，还是表现目标都能够给人带来成就，况且人对知识和赞美的渴望可能同样强烈（Ames & Archer, 1988；Harackiewica, Barron, Carter, Lehto, & Elliot, 1997）。将两种目标结合起来考虑可能效果更好。例如，研究者发现两种成就目标定向的相对水平对运动员参加运动项目的时间和数量有显著影响。在学习目标定向和表现目标定向上水平都高的个体最能投入比赛，也最可能坚持到底（Duda, 1988）。还有研究也表明：学习目标定向与表现目标定向存在着交互作用，这种交互作用会影响个体的工作绩效与工作满意感（Hofmann, 1995）。

此外，很多研究者在二分法的基础上，进一步提出了成就目标定向的三分法。如，研究者（Elliot & Harackiewicz, 1996）将表现目标划分为表现—接近目标和表现—回避目标，前者使人力图表现得比他人好，希望得到对能力的积极评价；后者关注于不比别人差，希望回避对能力的消极评价。这样，成就目标就划分为学习目标、表现—接近目标和表现—回避目标三种类型。另有研究者（Vandewalled et al., 1997）根据自己的研究结果提出了应该将表现目标定向分为证实（prove）和逃避（avoid）两个维度。其中学习定向是指个体通过获得新技能、掌握新情境和提高自己的能力来发展自我；证实定向是指个体努力证实自己的能力并获得他人对自己能力的积极评价；回避定向是指个体极力逃避任何证实自己低能的机会以及他人对自己能力的消极评价。还有人（Skaalvik, 1997）将表现定向进一步划分为两类：自我提高的自我定向（self-enhancing ego orientation）和自我击败的自我定向（self-defeating ego orientation）。前者注重战胜他人和证明自己的高能力；后者指注重避免看起来很笨或避免消极的评价。后来有研究者（Midgley et al., 1998）提出趋近能力目标（approach ability goal）和规避能力目标（avoid ability goal），这两个目标分别与表现—接近目标和表现—回避目标含义一致。

Pintrich（2000）又把趋近—规避状态引入到学习目标中，这样就把成就目标分成了四种：学习—趋近目标、学习—规避目标、表现—趋近目标和表现—规避目标。学习—趋近目标倾向于掌握新知识和提高能力；学习—规避目标倾向于尽量避免完不成任务或避免失去已有的知识技能；表现—趋近目标倾向于表现得比他人好；表现—规避目标倾向于尽量不要表现得比他人差。

三、成就动机与学业

成就目标与成就行为特别是与学业成绩、学业求助的关系问题一直是国内外心理学界研究的热门。McCelland 最先探讨了不同成就动机水平的个体差异，发现高成就动机者比低成就动机者更可能处于中上层的社会经济地位。而且高成就动机者能更好地记住未完成任务，也更可能成为心理学研究的志愿者。青少年当中的高成就动机者也更可能进入大学学习，得到更多的学分，参与学校和社区活动也更踊跃。与同龄人当中的低成就动机者相比，这些人能更融洽地与人相处，健康状况也更好。在一项认知任务的研究中，实验诱发的焦虑使得高成就动机者获得良好成绩，但却妨碍了低成就动机者的表现（McCelland，1985）。

大学生在选择专业课时，往往都会考虑到其对职业能力的贡献。成就动机较高的人，并非在所有学科上都成绩优秀，而只是在与其职业直接相关的课程上表现突出。而且他们在事业上的抱负更符合实际。研究者（Mahone，1960）评定了密歇根大学学生的智力测验分数、平均成绩和抱负水平，发现，在职业选择上被认为“符合实际的”，高成就动机者有81%，而低成就动机者却只有52%。因此，高成就动机者似乎能更有自知之明，更了解将从事职业的责任，更能选择与自身能力和机遇一致的职业生涯。他们采取一种明智且实际的策略来开辟一条有可能带来适度挑战和风险的事业之路。还有研究者发现成就动机较高的女大学生会比成就动机较低者寻求更具挑战性的职业（Baruch，1967；Stewart，1975）。

四、成就动机与职业

成就动机较高的学生毕业后，会如何适应工作和开创事业呢？相对于低成就动机者，这些人获得高职位的机会更多，工作更卖力，对成功所抱的期望更高，自我报告的职业满足感也更强。高成就动机者喜欢强调个人责任的工作，对那些需要他人帮忙或超出自己能力的工作不感兴趣（Reuman，Alwin，& Veroff，1984）。McClelland发现，成就动机强的男大学生对证券商、地产商、工厂管理者、推销商等职业表现出更大的兴趣（McClelland，1961）。在另一项纵向研究中，有83%企业家在14年前被认定为高成就动机者，而79%非企业家被认为是低成就动机者（McClelland，1965）。

商业活动使人们承担适度的风险，他们为自身的表现而负责，关注成本与回报。这些企业家的行为和态度与实验室研究中的高成就动机者不谋而合。有研究者发现，领导处于探索和发展中的小公司并取得成功的企业家，比那些领导同等规模的小公司但不成功的领导者，有着更强的成就动机（Wainer & Rubin，1969）。另有研究者考察了芬兰的一家纺织厂，发现投资的增长、产出纯利润的增加和工厂工人数目的增多与老板和最高执行者的成就动机呈正相关（Kock，1965）。而还有研究者在长达7年的持续考察中也发现农业企业的产量增长与拥有者的成就动机有着显著的正相关（Singh，1978）。

在一项全美范围内的调查表明，高成就动机的男性比低成就动机者报告出更多的工作满意感，他们更愿意工作而不是娱乐（Veroff，1982）。女性的情况却并非如此。有研究者指出，只有职业型女性在大学期间的成就动机水平才对其在32岁时的工作价值、事业观念和满足感有预示作用（Jenkins, 1987）。一项纵向研究表明，男性和女性在31岁时所显示出来的高成就动机与随后十年的高收入有关（McClelland & Franz, 1992）。

由此看来，对于男性和职业型女性而言，高成就动机似乎预示着成功。但拥有高的成就动机并不能保证一个人达到某一公司组织的“最高层”。McClelland 等人在美国电话电报公司（AT&T）的发现就说明了这一点：中高层管理者的成就动机与其成就相关，而高层管理者的成就动机与他们的成功却不相关（McClelland & Boyatzis, 1982）。与高层管理职位相匹配的动机不是“追求卓越”而是“影响他人”。有研究者通过考察美国历届总统的成就动机发现，成就动机越高的总统，其执政能力反而越不被看好（Spangler & House, 1991）。所以，在一个大的分层管理的组织中，高成就动机对个人事业的帮助还是有界限的。在权威和有影响的高层，强烈的权力动机会更有价值。

五、成就动机与性别

McClelland 和同事最开始通过实验情境来考察成就动机的性别差异。结果却显示成就动机水平的差异只在男性群体中显著，在女性群体中差异不明显（McClelland, 1953）。这促使 McClelland 开始深入思考成就动机上的性别差异。后来，研究者又发现男性和女性对成就性任务的确认存在着差异（Eccles, 1985; Eccles, Adler & Meece, 1984）。成就动机的性别差异，主要表现在如下两个方面：

（1）成就动机预测的生活结果。在这一方面，男性的成就动机表现为重事业，女性则可能更重视家庭，又或者既重视家庭又看重事业。由于社会赋予男性和女性不同的性别角色，使得女性在追求成功时会做出不同于男性的选择，这往往使人误以为女性追求成就时不及男性（Eccles, 1985）。事实上，男性倾向于以外部标准来定义成功，如社会威望或社会认可；而女性则倾向于内部标准，如是否完成了原定计划。所以，在比较男性和女性的成功时，不应该把一方的标准强加于另一方（Burger, 2000, p. 155）。对于家庭和事业都重视的女性，高成就动机者往往会比低成就动机者取得更好的成绩，更好地完成学业，结婚成家也会晚一些。而对于那些更重视家庭的女性，高成就动机者则会花更多的时间和精力从事与家庭相关的活动，如与爱人约会、修饰外表、更多地谈论男朋友（Elder & MacInnis, 1983）。所以，女性对成就的渴望或许与男性同样强烈，只不过各自的成功标准和实现方式不一样罢了。

值得一提的是，女性对成就会有独特的矛盾体验。女性常常担心“女强人”的桂冠会使自己失去对男性的魅力。究竟是在事业上取得成功，还是要让自己显得有女人味？这种担心让她们进退两难。一群资质优秀的女性被试列出了成功的负面效果，包括对别人造成的伤害、别人的嫉妒、外表的魅力减弱以及被人们认为太过于雄心勃勃（Eccles，Barber，& Jozefowicz，1999，p. 179）。

（2）童年的经验。女性的成就动机与早期成功或困难的家庭生活有联系。高成就动机的女孩，她们的母亲通常非常严厉地、暴力地对待她们，并且还与她们竞争。这些女孩的母亲比起低成就动机女孩的母亲，对孩子更缺少关怀和情感。与此相反，高成就动机的男性，他们早期的生活常常是得到父母的支持和关怀。一项全美范围内的研究发现，那些在儿时父母就已经离异的女性会有更高的成就动机得分。而对于男性则完全相反。单身母亲可能为年轻女性提供了一个成功的角色，而这种经历则似乎告诉男性，男人不需要家庭，家庭是可恨的。

六、成就动机与文化

至于成就动机和文化之间的关系，不同的研究者所持的观点各不相同。有些理论家主张社会和文化对成就动机的塑造；另一部分人关注人们的成就动机水平对社会的影响。

德国社会学家 Max Weber 率先考虑到成就需要与其经济增长之间的关系。他曾指出 16 世纪新教徒革命给新教徒国家带来了一丝新的气息，强调自我完善、进取和成功最终导致了工业革命以及随之而来的资本主义精神（Weber，1930）。McClelland 认为勤奋工作、追求卓越的价值观已经融入到新教徒文化当中，作为教条代代传承。如果人人都看重成功，身体力行地追求成功，必定会促成整个国家或民族经济的腾飞。

为了考察个体成就动机与经济增长之间的关系，McClelland 将各国的耗电量作为衡量国家经济增长水平的指标，比较了 12 个新教国家和 13 个天主教国家的耗电量。结果发现新教国家比天主教国家的经济增长更快。不仅如此，McClelland 还探讨了成就动机与古希腊文明三个时期的经济增长的关系，分别是古代希腊文明的上升期、繁荣期和衰落期。McClelland 提出的假设是，如果在人们的成就动机与国家经济之间存在这样一种因果关系，那么在社会经济上升期的成就动机水平必定会相当高；而当文明进入到衰落期之前，人们的成就动机水平则会很低。该研究对古希腊人的成就动机的测量是通过对这一时期人们所著的作品进行分析，找到能够反映成就动机水平的主题。研究结果验证了 McClelland 最初的假设：在古希腊文明的上升期，人们的成就动机水平非常高；而当进入繁荣期，成就动机水平在开始下降。研究者对工业革命前西班牙和英国的考察也得到了一致的结果。

在另一项著名研究中，McClelland 比较了 20 个国家在 1925 年和 1950 年的经济水平与国民成就动机水平。McClelland 认为小学课本里的故事反映了社会对儿童成就行为的期望，分析这种故事有助于预测这一代儿童成年后的成就动机水平。结果显示，如果一个国家在 1925 年时成就动机水平越高，那么它在 1925～1950 年之间的经济增长速度也就会越快。值得强调的是，作为成就动机的测量往往在时间上先于国家经济开始增长的时期，即是说，并非国家经济增长到某个水平才使得人们的成就动机水平提高。恰恰相反，研究者是依据一个国家在1925年的成就动机水平，进而对这个国家25年后的经济状况进行预测。因为，当年使用这些小学课本的一辈人25年后成为这个国家劳动力的中坚。

有研究者指出（Salili，1994），成就的含义作为一种文化功能会发生变化。文化因素对个体成就动机得以实现的领域有所限制。例如，研究者以在香港地区就读的372名高中生和大学生为研究对象，比较来自不同文化背景下学生的成就行为的异同。其中一部分是父母在香港地区工作的英国学生，另一部分则是土生土长的华人学生。英国学生关注的是竞争情境下的个人成就；华人学生则受其文化的影响更关注需要团体合作的成就，而并非是一味地实现个人的目标。还有研究也支持不同文化背景下成就动机和行为存在差异这一观点。他们对欧美和亚洲被试的文化差异进行了比较研究，发现欧美被试更看重个人目标的实现，而亚洲被试则更在乎团体、社区和家庭目标的达成（Church & Lonner，1998）。

七、成就动机的培养

为什么有的人总是雄心勃勃，斗志昂扬，而有的人却甘心默默无闻，对成功毫无兴趣呢？人们的成就动机水平究竟能不能改变，父母能否培养孩子的成就动机呢？这些都是研究者迫切关注的现实问题。尽管对于这些问题还未能有确切的答案，但以McClelland为代表的研究者还是为人们提供了许多值得参考的信息。

McClelland以心理治疗、学习和态度转变的理论为依据，形成了一套培养成年人成就动机的课程（McClelland，1965；McClelland & Winter，1969）。培训结束后，参加课程的人员所表现出的成就行为明显增加，并一直持续了两年。成就水平的提高使他们在工作上获益匪浅，如收入增加、获得提升、公司盈利、销售额提高等。

改变归因风格是提高成就动机水平的一条捷径。在人们遭遇挫折的时候，采用外部的、不稳定的归因方式会减少挫败感，提高成就动机水平。Wilson等人曾在大学一年级考试失败的新生身上做过一项研究，他们告诉被试考试不好的原因是偶然的，是课程本身很难而不是他们自身的原因。结果这些用不稳定归因解释成绩的学生不仅在下半个学期提高了学习成绩，而且在以后的学期中成绩都还不错（Wilson & Linville，1985）。

在McClelland看来，家庭环境和父母的教养方式都会对儿童成就动机的形成起作用。一项研究考察了5岁儿童的成就动机，发现其成就动机水平受到母亲早期对他们的态度的影响（Schultz & Schultz，2001）。另一项研究以8～10岁的男孩为对象，将其分为高成就动机组和低成就动机组。然后通过访谈了解每个孩子母亲的教养方式。结果发现，高成就动机组孩子的母亲更希望自己的孩子能够自主，有责任心，勤奋并且有良好的表现。她们较少管教孩子，希望孩子能够自觉遵守彼此早已定好的协议（Winterbottom，1958）。父母通过各种生活任务对儿童进行独立培训可以使他们获得一种控制感和自信。

在一项实验研究中，要求不同成就动机水平的儿童做搭积木等多种游戏，父母则在一旁观看，他们可以和自己的孩子交谈。研究者发现高成就动机水平孩子的父母会为孩子设定更高的标准。他们要求孩子搭积木要更高一些，做玩偶要更漂亮一些。因而，要培养孩子的成就动机，父母必须对孩子有更高的期盼并且设定更具挑战性的标准（Schultz & Schultz，2001）。这些期望应该是儿童力所能及的，否则他们很容易就会放弃。制定有挑战的目标后，父母也要在儿童的努力过程中给予支持和帮助。当儿童达到目标时，要对他进行奖励。积极和频繁的成功经历有利于儿童形成高的成就动机。在这一研究中，研究者还发现父母对孩子的指导也不尽相同。高成就动机组的孩子听到的大多是令人愉快、平静、振奋的话语，母亲们的话语更具权威性，父亲们则不会发号施令。McClelland 认为父亲专制强硬的行为很可能导致男孩成就动机水平的降低。

McClelland 还做了一项很有价值的纵向研究。在研究的第一阶段他访谈了 89 位母亲，深入全面地了解了每位母亲的教养方式。35 年后，等这些孩子都长大成人，McClelland 采用 TAT 对 89 人的成就动机进行了测量。研究结果显示，在孩子出生头两年，父母就对其成就行为有所要求会促成他们成年后具备较高的成就动机水平；而之后几年对孩子的要求则与成年后的成就动机水平没多大关系。对此，McClelland 认为父母在孩子出生后头两年的行为对于培养孩子高成就动机至关重要。

第二节　追求影响：权力动机

成就和权力是完全不同的体验。成就使人追求卓越或有良好表现以达到内在和外在的标准，而权力却用于影响他人，有冲击力，使别人觉得自己很伟大。**权力动机**（power motivation）指人的一种影响他人和支配他人的内在动力。研究者最初用 TAT 测量权力动机，并比较了应聘学生会职务的男性大学生所写的故事与作为控制组的某个班级内的男性大学生所写的故事，主要测量因恐惧懦弱、害怕失去权力而引起的焦虑（Veroff，1958）。另有研究者提出另一种测量法强调权力的积极方面或与权力相近的方面（Winter，1973）。其他与权力动机相关的评分系统，大部分则用来区分个人利益取向的权力动机与社会利益取向的权力动机。

McClelland 推测权力动机的发展可能源于早期的愤怒和兴奋的情绪体验。婴儿在 4~6 个月大的时候开始表达愤怒（Izard，1978）。尽管婴儿在愤怒反应的强度和方式上有着很大的个体差异，但都是在受到挫折、限制和阻碍时才表现出来。愤怒很可能是作为一种适应性功能而存在。研究者认为“愤怒使得婴儿有更多机会去了解作为决定者的自我，从而体验到自身是独立的、与众不同的、并且还是有才能的”。同时，“通过增强婴儿在面临挫折和恶劣环境时的自我控制感和自我决定感，愤怒也有助于婴儿的自我发展”（Izard，1978，p. 399）。因此，愤怒使婴儿更加努力地对环境施加影响，这种影响可能会带来内在满足感，引起人的积极情绪（White，1959）。通常“具有影响”被认为是在人类生活中进化而来的适应性的、自然的诱因，表现为多种行为模式如攻击型的比赛、战争、统治、领导和辩论等。

权力动机就是这样一种动力，它总是倾向于或准备着去施加影响和感受自身的强大。类似于成就动机，它在有权力诱因的情境下激起和指导行为。大量研究都是用由 White 所创建的 TAT 评分系统来测评权力动机的个体差异。研究发现与权力动机有正相关的行为有：（1）拥有经选举得到的职位；（2）在小团体中，以积极和有力的方式影响他人；（3）积聚代表声望的财产如信用卡和名车；（4）冒风险以赢得公众注目；（5）参与争论；（6）选择那些在很大程度上指挥他人行为的职业如企业或部门主管、教师和心理学家；（7）为自己编撰以控制和胜利为主题的故事，控制自己的情绪，特别是愤怒和兴奋，这一点主要表现在男性被试身上；（8）表现出冲动和攻击的行为（Jenkins，1994；McAdams，1985；Woike，1994）。

权力动机还影响人的职业选择。对于高权力动机者而言，最理想的职业莫过于那些给予他们权力去影响他人的工作了。所以，像教师、心理学家、牧师、记者、企业主管这样的职业特别吸引他们（Jenkins，1994）。通过对 AT&A 公司管理者的一项纵向研究，研究者发现那些在进公司之初就表现出“责任权力”的管理者，16 年后很可能会被提升到公司的更高层（Winter，1991）。尽管如此，权力动机还是可能会使他们感到有些失望，因为有些工作似乎给人们以机会去影响他人，但又在某种程度上抑制了权力的实施，这些工作令高权力动机者尤为不满（Jenkins，1994）。有时某个职位赋予管理者指挥他人的责任，而下属们却可以不听从其指挥。

大量研究表明，长期处在领袖地位的人，或被提升到有很强影响力职位上的人，都有相当强的权力动机（McAdams，Rothman，& Lichter，1982；Winter，1973）。一些实验室研究也开始深入探讨有高权力动机的人实际上是如何发挥其领袖影响力的。有研究者调查了在团体决策时，高权力动机的学生如何指导其他人的行为。每组 5 人共 40 组，学生们要讨论的是一个商业案例，关于某个公司是否应该销售某种微波炉。每组都指定了一个领导者，其中有一半是在 TAT 权力动机测量中得分高者，而另一半则是得分低者。之后，从每组讨论的情况得知，与低权力动机者相比，高权力动机者在团体讨论时，较少地提出建设性的意见，所讨论的备选方案也较少，也很少考虑该公司活动的道德方面的问题。研究者对这些发现的解释就是，有高权力动机的领导者所鼓励的是“团体思维”决策方式，其特征就在于责任的分散，对长期性的分歧缺乏考虑，决策过程由一个坚持己见的领导者所支配

(Fodor & Smith, 1982)。

另一个由企业管理专业的学生充当监督者，指导一群工人工作的模拟实验也支持了以上的解释（Fodor & Farrow, 1979）。与低权力动机的监督者相比，高权力动机的监督者更可能对那些总是讨好和迎合他们的工人表示友好。同时，高权力动机者也认为自己比低权力动机者对整个团体有更强的影响力，而他的那些下属没什么用，也不太重要。但有趣的是，那些有高权力动机的男大学生所期望的朋友往往不是特别受人欢迎或很出名的人。对于这一点，研究者的解释是，结交此类朋友会让高权力动机者觉得不受威胁。

那么，高权力动机者的个人生活又如何呢？在这方面，性别差异是值得我们重视的。男性和女性在权力动机的整体水平上并没有什么不同，但是高权力动机的男性和女性却有着截然不同的恋爱关系模式。其中，男性对婚姻和恋爱关系有着更多的不满，其约会有着更多的不稳定性，有更多的性伴侣以及更高的离婚率（McAdams, 1984）。然而，在女性身上，却没有观察到高权力动机所带来的诸如此类的消极结果。研究表明，女性的权力动机与婚姻的满意度有着正相关（Veroff, 1982）。高权力动机者中，受过良好教育的女性很可能会嫁给成功的男性（Winter, McClelland, & Srewart, 1981）。Winter 推测因为社会赋予女性照料者的角色，使她们倾向于接受该角色去关爱他人，所以有高权力动机的女性会比男性以更和蔼可亲的方式来表现其动机，因而会增进而不是破坏亲密关系。一些研究者认为性别差异反映出女性通常受到更多责任感的教导，她们使自己的权力动机以一种社会肯定的方式表现出来。值得注意的是，高权力动机的女性在成长过程中如果有年幼的弟妹，或成人后如果有子女，其权力表达会更负有责任感，也更少为自身考虑。在对男性大学生的调查中，也得到了相似的结果。有年幼弟妹的男大学生更可能保住在学生会中的职位，而没有年幼弟妹的人则常常会发生冲突。由此看来，如果缺乏责任感，权力动机很可能会带来负面影响。

关于权力动机与身心健康的关系，一些研究表明权力动机可能成为预示疾病感染性的因素（Jemmott, 1987）。有证据表明，高权力动机者在追求强大和具有影响力的过程中，如果遇到困难或挫折，其交感神经系统的活动性会显著增强（Fodder, 1984, 1985），而交感神经活动长时期的增强很可能给身体的平衡状态带来超常的压力。McClelland 指出当个人对权力的需求受到限制、挑战和阻碍时，强烈的权力动机很可能会降低其对各种疾病的免疫力。尤其是具有以下特征的个人极易患病：(1) 高权力动机，(2) 低亲和动机，(3) 强自控力（有时也称“主动抑制”，通过计算 TAT 故事中的否定次数而测量到的，反映了个体阻碍和抑制自身权力表现的趋势），(4) 与权力相关的高压力（McClelland, 1979）。

为了证实以上观点，McClelland 等人对 95 名学生进行了 TAT 测试，并得到其健康问题和生活压力的自我报告。研究结果表明：(1) 权力动机相当高的人，(2)

有很强自控力的人，（3）以及此前权力或成就压力超常的人，这三类人都比其他人报告在近6个月里有更多的身体疾病。而且他们所报告的疾病都是非常严重的。有很强自控能力和很强权力动机的人很可能以某种方式抑制其挫折感，从而严重损坏其内在的心理平衡。尤其是在超负荷的权力压力时期，这些人很容易患上流感和其他生理疾病（McClelland & Jemmott，1980）。

第三节　渴望亲近：亲密动机

就在渴望成就和权力的欲望使我们以有效和具有影响力的方式来表现自己，并想控制和操纵我们周围环境的时候，对于与他人之间的亲密、温馨的人际关系的向往却又使我们朝着一个完全不同的方向努力，从而去实现有着亲密的人际交往的生活（Baken，1966）。这就是**亲和动机**（affiliation motivation），是指建立、维持与一个人或一群人之间积极情感关系的动机（Smith，1992b，p. 11）。有较高亲和动机的人会通过电话、书信和探望的方式来拉近与朋友间的距离，也会对那些有关社会互动的信息加倍关心。他们更在意他人的所喜所恶，喜欢有许多人一起参与的工作。如果要他们选择工作伙伴，一般会选择自己的朋友，即便还有能更好地完成工作的人选（Koestner & McClelland，1992；McClelland，1985）。

20世纪70年代，McAdams与McClelland合作，发展出对亲密动机个体差异的讲故事测量法。所谓**亲密动机**（intimacy motivation）是指不断地要与他人产生热情、亲密、畅通交流的愿望（McAdams，1980，p. 413）。McAdams把亲和动机与亲密动机作了对比，认为亲和动机是个人积极主动地寻求人际关系的一种倾向；而亲密动机却并非主动地寻求，而是被先前早已存在的关系所占据，如稳定的母子关系。尽管亲密动机不等同于亲和动机，但二者之间有许多共同之处，呈正相关关系（McAdams & Powers，1981）。

有研究者把亲密的交往需要描述为“归属需求”（Baumeister & Lear，1995）。亲密动机就是为了体验这种与亲近的人之间的温馨、亲密和支持性的关系，其发展渊源最早可追溯到婴儿时期，3~5个月大的婴儿与其照料者之间的愉悦的面对面游戏，以及在第一年的后半期婴儿与照料者之间建立的依恋关系（Bowlby，1969）。而安全依恋的主要的、基本的情绪就是愉悦，这也是婴儿在两个月大，对于脸、声音、其他社会性刺激和熟悉事件的第一次的微笑时最初体验到的情绪（Sroufe & Waters，1976），而与依恋有着复杂关系的是在婴儿将近1岁时才能体验到的遇见陌生人时的恐惧和与亲密的人分离时的悲伤情绪。在1岁时，婴儿经历了多种情绪体验，包括与母亲、父亲或照料者交流时的愉悦，与他们分离时的害怕，暂时失去他们时的悲伤。

Bowlby概括地说明了这种依恋关系在人类进化过程中的适应性，它作为一种本能的灵活的行为系统确保了母婴间的亲近。对亲近、温馨和支持性人际关系的需求还可能是进化而来的适应性特征（Hogan, 1987）。早期人类以狩猎和采集食物的方式生活在群体当中，这样一种基本的人类需求很有可能有助于合作，并形成群居生活的许多关键特征。然而，通过 TAT 的测量，我们却可以观察到亲密动机的显著的个体差异。

亲密动机是指这样一种动力，它总是倾向于或准备着去体验与他人之间的亲近、温馨和交流互动的关系。高亲密动机者比低亲密动机者在日常生活中渴望更高水平的亲密感。已有的调查表明高亲密动机者：（1）在一天中要花更多的时间思考与他人的关系；（2）参与更多的友好交谈并写更多的私人信件；（3）有他人在场时报告出更多的积极情绪；（4）与人交谈时会笑出声，微笑，有更多的眼神接触；（5）为自己编撰以爱和友谊为题的生活故事，夸大愉悦的情绪体验（McAdams, 1983, 1985, 1989; McAdams & Constantian, 1983; McAdams, Jackson & Kirshnit, 1984; Woike, 1994）。虽说如此，高亲密动机者的生活也并不总是开宴会似的热闹，而且他们也并不一定经常外出、更擅长交际、更性格外向。实际上，他们重视的是近距离的、一对一的交流，而非喧闹的群队活动。当他们处于大型的社交群体活动之中时，他们更愿意促进群体的和谐与一致，认为群体的活动应是每个人都有机会参与，而不是由一两个人唱主角（McAdams & Power, 1981）。同时，亲密动机与自我中心的、自私的、利用他人的人际交往模式呈负相关（Carroll, 1987）。因此，高亲密动机者的亲人和朋友对他们评价往往是：特别地真诚、天真、仁爱、不霸道、不以自我为中心（McAdams, 1980）。

McAdams 做了一系列调查，研究亲密动机与友谊模式的关系，以及权力动机与友谊模式的关系。在其中一项研究中，有 105 名学生写出了 TAT 故事，并详细讲述了近两个星期来发生的 10 件“友谊轶事”。所谓友谊轶事指的是至少持续 15~20 分钟的与朋友间的任何互动。高亲密动机的学生倾向于报告与某个人之间一对一的交流互动，而非群体互动；并且所讲述的都是与该事件中参与者自身有关的私人信息。因此，高亲密动机者与低亲密动机者相比，与朋友在一起时，更倾向于谈论和倾听他们的恐惧、希望、感受、想象和其他非常亲密的话题。而高权力动机却与大型的群体互动以及果断的活动（如制定计划、交谈、帮助他人等）相关。通常，亲密动机与这种友谊模式相关，即更重视与他人在一起相处，分享秘密，相互之间有更多共同之处；而权力动机则与强调做事、帮助、功利性的友谊模式相关（McAdams, 1984）。

关于亲密动机与心理健康的关系，有研究者发现哈佛大学 30 岁左右的男性毕业生的高亲密动机明显预示了他们在大约 45~50 岁时的心理适应状况（McAdams & Vaillant, 1982）。这些在成年早期就具有高亲密动机的男性，在 17 年后的报告显示，他们比低亲密动机的人有更多的婚姻满意感、工作满意感以及由此带来的高收人。还有的研究在全美国范围内抽样，选取了 2000 名成年人进行 TAT 测试和一个有计划的访谈。结果发现，对女性而言，高亲密动机与更大的幸福感和生活角色（工人、母亲、妻子）满足感相关；而对男性，高亲密动机则预示着更少的生活压力和不确定性。虽然亲密动机似乎给男性和女性都带来了好处，但各自所受的益处并不完全相同。高亲密动机的女性比低亲密动机的女性更加快乐和满足；但对于男性，高亲密动机者并不一定比低亲密动机者更快乐和更满足，他们只是报告出了较少的生活压力和不确定性（McAdams & Bryant，1987）。研究还表明，女性比男性有着更高的亲密动机得分（McAdams，Lester，Brand，McNamra，& Lensky，1988），这一差异早在小学四年级就表现出来了（McAdams & Losoff，1984）。差异虽不大但却相当稳定，与美国社会普遍认为的女性比男性对人际关系更加关心的观点完全一致。

对动机的探索是心理学为人性研究做出的重要贡献之一。从最开始的本能理论到后来的认知理论，这些不同的动机理论从不同的层面加深了人们对人性的了解。而以 McClelland、Atkinson 为代表的研究者提出的成就、权力及亲和等社会性动机，以及在这一领域进行的研究，对动机领域做出的贡献是不容忽视的。不仅如此，这些理论和研究对于人格研究者理解个体差异、理解人格也提供了非常重要的信息。对于每个现实生活中的人而言，他们也能够从某些重要的研究结论当中受到启示，找到正确的生活目标，解释自己行为的差异。

第十三章

个人目标

心理学家对于行为目标的探索由来已久。早在 1890 年，William James 就已经建议通过研究个体“对未来目标的追求，以及对目标实现方式的选择”来区分个体。本能论者 McDougall（1930）也非常重视行为所具有的目标属性，他甚至宣称自己是个目标心理学家。他反对机械的、反射的、刺激决定论的行为观点，支持积极的、向着预期目标不断努力的行为观，认为在我们预见到某件事情的可能性时，就会期待看到这种可能性得以实现，并采取与我们的愿望相一致的行为，以引导事件向我们的目标方向发展。几乎在 McDougall 的同时代，Alfred Adler 也从不同的角度阐述了目标的意义，认为个体是目标定向的，会受到未来期望的促动。他把目标作为解释行为的原则，用价值和目标的概念取代了驱力概念。他提出的一些相关概念，比如目标层级，生活风格等被后来的目标心理学家所引用、发展成为新的概念，如可能自我（Markus & Nurius，1986）和行事风格（Frese，Stewart & Hanover，1987）。格式塔心理学家强调机体的整体行为、行为的目标导向性、以及指向对象的正负效价。受到格式塔心理学影响，Tolman（1932）在行为主义的阵营里提倡目的研究，指出目标就好比行为的“经纬线”。他认为目的性是行为的特点，并指出了“手段—目的”之间存在的关系的多样性，对行为的组织性、模式性和目的性进行了很好的探索。Allport（1937）同样强调行为的“目的性”（teleonomic）即“目标导向”（goal-directed）的特点。1937 年，Allport 在《人格特征》一书中，发表了《人格研究中的目的性描述》。文章指出，特质起到了对行为加以静态描述的作用，在理解个体人格时的贡献是有限的；行为目的性则揭示了行为的动力性特征。他建议根据一个人“尽力想做什么”或者一个人努力想实现的一个或者一些目标来描述个体人格。Allport 用“目标导向”来描述这些在他看来比特质更具动力性和区分度的行为倾向，而且他认为，目标导向可以用来理解个体某些不一致的行为。例如，一个孩子在一种场合不服管教、爱捣乱，在另一种场合可能非常听话、有礼貌。如果我们推断这些孩子是想“努力获得成人的注意”并学会了在不同的环境中实现这一目的的灵活策略，那么这些行为上存在的明显的不一致就揭示了深层次的意义。

爆发于20世纪五六十年代的认知革命极大地影响了行为科学各个领域。在人格心理学内部，认知的信息加工观点逐渐形成了独立的声音。人们开始以乐观的观点看待人的状况，取代了过去被动的、驱力递减式的、对人的机械化的认识。在认知革命背景下，人的形象变得富有主动性和创造性，目标理论也再度回到了研究的中心。比如在《一般问题解决》一书中所提到的模型中，涉及到了手段—目标关系、目标与分目标的层级关系研究（Pervin，2001）。而1960年Miller与其同事在《计划和行为结构》一书中指出，计划是与目标相联系的，因为目标对机体具有一定的价值，从而具有了动机属性。同时，认知革命是一个不断演进的过程，经过一段时间的发展后，它开始从注重“冷认知”或纯粹认知过程，发展到注重“热认知”即情感、动机与认知的关系上，动机的目标理论也被赋予了新的内涵。Pervin认为，到20世纪80年代，随着人格心理学家将注意力转向目标导向性行为、实现渴望目标的自我调节机制与结构以及动机的个别化研究（Frese & Sabini，1985；Pervin，1985），目标研究再一次回到人格心理学研究的中心位置，早期研究者的声音被新的观念重新唤起，目标研究的意义又开始被重视。

从20世纪80年代起，以Klinger的“当前关注”（current concerns），Little的“个人计划（personal projects）”，Emmons的“个人奋斗”（personal strivings）和Cantor的“生活任务”（life tasks）等为代表，兴起了一场以个别化、情境化的个人目标单元（personal goal units）为核心的研究热潮。在本章，我们就来了解心理学家有关这些个人目标单元的研究，掌握人格的个人目标理论及其研究成果。

第一节 当前关注

Klinger提出了“当前关注”的概念。**当前关注**（current concerns）指的是一种假定的动机状态，这种状态使个体的感受和经验围绕对某一目标的追求而组织起来。一旦这种动机状态被激活，它就会引导一个人的思想、情感和行为（Klinger，1975，p. 223）。当前关注的例子有很多，比如看牙医、减肥、维持恋爱关系等，只要是个体当前所思所虑的事件或领域，都可以是当前关注。

Klinger（2004）非常重视动机在人格研究中的地位，他从进化论的观点，阐述了人类目标的意义。所有生命体必须满足一些生命的挑战：获得营养，排泄有毒物质，找到有利于生存的地方，并繁殖延续生命。成功的目标追求，不仅仅是对人类和动物而言最重要的事情，也是人类生存的底线。人的目标可小可大，时间可长可短，可能是积极的也可能是消极的，在众多的目标中，有些可能显得更重要，有些可能对生存起到更关键的作用。如果动物在进化中发展了一系列能动的策略以寻求他们需要的物质和状态，那么对它们而言，实现生存的最基本的需求就是成功地实现自己的目标。从这种意义上讲，所有的动物进化，直到人类，必须以自然选择为准则，把促进目标的实现作为中心的任务。这就意味着，人们的所有一切都要为成功的目标奋斗服务——包括人的自主性、生理、认知和情绪。人类的其他特点必须从他们与目标奋斗和动机系统的关系来加以理解。

在最近的几十年里，神经科学研究者发现了大量的证据，证明在心理过程和情绪及追求目标之间存在密切的联系。大脑的感觉系统分成两支，一支从感官通向大脑皮层，另一支从感官通向与情绪密切相关的边缘系统（Ledoux，1995）。这就是说，感觉信号诱发情绪体验功能与诱发分析信号的认知功能的过程最起码是同时发生的。在大脑皮层与边缘系统之间也有相互联系的信号通道，用于情绪与认知信号之间互发信号、相互反应。边缘系统回路中的神经元会因信号强弱决定其活跃水平（Shidara & Richmond，2002）。这表明，情绪反应以及与之密切相联的动机过程是对事物形成反应的核心部分。还有研究表明，特定脑区域的损坏，会导致个体不能正常实现自己的目标，极大地削弱了正常生活的能力。大量证据揭示了动机和情绪过程在大脑组织中的核心作用。相应地，也证明了它们在心理组织中的核心地位。对当前关注进行的实验研究发现，当被试在完成查字典任务时，如果左边电脑屏幕上悄悄呈现与当前关注有关的词，被试的活动就会受到干扰（Young et al.，1988）。这表明与当前关注相关的环境线索会不自觉地影响认知活动。而 Klinger（1989）的回忆实验表明，与当前关注相关的词语更容易被回忆起来。这同样证实了当前关注对认知加工的影响。如何对这一结论进行解释呢？研究者认为，关注使个体具有一种心理准备，更容易对关注线索产生情感唤起，进而影响个体的认知加工过程。从这个意义上说，当前关注将动机、情感与认知联系起来了，其中情感因素起着重要的作用。

Klinger 在界定动机时指出，它为行为提供刺激（instigation）、耐力（persistence）、能量（energy），也使之趋向某一目标。目标追求过程会对个体提出很多具体的要求。首先，目标追求的开始与结束的过程应当在大脑中形成表征，否则我们就不会有对追求的记忆，个体会受到平时遇到的障碍的干扰，从而中断对目标的追求。记住我们正在追求目标这个事实，是预期性记忆（prospective memory）的一个例子（Brandimonte，Einstein & McDaniel，1996）。当记忆变得明确和意识化时，就成为意向性记忆（intention memory）（Kuhl，2000，2001）。目标追求需要的并不仅仅是对追求本身主动形成记忆，还需要增强与目标追求有关的刺激的感受性，随时准备行动，抓住机会实现目标。而且，这种敏感状态需要一个内隐的、潜在的过程。也就是说，个体需要对与目标实现有关的线索非常敏感，即使在没有对目标进行有意识的思考的情况下，也能做出行动。否则，目标追求会变得非常没有效率。许多证据表明，目标的追求过程，伴随着持久广泛的认知加工偏见，即注意、回忆以及思考的内容，都会指向与个体目标追求有关的信息。

Klinger将这个潜在的过程命名为“当前关注”，是指从目标确立到目标实现或者放弃这两个时间点之间的一种假定的动机状态，这种状态使个体的感受和经验围绕着追求某一目标而组织起来。一旦这种假想动机状态被激活，它就会作用于个体的思想、情感和行为。人们可以同时拥有多个当前关注，因为个体会同时拥有多个目标，每个目标都会对应一个当前关注。人们处于不断变化的环境之中，因而其潜在的关注对象也是多种多样的。

目前，研究者正将当前关注的概念应用到抑郁症、酒精依赖和工作满意度等领域，并采用新的视角解释这些社会现象。例如，研究者运用个人关注问卷（Personal Concerns Inventory，PCI）对有酒精依赖的大学生群体进行研究发现，缺乏健康的个人关注和动机结构的大学生，表现出更多的酗酒行为和更低的生活满意度，而且他们在治疗过程中不易改变其原有的动机结构（Klinger，2002）。

通过以上论述，我们还可以归纳出当前关注所具有的两个重要属性。第一，每个目标都有一个与之相对应的独立的当前关注；第二，当前关注是一个潜在的过程，即它自身并没有进入个体的意识中（尽管这一潜在的过程，我们没有意识到，但是它还是表达在了日常追求的目标之中）。当然，当前关注也会影响意识，而且个体会意识到以当前关注为基础的全部或者大多数目标。个体开始追求一个目标后，就会开始一段持久的心理状态，这会影响到认知、行为和情绪反应。当前关注的概念，提供了一个有用的框架，用以说明人类行为的动机过程，及其行为发展中具有重要意义的方面，也为心理干预提供了有价值的线索。

第二节　个 人 计 划

Brain R. Little把**个人计划**（personal projects）定义为意欲实现个人目标的一系列相关活动，它是人们思考、运筹和从事的事情，也是通向目标的路线或路径。每一天的活动都是围绕着个人计划而组织的，如“学滑冰”、“找一份兼职工作”、“去餐厅吃午餐”等，都是典型的个人计划。按照Little的观点，“对于那些研究人们怎样在复杂的生活中过日子这个重大问题的人格心理学家来说，个人计划是分析的自然单元”（Little，1989，p. 15）。Little假设一项重要的计划（ground project）或者一系列的计划，都会与个人的存在密切相关，并赋予其生活意义。个人计划是个人行为的延伸，可以作为研究情境中的人的载体。因此，个人计划不仅仅是研究情境的单元，也不仅仅是研究个人的单元，而是情境中的人（person-in-context）的单元（Little，1987；Wapner，1981）。

Little（1987）认为个人计划处在具体的行为和更高的个人价值与抱负的中间位置，即个人计划是中间水平的分析单元。中间单元的一个重要特征是它允许我们将个人行动系统中较高水平和较低水平的部分都能触及（Little，1983）。根据个人计划评价方法，我们可以检验个体层级计划系统的各个层面。如果一个计划与所在系统中的所有其他计划都有联系，那么，一旦这个计划陷入困境，可能其他计划都处于风险之中。我们称这种计划为个人的主导计划（superordinate project），为实现主导计划而实施的其他一系列子计划被称作是次级计划（subordinate project）。研究发现，主导计划对个体所体验到生活的意义和连续性起着核心作用；成功的、平衡的主导计划对人类的幸福感有着积极的影响（McGregor & Little，1998）。Little 对个人计划的研究强调人格机能的意动性（conativity）和系统性。在他看来个人计划是在复杂的社会生态中发挥作用的，它不仅会影响到行为的主体，也会影响到计划所涉及的其他个体。

Little 用 PPA（personal projects analysis）的方法对个人计划予以测评，并对个人计划的维度进行了细致的划分。从大的层面，他将个人计划分为时间、空间、社会生态学、计划间的影响、需求满足、计划掌握、认知和情感评价等领域；具体来说个人计划包括重要性（importance）、难度（difficulty）、瞩目度（visibility）、可控性（control）、责任（responsibility）、时间充分性（time adequacy）、结果（outcome）、自我认同（self-identity）、他人观点（others' view of importance）、价值一致性（value congruency）、进展状况（progress）、挑战（challenge）、专注（absorption）、支持（support）、能力（competence）、自主性（autonomy）、阶段（stage）、感情（feelings）等 19 个维度。在具体的测评程序中，第一步，研究者先让被试罗列出十个日常生活中的个人计划，并把这些个人计划填入 PPA 评价矩阵中。第二步，根据上述 19 个维度，按程度从 0 到 10 对计划条目逐一评分。第三步，按照个人计划交互影响矩阵（personal projects cross-impact matrix），将自己所填写的十个个人计划按照相同的顺序，分别在横向和纵向的表格中填好，并判断计划间能产生的影响是积极的（+）、非常积极的（++）、负面的（-）、非常负面的（--）、或者不确定的（0）。然后按照第三步的做法，将自己的个人计划（写入列）去与别人的个人计划（写入行）进行评分，具体操作与第三步一致，完成矩阵。最后，被试根据自己如何去实现不同等级的计划，填写自己的主导计划树状图（superordinate project tree）和次级计划树状图（subordinate project tree），完成计划嵌套模块（project nesting module）。为了方便被试完成个人计划的测评，Little 开发了 PPA 测评软件（最新版本号为 beta 6b），将已有被试的个人计划项目尽可能地搜集到数据库中，然后新被试直接从电脑上选取符合自己的个人计划条目，并填写相关内容。图 13-1 呈现了这种测评软件的基本结构。整个操作完成后，数据被直接保存，利于统计软件分析。

PPA 方法给予被试很大的空间去根据自己的认知和经验做出反应。整个测评过程是灵活的，一方面，被试可以根据自己特别感兴趣的维度（如，难度、重要性等）对个人计划进行评价；另一方面，研究者也可以从研究的目的出发，专门针对某些维度对被试进行测量。个体的个人计划总体上可以根据这些个人计划的内容、各维度的分数和结构来进行分析。Little 认为，对个人计划的格状分类比等级分类更便于研究分析。换言之，个人计划不单只有等级排列这一种形式，它们之间还有多重的相互联系。不仅每个计划可能和其他计划产生影响，而且对一个计划而言，其实现方式也是多种多样的。这就使人们更方便地把个人计划视为一个整体的系统而不是一个孤立的单元。

第一步：选择个人计划

编号	计划描述	选择 10 项计划（√）
1	拿到《心理学》课程学分	□√
2	少吃“垃圾”食品	□√
3	和我的宠物玩一会	□√
4	打扫自己的房间	□
5	和父母保持良好的关系	□√
6	明确自己的宗教信仰	□√
7	多多锻炼身体	□√
8	去欧洲度暑假	□√
9	做称职的父（或母）亲	□√
10	和 Robert 分手	□
11	攀登马特红峰（Matterhom），	□
12	多体贴 Suzanne 一些	□√
⋮	⋮	⋮

第二步：评价你的计划

评价维度 / 你的计划		重要性	难度	瞩目度	可控性	责任	时间充分性	结果	自我认同	他人观点	价值一致性	进展状况	挑战	专注	…
1	拿到《心理学》课程学分	8	7	3	5	6	7	8	6	7	8	9	5	5	
2	少吃“垃圾”食品														
3	和我的宠物玩一会														
4	和父母保持良好的关系														
5	明确自己的宗教信仰														
6	多多锻炼身体														
7	去欧洲度暑假														
8	做称职的父（或母）亲														
9	多体贴 Suzanne 一些														
10	找一份兼职工作														
															下一步

第三、四步：评价自己（或他人）的计划

	你的计划	拿到心理学课程学分	少吃垃圾食品	和我的宠物玩一会	和父母保持良好的关系	明确自己的宗教信仰	多多锻炼身体	去欧洲度暑假	作称职的父(或母)亲	多体贴Suzanne一些	找一份兼职工作
1	拿到《心理学》课程学分										
2	少吃“垃圾”食品										
3	和我的宠物玩一会										
4	和父母保持良好的关系										
5	明确自己的宗教信仰										
6	多多锻炼身体										
7	去欧洲度暑假										
8	做称职的父（或母）亲										
9	多体贴 Suzanne 一些										
10	找一份兼职工作										
											下一步

图 13-1　PPA 测评软件（原文为英文）

在评价中所用到的维度可以从理论上归纳为以下五个理论因素：意义、结构、群体性（community）、效能、压力。意义维度是指个人赋予自己的追求的价值感。比如，个体是否喜欢某个规划或者奋斗，它在多大程度上反映了自我认同等。Little（1989）认为，总体意义感的水平越高，个人的主观幸福感水平就越高。个人计划的结构也是非常重要的。比如个体是否对计划有控制感，是否投入了充足的时间去执行自己的规划。研究表明，个体所知觉到的对计划的控制感与幸福感之间显著相关（Little，1989；Wilson，1990）。一个个人计划或许既具有个人意义感，也是可以控制的，但是有可能得不到他人的认同。由于许多目标都源于社会因素（如社会生活任务），因此拥有强有力的生态系统的支持对促进计划实现也具有重要意义。Little 采用群体性来评价计划所具有的社会认同与价值。研究表明，个人目标对他人的重要性，以及个人所感受到的支持可以提高幸福感（Ruehlman & Wolchik，1988）。影响幸福感的另一个重要因素，是在何种程度上个体感受到计划在顺利进行，并有可能持续前进，Little（1989）称之为“效能”。即便某个计划是有意义的、可控的、被广泛支持的，如果预期它不能实现，幸福感也会骤降。第五个核心因素是压力感。它也是预测幸福感的一个强有力的因素（Little，1989）。Little（1992）等发现，焦虑和抑郁的个体，其人格计划中表现出了很高的压力感。此外，Little 使用 NEO-PI 研究了人格特质与个人计划的关系，发现在个人计划变量与特质变量之间有很强的相关模式。NEO-PI 的神经质得分与计划的压力、困难、消极影响等结果分数存在正相关。NEO-PI 中尽责性得分与个人计划中的愉快、控制、结果和进展等维度正相关。

第三节　个 人 奋 斗

Robert A. Emmons（1986）把**个人奋斗**（personal striving）定义为个体目标导向的连贯模式，指的是个人当前正努力做的事情，表现为个体以其特有的行为方式选择并实现一个或多个预定目标，它是个体在不同情境下都希望实现的典型目标类型。Emmons 列举了一系列通过奋斗而达成的目标，例如让自己的外形变得更能吸引异性、在考试中取得更好的成绩或比别人更优秀等等。

与 Little 相似，Emmons 对个人奋斗也持系统观。Emmons 认为，个人奋斗是处在个体目标的层级结构系统之中的。在这个系统中，个人奋斗位于总体的动机类别与具体、特殊行为之间。个人奋斗处于第二层水平，并衍生出低一级水平的关注、目标、任务或计划，进而产生具体的行为。个人奋斗把我们日常生活中的目标组织起来，使得主次分明，重点突出。对于个体而言，个人奋斗具有高度的抽象性和综合性，一个奋斗目标常包括多个功能相同的次级目标。比如，一名学生的个人奋斗目标是取得优异成绩，也许他会把这个奋斗过程划分成课堂认真学习、考试前认真复习、考试时仔细审题等多个不同子目标，即通过多个具体目标的实现最终完成一个人格奋斗（见图 13-2）。Emmons 进一步指出每个人都有独特的个人奋斗的建构体系，这使得我们可以根据不同的个人奋斗类型来区别不同的人。

既然个人奋斗是处于一个目标的层级结构系统中的，那就必然要涉及多种个人奋斗之间以及个人奋斗所包含的多个次级目标之间的关系的问题。在多种个人奋斗的关系上，Emmons（1992）用冲突（conflict）来描述两种或多种个人奋斗之间的斗争；而在一个个人奋斗内部，可以既包括要尽力获得或经历的事，又包括要尽力避免的事，所以他用矛盾（ambivalence）来表达一个个人奋斗实现过程中所经历的各种内部的混合感情。研究发现，在个人奋斗上有大量冲突和矛盾的个体会有较多的消极情感和较低的生活满意度。他还用差异性这一概念来说明一个个人奋斗内部不同目标间的相关程度，相关程度越低，表明差异性程度越高，那么个体就越会表现出独立的奋斗目标；相反，差异性程度低的个体会表现出高度相倚的奋斗目标。如果奋斗目标间的差异性程度高，那么个体就不至于因为某个目标的成功或失败而欣喜若狂或极度绝望，所以差异性可以起到缓解极端情绪的作用（Emmons，

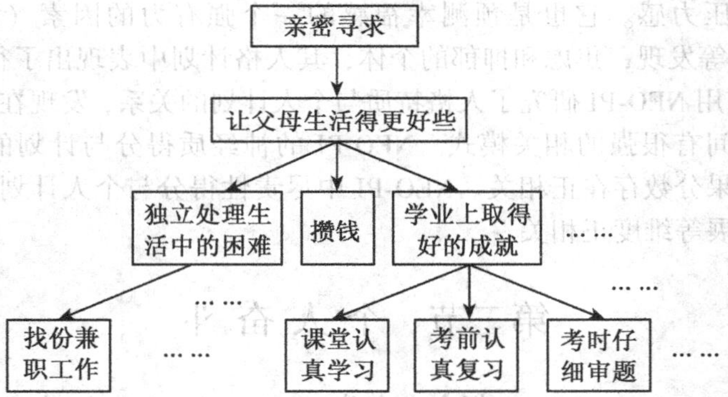

图 13-2　个人奋斗层级系统

1995)。

个人奋斗还具有如下特征。首先，个人奋斗对个体来说是独一无二的，尤其表现在构成个人奋斗的目标和一个人表达个人奋斗的方式这些层面。但我们还是可以找到一些共同的或规律性的个人奋斗类别（比如成就、人际关系、自我表征等）。其次，个人奋斗包括认知、情感和行为等成分。再次，尽管个人奋斗是比较稳定的，但它们并不是固定不变的。个体所要努力达成的事件随着情境的变迁和生活的改变而变化。从某种程度上说，个人奋斗反映着我们一生的持续发展。又次，一项个人奋斗中一个子目标的实现并不代表整个奋斗过程的完成。最后，大部分个人奋斗被假定是有意识的，并可以自我报告。

对于个人奋斗的测评，Emmons 先把个人奋斗划分为下列一些具体的维度：奋斗价值（value）、冲突（ambivalence）、承诺（commitment）、重要性（importance）、投入度（effort）、难度（difficulty）、归因（causal attribution）、社会期望（social desirability）、确定性（clarity）、方式（instrumentality）、成功可能性（probability of success）、自信（confidence）、不作为成功可能性（probability of no action，即自己不努力，此事成功的可能性）、影响（impact）以及既往成就（past attainment）等。在具体的测评工作中，首先让被试列出 15 条个人奋斗条目，并让他们写出实现每一种奋斗的具体方法。然后，根据这些被试列出的个人奋斗条目，使用个人奋斗量表（Striving Assessment Scales，SAS）对每一具体奋斗项目进行测评。第三步，将这 15 个奋斗条目组合成 15×15 的奋斗方式矩阵（Striving Instrumentality Matrix，SIM），分析不同奋斗之间的相关关系。使用主轴因子法并采用方差最大法旋转对所收集的数据进行探索性因素分析，得出个人奋斗的五个因素：第一个因素，奋斗的程度（包括价值、重要性、承诺）贡献率为 30.9%，这一个因素即可反映个人奋斗的程度；第二个因素，成功（既往成就和成功可能性）贡献率为 16.2%；第三个因素，容易度（包括不作为成功可能性、投入度和难度）贡献率为

11.2%；第四个因素Emmons认为不易解释清晰（其中包含奋斗的归因、社会期望、环境机遇等），其贡献率为8.2%；第五个因素是奋斗方式，贡献率为6.7%。经过因素分析后得到个人奋斗的数据结果与“期望—价值”模型十分吻合——在奋斗过程中，个体的投入程度越高，其相应的成就期望也就越高——个人奋斗中的承诺与实现有价值的成就期望之间，呈正相关关系（Emmons，1986）。

第四节 生 活 任 务

生活任务这一单元是Cantor研究人格的一个分析单元，它处在社会智力与问题解决的框架与系统中。很多心理学家对生活任务进行了详细的界定，或者视之为基本的、具有进化与适应意义的动机或者功能（Plutchik，1980），或者视之为个体在发展过程中的终身奋斗目标（Adler，1931），或者心理成长的不同阶段目标（Erikson，1950）。生活任务的范围如此广泛，Cantor将**生活任务**（life tasks）界定为在一定时期，个体认为非常重要，并投入了精力，对个人日常生活起到组织作用的自我目标（self-goal）。比如，“在学业上成功”、“交朋友”、“做我自己”都是生活任务的例子。Cantor和她的同事认识到，人格是通过个体对任务的参与和努力发展而来的，应该根据人们“做”什么而不是“是”什么来描述他们。基于这种认识，Cantor（1985）等人发展了“生活任务”的概念，并将其定义为人们当前致力于解决的问题和在特定生活时期个体投入精力面对的一系列任务。在生活转型期，生活任务的作用尤为突出。她认为，生活任务的提出使个体每天的活动具有了组织性，由此可以用问题中心（problem-centered）的方法调和情境中心（situation-centered）和以人为中心（person-centered）两种不同取向，以打破彼此间的对立。

要理解Cantor的概念，必须考虑到人格的社会认知背景。她与同事（1987，1988）曾提出社会智力的概念，并在此基础上构建了目标研究的框架。他们认为智力可以体现在解决现实问题、完成个体社会生活情境所支持的相关的生活任务的行为中。要充分理解社会智力，需要了解以下三方面的特点：人们用来解决生活问题的技能，使得某些问题比其他问题更重要的情景，以及如何通过情绪智力来实现目标的实用主义的思考。

在人生的任何时间，人们都有许多的目标和任务，并且在采用多种方式去实现不同的任务。为了对生活任务有充分理解，还要研究实现任务的策略（strategies），它是与生活任务有关的另一个重要概念，个体凭借它解决问题，完成生活任务。作为一种理想自我的目标（终极状态），可以描述为一种静止的形式，而作为生活任务的目标，则必须具有调整行为的动力作用（Pervin，1983）。比如一个害羞的人想做出一副自信的样子，那么他采用的社会互动策略必然要与克服社交焦虑这一任务相适应，还能整合、组织与这一任务的相关思想，情感和行为（Goldfried，1984）。更重要的是，实现某一任务的策略是多种多样的，因此要想充分理解人们如何规划他的任务，还需要对其实现任务的策略有一个认真的思考。

Cantor认为，个体生活任务总是同特定的生活阶段和具体的生活情境相联系，它是在问题解决（Problem-solving）框架内，对个人目标的具体化表达（Cantor，1987）。个体所处的情境会为个体的任务赋予特殊意义。因此，当个体的生活情境发生改变的时候，其生活任务也会发生相应的转变。此外，不同个体间或者同一个体在不同的生活阶段的生活任务都会有所不同。在任务的范围（如做一个优秀的人，取得好成绩）、持久性（如找一个舞伴，结婚）、来源（如找工作谋生，学习让自己着迷的小提琴演奏）上存在差异。通常，Cantor会选择研究生活重要转折期的任务，因为这个时候个体所处的人际的、物理的和工作的环境都会发生很大改变，而这些改变会促使个体去思考他们的目标，以及实现这些目标所需要完成的任务和做出的行动。

Cantor强调人格功能的适应方面，特别是认知功能的适应性。最初研究生活任务的目的正是为了探查个体在面临生活问题时，如何在人格的认知基础上选择解决策略。通过问卷法和半结构式访谈，Cantor等人已证实存在两种策略：一种是学业领域的，一种是社会领域的。在学业领域，有乐观者策略和防卫性悲观者策略之分（Norem，1989；Norem & Cantor，1986）。前者具有相对较低的焦虑和相对较高的成功期望；与之相反，后者则具有相对较高的焦虑和相对较低的期望。防卫性悲观者是那种看上去总在担心，实际上却没有什么值得担心的学生，但就实际表现成绩而言，乐观者与防卫性悲观者并没有显著的差异。这两种策略各有利弊：乐观的态度使他们具有积极期待而避免去想可能会失败，从而减少焦虑；而防卫性悲观者的学业焦虑似乎成为他们学习的永存动力。而在社会领域中，研究者发现，个体在所谓的社会约束（social constrain）方面存在差异。具有高社会约束个体的社会行为往往是他人导向的、焦虑的，他们会报告更多的社会领域中的压力和消极情感。并且，采用高社会约束策略的个体习惯于让他人指导自己的社会行为，常常以跟随者、观察者而不是领导者的行为方式保护自尊。采取低社会约束策略的个体则与上述特征相反，他们的社会行为表现更为独立、更积极主动，并且社会焦虑水平较低。

第五节　个人目标与人格

一、四种目标单元的比较

以上介绍的四种目标单元，都强调行为的目的性和目标导向性，都涉及目标的不同方面：目标关注的对象、目标实现的路径或方案、作为任务的目标以及带有个人特征的目标努力行为。这些关于个人目标单元的概念虽各自定义不同，但它们都包含有以下几点共同之处：（1）起源于个体的动机；（2）是一种在多种动机结构组织下的系统性行为；（3）受文化和情境的影响；（4）通过建构不同的“手段—

目的”结构来实现；(5) 都是目的指向性行为。

当然，这些概念之间也存在着一些差异。首先，这几种目标单元的内涵存在一定的差异。比如，个人计划是一系列为追求目标而随时间推进的动机状态，虽然包含了对将要发生事件的预测倾向，但也仅仅局限于个体对当前所关注的事件或领域；生活任务则与发展阶段密切联系，是个人希望解决的重要人生或生活课题；主要生活目标则更多关注于较长时间影响个人生活方式的长期目标；与之相比，个人奋斗则更多的表现为具有个人特征的一系列努力方向或人生信念，可以是具体的，也可以是宏观的；可以是一种思想认识，也可以是一种行为动机。

其次，这些目标单元都有明确的时间跨度。个人计划的时间跨度较短，生活任务和主要生活目标的时间跨度则较长，当前关注和个人奋斗的时间跨度则介于其间。例如，一个人一旦从大学毕业，可能就不再需要和大学打交道了，那么作为“上大学”这一项生活任务就宣告结束了。而个人奋斗则不会因成功或不成功而终止，它是对一系列目标反复、持久的追求。再比如，具有“努力做个好人”奋斗目标的个体，不会因某次做了一件好事而停止这种目标的追求。关于这一点，Emmons 曾就个人奋斗与个人计划做过如下的对比，“个人计划更多的是呈现了某种情境下，某个人会‘怎么做’；而个人奋斗则更为广泛地表现出了某个人会是‘什么样的一个人’”。

再次，这些概念所关注的重点存在不同。个人计划和生活任务更关注于具体行为层面；当前关注、个人奋斗等则更关注于认知层面。这可以从各个目标的典型示例（表 13-1）予以证明。此外，在测评方法上，尽管这些不同的关于个人目标的概念会在具体维度的划分等方面存在差异，但也具有很强的相似性。与个人奋斗的测评方法类似，无论是个人计划还是生活任务等，通常都是让被试提供多个具体目标条目，而后进一步对这些具体目标进行评估，以此来分析其人格意向水平。只是这种具体目标在不同的理论中称谓略有差异，如在个人奋斗中被称为“奋斗”，而在个人计划中则是“计划”等等。

表 13-1 **个人目标结构的实例**

类别	实例
当前关注	治疗癌症；写完一本书；锻炼身体保持健康；努力工作不要让自己失业。
个人计划	吃午餐；下周去野营；学滑冰；找一份兼职工作；让汤姆停止咬指甲；为父亲的死报仇。
个人奋斗	让迷人的女性注意我；尽可能为别人做好事；使人们与自己保持亲密关系；避免依赖男朋友；让父母生活得更愉快。
生活任务	比我高中时心智更成熟；找一个女朋友；大学毕业了找一份工作；发展自我同一性；从家庭独立出来。

二、个人目标的性质

个人目标（personal goals）作为个体行为表现的一种形式，反映了个体行为的意愿。从广义上讲，个人目标可以泛指个体所有的目的性行为。这样的定义过于宽泛，不利于研究。有研究者（Roberts & Robins，2000）指出许多个不同的个人目标单元构成了整个目标体系，而这种目标体系也具有层级性：最顶端是个人宏观的毕生抱负和对理想化自我的诠释，如建立某种崇高的世界观；接下来一个层次是较为具体的“原则性”问题，即个人认为值得去做的事情，通常体现为个人的价值观；再下来就是一个更加具体的情境化目标层次，通常我们称其为“中层”目标单元，如个人奋斗等；最低一个层次是那些针对于具体事件和即时行动的目标，比如一天工作都有个好心情等等。根据这种对目标体系的层次划分，当前关注、个人奋斗、个人计划、生活任务，还有生活承诺（life commitments）、可能自我（possible selves）、愿望（wishes）和主要生活目标（major life goals）等都被统称为人格的“中层”目标单元（“midlevel” goal units）（或“中层”动机单元、个人目标单元、个人行动建构等），即狭义的“个人目标”。

现在，人格心理学家已经不再具体区分什么是个人计划、什么是当前关注、什么又是个人奋斗，在研究中也逐渐将这些不同的概念和方法结合起来。这也促成了一个更具代表性、更具整合性、更具系统性的“个人目标”概念的出现。如有研究者（Brunstein，1995）把个人目标定义为，个体在日常生活中想要达到的目的、意图和对未来的规划。还有研究者（Salmela-Aro，2000）则把个人目标定义为个人日常生活中所追寻的、自认为可实现的且对自己具有意义的目的行为。从这些学者对个人目标的定义出发，可以发现个人目标的几个性质：

（1）建构性（constrctive）。建构主义观点认为个体对自我、情境、以及二者交互作用的解释对理解个体人格至关重要，而要想对个人与环境的交互作用进行全面的检验，必然需要系统探讨个体的这些观点。这源于 Kelly（1955）的个人建构理论（Little，1972，1983）。Kelly 强调，个体通过自己独特的“个人建构（personal constructs）”来看待他们自己和自己的情境。个人建构好比是一种模板或者有色眼镜，个体藉此认识整个世界，因此理解个体的个人建构是非常重要的。

通过列举可以产生若干个人目标，可能处在酝酿或计划阶段，也可能正在执行或者已接近完成。Little 发现，所收集的目标条目信息丰富而且引人深思。其中包括日常琐事（如收报纸，遛狗），也包括生活的任务（确定我是否还要与她保持工作关系）。建构主义方法用在这里时表现出来的基本特点是被试所用的分析单元一般都是对他自己具有一定意义的。相比较而言，那些要求被试完成某些结构化问卷的传统评价方法反映的是调查者的个人建构，而不是被试的建构。在方法学上采用建构主义假设的另一个意义是：研究中的评价经验本身成为被试的一种“个人唤起”，比如在个人计划分析（PPA）中，个体不断地报告自己对目标的评价，这显然为个体提供了自我反省的机会。

（2）情境性（contextual）。要对具体的行为做出解释，就要对其所发生的情境做系统的探索。这些情境可能包括行为的微观个体经济背景和宏观社会经济背景以及历史片断，个体的大部分行为都可以在其中得以理解。其中所蕴含的方法学意义是，我们的评价单元必须具有生态代表性（ecologically representative）。也就是说个体应该关注那些塑造、促进或者阻碍自己日常生活规划实施的情境。这一假设在方法学上可以有很多体现。我们可以通过几种不同的方式获得关于被试的个人情境的信息。第一，目标的内容经常涉及与情境相关的资料（打扫堆满雪的庭院）。第二，采用与情境有关的评价维度（你的工作环境在何种程度上促进或者阻碍了你的规划的实现?）。第三，采用开放式的问法，让被试告诉我们，他们的目标是“和谁一起”、“在哪里”实施（Little，1983；Little & Gordon，1986）。

情境主义假设的另一个方面是研究中的分析单元应该对行为的时间维度具有敏感性。个人目标是从个人意义上的重要行为中拓展出来的。它具有动力性特点，意味着我们可以检验从个体产生一个行动念头，到他为其成功而陶醉或者因其失败而懊恼的整个过程。这一特点与描述个体静态特征的特质单元形成显著对比（Costa & McCrae，1994）。

情境假设的第三个方面，对情境中的人进行评价可以提供有关个体的重要信息，也可以提供人所居住的社会生态系统的重要信息。从情境主义的命题出发，我们的单元在评价过后可以收集起来，作为一种可能的社会评价指标。比如，Little建立的社会生态评价数据库，就储存了数千个个人目标以及对它们在二十几个维度上的评价，同时还记录下了年龄、性别、居住地等人口学变量。这样，就可以对以下的一些问题进行讨论，大学生压力最大的个人目标是什么？与其他年龄阶段的被试相比，有什么不同？在什么样的环境中工作的个体更容易体验到目标追求中的效率？总之，情境主义假设是我们理解个体的一个重大变革。

（3）意动性（conativity）。意动性假设说明，个人目标单元是一个意动的过程（如会包含尽量、追求、寻求等术语），从中我们可以充分体验到情境中的人所具有的动力性。这一假设，将新的动机观与纯粹的认知动机观形成对照。作为一种分析的单元，人格目标单元具有明显的意动性：它们在意志控制下发生，是个人所认为的有意义的追寻。

个人目标在两个方面体现了意动性假设的特点。首先，日常生活经验告诉我们，我们并不是一次只有一种目标，而是有一系列目标。如果这些仅仅是一些计划或者认知期待的话，那么它们就不会给个体带来什么困难，也不需要个体权衡个人精力和注意力的分配。然而，目标的意动性特点告诉我们，它们是需要意志力去努力地追求，它们塑造了个人的行动系统，并有可能在时间、社会、伦理等方面产生冲突。这一假设要求我们能对目标进行系统测量。其次，在一些评价技术中，比如在特质问卷中，评价单元是固定的，不能随意改变的。问卷的内容不能改变、修正或者重写，如果这样做了，会有损施测工具的标准化。而我们的评价是基于一个完全不同的假设：测量系统应该像计算机中的母板，应该是一种模块或者模式，个人目标单元可以通过在标准的研究矩阵中增加特殊的评价维度来实现。被试按照一些维度来评价他们的规划，但是研究者经常根据需要创造新的维度来让被试依此评价自己的个人规划或者奋斗等。研究者还往往会根据研究需要创造新的维度，来了解他们的被试所具有的独特的社会生态特征。

（4）一致性（consiliency）。为了强调人类行为的复杂性，我们需要一个整合性的、跨学科的分析单元，这种假设就是一致性假设。与这一需要有关的第一个方法学上的要求是，个体水平测量与标准水平测量的结合。行为研究中个案研究方法的价值一直是研究者之间争论的话题，其中有人支持个别化研究，有人支持一般规律分析。个人目标单元的统计程序和统计方法就为我们提供了两种分析的结合的可能性。比如，我们可以在个人水平上计算压力和对目标的控制感这两个人格变量之间的相关程度，从而分析二者之间的关系。同时也可以分别将不同个体的得分累加，在群体水平上加以分析。具体采用哪种分析水平，可以根据不同的目的来确定，比如，是用于临床还是教育。一致性的第二个要求是采用的方法应当具有整合性。由此，要求对情境中的人的评价不能只被限制在一个领域，比如认知的、行为的或情感的水平，而是允许这些不同的层面整合进同一个评价程序。例如，一个目标是一种明显的认知现象，因为它所表征的计划和目标完全可以按照经典认知理论的观点加以检验，同时它也同样重视情感经验和实际行为。我们会不断地询问在何种程度上，规划可以作为他们激情的来源，并开始探索个人规划的社会影响，即在何种程度上，个人规划可以为其社会生态系统创造“社会资本”（social capital）。一致性的核心意义是我们可以同时了解个人生活的认知、情感和行为层面，这种理解不是通过独立的方法，分别加以测量，而是用一种一致的方法提供一种整合的测量。最后，一致性反映了社会生态观点的应用层面。目前，许多针对环境和行为分析的单元都有一种试图去改变或改善人们的生活状况的倾向。而实际上，人格特质、宏观的经济环境等这些影响幸福感的因素，却都是不容易改变的。相比而言，个人目标单元的分析可以直接应用于临床、咨询、组织等，它更容易操作，也有改变的可能性。我们难以改变自己的人格特质和所处的环境，但我们可以设定不同的目标。对个人目标的评价可以作为总体生活满意度的一个良好指标（Omodei & Wearing，1990）。研究表明，个人计划或者奋斗的意义感、结构、效能、支持度和压力水平的增加会对个体产生有益影响（Little，1989）。通过对个人与情境交互作用单元的操作和干预，也许我们并不能让一个人变得彻底幸福，但是我们可以让他们比原来幸福一些。

三、人格的社会生态学模型

日常生活中，个体总是以其特有的方式来规划自己的生活，实现一个又一个有意义的目标。对于个人目标的研究为我们提供了一种从一致性和动态性的双重视角去审视人格的方法。个人目标就犹如一扇窗户，透过它，我们可以看到复杂的人格系统中认知、情感和行为是如何紧密联系、互相影响又共同作用的。

那么个人目标在人格心理学这一学科中应该处于什么位置呢？McAdams（1995）从整合人格心理学的视角把人格分为三个层次：第一层是由最广泛的、去情境化的特质（traits）单元构成；第二层是个人关注（personal concerns），是描述个体在特定的时间、地点、身份等这些高度情境化下的个人目标、防御机制、应对策略等大量关于人格动机、发展和策略建构；第三层是生活叙事（life narratives），这一层更多地与成年人相关，因为对人格的全面把握需要去探究个体一生中是如何将自我个性化、如何形成认同，需要去寻觅生命的目标和意义。

结合前已述及的目标层级体系（Roberts & Robins，2000），我们不难发现位于"中层"的个人目标恰好位于整个人格心理学学科体系模型的最中心，因此对这种"中层"目标单元的分析理应成为人格心理学研究中最为核心的一个环节。这些"中层"目标都是高度情境化的"认知—动机—情绪"单元，反映了个体为改变或适应当前的某种环境或生活状态而采取的一种有意识的行为趋向。这种对目标单元的模式化分析，体现了个体在日常生活中的选择及其行为的结果。这种研究取向也引发了一场意动人格心理学（conative personality psychology）的革命（Little，1999）。

在已有的理论和研究的基础上，Little 提出了以"个人目标"（Little 本人称之为"个人行动建构"，Personal Action Construct，简称 PAC）为核心的人格社会生态学模型（图 13-3）。在这个模型中，A 代表个人特征，包括个人的人格特质等；B 代表环境特征，包括文化差异、组织气氛等；C 代表个人行动建构；D 代表生活质量，即与人类适应和幸福相关的幸福感和生态能力的测量。所谓生态能力是指一种能够成功地适应各种生态环境的能力，如学习环境（以 GPA 作为指标）或工作环境（以工作绩效作为指标）等。这个模型都是从个体特征开始，以个人目标为核心，把情境因素纳入人格体系，将人类生活的质量和意义作为研究的最终目标，使人格的多重交互作用系统地、有效地联系起来。模型以 D 方框——人类适应和幸福相关的生活质量作为研究的主要结果或准因变量。其中 A 方框和 B 方框所代表的个人特征和环境特征，都能够直接或间接地（通过个人目标）影响对 D 方框中幸福感、身心康宁和生态能力的测量。C 方框——个人目标（或个人行为建构）是模型的核心单元，即个人目标对于个体特征和环境变量的交互作用和个人目标在幸福感和适应性方面的交互作用是这个模型的核心。

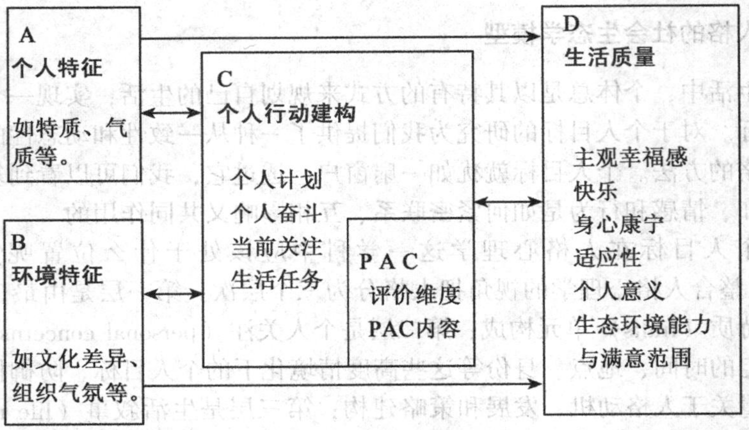

图 13-3 人格的社会生态学模型

第十四章

自　我

上千年前，雅典德尔菲神庙前的石碑上镌刻着阿波罗的神谕："认识你自己！"这是古代人类借神的口对自己发问：我是谁？可以说，"我"对人的存在具有重要意义，离开了"我"，人的行为就无法解释。也正因为如此，自我成为人格心理学、社会心理学和发展心理学研究的核心问题。

那么，什么是自我？对此学界众说纷纭。在不同的人格理论家那里，自我有着不同的含义。面对这种境况，一些悲观的研究者开始怀疑自我研究的意义，更有甚者（如行为主义学派）干脆放弃对自我的研究。James（1890）把自我视为心理学中"最难解的谜题"，戏称自我的研究具有婴儿的性格，是"有发展但无头绪的困惑"。在《自我概念有必要吗？》一文中，Gordon Allport（1955）也认为自我可能成为"心理学发展道路上的障碍"。尽管如此，还是有一些心理学者并没有丧失希望，他们对自我研究的价值充满信心。例如，当代有心理学家就认为对自我的科学理解不仅可行，而且对建立科学的人格理论至关重要（Pervin & John，2003，p. 593）。

面对自我这一概念的界定难题，现在的研究者不再拘泥于探讨整体的自我是什么的问题，而是转向中间模型和可以进行实证研究的概念，研究者们分别从自我的认知、情感和评价等角度来进行研究，提出了一系列有价值的主题，如自我概念（self-conception）、自尊（self-esteem）、自我效能（self-efficacy）、同一性（identity）等，这些主题也就是本章要探讨的内容。

第一节　自我概念

自我概念（self-conception）属于自我研究中的认知层面。它是一个动态的心理结构，引发、解释、组织、传递以及调节内心和人际的行为和活动，包括：（1）关于自己的记忆；（2）关于自己的特质、动机、价值以及能力的信念，即理想自我；（3）可能自我；（4）对自己的积极或消极评价（自尊）以及关于别人怎么看待自己的信念（Brown，1998）。本节将分别阐述个体自我概念的形成、结构以及改变。

一、自我概念的形成

婴儿自我概念的萌芽是了解自己身体的界限。婴儿发现，有些东西总在身边，例如自己的手脚；而有些东西时而出现，时而不见，例如自己睡觉的床。这样的体验使他把自己的身体与其他的客体区别开来。在相当长的一段时间里，婴儿把自我等同于自己的身体。3个月时，婴儿对镜子产生了极大的兴趣，可能是因为他发现自己一动，镜中小人就跟着动，好像魔术一般（Lewis & Brooks-Gunn，1979）。但是，儿童直到一岁才认得自己的脸，这时他就可以在照片中指认自己了。

生命的第二年，儿童开始依据外部标准来评价自己的行为。这是自我意识（self-awareness）发展的重要一步。对于哪些事该做，哪些事不该做，自己行为是对还是错，儿童开始有了自己的判断。虽然对外部标准的了解非常有限，儿童却有了依标准行事的自我体验。当幼儿成功地完成了某件事情时，他们会微笑（Kagan，1981）。15个月左右的幼儿能够依据性别和年龄来认同自己（Damon & Hart，1982）。但此时的年龄认同不是数字上的大小，而是儿童和成人的差异。在儿童自我概念的形成过程中，年龄和性别是最初的成分；接着，熟悉的家人被纳入自我概念，儿童开始有了自己属于某一家庭的认识。与此同时，一些活动技能被纳入自我概念。其中，行走这一技能对自我概念的影响至关重要（Erikson，1968）。3~5岁期间，儿童的自我概念似乎主要表征为各种技能和能力。儿童对自我的理解主要依据自己能和不能做什么（Keller，Ford，& Meacham，1978）。例如，我能（不能）刷牙、我能（不能）系鞋带以及我能（不能）骑童车等等。6~12岁期间，儿童的能力感和控制感不断增强。他们不再仅仅以能和不能来评判自己，而是将自己和别人的能力进行比较。能否骑自行车已经不在话下，他们主要关心自己能否比别人骑得更好、更快、更远（Damon Hart，1982）。此时，儿童的内部自我概念也开始发展。年幼的儿童只有身体自我（physical self），如果问他有关自我的问题，他只能想到自己的身体。而年龄较大的儿童开始认识到自己的思想、情感和意图，这些已经超过了身体自我的范围，属于心理自我（psychological self）（Mohr，1978）。起初，认识内部自我对儿童来说是非常困难的，他们倾向于接受父母或其他权威告诉他们的一切。当问一个11岁的儿童，在父亲、母亲和自己三人中，谁最了解他时，儿童会回答是父亲或母亲（Rosenberg，1979）。直到青少年时期，个体才坚定地认为自己比别人更清楚自己。

在12岁或13岁时，儿童的自我意识已经有了非常大的发展（Simmons，Rosenberg，& Rosenberg，1973）。从13岁到19岁，其自我概念进一步的发展，心理能力不断提高，不再依赖别人或外部评价。与较小的儿童相比，青少年更善于表现自己。此时，道德问题变得非常重要，青少年试图以一种稳定的价值观，以普遍和抽象的原则来形成自我概念（Montemayor & Eisen，1977）。

二、自我概念的结构

William James（1842～1910）把自我分为经验自我和纯粹自我。**经验自我**（empirical self）指人们经验到的一种对象，即与世界的其他对象一样的存在物（James，1950，p. 160）。每个人的经验自我，就是他试图用“我”来称呼的一切（Cloninger，1996，p. 291），“从属于我的”东西与“真正的我”没有明确界限，我的身体、服饰、妻子儿女及财产都参与了我的构成（James，1950，p. 161）。经验自我是客体我（me），可分为物质自我（material self）、社会自我（social self）和精神自我（spiritual self）。社会自我高于物质自我，精神自我高于社会自我。物质自我的核心部分是身体，包括从属于我的各种客体。社会自我指一个人“从同伴那里得到的承认”，即他在别人心目中的形象。精神自我指一个人的心理能力或性情（Cloninger，1996，pp. 293-296）。**纯粹自我**是主动我（I），由不断更迭和传递其内容的当下思想构成。在思想流中，只有当下思想具有“占有作用”（appropriation），可以占有先前思想，并占有先前思想所占有的。因此，人才会觉得现在的自己与过去的自己是同一的（James，1950，p. 181）。纯粹自我接受不同感觉并影响感觉所唤起的动作；它是兴奋的中心，接受不同情绪的震荡，也是努力和意志的来源（Cloninger，1996，p. 149）。

Carl Rogers 在临床上发现患者的话题总围绕自我展开，这使他开始关注自我。Rogers 也认为自我包括主格我（I）和宾格我（me）两个方面。宾格我是自我意识的对象，同时也是自我意识的本体，它是通过接受别人（社会）对自己的有意识的态度系统而形成；主格我是自我的动力部分，是自我活动的过程。主格我在宾格我的框架内活动，又具有面向未来的特征。这使它可能超出现有的宾格我的框架，赋予人自由意志性、创造性和新异性。Rogers 还提出了**理想自我**（ideal self）的概念，与现实自我（real self）相对应。理想自我代表个体最希望拥有的特征。这些特征是与自我有关的，且被自己高度评价的感知和意义。而通过对自己体验的无偏见反映及对自我的客观观察和评价，个人认识到现实自我。Rogers 认为，对人具有重要意义的是理想自我，而不是现实自我。理想自我决定着个体对知觉到的环境赋予何种意义，进而决定着个人对于环境的反应。理想自我的实现即自我实现，即理想与自我概念完全一致，Rogers 称这种情况为“成为一个人”（becoming a person），一个健康的或机能充分发挥的人。

Markus 认为每个人都有关于自我的认知结构，即自我图式（self-schema）。**自我图式**是关于自我的认知的内化，它组织、指导与自我有关的信息加工过程。Markus 认为，每个人都有单一的、整合的自我概念，其中包含无数具体的小概念，即自我图式（Markus，1977，pp. 63-78）。大的自我概念是被动的、静态的，而自我图式则是主动的、动态的。自我概念若由某些活跃的自我图式所主导，其他图式就被忽略。因此，许多人似乎没有特定的自我图式（Burger，2002，p. 367）。如有人认为自己健谈，有人认为自己寡言，有人却从来就没有依据善谈或寡言来考虑自己。具有某种自我图式的人与不具有类似的自我图式的人在行为表现上是不同的（Pervin，2001，p. 279）。例如，具有某种自我图式的人比没有这种图式的人处理相关信息时更有效率。不同的人，其自我图式的数量也不同，图式多的人面对问题时有丰富的内部资源；图式少的人则只能用少数图式去看待所有问题，这样的人容易出现心理问题。Markus 还提出**可能自我**（possible selves）的概念，指人们认为他们将来可能成为什么样的人，包括想成为的人和怕成为的人，后者被称为可怕自我。可能自我不仅有助于组织信息，还具有强大的动机功能。研究表明，回避可怕自我，是个体行为的主要动机之一（Ogilvie，1987）。可能自我是现在和将来的心理桥梁，具有导向作用。如果一个人的可能自我是事业上的成功人士，在这一目标的指引下，他会努力工作，勇敢地面对困难。研究还表明，失足青少年的可能自我范围狭窄，充斥着不好的观念；而正常青少年的可能自我则范围广阔，好的和不好的都有。

Higgins（1987）认为有两种基本的可能自我：理想自我（ideal self）和应该自我（ought self）。**理想自我**是指自己和重要他人期望自己将来成为什么样的人，**应该自我**是指自己和重要他人认为自己应该做什么样的人。理想自我代表理想或抱负，而应该自我代表义务和责任。这两种不同的可能自我与个体不同的情绪相连。当现实自我与理想自我不一致时，会使个体感到悲伤和沮丧；当现实自我与应该自我不一致时，会使个体感到焦虑、难过，甚至内疚（Higgins，Klein，& Strauman，1987）。理想自我和应该自我都是自我导向（self-guide），即个体用于组织信息和激发行为的标准。自我导向不仅会影响到个体的情绪，还会影响到个体注意的方向和动机。理想自我导向使个体关注目标和成就的实现，即促进性关注（promotion focus）；应该自我导向使个体关注责任和义务，即阻止性关注（prevention focus）。例如，在友谊关系中，理想自我导向者多采用趋近策略，如“多给朋友情感上的支持”；而应该自我导向者则更可能采用回避策略，如“不要和朋友失去联系”（Cloninger，1996，p. 324）。

三、自我概念的稳定与变化

自我概念是稳态的还是动态的？目前的看法是，自我概念的整体结构是稳定的，但某一时刻进入个体注意中心的自我概念成分是不断变化的。这种现象被称为**自发的自我概念**（spontaneous self-concept）或**现象自我**（phenomenal self）（Derlega，Winstead，& Jones，1999，p. 345）。情境变化会使自我概念中的不同信息被激活，因此现象自我是不断变化的。研究者发现，在特定情境中，人们会格外注意使他们显得突出的个人特征（McGuire & McGuire，1982）。例如，中国人在国内时，不会意识到自己的中国人身份；到了美国，就可能经常想起自己是中国人。这并不是说在中国时他没有把自己看成中国人，只是没有特别注意这一事实。情境会使人注意自我的某些方面，忽略其他方面。自我概念就像一个庞大而复杂的文件库，特定的情境使人们提取库中的特定文件（Derlega，Winstead，& Jones，1999，p. 346）。

虽然自我概念的整体结构具有稳定性，但也不会一成不变。研究者们曾经认为可以通过选择性注意（biased scanning）的方式来改变自我概念。一项研究让被试回忆自己在某情境中的表现风格是外向还是内向。如果被试选择性地注意外向风格，他会认为这种风格是自己的本性，在以后的情境中也会保持这种风格（Jones，Rhodewalt，Berglasand，& Skelton，1981）。进一步的研究表明，社会互动在自我概念的改变中扮演重要角色。研究中，被试要在两种情境下回答自己是内向或外向的问题，一种情境要求在面谈中回答，一种情境为匿名回答。结果发现，只有在面谈中，被试的自我概念才会发生改变（Schlenker，Dlugolecki，& Doherty，1994）。可见，选择性注意可能改变自我概念，但社会相互作用的影响更大，起着决定性的作用。为了改变自我概念，改变自己被其他人知觉的方式是非常有用的，这些有关自我的社会反应能够被内化，从而导致自我概念的改变（Wicklund & Gollwitzer，1982）。

第二节 自 尊

自尊（self-esteem）涉及对自己的情感体验与评价。早期的研究者认为自尊是成就与目标之间的差异，差异越小，自尊越高。James 把自尊定义为成功与抱负之比，Rogers 认为自尊是现实自我与理想自我之间的差异。后来的研究者通常将自尊定义为评价性自我，即自尊是个体做出自我评价判断后产生的主观感受和体验，是自我情感方面的内容。自尊是自我意识中具有评价意义的成分，是与自尊需要相联系的、对自我的态度体验，也是心理健康的重要指标之一（林崇德，2006，p. 244）。下文将从自尊的结构、不同自尊水平个体的特点和自尊的维持三个方面来阐述一些具体研究。

一、自尊的结构

国外心理学界对自尊结构的研究从单维、静态、外显的建构向多维、动态和内隐的方向发展。Pope 和 McHale（1988）认为，自尊是由知觉的自我（perceived self）和理想自我（ideal self）两个维度构成的。知觉的自我是个体对自己的客观认识和评价；理想自我则指个体希望成为或获得某种特性的期望和愿望。Steffenhagen（1990）认为自尊是由三个相互联系的亚模型构成，物质/情境模型（Material/Situational Model）、超然/建构模型（Transcendental/Construct Model）和自我力量意识/整合模型（Ego Strength Awareness/Integration Model）。物质/情境模型自尊包括自我意象、自我概念和社会概念三个成分，每个成分又包括地位、勇气和可塑性三个元素；超然/建构模型自尊包括身体、心理和精神三个成分，每个成分又包括成功、鼓励和支持三个元素；自我力量意识/整合模型自尊包括目标取向、活动程度和社会兴趣三个成分，每个成分又包括知觉、创造和适应三个元素。Coopersmith（1967）提出，自尊是由重要性、能力、品德和权力四个因素构成。重要性是指个体是否感到自己受到生活中重要人物的喜爱和赞赏；能力是指个体是否具有完成他人认为很重要的任务的能力；品德是指个体是否达到伦理标准和道德标准的程度；权力是指个体控制自己生活、影响他人生活的程度。Shavelson 等人（1976）提出，自尊是多维度、多层次和有组织的结构，可以分为许多层次，一般自尊位于最高层，特定情景中的行为评价位于最低层，位于中间层的则是学业自尊和非学业自尊。近来，西方自尊研究领域又出现了外显自尊（explicit self-esteem）和内隐自尊（implicit self-esteem）划分的观点。外显自尊是通过传统的自陈量表方法测查得到的个体自尊水平，内隐自尊是使用一些间接测量技术得到的"自动激活的"、"意识控制之外"的自我评价倾向（Greenwald & Banaji，1995）。

国内有研究者分别对幼儿、小学、中学和大学学生的自尊进行了研究（林崇德，2006，p. 244；程学超、谷传华，2001；张文新，1997）。魏运华（1997）通过对儿童自尊的结构研究发现，儿童的自尊结构由外表、体育运动、能力、成就感、纪律、公德与助人等六个因素组成。杨丽珠等（2005）通过对3~9岁儿童的研究发现，3~9岁儿童的自尊结构包括三个因素：重要感、自我胜任感和外表感。黄希庭等人（1998）研究认为，自尊是多层次、多维度的，包括总体自尊、一般自尊和特殊自尊。

二、不同自尊水平者的特点

为了探讨不同个体之间在自尊上的差异，研究者编制了自尊量表。为便于比较，研究者根据人们在自尊量表上的得分将人分为高自尊者和低自尊者。研究发现，高自尊者与低自尊者在认知、动机等很多方面存在差异。

（1）社会动机上的差异。有两种动机，自我提高（self-enhancement）动机和自我保护（self-protection）动机，前者是期望获得成功的动机，后者是避免失去自尊的动机（Baumeister，1999，p. 358）。低自尊者的主要动机为自我保护（Baumeister，Tice，& Hutton，1989）。表现为害怕失败、遭拒、受辱之类的结果，他们对这样的情境非常警惕，总是试图逃避；他们也渴望成功，却不太相信自己能成功（McFarlin & Blascovich，1981）。高自尊者的动机主要为自我提高，他们总是尽力追求目标以提高自己的自尊。高自尊个体很少担心失败，也很少考虑保护自己。

（2）在任务表现和坚持性上的不同。能力和自尊之间相关不大，但自尊有时会影响到个体的表现。许多研究者发现，高自尊者与低自尊者对成败的反应有差异，特别是对失败的反应。与低自尊者相比，高自尊者在经历失败后更能坚持（Shrauger & Sorman，1977）。在失败之后，坚持不懈往往会带来成功。高自尊者的反应常常导致好的结果。但是，他们在不可能任务上也很执着，即使是主试提醒不要在某些问题上花太多时间，高自尊者仍会执迷不悟，结果成绩不佳（McFarlin，Baumeister，& Blascovich，1984）。另外，高自尊者会对自己的表现做出更有利的预期。研究者让被试在经历成败后预期自己将来的表现。结果，高自尊者总认为自己将来会表现得更好（McFarlin & Blascovich，1981）。

（3）可塑性上不一样。研究表明，低自尊者比高自尊者更容易改变和受欺骗（Brockner，1984）。低自尊者更容易被人说服（Janis，1954），更容易受群体的影响。低自尊者的行为表现在不同的情境中差异很大。这可能是因为低自尊者缺乏清晰一致的自我概念。对于他们来说，抵制外部的影响非常困难。由于低自尊者的动机主要为自我保护，因此，顺从群体的意见对他们来说更安全。

（4）偏见上的差异。从表面上看，低自尊者似乎比高自尊者更容易产生偏见。例如，低自尊者对少数派和其他群体的成员给予更多的负面评价。但是，低自尊者对自己的评价也不好。所以，低自尊者对自己、对自己群体的成员，以及对其他群体成员的评价取向是一致的。也就是说，虽然低自尊者对别人的评价是负面的，但却不带偏见，它对所有人都一视同仁。研究表明，对自己和其他群体成员在评价上喜欢区别对待的，反而是高自尊者（Crocker & Schwartz，1985）。

（5）情绪和应对上的不同。高自尊并不能带来实际利益，但它可以使人感觉良好。高自尊者和低自尊者的重要差别之一就是情绪体验上的不同。比起高自尊者，低自尊者更容易经历抑郁和焦虑等负面情绪体验。除了心情的好坏之外，两者在情绪波动性上也有差异。与高自尊者相比，低自尊者的情绪波动性更大（Campbell，Chew，& Scratchley，1991）。这可能与他们自我概念的混淆有关。假如一个人的自我概念比较混淆，那么每件事情都会对他的思想和体验产生重大影响，从而诱发强烈的情绪反应。此外，高自尊者有更多积极的情绪和自我信念，当事态恶化时，高自尊者可以借助这些积极的情绪和信念鼓励自己、安慰自己，直到摆脱不幸。相比之下，低自尊者会彻底被不幸征服（Steele，1988）。

（6）高自尊者与低自尊者的归因风格也不同。高自尊者常将成功归为内部原因，如归因为自己的能力或努力，把失败归于外部因素，如难度、运气或他人。低自尊者则相反，他们常把成功归为外部因素，将失败归为内部因素。低自尊者多使用总体归因，在认知上更倾向于过度概括。例如，低自尊者若在学业上失败，他们往往认为自己在其他方面也会失败；而高自尊者在学业上失败时，他们会认为自己在其他方面如社交方面仍然是很成功的。将成功归因于自己，将失败归因于别人的归因方式叫做**自我服务归因偏差**（self-serving attributional biases）。每个人都倾向于做自我服务归因（Schlenker, Weigold, & Hallam, 1990）。但是，当情境要求个体在众人面前做出归因时，即社会评价压力较大时，高自尊者的归因是最自我中心的。而随着社会评价压力的增大，低自尊者的自我服务归因则会逐渐下降（Mayer & Sutton, 1996, p. 347）。

三、自尊的维持

高自尊不能带来直接好处，但能使人心里更舒服；而低自尊和焦虑、恐惧以及社会拒绝形影不离。因此，自尊还是高些好。那么我们如何去维持自尊呢？获得高自尊的理想途径是凡事马到功成。这显然不现实。生活不可能万事如意，每人都会经历挫折、失败、拒绝以及人际冲突。这些都可能降低自尊。尽管如此，人总有办法保住自尊。

首先，通过 James 对自尊所下的定义，我们可知，要想维持并提高自尊，有两个途径，一个是增加成功率，另一个是降低抱负水平。此外，我们可以通过积极的、有利于自己的思维来维持自尊。与低自尊者相比，高自尊者并不具有优越的天赋和魅力；两者最主要的区别在认知上。例如，当要求高自尊者和低自尊者评价别人的魅力时，两者没有差异；而要求他们评价自己的魅力时，差异就出现了。高自尊者自我感觉良好，而低自尊者对自己评价不高（Campell, 1986, pp. 538-549）。所以，采用自我提高策略，寻找自己的积极面，并用有利于自己的方式来解释不确定的信息，是行之有效的提高自尊的策略。

人还会采用自欺的方法来维持自尊。人们常常夸大自己的成就，忽略自己的失败；把成功归于自己，把过错推给别人。人们乐意接受那些有利于自己的评价，在遭到批评时，却会找理由反驳。研究表明，施测者对受测者的评价会影响其对测验效度的评价（McFarlin & Blascovich, 1981, pp. 521-531）。假如施测者称赞他们做得好，他们会说测验是有效的；假如被告知做得很坏，他们则会质疑测验的效度。对许多人而言，成功经历容易记，失败经历容易忘（Campbell, 1990, pp. 538-549）；并喜欢和较差的人作比较（Pyszczynski, Greenberg, & Holt, 1985, pp. 179-190），正所谓比上不足，比下有余。人们常常表现出过度的一致性效应（consensus effect），即高估赞同自己的人员比例，从而更加坚信自己。在能力方面，人们则表现出过度的独特性效应（uniqueness effect），即低估别人的能力。研究表明，一致性效应和独特性效应与高自尊相关（Baumeister, 1993）。显然，以自欺的方式维持自尊也许在一定程度上有效，但使用过度以至推卸责任是否真能维护自尊是值得怀疑的，同时这种方式还有一个可能的代价，就是失去别人的尊重。

第三节　自我效能

自我效能（self-efficacy）指个体对自己完成某项任务的能力的信念（Bandura，2003，p. 3）。它是个体对自己能力的主观感受，而不是能力本身。自我效能是在自我系统中起核心作用的动力因素，在我们的动机和情绪生活中起着重要的作用。例如，遭遇逆境时，个体对自己能力的判断会显著的影响奋斗意愿和坚持力（Bandura，1997）。自我效能不同于自我概念，前者对行为具有高度的预测力，而后者的预测力则比较微弱和不肯定（Pajares & Kranzler，1995）。自我效能也不同于自尊。前者涉及对自身能力的判断，而后者涉及对自身价值的判断。

一、Bandura的自我效能模型

Bandura认为，在目标或问题情境中，有两种期望影响着人的行为，分别是结果期望（outcome expectancy）和自我效能期望（self-efficacy expectancy）。结果期望是指对某一种行为在多大可能上会导致某一种结果的信念；而自我效能期望则指对自己能否完成某一行为的信念。一个人可能相信只要遵照减肥程序去做，就能获得骄人的身材，这属于较高的结果期望；如果她相信自己有能力来完成该程序，就又有了高的自我效能期望。假如她认为自己没能力正确地完成这一练习，就不会采取行动，即使付诸行动也不能坚持到底。Bandura建立了一个模型来描述人、行为、结果、自我效能期望和结果期望之间的关系，见图14-1。

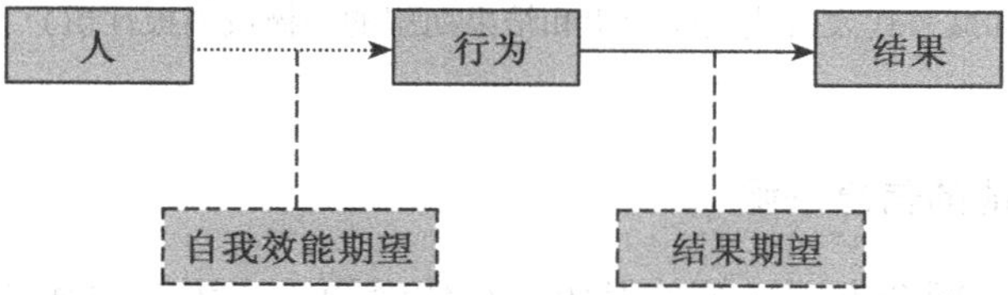

图14-1　Bandura的自我效能模型

结果期望有三种主要的形式：（1）与行为相伴的积极或消极身体效应，积极身体效应包括愉快的感觉体验和躯体快乐，消极的包括厌恶的感觉体验、疼痛和身体不适等；（2）与行为相伴的积极或消极社会效应，积极的方面包括他人的社会反应，如兴趣的表达、赞扬、社会接纳、金钱补偿以及地位和权利的授予等，消极的方面包括无兴趣、不赞同、社会排斥、指责、剥夺特权和惩罚等；（3）与行为相伴的积极或消极的自我评价，积极的自我评价包括预期社会认同、表扬和物质奖励、胜利感以及自我满意感，消极的自我评价包括沮丧、感到失去得奖的资格和自责等（Bandura，1986）。

对于自我效能期望和结果期望，还有三个方面是必须注意的（Cloninger，1996，p. 239）。首先，这两种期望相伴着影响我们的活动。在从事某活动之前，我们总会预期某一行为是否能导致目标达成以及自己能否完成这一行为。只有两种期望都比较高时，我们才会采取实际行动。不同类型的自我效能期望和结果期望的组合会产生不同的社会心理和情绪效应，见图 14-2（Bandura，2003，p. 29）。其次，我们只能说某个人的自我效能期望、结果期望是高还是低，而不能说有或没有自我效能预期和结果预期。最后，自我效能期望和结果期望不是人格特质，它们是相对具体的认知或思维过程，仅能在具体的情境下与特定的行为相联系来理解和定义。

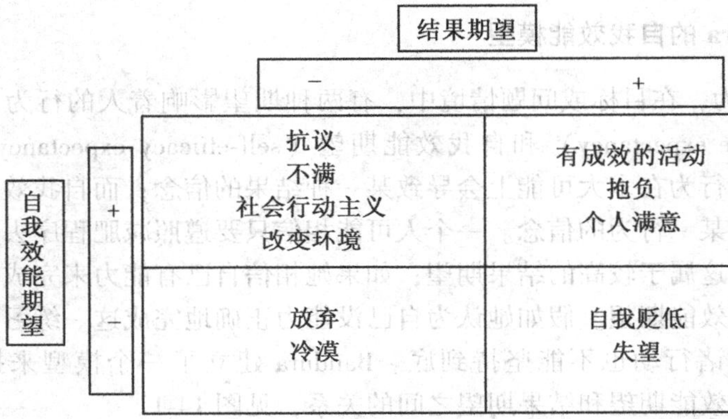

结果期望
–
+
自我效能期望
+
–
抗议
不满
社会行动主义
改变环境
有成效的活动
抱负
个人满意
放弃
冷漠
自我贬低
失望

图 14-2　不同模式的自我效能期望和行动结果期望对行为和情绪状态的作用（加号和减号代表自我效能期望和结果期望的积极或消极性质）

二、自我效能的信息来源

自我效能来自四个方面：绩效经历、替代经历、言语劝说和情绪唤醒。

绩效经历（performance experiences），即自己的成败经历对人的自我效能有很大影响。成功使人对自己的能力信心倍增；失败则会让人产生无能感。当然，Bandura 认为行为表现与自我效能不能简单地等同。自我效能评估是一个推理过程，需要对影响成败的各种能力和非能力因素的相对作用进行权衡，人们的行为经验对其自我效能的影响程度，取决于他们对自己能力、任务难度、努力程度、外部帮助、完成任务时的环境、成败的时间模式的评估以及这些经验在记忆中的建构方式（Bandura，2003，p. 117）。

替代经历（vicarious experiences）是指模仿和观察学习。观察别人的行为及其后果，也会影响人的自我效能。当观察到别人的成功经历后，自己的效能感也会提高。替代经历的效果依赖于个体对自己和榜样之间相似性的知觉（Cloninger，1996，p. 241）。越是感到与榜样相似，替代经历的效果就越明显。研究表明，目睹或想像与自己相似者的成功，往往让观察者相信自己也有相应的能力：别人能行，我也能行（Schunk，Hanson，& Cox，1987）。

在日常生活中，自我效能信息的一般来源是**言语劝说**（verbal persuasion）。我们经常告诉我们的朋友或亲戚，我们相信他们的能力，鼓励他们做他们不敢做的事情；同时别人也这样劝我们。研究表明，家庭、同伴和学校是影响儿童的自我效能发展不可忽视的因素。这三者可给儿童提供体验和观摩成功的机会，老师和父母可以通过言语方式来提高儿童自我效能的体验（李红，2000）。另外，自我效能期望还受**情绪唤醒**（emotional arousal）的影响。失败的经历通常伴随着焦虑或沮丧的情绪体验。这些体验会导致自我效能降低。以后，即使这个人已经胜任同样事情，仍然会有焦虑等不愉快的情绪体验。另外，即使一个人能够胜任一件事情，与在放松和舒适的情况下相比，处在焦虑情绪中的他更可能会怀疑自己的能力。高度的情绪唤醒和紧张的生理状态会妨碍行为操作，降低成就水平，从而导致个体的低自我效能（付桂芳，2004）。

在这四种来源中，绩效经历对自我效能的影响最大，替代经历次之，言语劝说和情绪唤醒的影响相对较小。有研究证实，比起单纯依靠替代经历、认知模拟或言语指导等影响模式，绩效经历能够产生更强、更普遍化的自我效能（Gist，1989）。

三、自我效能的作用机制

Bandura 认为，自我效能通过四种主要过程来调节人类活动：认知、动机、情感和选择过程。这些过程通常是协同运作而非孤立进行的。

（一）认知过程

自我效能可以调节人为自己所设的目标，效能越高，自设的目标就越高（Locke & Latham，1990）。而且，高自我效能会促进有效行为过程的认知建构，转而又强化自我效能（Kazdin，1979）。自我效能还通过归因和对行为控制点的知觉，来影响活动过程中的思维。自我效能高的人常把成功归因为自己的能力和努力，把失败归因为努力不足。研究表明，学习能力自我效能可以通过影响认知策略来间接影响学业成就，自我效能在成功归因和学业成就之间起到中介作用（胡桂英、许百华，2002）。在控制点知觉方面，自我效能高者会觉得自己有控制力；自我效能低者会认为一切都不由自主。自我效能与学生的组织、评价、计划、目标设置、控制等学习自我监控行为都呈显著正相关（周勇、董奇，1994）。

（二）动机过程

Bandura 认为，自我效能决定个体的动机水平，表现在努力程度和面对困难时行动的坚持性上。个体自我效能越高，行动的努力和坚持程度就越高；对自身能力感到怀疑的人，面临困难时常感到焦虑，想要放弃努力，或降低标准，以更容易的方式解决问题。研究表明，一般自我效能和专门领域的效能感与内部动机呈正相关，自我效能越高，越选择具有挑战性的任务，动机也越强（池丽萍、辛自强，2006）。

（三）情感过程

自我效能可以通过对认知、行为和情绪实施个人控制来影响情绪体验的性质和强度（Bandura，2003，p. 195）。在认知方面，自我效能导致注意的偏向，并影响人们对情绪事件的解释、认知表征，以及回忆方式。在行为方面，自我效能以支持有效的情绪表达方式来改良环境，转而调节情绪状态。在情绪方面，表现为调控情绪的效能。自我效能越高，越认为应激对自身的影响是可控的，负性情绪就越少（刘岩，2003）。

（四）选择过程

个人效能影响人们选择投入的情境和活动。人们避开自认为无法胜任的活动，选择自己能够应对自如的情境。人的自我效能越高，所选活动的挑战性就越大（Meyer，1987）。而且，人的自我效能越高，他们认为可选的职业就越多，兴趣也越大，为不同的职业生涯所做的教育准备就越好，在所选活动中的坚持力也越强（Lent & Hackett，1987）。

第四节　自我同一性

自我同一性（identity）或简称**同一性**是指个体对过去、现在、将来“自己是谁”及“自己将会怎样”的主观体验。自我同一性是对“我是谁”这一问题外显的和内隐的回答，它兼有意识的一面和无意识的一面；自我同一性是人毕生追求的核心的心理社会发展任务，是通过自我的综合作用，形成的关于一个人自己的个性、信念、目标、价值观的内在、主观、统一、连续和成熟的自我概念，并成为自我发展的标志和动力；自我同一性是内在自我及其与社会、文化环境之间的平衡；自我同一性作为结构是核心的自我调节系统（韩晓峰、郭金山，2004）。这一概念与自我概念有所不同。自我同一性总是回答“我是谁”的问题，而自我概念还要回答“我是什么样的人”、“我怎么样”的问题。自我同一性基本上是社会性的，而自我概念是个体心理层面的（Baumeister，1999，p. 362）。自我同一性所具有的明显的时间维度，也是它与自我概念的不同之处。

一、同一性的结构和功能

研究者认为，在定义自我同一性时有两个标准：连续性和差异性。连续性表示整个时间上的一致性，即今天的我与昨天的我、上个星期的我以及去年的我是同一个人。虽然个体的许多方面在不断地发生变化，但在很大程度上还是保持着连续性。好比人的相貌，不同年龄阶段相貌有变化，但还是一个人。差异性是指个体的独特性。例如，对某一个群体或组织的认同使得某个个体与不属于该群体或组织的其他个体不一样。

任何能够提供连续性和差异性的事物都有利于人们进行自我同一性的界定。一种强烈的自我同一感来源于很多具有连续性和区别性的资源。一个稳定的家庭、一份安全的工作以及已经建立起来的声誉都会使个体的自我同一性处于安全状态。研究表明，现代人之所以非常关注自我同一性，是因为许多曾经能够提供连续性和差异性的事情不再能够维持连续性和差异性（Baumeister，1986）。而在古代，人们在整个的一生中都有固定的居住地，有同样的邻居和朋友。但是，现代人流动性很大，居住地、所属群体或组织不再那样稳定。

每个人的自我同一性成分是不同的，但所有人的自我同一性都具有一些共性。研究者认为，自我同一性至少包括三个主要的方面。首先是个体的人际关系自我，即别人怎样认识我、我的人际交往风格和声誉等；其次是一些潜在性的概念，即我可能会成为什么样的人；最后是一些基本的价值和原则等（Baumeister，1999，p. 363）。

Erikson 认为，在结构性方面，自我同一性是由生物、心理和社会三方面因素构成的统一体；在适应性方面，自我同一性是自我对社会环境的适应性反应；在主观性方面，自我同一性使人有一种自主的内在一致和连续感；在存在性方面，自我同一性给自我提供方向和意义感（Erikson，1968，p. 23）。人生的发展有八个阶段，其中第五个阶段所面临的危机为同一性对角色混淆（identity vs role confusion）。如果青年在这一阶段不能建立自我同一性，就会产生角色混淆或消极的同一性。角色混淆表现为不能选择稳定的生活角色，消极的同一性（negative identity）则指获得社会文化不予认可的角色。青年往往痛苦地感到要做出的决断太多太快而无力胜任。为了避免同一性的提前完结，不至于过早接纳尚未成形的社会角色，他们有时会出现心理社会性延缓（psychosocial moratorium）。例如，有些青年人，在做出最后决断之前，暂时离开大学去旅行，或者去经历各种不同的工作，这正是寻求某种同一性的时期（黄希庭，2002，p. 143）。

自我同一性一旦形成，青年就具备了忠诚的品质（virtue of fidelity），就能"尽管价值体系有着不可避免的矛盾，仍能效忠发自内心的誓言……"。倘若不能成功地解决本阶段的发展危机，青年的人格中就会留下不确定感（uncertainty）。

二、同一性的理论模型

Marcia（1993）认为，自我同一性作为人格结构的属性可以在系统的心理社会理论的背景下被观察、研究，进而可以进行实证研究。Marcia 依据自我同一性形成过程中的探索和承诺状况，提出了自我同一性状态模型，认为自我同一性状态可以分为四种类型：同一性完成型（identity achievement），经历了探索并形成了明确的承诺；延缓型（moratorium），正在经历探索，尝试各种选择，但还没有形成承诺；早闭型（foreclosure），没有经历探索就形成了稳定的承诺、信念，这些承诺、信念多源于父母或重要他人；弥散型（diffusion），不主动探索也没有形成稳定的承诺。研究表明，早闭型者与其他类型者相比，特别是与延缓型者相比，表现出对权威更强的服从倾向以及僵化的思维方式（Kroger，1989）；延缓型者焦虑得分最高，而早闭型者的焦虑得分最低（Waterman，1985）；完成型和延缓型同一性状态与自尊呈正相关（Marcia et al.，1993）；完成型同一状态的大学生倾向于内控，扩散型者则倾向于外控，其他两种的大学生处于内控和外控之间（Kroger，2000）。我国研究者发现，完成型同一性状态与智慧、外向性、善良和行事风格等人格变量呈显著正相关，与人际关系维度呈显著负相关；延缓型同一性状态与情绪呈显著正相关，与处世态度呈显著负相关；早闭型同一性状态与行事风格呈较为显著的正相关，与智慧、处世态度、善良呈负相关；扩散型同一性状态与外向性、善良、智慧、处世态度、行事风格呈负相关，与人际关系、情绪呈正相关（郭金山、车文博，2004）。

基于 Marcia 的同一性状态理论，Berzonsky 提出了一种社会认知的同一性模型，即同一性风格模型，从社会认知加工的角度研究同一性形成的过程（王树青、张文新等，2007）。Berzonsky 将同一性状态纳入一个认知建构的、信息加工的框架来研究，认为处于不同同一性状态的青少年有不同的社会认知加工过程（Berzonsky，1990）。同一性风格模型包括三种风格，分别是信息风格（informational style）、规范风格（normative style）和扩散—逃避风格（diffuse-avoidant style）。具有信息风格的个体通过积极地加工、评价和利用与自我相关的信息来解决同一性问题；规范风格的个体很少进行慎重的自我评价，通常会遵照重要他人的规定和期望，内化这些重要他人的价值观和信仰，以相对自动化的方式来处理同一性问题；扩散—逃避风格的个体通常采用拖延或防御性的逃避解决个人问题、冲突和做出决定。

一些研究者还考虑到同一性发展中的社会因素与个人因素的决定作用问题，现在一般认为它是个体与环境交互作用的产物（Grotevant，1987）。基于这一共识，研究者们提出了同一性发展的模型。以下是两个较具代表性的同一性发展模型：一种是同一性资本（identity capital）模型（Côté，1996）。该模型整合了社会学和心理学对同一性的理解。从社会学角度来看，整体的经济政治变化、社会的制度支持都影响着同一性的形成；从心理学角度来看，个体可支配的资源特别是有利于控制环境的资源也影响着个体同一性的形成。该模型认为，个人对“我是谁”进行“投资”，将来会在“同一性市场（身份市场）”中获益。生活对个人提出了各种要求，个人必须准备足够的同一性资本来应付。同一性资本可分为两部分：有形资本和无形资本。有形资本就是个体进入各种社交圈和机构的“通行证”，如教育证书、兄弟/姐妹会俱乐部成员的身份、个人仪态等。无形资本包括对承诺的探索、自我强度、自我效能、认知灵活性和复杂性、自我监控、批判性思维能力、道德推理能力及其他性格特征等（Côté，1996）。尽管该理论较为抽象，维度较多，很难进行操作性研究，但它在同一性的心理学和社会学取向间建立了联系，具有重大的意义（Côté & Schwartz，2002）。另一种是同一性发展过程模型（model of process of identity development）。该模型认为，同一性发展可以被看成是不断重复的过程，每次重复都是个人与情境之间新一轮的交互作用。在这些交互作用中，冲突是不可避免的。起初人们会尽力通过同化来解决冲突，通过调节对情境的解释将其纳入已有的同一性中。如果不能将其同化，冲突就会继续存在并累积，同时逐渐消除现存承诺，直到发生顺应或同一性改变。研究表明，个人和情境因素共同决定着同化和顺应的比例及二者的最优化平衡（Bosma & Kunnen，2001）。

三、同一性危机

同一性危机（identity crisis）是到现代社会才出现的一种现象，有学者认为同一性危机是现代西方文化的产物（Baumeister，1986）。Erikson 在 20 世纪 50 年代提出了这个概念。他认为几乎每个人在青少年时期都会经历同一性危机，尽管人们不一定能意识到它的存在。同一性危机产生于个体希望在情感上与父母分离的需要（Blos，1962），即希望由自己来决定自己的生活价值、目标和抱负等。但后来的学者却发现，有些人可能没有这种经历。他们还区分出两种具有不同模式和过程的同一性危机，分别为同一性不足（identity deficit）和同一性冲突（identity conflict）（Baumeister，Shapiro，& Tice，1985）。

同一性不足是指个体没有“充分的”同一性来应对生活（Baumeister，1999，p. 366）。当个体发展到人生的某一阶段时，就会面临重要选择，如果他缺乏充分的内部基础来做决定，就会产生同一性不足。例如，在选择职业和配偶时，青少年常常陷入困惑。因为，一方面他们缺乏很多信息，另一方面，选择的可能性又很多。有时，个体通过自我内部探索，很快就能发现自己的偏好，进而迅速做出决定；但在很多情况下，个体缺乏这些信息，这便是同一性不足。此外，当人们拒绝他人传授的和自己已经坚持很长时间的一些信念、价值或目标时，也会产生同一性不足。同一性危机在男性青少年中更普遍，可能就是因为男性更倾向于拒绝父母的观念（Blos，1962）。而大学生与那些直接工作的同龄人相比，更可能发生同一性危机（Morash，1980），原因也是大学给了他们许多新的思想，使其更容易质疑父母的观念。中年人中也有同一性不足的现象（Levinson，1978）。许多男性在四十岁左右时，开始对自己的生活不满。他们常感到不如意，早年的目标要么没达到，即使达到了也没有价值感。于是有人开始抛弃这些目标，从而出现同一性不足。同一性不足的男性会尝试新的观念和生活风格，重新考虑自己的职业目标，甚至选择新的职业。

同一性不足表现为个体缺乏同一性，不能对生活中的重要事情作出选择；而同一性冲突则刚好与之相反，表现为各部分自我之间的不一致（Baumeister，1999，p. 367）。这种不一致是生活环境造成的。有同一性冲突的个体表现为，在抉择时，各部分自我不能达成统一意见。例如，革命时期的进步青年接受了新思想，同时又身处封建思想浓厚的家族中，新观念和家族观念的分歧就会产生同一性冲突。

研究表明，同一性不足的人的情绪具有很大的波动性，喜忧无常。但同一性冲突的个体的情绪则很稳定，总是感到非常痛苦；他们感到自己就像一个"叛徒"，正在背叛自我中的一些重要成分（Baumeister，1999，p. 368）。

许多研究表明，同一性危机对人的成长是有益的。经历了同一性危机的个体，特别是成功解决了同一性危机，达到完成状态的个体，在许多方面表现得比其他人优秀，包括大学成绩、适应能力、压力应对以及亲密关系等（Bernard，1981）。但是，目前的许多研究都是以男性为被试进行的，同一性危机对女性是否也有益，尚待查明。初步研究表明，虽然弥散型的女性在能力和成熟上的表现非常糟糕，但早闭型的女性在能力和成熟上的表现与完成型的女性一样（Marcia & Scheidel，1983）。没有证据表明同一性危机对男性或女性具有负面影响。目前一致的结论是，同一性危机对男性有益；对女性可能有益，也可能没什么影响。

自我是人格的核心，是人格的组织者，是将不同的人格过程联结起来的枢纽。如果没有自我这一概念，对人格过程的理解将变得非常困难。自我以各种方式影响人的行动、思维、特殊情境中的感受、生活中追求的目标以及应对和适应新环境的方式（Pervin & John，2003，p. 623）。

心理学界对自我概念的研究是不断深化和发展的。最初，心理学者仅从宏观上研究个体的总体自我价值信念，理论建构是单维的，既笼统又模糊。20世纪80年代后，随着测量学、元分析、结构方程模型的应用和推广，理论模型开始向多维建构发展。自我概念的结构与内容得到更深的认识。但由于自我是一个非常庞大、复杂而且抽象的概念，完全认识它还有许多困难。对自我概念的形成与发展，学界有所认识，但还不是很清晰；自我概念究竟是一个统一整体还是许多自我图式的集合？自我概念究竟是主动、动态的，还是被动、静态的？自我概念是否存在层次分布？究竟有哪些具体的成分自我概念？自我概念中的成分中哪些是主要的，之间的关系如何？低层次向高层次整合和重构的机制是怎样的？等等。许多问题都还悬而未决。

自尊是自我的一个重要方面，是人格不可缺少的部分。自尊的研究，可以指导人们认识自尊并学会保持适当的自尊，从而形成健全的人格。有关自尊与学业成绩、工作绩效、人际关系之间的关系的研究，具有重要的实际指导意义。当然，自尊的研究还需完善。已有研究对某些现象的解释还不是很合理，有些自尊研究的结论之间还不一致。最后，自尊和自我概念一样，也存在文化上的差异。因此，我们在借鉴西方的自尊研究的同时，还应立足于实际，探索适合本土文化的自尊理论。

自我效能是自我系统中的核心动力因素，它控制着人的思想和行动，进而决定着人们所处的环境。研究自我效能对人的行为和健康有着重要的意义。在 Bandura 提出自我效能概念后的短暂 30 年内，相关研究硕果累累，对自我效能的结构、性质、信息来源、作用机制、发展过程以及在各种领域中的功能的探讨已经比较深入，并由个人效能扩展到集体效能的研究。但是，Bandura 认为自我效能不是一种人格特质，而是一种情境变量，这样就很难对它进行稳定的定量或定性分析，无法重复已有研究，也不能比较不同研究领域的结果。如何准确、有效地测量自我效能，还是一个问题。

同一性研究时间不长，进展却很快。目前，同一性的研究有统合的趋势，学者们提出的模型多数都既考虑到环境因素又考虑到个人因素。在众多的同一性发展模型中，哪一种最能解释同一性发展的机制？或者这些模型都只解释了某一方面，那各自解释了哪一方面？同一性危机对男性是有益的，对女性又有怎样的影响？解答这些问题需要研究者们的携手合作。

总之，从自我研究的进程来看，心理学界对自我的研究有以下一些特点：第一，不断寻求新的理论解释和研究方法，以求更精确地理解自我，解释行为。第二，自我的理论研究和实证研究并驾齐驱。第三，越来越多的研究者考虑到人格和情境的交互作用。第四，不再专注于整体自我的研究，更倾向于去研究有关自我的具体问题。第五，社会认知取向兴起，对自我研究的影响越来越大。

第十五章

生活适应与健康

人类个体的生活适应和健康都受到心理动力因素的影响。这种影响是复杂而多样的。面对同样的外在事件和情境，为什么有的人表现出激烈的生理、心理反应，而另一些人则表现得较为平静？除了先天的气质差异之外，动机类型、个人目标以及自我概念等往往是更为重要的决定因素。这些复杂的因素一方面影响个体面对压力源时产生的压力反应，另一方面又成为我们称之为“应对机制”的心理过程的形成基础。应对机制是个体面临压力时的有意识的或无意识的努力，以预防、减弱或消除压力反应或压力源。应对可能纠正或控制压力情境，获得问题的解决；也可能仅仅使个体逃避、容忍或接受压力源的存在。个体习惯使用的应对方式是相对稳定的，较少受到情境和时间的影响。

A 型性格曾是一个用于描述与心脏疾病有关的行为模式的概念。人们认为有一类心脏病患者具有特殊的性格特征，正是这种性格促使心血管疾病的发生（Friedman & Rosenman, 1974）。这种说法在后来的研究中经受了质疑和修正。虽然 A 型性格与心脏病的关系并不如早期研究者们设想的那样简单，但 A 型性格中的某些因素显然与心脏病有关。A 型性格与高成就动机的关系是很明确的，似乎可以把 A 型性格看作在高成就动机的影响下而形成的特殊应对方式群（例如，高竞争性，尽可能地减少闲暇时间，试图用越来越少的时间干越来越多的工作）。与之类似，完美主义似乎也可以视作一组独特的应对方式群，如，为避免失败而重复工作，过度讲究计划和秩序，对小错误进行过分的自责等等。与 A 型性格者相比，完美主义者也表现为很高的成就动机，但是对于非适应性的完美主义者，似乎是避免失败的动机而不是追求成功的动机深切地影响着他们的认知、情绪和行为。

对个体特有的行为模式进行追根溯源，早期经验不容忽视。现代依恋理论正是把个体与早期照顾者之间的关系置于理论核心地位，对个体的生活适应做出心理动力学的解释。与照顾者形成的依恋关系为个体探索周围世界提供了安全基础，但在依恋关系的安全性上存在明显的个体差异。安全依恋者比非安全依恋者在各个方面的适应功能都更好。早期依恋模式一经形成，有相当的稳定性，并影响成年后的依恋模式，进而影响成年人的生活适应。

本章着重探讨压力、应对机制、A 型性格和完美主义这些与个体的生活适应和健康有密切关系的概念，最后介绍对个体的生活适应提供动力学解释的依恋理论。

第一节　压力与应对机制

一、压力理论及模型

有生理学家（Cannon，1932）提出，有机体有维持体内环境平衡的倾向，在受到外力作用时会"反弹"或"防止变形"，通过**反抗—逃避反应**（fight-or-flight reaction）保持平衡①。研究表明，将动物置于威胁性（压力）的条件下，如冷气、热气、电击等，它们会产生生理应激反应，甚至可能引起死亡（Selye，1956）。对个体而言，在面临压力时产生的生理反应可称为"一般适应综合征"（General Adaptation Syndrome，GAS）（见图 15-1）。GAS 由三个连续阶段组成：（1）警戒反应阶段。压力源出现后，机体在短时间内产生低于正常水平的抗拒，引起血压升高和肠胃失调。随后机体迅速调动防御资源，作出自我保护性的调节。有效地防御导致警戒的消退，机体恢复到正常水平。（2）抗拒阶段。如果个体不能控制外界环境的作用并排除危机，压力继续存在，机体就会调动全身资源来应对压力。（3）衰竭阶段。如果压力持续过久或者非常严重，机体便会进一步耗尽生理资源，抗拒能力下降，可能导致疾病的出现，甚至死亡（Selye，1979）。

这一理论解释了有机体遭遇压力时的生理反应，但是忽略了人类面临压力时的心理认知因素和应对策略，因而无法解释不同个体面对同样的压力源时的不同表现。事实上，心理学的主要理论，如，精神动力学、学习理论和认知理论等都对压力的心理现象进行了解释。

Freud 在他后期的论文中归纳出三种焦虑类型：现实焦虑、神经质焦虑和道德焦虑。现实焦虑是个体觉察到现实世界中的危险时产生的反应，而神经质焦虑和道德焦虑源于潜意识冲动，个体往往不能意识到焦虑的原因。当不受欢迎的本我试图进入意识时，个体体验到神经质焦虑，于是可能采用防御机制（如压抑、拒绝等）来缓解焦虑。当本我冲动违反了超我的严格道德标准时，个体体验到内疚、羞耻等道德焦虑。Freud 指出的"现实焦虑"相当于一般适应综合征所指的压力反应，但

① 近来有研究指出了压力生理反应的性别差异，妇女面临压力时往往不是体验到反抗—逃避（fight-or-flight）反应，而是"照料与结盟"反应（tend-and-befriend response），即通过关注孩子的需求来确保他们的安全，以及同社会团体中有共同目标的成员结盟，以减少对孩子的伤害（Taylor，2000）。

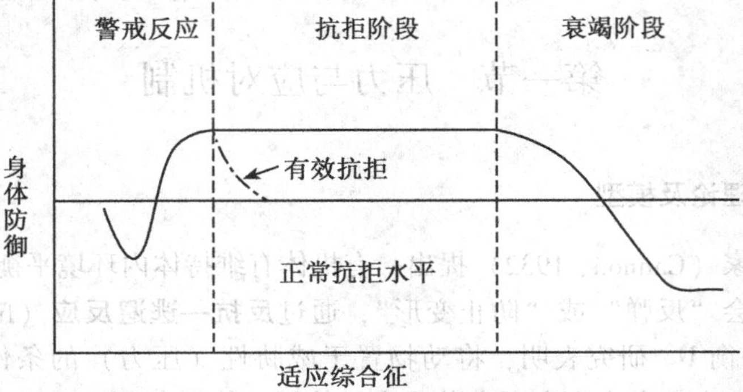

图 15-1 压力源的持续时间与其相应的应激反应曲线图

Freud 对潜意识心理更感兴趣，研究重点在另外两种焦虑，尤其是神经质焦虑，而对人类的现实焦虑以及有意识地应对焦虑等现象较少涉及。新精神分析心理学家 Adler、Anna Freud 等则对人类处理焦虑的有意识的方法做了许多研究（Snyder，1988）。在这些研究的基础上，晚近的研究者们把人类面临可觉察的威胁时所做的有意识的努力纳入"应对策略"这个概念之中，并做了大量的定量研究（Lazarus，1968，1974；Holahan & Moos，1987）。同时，对于压力产生的心理机制，一些学者也提出了不同的模型。

有人提出了压力的认知评价理论模型（又称认知交互作用模型），其核心是，压力"既不是环境刺激，不是人的性格，也不是一个反应，而是需求以及理性地应对这些需求之间的联系"（Lazarus & Folkman，1984）。该理论强调个体在面临压力时对环境的主观解释。外部刺激是否引起个体的压力反应，与个体的认知评价有关。同一个事件，对一个人来说具有压力，而对另一个人则可能没有。个体也会在不同场合对同样的事件感受到压力或不感受到压力。

在认知交互作用模型的基础上，研究者又提出了压力的资源守恒模型（Hobfoll，1989）。根据这一观点，人的生活要经历各种变化，当变化引起或可能引起个体所希望保护和保存的资源的损失（loss）时，或者个体进行投入却没有得到资源的收获时，就会出现压力反应。人类个体通常会认为有这样几类有价值的资源，包括能源（如时间、金钱和知识）、客观资源（如住房和工作）、条件资源（如资历、权力、婚姻）和个人性格（如自尊和自我效能）等。人们会通过各种方法来抵消损失，而"替代"是最直接的途径。例如，一个被所爱的人抛弃的人可以通过寻找一份新的感情，一个失业的人可以通过找到一份新的工作来消除压力。重新评估情景与转移注意力也是补偿失去的有效途径。例如，一个被降职的人可以把注意力集中在新境遇下的种种好处上（如更少的责任和工作量、更多与家人团聚的时间以及发展自己个人兴趣的机会等）。

还有人从系统控制论入手，提出了压力的系统调节模型（Carver & Scheier，1982）。这个模型将人类个体看成对外部环境影响进行自我调节的复杂系统。系统中与压力最直接有关的部分是“比较器”（见图 15-2，Carver & Scheier，1999），当个体觉察到自己的状态、行为与理想的目标、标准和参照价值等有差距时，就会产生压力并采取自我调解的应对行为以消除压力。当然，应对行为及其结果又是受到外部环境的制约和影响的。个体的应对行为、外部影响以及个体对自己行为的认知构成了一个负反馈，它们与参照系和比较器共同组成了一个自我调节系统。

毫无疑问，压力是一个多学科的领域，研究者们从生理学、心理学、社会学等领域提出了自己的看法。近来，根植于系统论的研究者综合了各领域的成果，提出了压力的“生物心理社会模型”，认为应当全面考虑影响压力的生物、心理与社会因素。

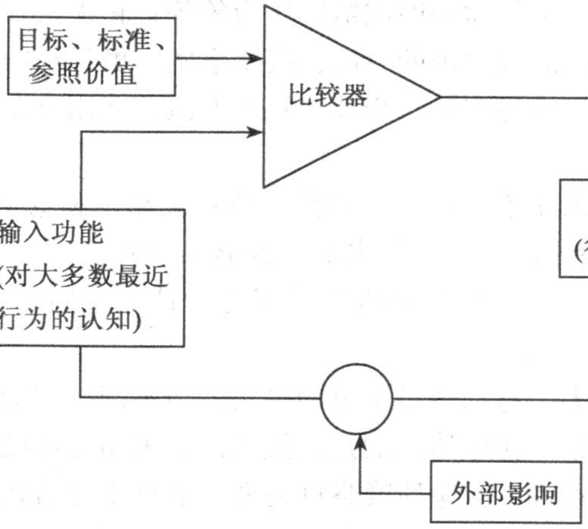

图 15-2　简单的系统调节模型

二、压力的应对机制

有人提出用压抑（repression）—敏感（sensitization）维度来描述压力应对机制的个体差异（Byrne，1964）。压抑的人倾向于不去思考威胁性情境和信息从而避免焦虑，而敏感的人则尽可能地去寻找解决办法并采取行动以应对压力。与之类似，有研究发现遭遇严重压力的个体会采用否认或压抑的方式从心理上逃避典型的症状如遗忘、幻想、退缩、有选择的无注意、否认刺激的意义、思想结构的僵化等等（Horowitz，1979）。虽然否认在一定的情况下是有帮助的，但也会妨碍健康的应对，不利于创伤的恢复。另外，有计划的努力也是人们用来应对压力和减轻焦虑的一种方式（Lazarus，1968，1974）。关于应对方式的研究已经成为心理学研究的热点，不同的研究者提出了大量的分类方案（Stanton，Kirk，Cameron，& Danoff-Burg，2000；Ayers，Sandler，West，& Roosa，1996；Endler & Parker，1990；Folkman & Lazarus，1988；Holahan & Moos，1987；Matheny et al.，1986；Billings & Moos，1981）。有研究者建议用积极—消极和问题中心—情绪中心这两个维度来对应对方式进行分类（Billings & Moos，1981）。因为一方面有研究表明，大部分人的应对策略可以归于问题中心和情绪中心这两种类型（Lazarus & Folkman，1984）。问题中心策略是直接关注问题，思考解决问题的办法并采取行动，以此克服焦虑。情绪中心策略是设法改变看待问题的方式，减轻由问题产生的情绪压力；在另一方面，还有研究者认为，应对策略可归纳为积极行动策略、积极认知策略和回避策略（Holahan & Moos，1987）。采用积极行动策略的个体在面临压力时会设法改变情境的某些方面，例如努力寻找与问题有关的信息，跟亲友、朋友或专业人士谈论或咨询面临的问题，制定计划和实施计划，进行体育锻炼缓解压力等等；积极认知策略包括积极改善自己的情绪，努力去看待问题积极的一面，接受事实，做最坏的打算等等；采用回避策略的个体在感到生气或沮丧时，会冲着别人发泄，或用吃东西、抽烟、喝酒等方式来缓解紧张。

除此之外，还有人提出斗争应对策略和预防应对策略的概念（Matheny et al.，1986）。前者产生于压力发生时，是个体击败或减轻压力的努力；后者是防止压力出现的努力（见表15-1）。有五种主要的应对资源：社会支持、信念和价值、自尊、有信心的控制和良好状态。

应对策略能够缓解压力，这已经是不争的事实，但不同类型的应对策略孰优孰劣，并没有一个简单的答案。比较清楚的是，虽然回避策略有可能在短期内有明显作用（Suls & Fletcher，1985），但这种策略只是推迟了对压力的处理，其长远效果不容乐观。而且，依靠回避策略的人更可能产生酗酒等问题（Windle & Windle，1996）。积极策略比回避策略更为有效（Suls & Fletcher，1985），但问题中心策略和情绪中心策略似乎没有优劣之分。虽然对于那些可以通过行动减轻压力的情境，采用问题中心策略要优于使用情绪中心策略，但当压力情境无法改变时，情绪中心策略是更好的方法（Murray & Terry，1999；Strentz & Auerbach，1988）。对于不同的情境采用恰当的应付方式，能更有效地应对压力，这种能力即应对的灵活性（coping flexibility）（Cheng，2001）。

表 15-1　　两种应对策略

预防策略	斗争策略
1. 通过调整生活躲避压力源	1. 监视压力源和症状
2. 调整需求水平	2. 集中资源
3. 改变引起压力的行为方式	3. 攻击压力源
4. 扩展应对资源	a. 解决问题
a. 身体优势	b. 坚定
b. 心理优势	c. 脱敏
信心	4. 容忍压力源
控制感	a. 认知重组
自尊	b. 否认
c. 认知优势	c. 感觉集中
功能促进信念	5. 降低唤起
时间处理技巧	a. 放松
专业能力	b. 倾诉
d. 社会优势	c. 宣泄
社会支持	d. 服药
友谊技巧	
e. 经济优势	

引自 Matheny et al. （1986）（中译文：P. L. Rice 著，石林等译《压力与健康》，2000，中国轻工出版社）

探讨生活适应和压力的应对时，人格的因素是不容忽略的。人格在一定程度上决定了个体对压力的反应和采取的应对方式。内控的人比外控的人具有较有效的认知系统，面临压力时更可能花费时间来获取信息，积极应对，以期能够驾驭自己的生活或环境（Rice，1992）。许多研究表明，外控者更容易感到抑郁、紧张和焦虑（Benassi，Sweeney，& Dufour，1988；Lefcourt，1982）。跨国研究表明，公民的外控水平越高，该国的自杀率也越高（Boor，1976）。另一个与压力应对密切相关的人格因素是坚强（hardiness）。性格较为坚强的管理者罹患与压力有关的疾病的比率较低，他们能够积极投入工作，喜欢挑战，有较强的控制感（Kobasa，1979；Kobasa，Maddi，& Kahn，1982）。而心理不坚强的成年女性倾向于夸大事情的困难，这会导致较高的压力反应（Rhodewalt & Zone，1989）。面对压力，人格中的自尊因素也影响应对能力。在威胁性的情境下，低自尊者更容易产生恐惧感，并且认为自己没有足够的能力应对这个情境（Rosen，Terry & Leventhal，1982）。遭遇失败时，低自尊者比高自尊者更可能自暴自弃（Brockner，Derr，& Laing，1987）。自尊的稳定性与个体对压力的应对也有关系。自尊不稳定的人面对生活中的小麻烦也会感到有压力（Kernis，et al.，1998）。

在对与压力有关的人格因素的研究中，A型性格可能是被探讨得最多也最广为人知的概念了。虽然A型性格这个概念从最初的提出到近期的研究发生了诸多的变化，它所引出的一系列研究对压力应对和心理健康仍有指导意义。

第二节　A型性格

在20世纪30年代，就有人提出具有压抑愤怒倾向的人易患心脏病（Menninger，1936）。这个观点当时并没有受到足够的重视。到20世纪50年代，美国的心脏病专家也发现，很多心脏病患者在性格上有相似之处，他们有很强的竞争性，表现得坐立不安、匆匆忙忙，总有时间紧迫感。经过长期的研究，有人提出了A型性格与B型性格的概念（Friedman & Rosenman，1974）。具有**A型性格**（type A personality）的个体总是努力不懈，希望用越来越少的时间完成越来越多的工作，经常投入与他人对抗性的竞争，而且否认自己感到疲劳，在遇到挫折时也容易表现出敌意，他们的过度认真和竞争性源于他们对于控制的渴望（Glass，1980）。**B型性格**（type B personality）的人则比较放松，比较有耐心，能够悠闲地对待工作和生活。A型—B型性格的简要问卷参见表15-2（Bortner，1966）。一项跟踪研究确实发现了A型性格与心脏病的高相关（Rosenman，1975）。在8年半的时间里，A型男人罹患心脏病的几率是B型男人的两倍。另一项跟踪研究（Jenkins，Zyzanski，& Roseman，1976）表明，A型性格的男人进入中年后患心脏病的风险高于非A型性格者；而且，A型性格比吸烟的习惯和胆固醇水平对心脏病的预测力更强。

值得注意的是，后来的一些研究并不完全支持A型性格与心脏病的高相关（Matthews & Haynes，1986；Siegman，1994）。究其原因，一些研究者（Dolnick，1995）指出，真正能够预测心脏病的是A型性格中的愤怒和敌意的成分，而不是竞争性、匆促和对工作的过度投入。但是测量A型性格的问卷和量表（Friedman & Rosenman，1974；Bortner，1966）往往不涉及对愤怒和敌意的测量，而是反映答题者是否有竞争性、是否匆忙以及是否同时做很多事情等特点，这与早期采用访谈方式得到的A型性格的人群可能并不相同。另一些研究（Contrada，1989；Suls & Wan，1989）也发现，通过自评问卷所得到的A型性格模式与通过访谈得到的有所不同。另外，A型性格的个体缺乏自知力，问卷测试无法反映真实的性格（Rosenman，1986）。压抑的认知研究的最新结论（Newton & Contrada，1992；Weinberger

& Davidson，1994；Derakshan & Eysenk，1997）也表明，在对自己的情绪进行描述时，压抑者所报告的消极情绪的程度要低于非压抑者，但是血压、面部表情等生理指标显示了相反的情况。可以设想，一个“压抑愤怒”的 A 型性格者，尽管在生理上倾向于心脏病易感状态，其在 A 型性格自陈问卷上的得分却可以不高。

表 15-2　　**A 型—B 型性格的自测**

为了考察你属于 A 型还是 B 型性格，请在下面的数字中最能代表你的行为的数字上画圈（两端的语言描述极端的情况）									
我对约会很随便	1	2	3	4	5	6	7	8	我从来不迟到
我不是竞争性的	1	2	3	4	5	6	7	8	我非常具有竞争性
我从不感到匆忙，即使是在压力之下	1	2	3	4	5	6	7	8	我总是感到匆促
我一段时间只做一件事情	1	2	3	4	5	6	7	8	我试着同时做很多事情；考虑接下来我将要做什么
我做事情很慢	1	2	3	4	5	6	7	8	我做事很快（吃饭、走路等也是）
我表达感觉	1	2	3	4	5	6	7	8	我“保留”感觉
我有很多兴趣	1	2	3	4	5	6	7	8	我除了工作外没有别的兴趣
你的总分是____乘以 3 = ____									

分数	性格类型
<90	B
90~99	B^+
100~105	A^-
106~119	A
>120	A^+

愤怒和敌意在多大程度上能预测心脏病？一项历时四年半的研究告诉我们，高愤怒的中年人患心脏病的几率是低愤怒中年人的两倍以上，因心脏病而住院或死亡的可能性是低愤怒者的三倍（Williams et al.，2000）。愤怒和敌意为何与心脏病有关？一些研究者解释说，愤怒和敌意会导致血脂升高（Richards，Hof，& Alvarenga，2000）、与人交往时的血压升高（Guyll & Contrada，1998）、缺乏社会支持（Smith，Fernengel，Holcroft，Gerald，& marien，1994）和不良的生活习惯（Siegler，1994）等。这些因素都在一定程度上增加了罹患心脏病的风险。

一项对美国一些大公司的管理者的调查表明，60%以上的管理人员是 A 型性格，只有12%的管理者属于B型性格（Howard，Cunningham & Rechnitzer，1977）。A型性格者显然有更强的成就动机（Matthews & Saal，1978），倾向于给自己设定较高的目标（Ward & Eisler，1987），有较多的工作成就（Matthews，Helmreich，Beane & Lucker，1980），富于竞争性（Gotay，1981）以及更有可能在工作中获得升迁（Mettlin，1976）。虽然一个对工作极为投入的A型性格者并不必然罹患心血管疾病，他们从工作中获得的快乐往往不如B型性格者多（Howard et al.，1977）。A型性格与工作倦怠感也有显著的相关（陆昌勤等，2004）。另外，A型性格者的时间紧迫感可能会妨碍其工作的创造性（Glass，Snyder，& Hollis，1974）。B型性格者相对来说比较沉稳，不过分关注结果，思考问题比A型性格者全面和开阔（Steers，1984；Velsor & Leslie，1995）。在高层管理者中A型性格似乎并没有优势（Luthans，2002）。以上的这些证据表明，A型性格是个体适应社会、提高社会地位的一种方式。在当今竞争激烈和越来越数字化、功能化的社会，A型性格者显然具有一定的竞争优势（至少在从基层上升到管理者这个过程中是如此）。如果能够有效地降低其性格中的愤怒、压抑和敌意的成分，A型性格者的生理和心理健康似乎并不特别令人担忧。

改善A型行为的治疗研究已经取得了进展。例如，压力接种训练①和放松训练能够有效提高个体控制愤怒情绪的能力（Novaco，1978）。采用放松训练、理情疗法和压力接种训练相结合的方法可以有效地降低A型性格者的敌意和时间紧迫感（Roskies，1986）。运用多维治疗计划干预心肌梗塞患者的A型行为，产生了显著效果，患者的心脏病发病率和死亡率都大幅度降低（Friedman，1986）。可以采用药物（如β受体阻滞剂）改变A型行为，对于那些对心理治疗反应较差的人，精神药物是一种可供选择的方法（Schmieder，1983）。

在A型行为模式的概念提出之后，一些研究者又陆续提出了C型性格和D型性格等其他疾病易感人格。**C型性格**（type C personality）又称癌症敏感型人格（canser-prone personality），表现为过度隐忍与合作，屈从权威，回避矛盾，压抑和掩饰负面情绪（尤其是愤怒）等。一项研究表明，压抑愤怒与胃癌、乳腺癌的发生有关（Jensen，1987）。C型性格能在一定程度上预测癌症的发生（Eysenk，1994），而且还能加速癌症的病程（Temoshok & Dreher，1992）。但是C型性格与癌症的关系仍有待进一步研究，性格因素对癌症的发病的解释率并不高，并且，C型性格中的一些其他情绪因素，如失望感、无助感和抑郁，似乎更为直接地与癌症的发生和恶化有关（Antoni & Gookin，1988；Shekelle et al.，1981）。

---

① 压力接种训练是一种心理和行为模拟，具体过程是让个体面临较小的、可以应对的应激，矫正个体在压力情境下的信念和自我陈述，以增强个体对更大的压力的耐受性。这个技术类似于生物水平上的免疫过程，故命名为“压力接种训练”（SIT）。

近年来还有人提出D**型性格**（distresses personality）的概念，并编制了16个项目的《D型性格量表》（Type D Personality Scale，DS16）（Denollet，1998）。D型性格的突出特点是消极情感（negative affectivity，NA）和社会抑制（social inhibition，SI）。D型性格者有比较稳定的负性情感体验，如愤怒、冲突、沮丧和焦虑等。在社会交往中，他们容易感到紧张不安，倾向于有意识地压抑自己的情感和行为表达。在五因素人格量表上，D型性格者表现为较高的神经质（neurosis）和较低的外向性（extroversion），前者与消极情感（NA）高度相关，后者与社会抑制（SI）有关。一些研究指出，这类显得内向和神经质的人如果患上心血管疾病，其复发、症状出现的频率和死亡率都高于其他患者（Pedersen & Denollet，2003；Peterson & Middel，2001）。但是在心血管疾病人群和正常人群中，D型性格者的比例是大致相同的，说明这种性格并不能很好地预测心脏病的发生，而只是影响心脏病的进程。

第三节　完美主义

一、完美主义理论及模型

尽管直到1980年，完美主义才被美国精神病学会制订的《心理障碍的诊断与统计手册（DSM-III）》归为强迫型人格障碍的诊断标准之一，但在20世纪初就曾有人指出，强迫型人格障碍患者有“内在的缺憾感”（inner feeling of incompleteness），他们总是觉得自己的行为没能达到自己的要求（Pitman，1987）。其后，Horney（1950）用**完美主义**（perfectionism）这个概念描述类似的心理困扰。她指出，完美主义者认为自己在智力上和道德上的标准高于他人，因而对他人有很强的优越感；他们为自己创造了非现实的、固化的自我形象，并按照这个理想化的自我形象生活；当生活中遇到不幸或发现自己并不是完美无缺时，则会面临巨大的心理失衡。一些研究者（如，Hamachek，1978）则认为有两类完美主义者，一类被称作神经质的完美主义者，他们担心自己的缺陷，总在尽力避免错误；另一类被称作正常的完美主义者，他们追求成功，做事非常努力，但也能接受不完美，对自己的工作有满意感。

有人将完美主义定义为“对自己的所作所为设立过高的标准或期望”。（Burns，1980），还设计了由10个项目组成的《完美主义量表》（Perfectionism Scale）（见表15-3，Burns，1980），它所反映的完美主义类似于前面所提到的“神经质的完美主义”的概念。人们用这个工具对推销员人群进行了研究，发现完美主义者的工作业绩要低于非完美主义者。

表 15-3　　单维完美主义量表

1. 如果我不给自己定下最高的标准，我就会成为一个平庸的人。
2. 如果我犯错误，别人就会小看我。
3. 如果我不能把一件事做到最佳，我觉得根本就不要去做它。
4. 我若犯了错误，就应该焦虑不安。
5. 只要我足够努力，我所做的每件事都可以成功。
6. 在别人面前显露缺点或愚蠢让我感到羞耻。
7. 我不应该在一件事上反复犯错误。
8. 成绩平平绝对不能让我满意。
9. 在某些重要的事情上失败，说明我是个低人一等的人。
10. 通过对自己的不够努力进行自责，可以使我将来做得更好。

有研究者在前人研究成果的基础上，提出完美主义是一个多维度的概念（Frost，1990），并确定了六个维度：（1）担心错误（concern over mistakes），即把错误等同于失败、将微小的或局部的错误感知为巨大的、整个的失败的倾向；（2）行动的疑虑（doubts about actions），即做事拖延、犹豫、重复思考和检查的倾向；（3）个人标准（personal standards），即对自己要求过高、不能接受低一些的标准的倾向；（4）父母的期望（parental expectations），即个体所感知的来自父母的过高期望；（5）父母的批评（parental criticism），即个体感知的来自父母的求全责备；（6）条理性（organization），即对秩序、条理和整洁的过分强调。在多维度概念的基础之上，Frost 等编制了《Frost 多维完美主义问卷》（FMPS，Multidimensional Perfectionism Scale）。

另有研究者（Hewitt & Flett，1991a）则从完美主义的取向上区分出三种完美主义：自我取向的完美主义（SOP，Self-oriented Perfectionism）、他人取向的完美主义（OOP，Other-oriented Perfectionism）和社会规定性的完美主义（SPP，Socially Prescribed Perfectionism）。SOP 是指个体强加给自己的过高的标准和期望；OOP 是指向他人的"完美主义"，对他人抱有过高的、不切实际的要求，期望他人完美无缺，符合自己的标准；SPP 是指个体尽力迎合社会或他人对自己的要求和期望，努力在他人面前表现得完美。他们还编制了用来测量这三种维度的《完美主义问卷》（MPS）。

尽管人们将完美主义看成一种消极的人格特质，但用 FMPS 和 MPS 所做的一系列研究却并不完全支持这个观点。用 FMPS 所做的研究发现，与心理困扰显著相关的是完美主义的 CM 和 DA 这两个维度，而个人标准（PS）和条理性（OR）都与心理困扰无关（Frost et al.，1990）。还有研究发现，社会规定的完美主义与抑郁、焦虑等消极情绪关系最为密切，并且与"惧怕他人否定"有较强的正相关。自我取向的完美主义与心理困扰的相关并不明显（Hewitt & Flett，1991a，1991b，

1993）。这些证据表明，与心理困扰相关的是完美主义的某些维度，并不是其所有的成分。

有研究者（Parker，1997）使用FMPS对800多名资质优异的六年级学生进行测试，发现这些学生可以归为三种类型：功能障碍型完美主义者、健康的完美主义者和非完美主义者。与其他两种类型相比，功能障碍型完美主义者有极高的个人标准，更担心错误、行动最为犹豫不决，而健康的完美主义者有中等程度的个人标准，比另外两种类型更有条理，非完美主义者的个人目标最低，最没有条理。这个结果支持了神经质的完美主义者和正常的完美主义者的这种划分（Hamachek，1978）。后来的一系列研究（Rice & Preusser，2002）都支持对完美主义进行区分，但是并没有统一的术语。与功能障碍的完美主义（dysfunctional perfectionism）类似的概念包括神经质的完美主义（neurotic perfectionism）和非适应性的完美主义（maladaptive perfectionism）等，与健康的完美主义（healthy perfectionism）类似的概念包括正常的完美主义（normal perfectionism）和适应性的完美主义（adaptive perfectionism）。有人对比了适应性（正常）完美主义和非适应性（神经质）完美主义的不同特点（Enns & Cox，2002）（见表15-4，Enns & Cox，2002）。

表15-4 **非适应性（神经质）和适应性（正常）完美主义的对比**

非适应性完美主义	适应性完美主义
不能从工作中体验到快乐	能够从工作中体验到满足感或快乐
僵化的高标准	标准能够根据实际情况进行调整
非现实的或非理性的高标准	可达到的标准
过度概括的高标准	与个人的长处和短处相契合的高标准
害怕失败	追求成功
注意力集中于避免犯错误	将注意力集中在把事情做好
以紧张和焦虑的心态对待任务	放松和认真的态度
在标准和成绩之间有巨大的差距	将标准和可取得的成绩理性地统一起来
自我价值感依赖于自己的成绩	自我感独立于成绩
做事拖延	及时完成任务
避免负面结果的动机较强	获得正面反馈和奖赏的动机强
以抬高自己为目的	以服务社会为目的
失败后进行严厉的自我批评	失败后感到失望，并重新努力
“不黑即白”的两极思维：不是完美就等于失败	思维的平衡
相信人“应该”成功	渴望追求卓越
有强迫和疑虑的倾向	行动果断

有研究者（Dunkley，2000）利用结构方程的方法，建构了完美主义与心理困扰及其中介、调节变量的结构模型（见图15-3，Dunkley et al.，2000）。在这个模型中，完美主义被区分为关注评价的完美主义（evaluative concerns perfectionism）和自我设定标准的完美主义（personal standards perfectionism），前者由MPS中的SPP和FMPS中的CM、DA等测得，后者由MPS中的SOP和FMPS中的PS等测得，前者相当于神经质的完美主义，后者类似于（但不等同于）正常的完美主义。根据这个模型，关注评价的完美主义与麻烦（hassels）、回避式应对和心理困扰正相关，其中日常生活中的麻烦和回避式应对方式是中介变量。另外，社会支持则与关注评价的完美主义负相关，它能够减少完美主义带来的心理困扰。自我设定标准的完美主义与积极的应对有关，与心理困扰无关。这个模型的缺点是，自我设定标准的完美主义是由MPS和FMPS等完美主义量表中的个人标准维度组成，反映的是个体为自己设定很高的标准和目标，它与健康的（正常的）完美主义（Parker，1997）不完全相同。这个模型忽略了“条理性”（OR）这个完美主义的健康维度。

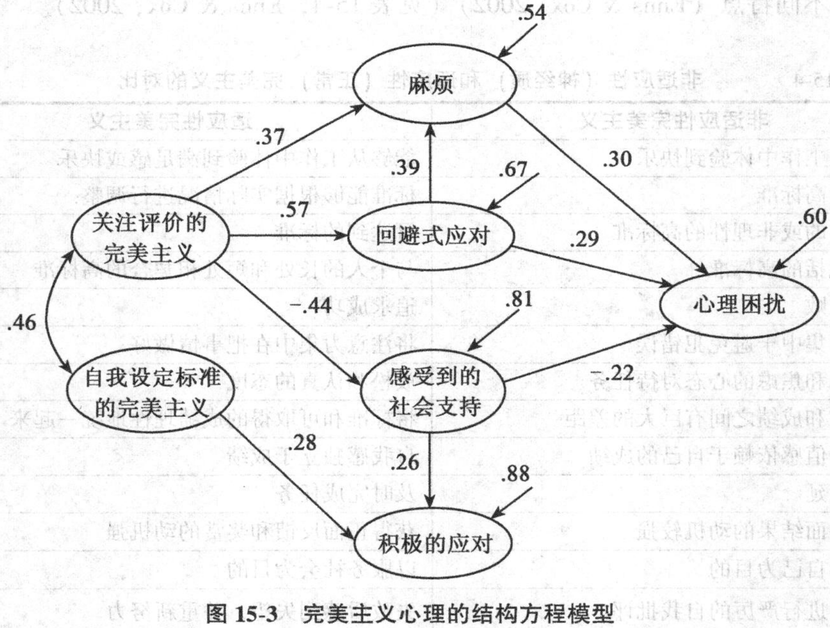

图15-3　完美主义心理的结构方程模型

二、完美主义与心理健康

大量的心理障碍和困扰与神经质的完美主义（或完美主义中与他人评价有关的维度，即CM，DA，SPP）相关，例如强迫型人格障碍（Ferrari，1995），强迫症

（Rasmussen & Eisen，1992）进食障碍（Lask & Bryant-Waugh，1992；Toner，Garfinkel & Garner，1986），抑郁和焦虑（Flett，Besser，Richard，& Hewitt，2003；Cheng，Chong，& Wong，1999；Blatt，1995），自杀念头（訾非等，2005）和较低的自尊（Rice，Ashby，& Slaney，1998）等。

尽管完美主义是强迫型人格障碍的特有诊断标准，有人发现社会规定性的完美主义（SPP）与边缘型、被动—攻击型和回避型人格障碍也有一定的关系（Hewitt & Flett，1991a）。对照人格障碍的诊断标准（DSM-IV-TR）不难发现，边缘型人格者对人际关系的极端理想化和极端贬低，被动—攻击型人格者对权威批评的过度反应，以及回避型人格者对他人否定的敏感，这些特征与社会规定性的完美主义（SPP）的表现有相似的地方。既然追求完美是人类的天性，完美主义是一种普遍的心理现象，神经质的完美主义与多种人格障碍的相关就不奇怪了。不过，迄今为止，人格障碍与完美主义的关系尚未成为心理学家们研究的重点，多数研究完美主义的学者更关注完美主义与诸种神经症的关系。

诸多的研究表明，强迫症和进食障碍是神经质完美主义者中最经常出现的神经症。有些强迫症患者的洗手行为并非因为对疾病和污染的恐惧而引起，而是为了达到一种完美的干净状态、使自己的物品保持完美（Tallis，1996）。有人比较了强迫症患者和正常人在 FMPS 上的得分，发现强迫症患者在 FMPS 的 CM 和 DA 两个维度上高于正常人（Frost & Steketee，1997）。而且完美主义（FMPS 总分）和过度的责任心都是强迫症的重要组成部分（Rheaume et al.，1995）。

完美主义与进食障碍的关系源远流长，节食是中世纪的女圣徒和苦行者中流行的禁欲方式；在 13～16 世纪的天主教背景下的欧洲，节食与虔诚和信仰有关；苦行者认为通过节食，自己在上帝眼中会更为完美。现代社会的进食障碍者主要在意的是体型的完美而不是禁欲，但在关注他人评价这一点上与中世纪的节食者有共同之处（Brumberg，1988）。与完美主义有关的进食障碍包括神经性厌食症（anorexia nervosa）和神经性贪食症（bulimia nervosa），前一种患者害怕体重增加或发胖，节制进食以至于体重严重低于正常水平，后一种患者反复发作暴食，但出于对体重和体型的过分担心，采用代偿方式（例如自我引吐，滥用泻药，过度运动等）控制发胖。一系列研究表明，进食障碍患者在神经质完美主义得分上显著高于常人（Bastiani，Rao，Weltzin，& Kaye，1995；Davis，1997；Beebe，1994）。

抑郁也是完美主义研究领域较为关注的心理障碍。FMPS 中的 CM 和 DA 维度与抑郁有稳定的、中等程度的正相关（Frost et al.，1990；Frost et al.，1993；Minarik & Ahrens，1996）。MPS 中的 SPP 与抑郁也有稳定的、中等程度的正相关（Hewitt & Flett，1995，1991b；Preusser，Rice，& Ashby，1994；Saddler & Sacks，1993）。这些证据都表明神经质的完美主义与抑郁有关。有研究指出，CM、DA 和 SPP 与 Beck 抑郁问卷（Beck Depression Inventory，BDI）呈中等以上的正相关，但与强调

“躯体主诉”的 Hamilton 抑郁问卷（Hamilton Depression Ratings，HamD-17）只有微弱的相关。当 Beck 抑郁问卷得分按“认知情感”、“认知扭曲”和“躯体主诉”分成三个维度时，CM、DA 和 SPP 与前两者有中等以上的相关，与“躯体主诉”只有微弱的相关。以上证据说明神经质完美主义主要与抑郁认知和抑郁情感有关，与抑郁的躯体表现关系不大。还有研究（Blatt，1995）发现，自我批评型抑郁和完美主义显著相关，而依赖型抑郁与之无关（抑郁分成依赖型和自我批评型两类，前者希望通过依赖别人而获得关爱和保护，害怕被抛弃，常有无助感，后者则经常批评自己，感到内疚、无价值和自卑）。

除了强迫症，完美主义与其他类型的焦虑障碍也有显著相关，如 FMPS 中的 CM 和 DA 维度都与 BSI 量表中的焦虑和人际敏感相关（Frost，1990；Juster，1996）；等发现在瑞典大学生中，完美主义的 CM、DA 和 SPP 维度与社交焦虑、广场恐怖等有关（Saboonchi & Lundh，2003）；对中国大学二年级男生的调查表明，CM 和 DA 都与社会性羞怯（shyness）呈正相关（訾非，周旭，2005），学习不良的中学生的完美主义心理与考试焦虑有关（毕重增，2005）。

三、完美主义与心理压力

有研究者（Hewitt & Dyck，1986）研究了完美主义、压力和抑郁之间的关系，发现在高完美主义倾向的个体中，压力事件和抑郁呈正相关，而低完美主义的个体中没有明显的相关。这说明完美主义可能在压力和抑郁之间起中介的作用。相对于非完美主义者，完美主义者更有可能体验到各种形式的压力，包括日常麻烦（hassels）和来自内部与外部的持久的压力。如果发生重大的负性事件，原本就已具有高水平日常压力的完美主义者更有可能心理崩溃。他们将完美主义对压力的影响概括为四个方面：压力的产生、压力的预期、压力的延长和压力的强化。

完美主义者对自己和（或）他人有苛刻的要求，关注工作成绩的不足之处，以及缺少满意感，这些倾向本身就会产生压力。在工作和学习中，完美主义者感受的压力往往源于他们为自己设定过高的标准，当标准无法达到时，他们也不愿意降低要求。研究发现，态度僵化与 MPS 的 SPP、OOP 和 SOP 三个维度都有关系，完美主义者的僵化态度不利于他们有效地应对变化（Ferrari & Mautz，1997），他们的目标僵化和认知僵化就是在制造压力情境。还有研究者则发现 SPP 和 SOP 与自我妨碍（self-handicapping，又译自我设障）有关（Hobden & Pliner，1995），完美主义者似乎是通过设定不能达到的目标来故意给自己制造困难。他们产生压力的一种方式是自我施压，也就是说，通过自我批评、自我告诫等方式促使自己去追求高目标。

神经质完美主义者的一个突出特点就是害怕失败，他们有明显的失败预期，体验到由此而来的压力。社会规定性的完美主义者最有可能预期负性事件，甚至认为这些事件必然会发生。这种对将来事件的负性、悲观的预期是抑郁症患者的典型特征。有研究证实了社会规定的完美主义（SPP）确实与特质悲观主义和抑郁症状有关（Martin et al.，1996）。另一些研究（Chang & Rand，2000；Dean & Range，1996）则发现了SPP与无助感（hopelessness）之间的联系。还有一项研究直接考察了完美主义和压力、压力预期的关系，发现社会规定性的完美主义（SPP）与对麻烦（hassles）的预期和对负性社会交往的预期有关，自我取向的完美主义（SOP）只与对负性社会交往的预期有关（Flett，Levy，& Hewitt，2001）。

失败和压力事件能够激发完美主义者的自主思维，使他们耽于思索真实自我与理想自我之间的差距，维持抑郁症状（Flett，1998）。完美主义者遭遇压力事件时不是通过解决问题或转移注意来减轻困扰，而是陷于对事件的性质及原因的苦思冥想（rumination），这延长甚至加剧了压力反应。除了认知习惯，完美主义者的人际关系模式也影响压力反应的延长与保持。完美主义者害怕暴露自己的弱点，在遇到困难时不太愿意寻找专业帮助或社会支持，从而不能有效地利用这两个重要的资源来应对压力（Hewitt & Flett，2002）。一项研究表明，在社会规定性的完美主义（SPP）上得分高的妇女的社交圈子较为狭窄，这减少了她们在遇到压力事件时获得有效支持的可能（Hewitt，Flett，& Endler，1995）。还有研究发现社会规定性的完美主义（SPP）与较低的社会支持和家庭支持有关（Hewitt et al.，2001）。

完美主义心理会强化某些压力反应。一项研究指出，在自我取向的完美主义（SOP）上得高分的人比其他人更倾向于对有难度的智力任务感到困扰，甚至在控制了实际成绩水平时也是如此（Flynn，2001）。而女性完美主义者倾向于将压力事件与她们的自我联系起来，这强化了她们对压力事件的反应（Fry，1995）。有人曾在实验中让被试完成Stroop任务以检验完美主义者对错误的反应，结果表明，在担心错误（CM）这个维度上得分高的被试在出错时比其他被试更容易体验到负面的情绪和自信心降低，也更容易认为自己应该做得更好（Frost et al.，1995）。

一系列研究（Flett et al.，1996，1994，1991）表明，社会规定性的完美主义（SPP）与非适应性的压力应对方式有关，而自我取向的完美主义（SOP）和他人取向（OOP）通常与适应性的应对方式有关。有研究指出（Hewitt，Flett，& Endler，1995），自我取向的完美主义与关注任务的（task-focused）应对策略及情感导向的（emotion-oriented）应对策略都有关系。而且，自我取向的完美主义者较之于非完美主义者在采用关注任务的应对方式时表现出了更强的压力反应（Flynn et al.，2001）。这说明即使采用合理的应对方式，自我取向的完美主义仍然强化压力反应。因此，自我取向的完美主义虽然不像社会规定性的完美主义那样与心理困扰关系密切，但仍然不能被认为是健康的完美主义的维度，过高的自我标准对心理健康和压力的应对是不利的。

第四节 依恋关系

在吉尔吉斯斯坦和中国的交界处，有九座无人涉足的山峰；其中两座被登山者冠以人类的名字，分别为 John Bowlby 和 Mary Ainsworth。Bowlby 和 Ainsworth 本是两位心理学家，以他们的名字标志高峰，意指其成就如高山般令人仰止。今天我们提到“依恋理论”时，就要回顾这两位心理学家的理论。

何谓依恋？在 Bowlby 看来，**依恋**（attachment）是指个体对生活中某个特定的人亲密而强烈的情感联系（Bowlby，1969）。这个词总会引起我们很多温情的联想：母亲温暖的怀抱、恋人之间甜蜜的相思、夫妻相看两不厌的柔情。人类渴望温情，动物又何尝不是？你一定还记得习性学家 Konrad Lorenz 发现的**印刻**（imprinting）现象，也一定不会忘了那张举世闻名的画面：一群幼鹅像随从一样紧跟在 Lorenz 的身后。当人们发现，儿童面对虐待的父母仍表现依恋时，依恋的力量就令人匪夷所思了。Bowlby 认为，人类的依恋具有生物基础，婴儿生来具有的一些引人怜爱的反射行为（觅食反射、吸吮反射及抓握反射）使父母认为婴儿喜欢接近他们（Shaffer，2005，p. 413）。同时，父母对婴儿的急迫哭叫或是咿呀细语、咧嘴微笑又无法无动于衷。这似乎暗示了依恋行为的适应价值。

根据 Bowlby 的看法，依恋是一种相互的关系。婴儿对父母产生了依恋，父母同样对婴儿产生了依恋。在出生的头几个月中，婴儿与照顾者之间在日常生活中有很多机会互动，他们建立起的协调互动对依恋的形成有重要作用（Stern，1977）。正是在此基础上，婴儿与照顾者双方更满意彼此的关系，并形成强烈的依恋（Isabella，1993）。一旦婴儿与照顾者形成了依恋，照顾者离开时，婴儿就会沮丧，而照顾者出现时婴儿就会感到安全。这样，依恋关系就为婴儿探索周围环境提供了一个安全基础。有照顾者在附近，婴儿在安全感的保护下能应付各种令他（她）害怕的事物，开始探索新环境。婴儿的这种安全感引发的探索活动无疑会促使智力的成长。

Ainsworth 的开创性工作将依恋研究推向一个新的阶段，她的**陌生情境**（strange situaiton）测验可说是依恋领域的一个里程碑。陌生情境就是婴儿不熟悉的环境，在这种有压力的环境中，婴儿容易表现出依恋行为特征。Ainsworth 和同事在一种标准化的实验程序中观察婴儿与母亲分离和重聚的反应，界定了三种依恋类型（Ainsworth et al.，1978）。第一种为**回避型依恋**（avoidant attachment），又称 A 型依恋，这种类型的婴儿在母亲离开时并不很沮丧，母亲回来时也不特别高兴，是一种淡漠的母婴关系。第二种称为**安全型依恋**（secure attachment），又称 B 型依恋，被认为是一种最健康的模式，婴儿把母亲视为探索的安全基地，与母亲分离时会伤心，但能较快地适应新的环境和人际关系，而与母亲重聚时会表现出欣喜。第三种依恋为**抗拒型依恋**（resistant attachment），又称 C 型依恋，表现为分离时极度抗拒，而重聚时时而亲近母亲，时而又反抗母亲的接触。后来有研究者补充道，还有一种依恋称为**混乱型依恋**（disorganized/disoriented attachment），也称 D 型依恋（Main & Solomon，1990），这种类型的依恋混合了抗拒型依恋和回避型依恋的模式，婴儿在重聚时表现出先想接近后又突然回避母亲的矛盾行为。陌生情境法现被广泛地应用于测量 1~2 岁婴儿与养育者的依恋关系，其中，除了安全型依恋，其他三种均属于不安全依恋的类型。

Ainsworth 认为，婴儿的依恋类型主要取决于照顾者的抚养品质（Ainsworth，1979）。安全型婴儿的母亲对婴儿反应敏感和负责；抗拒型婴儿的母亲受自己心情影响，常对婴儿有不一致的行为（有时温和，有时粗暴）；回避型婴儿的母亲对婴儿没有耐心，不喜欢婴儿的亲近和接触。而 D 型依恋婴儿的母亲通常严重抑郁，倾向于虐待和忽视孩子（Murry et al.，1996）。当然，婴儿的气质也是一个重要的促成因素（Goldsmith & Alansky，1987）。Kagan 甚至认为陌生情境测验测到的是婴儿的气质差异，而非依恋品质（Kagan，1984）。的确，焦躁不安的婴儿比安静满足的婴儿更难安抚，但有人通过纵向研究发现，母亲的照顾行为是最佳预测指标，而婴儿的气质特点却不是（Goldberg et al.，1986）。现在看来，依恋的形成更应该是婴儿生物特征与照顾者抚养品质相互作用的结果。尽管构成适应性照顾的特殊母性行为还没有被很好地定义，但若要将有烦躁倾向气质的婴儿转变为安全型依恋的个体，尤其需要灵活而有反应的照顾（Mangelsdorf et al.，1990）。

依恋类型实际上为个体提供了独特的人际适应模式，在这初步、基本的人际关系过程中婴儿认识了自己和他人是什么样的，所以不同的依恋类型会有不同的发展后果。总的说来，安全型依恋最有利。安全型依恋的儿童更快乐，更合群，更善于合作（Bohlin et al.，2000）；他们在 5 岁时不大可能与同伴有消极互动（Youngblade & Belsky，1992），在以后的童年期里更可能有效地应付挫折（Sethi et al.，2000）。而早期非安全型依恋则更多地与后期发展不顺利相联系。非安全型依恋的儿童比安全型依恋的儿童更容易被托儿所的老师评价为过度依赖（Sroufe et al.，1983）。当他们成为青少年时，非安全型依恋者的同伴关系不好，朋友也相对较少，还有更多的问题行为（例如，不遵守纪律）和心理病症（DeMulder et al.，2000）。

最引人遐思的是，成人的浪漫关系也与其儿时与照顾者的依恋关系有关。有研究者提出，成人婚恋关系中的情感联结也可以被理解为一种依恋关系。成人的婚恋关系与母婴依恋有许多相似之处，如寻求与另一半的亲近，与另一半在一起时觉得安全与舒适，而分离时会感到焦虑；甚至也可以划分为与婴儿相似的三种类型：安全型、回避型、焦虑—矛盾型（Hazan & Shaver，1987）。几个研究一致发现安全型依恋的成人比不安全依恋的成人对爱情关系更满意（Keelan et al.，1994）；对 52 岁安全型和回避型成人的一项研究还发现，前者 95%都结婚了，而后者只有 76%

结婚，而且这其中的一半先前已离过婚（Klohnen et al.，1998）。比起不安全依恋的成人，安全型依恋的成人更爱自我表露且技巧性更高（Mikulincer et al.，1991），更倾向于认为人际关系中有许多爱、义务及信任（Keelan et al.，1994），在情绪低落时更愿意从另一半那里获得支持并真正受益，也更愿意在另一半处于压力情境中时提供支持和帮助（Fraley et al.，1998）。

为什么早期依恋会产生如此深远的影响？Bowlby 使用**内部工作模型**（internal working model）这一概念来解释其作用机制（Bowlby，1980，1988）。个体在生命早期与最初照顾者交互活动中逐渐形成了关于自我、他人以及自我与他人人际关系的心理表征，即内部工作模型，这些心理表征对个体随后的经验与行为起着指导作用。早期不同的亲子互动模式产生了不同的内部工作模型。如果照顾者对婴儿的需求敏感，让婴儿感到可靠，婴儿发展出的内部工作模型中就表征着“他人是有反应的、可信赖的，而自己是可爱的、有能力的”。反之，如果婴儿在与照顾者互动中经历的是一种痛苦的、不满意的经验，婴儿就发展出不积极的内部工作模型。成人依恋正是建立在内部工作模型具有持续影响作用这一假设之上。最近有人发展了内部工作模型的概念，并在此基础上提出了一个很有影响的依恋模型（Bartholomew & Horowiz，1991），它根据积极或消极的自我和他人工作模式将成人分为四种依恋类型，见图 15-4（Bartholomew & Horowiz，1991）。

		自我模型	
		积极	消极
他人模型	积极	安全型（安全型基本依恋）	专注型（抗拒型基本依恋）
	消极	冷漠型（回避型基本依恋）	恐惧型（组织混乱/方向混乱的基本依恋）

图 15-4 依恋的四类型模型

接下来我们自然要问，依恋是否一经形成就稳定不变了？对以往研究进行元分析的结果表明，依恋安全性在人的最初 19 年里基本是稳定的（Fraley，2002），有纵向研究发现了连续性的证据，例如明尼苏达亲子研究项目发现了从出生到 13 岁期间行为模式的连贯性（Sroufe et al.，1993）。但相反的证据也是存在的。有研究者（Lewis，1999，p. 341）总结说，依恋模式并没有显示出长时间段的连续性，比如从 1 岁到 18 岁（Mischel，et al.，2004，p. 130）；还有研究报告说，近 30% 个体的依恋类型在成长过程中发生了改变（Davila et al.，1997）；对于婴儿依恋与成人依恋的关系，有人通过纵向研究甚至发现，1 岁时在陌生情境法中测得的依恋类型与后来的婚恋依恋类型之间的相关系数仅为 .17（Fraley & Shaver，2000）。不同的结论使人们对依恋类型的稳定性打上了问号。有研究者提出，个体在与环境交互作用的过程中，其内部工作模型有自我巩固的倾向，但如果经历不同于早期依恋的强大关系经验，内部工作模型也会因此而不断修正和发展（Pervin，2001，p. 212）。的确有研究发现，当人们进入一个安全、持久的人际关系中时，他们的依恋类型会变成安全工作模式（Carnelley et al.，1994）。而早期已建立了安全型依恋的个体经历重大消极事件时，可能变成非安全型依恋。但无论如何，我们也不能低估早期依恋对于适应的重要性。

总之，婴儿对照顾者的依恋是初步的、基础的人际联结，它是我们发展以后各种情感联结的基础，包括与朋友、与恋人、与将来自己的孩子的情感联结。但后期这些情感联结并不能提供一种比得上依恋联结提供的安全感，所以，婴儿期的经历是独一无二的（Cloninger，pp. 372-373）。人的发展是各种复杂因素综合作用的结果，而依恋理论为我们理解这一复杂问题提供了很有益的启示，相信在众多热衷于这一领域的研究者的辛勤工作下，依恋这个主题会不断给我们灵感与欣喜。

第四编

人格发展

第十六章

人格的全程发展

孔子说："吾十有五而志于学，三十而立，四十而不惑，五十而知天命，六十而耳顺，七十而从心所欲，不逾矩。"（《论语·为政》）人生是一个历程，每个人都与同年龄阶段的他人有相同之处，但又有自己的特点。就个人而言，不同的年龄阶段会面临不同的人生主题。回想一下你的中学时光，你最感兴趣的活动是什么？你是如何安排时间的？你最看重什么？与之比较，现在的你和中学时代是不是有很多不同？可能你的作息习惯和对学校、家庭及其他事物的态度都发生了变化，或许现在的你会感到更成熟些。与此同时，你可能还会发现，与以前相比，虽然发生了很多变化，但似乎有一个核心的"你"，在本质上是一致的，你仍然是"同一个人"。的确，你的年龄有所增长、阅历更加丰富、处事更加干练，但你的某些内在属性却是一直没有变化的。因此，周围的人总能够识别你，而且自己也觉得自己是同一个人。在谈及人的成长时，我们往往会说，"某些方面变了，某些方面还是老样子"。

这就涉及人格发展的知识。关于人格发展的研究试图回答一系列重要而复杂的问题：我们是如何发展成为现在这个样子的？我们在改变吗？或者我们能改变吗？

在本章，我们主要通过回顾人格发展纵向研究的成果，用毕生发展的观点探讨人格发展的稳定性与可变性；进一步探究影响人格发展的主要因素及其交互作用的机制问题，从整体上探讨天性与教养如何通过交互作用共同影响人格的发展，以求更完整地了解人格的形成和发展历程。

第一节　人格发展的基本概念

人格发展（persersonality development）是指在整个生命历程中，个体的人格特征随着年龄的增长和经验的积累而逐渐发生变化的过程。人格发展涉及许多复杂的问题，其中人格发展的跨时间的连续性（continuities）、一致性（consistencies）、稳定性（stabilities）以及人格随年龄增长而发生改变的内容和方式，即人格的稳定性

（stability）与可变性（change）的问题，是该领域多年来深受关注的问题。

一、人格的稳定性

人格的稳定性主要有三种表现形式：等级评定稳定性、平均水平稳定性和人格的一致性（Larsen & Buss，2002，p. 326）。

等级评定稳定性（rank order stability）是指个体在某一群体内部所处位置的稳定性。例如，在14~20岁之间，个体和同辈群体其他成员同时都长高了，但某一个体的身高在同辈群体中所处的等级水平却是稳定的。因为一般情况下，这一年龄段所有人的身高都会有所增加。人格特质也有类似的情况：如果一个人在其所处群体中，维持着较明显的支配性和外向性倾向，那么这种人格特质也会具有高度的等级稳定性。

平均水平稳定性（mean level stability）是指人格特征随着年龄的增长而大体维持在一个稳定的水平上。以政治态度为例，如果一个人对自由主义和保守主义态度的平均水平随着年龄的增长保持一定的水平，那么这个人在这种人格特征上就具有一定的稳定性。如果一个人随着年龄的增长越来越倾向于保守主义，我们就说政治取向的平均水平发生了改变。

人格的一致性（personality coherence）是指人格特质的外在形式会随着年龄的增长而改变，但特质本身仍然保持稳定。以支配性为例，一个人在8岁时和在20岁时同样具有支配性。但8岁儿童的支配性可能仅仅表现为在游戏中行为粗鲁、将对手称为胆小鬼、独占某些有趣的东西等等；在20岁时，其支配性可能表现为劝说别人接受某一政治观点、强求别人参加约会、坚持让同伴到自己选定的餐馆吃饭等。这种发展，维持了个体在同伴中的等级稳定性，但却改变了特质的表现形式。行为表现可以是极不相同的，8岁时的行为和20岁时的行为可能根本没有重合的地方，但行为所表现的支配性的总体水平是一致的。这样，人格一致性这一概念既包括了连续性也包括了可变性——潜在特质的一致性和外在表现方式的改变。

二、人格改变

发展也需要从变化的角度来加以界定，但并不是所有的变化都可以被称为发展，比如你从一个教室走到了另一个教室，你与周围环境的关系发生了变化，但是我们并不能称之为你的“发展”，因为这是外部的暂时的变化，而不是内部的持久的变化。

但是并非所有的内部变化都是发展。比如，你感冒的时候身体会发生变化，体温升高、流鼻涕、头痛，但这些改变并不持久，而是会随着你身体的康复而消失。与之相似，因喝酒和用药而导致的短暂改变也构不成人格发展，除非它们能够导致人格的持久改变。如果你变得更加有责任感，这就是一种发展；如果你因年龄的增长而精力衰退，这也是一种发展。总而言之，当我们说人格发生改变时，有两条限定：第一，改变发生在个体内部的；第二，发生的改变能够相对持久的保持。

三、分析的水平

我们可以在三种水平上分析人在时间跨度上的发展情况：**总体水平**（population level）、**群体差异水平**（group differences level）、**个体差异水平**（individual differences level）。

一些心理学家对人从婴儿到成人的改变进行了概括，如 Freud，他的理论似乎适合这个星球上的所有个体。按照 Freud 的观点，每个人都要经历从口唇期到生殖期的心理性欲发展阶段。在这种水平上做出的人格发展描述几乎适合于任何人。例如，从青春期开始每个人的性动机都会呈现上升趋向；同样，随着人渐渐老去，冲动和冒险行为会有所减少。这就是汽车保险率会随人群年龄的增加而下降的原因，一个 30 岁的人大多不会像一个 16 岁的人那样尝试冒险的驾车方式。这种冲动性的改变就是人格总体水平改变的一部分。

而且，不同的改变会对不同群体的个体产生不同的影响，即会产生不同的群体差异水平。性别差异就是群体差异的一种类型。以生理发展为例，女性要比男性早两年进入青春期。美国的统计数字表明，男性的平均寿命比女性少 7 年。这就是生理发展中的性别差异。就人格发展而言，进入青春期后，男性与女性表现出很大的差别。男性的平均冒险水平高于女性，而女性却比男性能更好地察觉和理解他人的感受。

其他群体差异还包括文化差异和民族差异等。例如，欧裔美国女性和非裔美国女性对身体形象的认同感就有很大的差异。欧裔美国女性的满意度比非裔美国女性低得多，而且与其他种族的女性相比，更容易患上饮食障碍，如贪吃症或厌食症（Larsen & Buss，2002，p. 330）。

人格心理学家也会关注人格发展的个体差异。例如，我们能否根据一个人早期的人格特点来预测他今后可不可以顺利度过人生的各个转折点或者会不会更容易遭遇某种心理困扰？能否可以预测什么样的人会随着时间流逝而改变，什么样的人会保持一致？对这些问题的分析就是在人格的个体差异水平上展开的。

第二节　人格的稳定性与可变性

一、纵向研究

在人的发展过程中，一个人的人格是稳定的还是不断变化的？人格理论家在这些基本立场上的分歧可以通过具体的纵向研究结果得到启发或者找到证据。心理学的许多研究都是**横向研究**（cross-sectional research），就是只对被试测量一次，或者在很短的时间间隔内测量若干次，这种研究方法可以揭示一个时间阶段上人格的发展状况，却忽略了人格与长期的时间变量的关系。在经历了一段时间以后，个体的人格特征有多少发生了改变，又有多少保持不变？用来描述成年人发展状况的理论能否同样用来描述儿童？或者用来描述儿童发展状况的理论能否同样用来描述成年人？以上问题，横向研究都无法解决。当然，通过在同一时间切面上，选取不同年龄组的被试，考察他们在某一变量上的数据，我们也可以测量该变量随年龄增长而发展的趋势。但这种方法还是很难说明这样测量出来的结果是由于年龄趋势的作用，还是不同年龄组被试所处的社会环境和社会经历的差异造成的。只有通过**纵向研究**（longitudinal research），这些问题才能得到较好的解答。人格的纵向研究设计可以用于回答人格跨时间的连续性和可变性的问题。

所谓纵向研究是指在较长的时期内（通常是几十年），对同一个体或者一组个体，通过比较在不同的时间段所做的重复测量研究，探究人的发展问题的一种研究方法。纵向研究的实施具有一定的困难，如时间跨度大，一些被试会由于各种原因提前退出研究。研究者要与被试保持联系，要记住被试的住址和电话号码，还要保守被试的秘密等等。而且，测量工具难以确定，要找到合适的智力或社会性测量在一个被试的童年期、少年期、青年期以及成年期分别对他进行测量并对数据加以比较是一件很困难的事情。此外，要进行一个大的纵向研究，显然要耗费很大资金。最后，要用几十年才能完成一项研究，写成一篇论文，这对研究者来说是很大的考验。

然而，纵向研究能够反映人格发展所具有的时间延续性特点。它允许我们追随个体的发展历程来探究人的身心变化与年龄增长之间的关系。这样的研究不仅考虑了单个变量的发展进程，还可以考察不同变量随时间发展的关系模式。通过分析纵向研究的资料，我们可以得到有关人格发展的连续性和可变性的证据。因此，尽管这种研究的实施存在着很多困难，但还是深受发展心理学家的喜爱。

最简单的纵向研究是一次只研究一组群体。比如，以某托儿所一个班级的学生为研究对象，在许多年里反复测量他们。通过分析不同时间里收集的数据，我们就可以描述他们在进入少年期、青年期、成年期的时候是如何变化的，如幼儿时的天真、童年时的友谊、青年时的自我意识、成年时的责任心等等。我们或许会发现，他们在童年的时候并没有表现出政治态度，青年期则在政治上追求自由，中年期却又变得保守。这些改变意味着什么？答案可能是很复杂的，而且简单的单组纵向研究并不能说明哪个答案是正确的。因为某些改变可能是年龄效应使然，即这种改变是由个体年龄的增长引起的。青春期个体在从父母的庇护下独立出来的过程中，可能会反叛既定的政治态度；当他们进入成年期，开始负起生活的各项责任时，就会向保守的方向转变。但也有一种可能，即改变与年龄无关。也许在他们年轻的时候，整个国家弥漫的是自由主义的政治气候，所有年龄阶段的个体都会向这一端靠拢。而数十年后，当对这些被试进行重复研究时，这个国家可能转向了保守主义一端。这种假定的情境称为**时代效应**（period effect），即不同历史时期所造成的影响，而在这个过程中年龄可能并没有发挥作用。

事实上还可能更为复杂，历史因素会对特定同年龄阶段的人带来特定的影响。学校教育的变革会影响到学生，而养老金制度的改变则会影响到老年人。因此，我们不仅要考虑被试的年龄，还要明确被试是处在哪一历史时期。也就是说，我们需要考虑到**群组效应**（cohort effect）。群组是指在同一年龄阶段经历同样事件的人们。这种研究通常是以出生为标准加以划分，即在同一年出生的人为一个群组；也可以用其他事件为标准，如在同一年结婚的人或者在同一年退休的人（Menard，1991）。历史给不同群组的个体带来了不同的生活环境。某一辈人生于人口出生率比较低的年代，那么在成年期工作机会就比较多。如果某一辈人进入成年时，适逢国家战乱，他们的工作与婚姻模式就会与其他年龄阶段的人不同。因此，当我们把研究结论从一个群组推论到另一个群组时，一定要谨慎。

我们经常对生命中出现的人格改变做出一些非正式的判断。我们会说“大学里的他跟儿时的他是一样的”或者说“他真的变了”。我们会认定诸如上大学之类的经验会让一个人的人生变得不同。然而，这种判断是对是错呢？我们能否进行科学、系统的研究呢？换言之，我们如何分析纵向研究的数据呢？或许你连续几年都写日记、剪报、收集影片等，现在加入几次会谈、客观测量和这些年来其他观察者对你印象的记录等。照这种方法，同时研究几百甚至几千个人，你就可以收集到大量的资料。如何分析这些大量的资料？从哪里入手？如果在纵向研究中针对不同年龄阶段使用不同的测量工具，我们如何比较不同年龄阶段被试人格的异同？我们如何能将对玩耍中的学前儿童的观察和对成年期的人格测验得出的分数放在一起比较？直接将这两种资料进行比较显然是不合理的。

为了解决这一困难，Jack Block（1961）采用了 Q 技术分类法。在纵向研究中，对于年龄较小的被试来说，所收集的资料一般包括父母对孩子的评价，研究者对孩子的人际交往状况所做的观察等；就青年期和成年期的被试而言，所收集的资料一般包括自我描述和问卷资料。研究者就需要用相同的语言描述不同类型的资料，以便做出比较（如，处于学前期的 Tommy 和处于青春期的 Tommy）。为此，他们采用了一种标准化的评定方法。评价者制造 100 张同样的卡片，卡片上分别写着能够用来描述被试的词语。评定者查阅有关被试的所有资料，然后对卡片进行分类，看它们在何种程度上符合对被试的描述，并做出非正式的主观评定。Jack Block 加利福尼亚 Q 分类标准由 9 个类型、100 个项目组成，可以对同一被试在不同年龄段的资料进行重复评定。既然不同的年龄阶段应用的是同样的卡片，那么两个年龄段的资料就可以比较了。我们就可以检验，一个被判断为安静型的儿童，在成年期是不是也被“评定”为安静型。

但Q分类只能用来检测同一被试在不同年龄阶段的资料，却不能检测不同的被试。因为没有适用于所有人的Q分类量表。比如，Mary的社交性排在第6位，而Jerry的社交性排在第7位，但我们并不能比较是不是Mary比Jerry具有更高的社交性，因为这种排序是指在同一被试身上社交性与其他特质相比在个体身上所处的地位。如果要比较不同的被试，就需要能够测量所有人的社交性的工具。Q分类技术只是比较同一个体不同年龄阶段人格的一种有效工具。

纵向研究需要研究者做出各种努力去维持与被试的联系。正是与被试不断地接触，研究者才能获得各种所需的资料。而研究所能收集的资料可能是非常丰富的，除了分析这些资料能够得到预定问题的答案，仍然有值得进一步提取的信息，为未来的研究提供资源。因此，纵向研究的数据也可以为后来的研究者所用，也可以利用这些数据来研究那些预先没有设定的问题，这种方法称为**再分析**（secondary analysis）。

二、人格的稳定性

在人格发展的研究中，人格特质的稳定性问题备受关注。让我们通过以下几方面的研究来了解婴儿期气质的稳定性、童年期的稳定性、成年期的稳定性。

有几个孩子的父母往往会饶有兴致地向你讲述他们的孩子刚出生时性格是多么的不同。例如，现代物理学之父、诺贝尔奖获得者Albert Einstein与他的第一个妻子有两个儿子，他们的表现就很不相同。大儿子Hans自儿时就有数学天赋，最后成为加利福尼亚大学的一名出色的水利学教授。小儿子Eduard则从小喜欢音乐和文学，然而在青年期就进了瑞典的一家精神病院，并死在了那里。当然这是一种极端的例子，但是许多父母都注意到，他们的孩子从婴儿时期就存在差异。

许多研究者用气质（temperament）一词来表示出现在生命早期的个体差异。正如本书第16章所述，气质具有遗传基础，而且往往与情绪性和激活性行为有关联。有研究者（Rothbart，1981，1986）以一组婴儿为被试，通过从婴儿看护者那里收集的数据，研究了他们从三个月大时起不同年龄阶段的情况，分析了婴儿气质的六个方面：

（1）活动水平：婴儿总体的机械动作的数量和强度，包括胳膊和腿部运动。（2）微笑和发声的笑：两种笑出现的次数。（3）恐惧：婴儿接触新异刺激时表现出的不快和不情愿。（4）对限制的苦恼：在给婴儿喂食、穿衣和引导婴儿接触其期望目标时，婴儿所表现的苦恼。（5）可安抚性：经过安抚，婴儿在多大程度上能减缓压力，变得平静。（6）定向的持久性：在何种程度上，儿童能专注于某一对象，而没有突然的改变。

婴儿的看护者（一般是母亲）对婴儿做出观察并完成以上六个方面的测量问

卷。研究发现，在一段时期内，活动水平、微笑和发声的笑和其他人格特质上得分高的婴儿，在其他时段内得分也高。而且，活动水平与两种笑的得分的相关系数高于其他特质间的相关系数。研究还发现，与婴儿早期相比，婴儿后期人格特质的稳定性更高。变得稳定的具体原因还不清楚，可能是因为大一些的婴儿表现出了更多的行为，因此研究者通过行为对特质做出的评价信度更高；也有可能是大一些的婴儿学会了以更稳定的方式对环境和看护者做出反应。

为了了解童年期人格的稳定性，研究者（Block & Robbins，1993）选取了100名被试做纵向研究，考察他们活动水平（activity levels）的个体差异。研究从被试3岁时开始，并在4岁、5岁、7岁和11岁时分别进行重复测评。当儿童3岁和4岁的时候，用两种方式来评价活动水平。一种方法是用动作记录器，将记录器绑在儿童手腕上，肌肉的运动会引发记录器的计数装置的反应；另一种方式是让老师对儿童做出评价，在儿童3、4、7岁的时候各做一次测评。研究结果表明，童年期的活动水平表现出中等程度的稳定性。在3岁时活动水平较高的儿童，在4岁和7岁时的活动水平也较高；3岁时活动水平较低的，在4岁和7岁时的活动水平也较低。早期的测量可以预测后期的状况，但就预测的效果而言，两次测量的间隔越久，相关的稳定性就越低。换言之，预测的效果随初次测量与被预测行为间的时间间隔的增长而减弱。总体而言，我们可以推断，个体在发展早期就已经出现了人格差异，主要是指婴儿期以及童年期时出现的一些特质差异，如活动水平和攻击性，而且这些个体差异往往会保持稳定（Larsen & Buss，2002，p. 333）。

成年期人格稳定性的纵向研究很多，许多通过自陈式测验获得的研究数据肯定了这种稳定性。在相关的纵向研究中，被试的年龄范围从18岁到84岁。Costa与McCrae（1994）使用五因素问卷对不同年龄的人格进行了测量。在这些研究中，两次测量的时间间隔范围从3年到30年不等。在成年期不同时段对人格进行测量的结果表明，五种人格特质都具有中等水平以上的稳定性。以上研究结果是通过自陈式测验得到的。用其他方法收集的资料是否能得出类似的结果？在一项为时6年的纵向研究中，用配偶评定法，得到的稳定系数是：神经质为.83，外向性为.77，开放性为.80（Costa & McCrae，1988）。另一项研究用同伴评定法，测量间隔为7年，五种因素的稳定性在.63到.81之间（Costa & McCrae，1992）。可见，不论是通过自陈式测验、配偶评定还是同伴评定所收集的资料都表明，人格都具有中等程度以上的稳定性。

关于人格的稳定性，研究者提出了一个有趣的问题：什么时候人格的一致性程度会达到最高点？也就是说，人生中会有一个转折点，从这一点开始，人格就稳定下来，不再发生显著的变化。研究者（Roberts & DelVecchio，2000）对152项人格发展的纵向研究进行了元分析（meta-analysis），就是利用一系列统计手段，对大量独立的研究进行再研究，从中发现某种共同倾向或者趋势。研究者锁定的关键变量是“人格的一致性”，并将其界定为人格特质在时间Ⅰ与时间Ⅱ下分别测量求得的相关系数。研究者以人生每10年为一个年龄段，以每个年龄段之内不同年龄之间的特质相关系数作为人格稳定性的指标。结果发现，人格的一致性随年龄的增长而逐步增加。例如，在十几岁时，这种相关系数平均为.47，而在二十几岁时就升到了.57，在三十几岁时就升到了.75。从婴儿期到中年期，特质的一致性呈线性增长，而在50岁后达到顶峰。显然，随着年龄的增长，人格会变得越来越稳定，并且人格的五因素都表现出了平均水平的稳定性。

当然，这种稳定性并不意味着没有改变。实际上，人格特质都表现出一些变化，特别是在二十几岁的时候。总体上，开放性、外向性和神经质的水平随年龄的增长而下降，同时尽责性和随和性的水平则随年龄的增长而提高，到50岁左右时趋于稳定（Larsen & Buss，2002，p. 339）。

三、人格的可变性

在人格稳定性与可变性问题上，大量的研究集中于稳定性，探索可变性的研究设计很少，因此关于可变性的知识很少。但已有测量（如五因素人格问卷）研究表明，人格的确会发生改变，并且人格稳定性研究本身也表明了人格的可变性。

关于人格改变的知识相对贫乏，其原因大概源于人们的偏见，正如 Block（1971）所指出的，即便是用于描述稳定性和可变性的术语都具有感情色彩，但描述稳定性的术语都是肯定的，带有积极色彩的，如一致性（consistency）、稳定性（stability）、连续性（continuity）、持久性（constancy）等；而描述可变性的术语却看似不可预测，并带有否定、消极的色彩，如不一致性（inconsistency）、不稳定性（instability）、不连续性（discontinuity）、不持久性（inconstancy）等。另一个原因是，人格改变的研究要困难得多。稳定性的研究一般只需要将同一系列的测试在一段时间间隔中对被试进行两次测量就可以了。然而，可变性的测量却复杂得多。以下是有关人格改变的一些发现，涉及自尊、抱负、感觉寻求、女性气质、能力、独立性与传统角色等方面。

有研究者（Block & Robbins，1993）在一项研究中检查了自尊和与自尊改变有关的各种人格特点。此研究将自尊定义为“个人知觉到自己在何种程度上接近于自己理想的样子，远离自己不愿意成为的样子，并就某种自我属性所做出的正向或负向评价”。研究者通过了解被试描述的当前形象与对理想自我间的总体差异来测量自尊。二者的差别越小，自尊越高；差别越大，自尊越低。被试第一次受测是在14岁，大概是中学的第一年，第二次受测是23岁，大概是中学毕业后第五年。除了测量自尊，还测量了被试的其他人格特质。

结果显示，就样本总体而言，自尊并未随年龄增长而变化。但如果将男女分开考察，就发现男性自尊总体上呈随年龄增长而上升的趋向，女性自尊总体表现则呈下降趋势。这是在群组差异水平上发生人格改变的一个例子。当然也有女性自尊水平也随年龄增长而上升的，但这些女性通常被评价为具有幽默感、会保护他人、慷慨大方、健谈；自尊随年龄增长而下降的女性则通常被评价为情绪化、易怒、敌对、消极、不可琢磨、高人一等。当然男性的自尊也有随年龄增长而降低的情况。自尊水平提高的男性常被评价为社会适应良好，认为自己具有吸引力，生活风格平静放松。而自尊水平降低的男性往往忧心忡忡，容易沮丧，自我防御，遇事沉默多虑。

从青年期向成年期的转变过程中，女性面临的困难似乎比男性更大，至少从自尊的维度来看是这样的。女性总体的自尊水平有所下降，表明随着年龄的增长，现实自我与理想自我间的差距加大了，而男性的这种差距反而会缩小。

有研究者（Howard & Bray，1988）对美国电话电报公司（AT&T）的266位男性管理人员进行了一项纵向研究。研究者在他们20多岁时（20世纪50年代末）进行了初测，然后追踪研究了20年（到20世纪70年代末），直到被试40多岁。研究者使用的主要工具是爱德华个人偏好量表（Edwards Personal Preference Schedule）（Edwards，1959），该量表可以用于了解一个人多方面的特征。研究中了解到了几项显著的人格改变，其中最大的变化是抱负分数（ambition score）。最初的八年里，抱负分数骤然下降，在接下来的12年中持续下降。就下降的速度而言，有大学学历者的下降速度要强于无大学学历者。开始测量时，有大学学历者的抱负分数本来是高于无大学学历者。补充的访谈资料表明，人们对自己在公司里有限的晋升机会有更加现实的认知。这并不意味着这些人失去了工作兴趣或者不再努力。事实上，他们在自主性、领导动机、成就动机和支配性上的分数都在升高。

日常经验似乎表明，随着年龄的增长，人会逐步变得谨慎和保守，**感觉寻求**（sensation seeking）研究验证了这一观点。感觉寻求量表（Sensation-Seeking Scale）包括四个分量表：（1）寻求冒险（thrill and adventure seeking）；（2）寻求新奇体验（experience seeking）；（3）去抑制（disinhibition）；（4）厌倦敏感性（boredom susceptibility）。问卷采用迫选法要求被试从两种截然不同的描述中选择一个更适合自己的描述，例如“总是见到一些熟悉的面孔我会感到很厌烦”与“我喜欢日常的老朋友们带给我的舒畅感”。大量研究表明，在儿童和青年期，感觉寻求水平会随年龄增长而增长，在青年晚期，即18~20岁达到顶峰，然后随着年龄增长，会逐步下降（Zuckerman，1974）。

有研究者（Helson & Wink，1992）通过纵向研究考察了40岁到50岁的女性所发生的人格改变。两个阶段的测量工具都是加利福尼亚心理量表（California Psychological Inventory），结果发现，女性气质量表（femininity scale）的测量结果发生了显著改变。在女性气质量表中，高分者被描述为依赖的、顺从的、情绪化的、娇柔的、文雅的、容易兴奋的、温柔的、敏感的、多愁善感的、富有同情心的等等，低分者被描述为攻击性的、武断的、自信的、自负的、坚决的、有说服力的、独立的、强壮的等等。至于不同得分者喜欢从事的活动，其配偶所报告的结果为，高分者倾向于在假日给好友赠送卡片，记住熟人的生日等，而低分者在社会生活中表现出较多的控制，在性生活中占主动等（Gough，1996）。其中，受教育水平较高的女性会发生很大的变化，在从40岁早期向50岁早期过渡的过程中，她们女性气质的得分会表现出明显的下降趋势，但具体的原因还不清楚。

此外，研究者（Helson & Wink，1992）还对女性能力自我评价进行了纵向研究。测量工具是由一些形容词组成的列表，包括以下一些项目：目标定向的、有组织的、周到的、有效的、实践的、思维清晰的、现实的、精确的、成熟的、自信的、满意的（Helson & Stewart，1994）。与低分者相比，高分者会从中选择更多的词语来做自我描述。在女性27岁和52岁时分别施测。研究表明，女性对能力的自我评价表现出显著增长的趋势，而且她们对能力的自我描述与是否有子女无关。

这项研究还有一些有意义的发现。研究者将被试分为四组：（1）有完整婚姻和子女的家庭主妇；（2）有子女也有工作的女性；（3）离婚的女性；（4）没有做母亲的女性（Helson & Picano，1990）。研究者对被试进行了独立性测量，内容包括两部分，其一是自我肯定、策略、能力，其二是使自己与他人保持距离，不向传统规范让步（Gough，1996）。独立性水平得分较高的女性往往会为所在的小组制定目标、与小组中的许多人有过谈话、如果情境需要会充当小组的领导。她们常常打断别人的谈话、并不总是服从领导。对于有工作的女性、离婚的女性、没有做母亲的女性，独立性分数会随年龄增长而提高。只有传统的家庭主妇的独立性没有表现出任何变化。当然，研究结果描述的是相关关系，不能推断出因果关系。可能是社会角色影响了女性独立性的发展，也可能是那些不想过于独立的女性更多地成为了家庭主妇。

总之，尽管研究不是很充分，但已经足够证明，随着年龄的增长，人格特质会表现出一些可以预测到的改变。首先，冲动性和感觉寻求会随着年龄的增长而下降；其次，男性的抱负会随着年龄的增长而下降；再者，随着年龄的增长，男性和女性都会更加独立；最后，独立性的改变与角色选择和生活模式相关。

四、通过人格预测个人生活

某些人格特质是否与特定的生活状况相关？人格发展的研究是否能用以预测个体的社会生活状况？我们先来看看有关研究。

一项纵向研究（Kelly & Conley，1987）调查了在1930年代订婚的300对被试，一直追踪到1980年代后期。在最后一次测验的时候，被试年龄的中数为68岁。在这300对中，有22对放弃婚约，没有结婚，有278对最终结婚了，其中50对在1935~1980年之间离婚。在20世纪30年代的初测中，对被试人格的许多维度都进行了熟人评价，研究发现其中三项指标能很好地预测婚姻满意度以及离婚情况：丈夫的神经质、丈夫的低冲动控制能力和妻子的神经质，而高水平的神经质具有最高的预测力。在20世纪30年代、1955年和1980年，神经质与男性、女性的婚姻满意度都存在负相关。丈夫与妻子的神经质、丈夫的低冲动控制能力都对离婚起到了较强的预测作用。具有满意和稳定婚姻的夫妇神经质得分要比离婚夫妇的得分低大约半个标准差。离婚的原因似乎与早期测量的人格特点有关。例如，如果初次测量时，丈夫冲动控制的能力比较低，以后就倾向于发生婚外情，而婚外情会成为导致婚姻破裂的主要原因。具有高冲动控制能力的男性则不会在性方面恣意妄为，这是决定婚姻成败的一个关键因素。

这一持续45年的纵向研究提供了人格具有一致性的重要证据。人格或许不等同于天定的命运，但是通过它的确可以预测个体的某些生活状况。

另一项纵向研究（Conley & Angelides，1984）表明，早期人格可以预测酗酒和情绪困扰。该研究中的233名男性被试，其中40位被判定具有严重的情绪问题或有酗酒行为。在早期熟人评定中，这40名被试神经质得分都很高，比没有酗酒和情绪困扰的人高出约3/4个标准差。早期的人格特点还可以预测什么样的人会酗酒，什么样的人会产生情绪困扰。冲动控制是一个关键因素，酗酒者在冲动控制得分上比情绪困扰者低整整一个标准差。比起对早期生活压力的测量甚至后期压力事件的测量，早期人格特质（如神经质和冲动控制能力）的测量能更好地预测后期的情绪困扰和酗酒行为。

冲动性（impulsivity）在教育和学业成就中也扮演着重要角色。研究者（Kipnis，1971）让一组被试就其冲动水平做自我报告，并进行能显示学业成就与潜能的学业性向测验（Scholastic Aptitude Test，SAT）。对于低SAT分数者而言，冲动性与平均成绩没有什么关联；但是对高SAT分数者而言，冲动性水平高的个体的平均成绩要低于冲动性水平低的同伴。就是说，虽然都在高分段，冲动性水平低的学生SAT得分更高，冲动性水平高的学生SAT得分更低且更有可能退学。研究进一步证明，冲动性是一个关键的人格因素，与多种生活状况有关。

在谈及人格的稳定性和可变性时，本章主要探讨了人格特质的稳定性，但是需要指出的是，人格特质只是人格的一部分。由于特质论认为稳定是人格的特征，因此，对特质的关注可能会导致对人格可变性的忽略。例如，个人生活规划可能会发生改变（如找到配偶、抚养子女、退休），经历的个人危机也各有不同（如家庭暴力、亲人亡故），人的防御机制和应对策略也会随年龄增长而改变。一项男性小样本研究（Vaillant，1977）发现，进入中年后，他们的防御机制会发生改变，投射减少了，幽默增加了。还有研究（Helson & Wink，1992）发现，中年女性在从40岁进入50岁后，会变得越来越依靠智慧解决问题。

五、人格发展的阶段性与连续性

在人格改变和人格稳定的了解的基础上，我们如何看待人格全程的发展呢？人格全程的发展有没有某些共同的趋势？关于这一问题，心理学家有两种不同的观点。

1. 人格发展的阶段理论。人格发展的阶段论者认为，人的发展有一个内在的时间表在起作用，人格的发展根据时间可分为不同的阶段。心理学家们基于不同的理论假设和标准，提出了许多人格发展阶段论，其中著名的人格发展阶段论如 Freud 的心理性欲阶段论、Piaget 和 Kohlberg 的道德发展阶段论等等，以及 Harry Stack Sullivan（1892～1949）的基于人际关系特点的发展时期论（theory of developmental epochs）、Erik Erikson（1902～1994）的心理—社会阶段论（theory of psychosocial stages）和 Daniel Levinson（1920～1994）的生命周期模型（life cycle model）。比较各种人格发展阶段理论，我们会发现阶段理论具有一些共同的立场：第一，发展是由一系列连贯的但又有质的差别的阶段组成。每一个阶段都可以用不同的特征来描述，各个阶段的行为之间会发生显著的变化，特征有质的区别。第二，每个阶段都具有一定的时间范围，即开始和结束的大致年龄，这一范围代表了大多数人特定发展阶段的时限。第三，在人的一生中，与各个年龄阶段相应的人格特征和发展任务有一定的顺序，也是可以做出预测的。第四，阶段与阶段间并不是完全孤立的，前一阶段往往是后一阶段发展的基础（Lugo，1996；Pervin，1996/2001，pp. 191-193）。

一些阶段论者还认为，如果预定的发展没有在相应的年龄范围发生，在以后的发展阶段就很难完成，就是说人的发展存在着关键期（critical periods）。动物行为学家 Konrad Lorenz（1903～1989）认为，特定发展时期的特定经验是至关重要的。在个体成长中的某一时期，其成熟程度恰好适合某种行为的发展，如果失去发展或者学习机会，以后该种行为就不易形成，甚至终生无法弥补。随着研究的深入，关键期这一术语逐渐被一个新的概念——敏感期（sensitive periods）所代替，它仍然强调有机体在特定的发展时期对特定的环境影响特别敏感，但同时这一概念还意味着，这种影响未必是持久的、不可改变且不可逆转的。

2. 人格发展的学习理论。学习理论认为，人的发展过程是对环境影响的反应，没有特定的序列阶段。学习理论特别是行为主义理论就秉持这样的假设。学习理论强调经验和行为后果对行为的影响和作用。从这种观点看来，人具有可塑性，可以按照多种方式和不同的路径发展，完全取决于不同的人所经历的环境。如果一个人的攻击行为受到强化，这个人就会变得更具攻击性。同理，如果强化是针对合作和进取行为的，这些行为也可以得到巩固并成为一个人的人格特征。如果对一种行为加以惩罚，这种行为就会被压抑。学习理论强调学习在人格发展中的重要作用，主张用学习的概念说明发展的历程，不承认存在适合描述所有人发展历程的阶段。在父母和其他人的鼓励和注意之下，儿童学会自己吃饭，穿衣，收拾玩具；在一系列物质性强化（如食物、糖果、玩具等）和社会性强化（赞美）的作用下，儿童逐渐习得各种行为，从而成为具有不同人格的个体。

阶段理论和学习理论基于不同的假设，各自解释人格发展中的不同现象。相对而言，阶段理论更强调人格发展所依赖的“内在规定性”，学习理论则更关注个体发展所受到的外在环境的影响。这些对发展的决定因素所做的基本的理论假设非常重要，它就如一个旅行者手中的地图，指导研究者去发现不同的人格发展的规律性。“内在规定性”与外在环境之间的关系问题，也就是人格发展的机制问题，核心是天性与教养的关系问题。

第三节 发展的主要影响因素

有时审视自身，我们不禁想问，自己何以成为现在的自己？是什么造就了那个内向或外向、乐观或悲观、慈悲或冷酷的“我”？或许真如一句俗语所言，龙生龙，凤生凤。人的一切都是父母的基因所赐。诚然，孩子不仅在长相上与父母有相同的特征，从其神情举止、音容笑貌也往往能看到其父母的影子！但这仅仅是遗传的力量吗？或许“孟母三迁”的故事能给我们更多的启示。所谓“近朱者赤，近墨者黑”，儿童的塑造与其家庭、玩伴、教育等都有密不可分的联系。如今，人格心理学家不再在“遗传与环境两者谁更重要”的问题上争论不休。他们都承认，遗传是整个生命的基础，但必须在环境的土壤中发挥作用。

既然在一个人的人格发展历程中，遗传和环境都起着重要的作用，我们讨论这一问题时就要两者兼顾。这一节里，我们将首先谈遗传的作用。人的大部分生理特征是由遗传决定的，这很好理解。但一个人的人格与遗传又有怎样的关联呢？行为遗传学家一直致力于回答这个问题。现在可以肯定的是，遗传的确影响人格的形成；但在多大程度上起作用，如何起作用，仍有待查明。作为人格结构的基础性层面，气质是一个古老并带有浓厚生物学色彩的话题，人们把它看成是个体先天就带有的行为倾向。遗传对人格的影响直接体现在气质上。婴儿的气质特征还会影响他人（父母）的反应，进而影响其整个人格的形成。那么，气质有哪些成分？它与遗传的关系怎样？气质对整个人格有什么样的影响？我们将在这个主题下讨论这些问题。

人与环境的互动在生命早期就开始了。环境是一个很宽泛的概念，个体皮肤之外的所有因素，只要有可能对该个体产生影响，都属于环境因素。从家庭、社区、同伴、学校，到社会阶层、社会制度和文化背景，都是影响人格发展的环境因素。在这一节，我们将重点讨论家庭和同伴这两种具体的环境因素对人格发展的影响。至于大的环境因素如文化与人格的关系，我们将在下一章专门讨论。

一、遗传与气质

在本书第四章，我们介绍了人格的生物学理论和研究。我们知道，**行为遗传学**（behavior genetics）是运用遗传学原理对人格及行为进行研究，通过考察样本在基因变异与人格特质变异之间的联系，估计遗传在一个特质的变异中所起的作用，进而探索遗传是否影响及怎样影响人的身心特征。要了解行为遗传学的研究就不能避开它的一个核心术语，即**遗传率**（heritability，h^2）。遗传率指一个特质中可归于遗传影响的变异量（Shaffer，2005，p. 91）。当得出某特质的遗传率时，我们是针对特定群体所做的估计值；而且由于计算方法有多种，所以，它的大小受样本的特征及计算方法的影响。因此，遗传率估计通常是一个范围。例如，智商的遗传率估计是.30~.80，外向性为.32~.65（Pervin，2001，p. 167）。需要澄清的是，遗传率并不能表明一种特质受遗传决定的程度（Goldsmith，1991，p. 32），而是针对特定群体并结合数理统计方法，对遗传在一个特质总变异中所占的比例进行的估计。

行为遗传学家面对的首要问题是怎样把遗传与环境的效应区分开来，然而，通常情况是共享的基因与共享的环境总是相伴存在。例如，兄弟姐妹之间存在的某种程度的相似既可以是相同的基因所致，也可能是同样的家庭环境所致。幸运的是，人类社会为研究者提供了双生子这一天然的便利，使他们开发了著名的**双生子研究**（twin studies）。人类社会有两类双生子，一类为**同卵双生子**（monozygotic，MZ），由相同的卵细胞和精子发展而来，基因相同；另一类为**异卵双生子**（dizygotic，DZ），由不同的卵细胞和精子发展而来，基因之间的相关性就像其他任何一对亲生兄弟姐妹一样。所以同卵双生子性别一定相同，异卵双生子则不一定。研究者假定，两类双生子成长环境相同，也就是说环境对两者的影响是相同的。由于性别是一个重要的个体变量，所以选择异卵双生子被试时研究者会选择同性别的双生子。在此基础上，研究者推论，如果同卵双生子比异卵双生子更相像，就证明遗传在起作用。

利用这种策略，行为遗传学家测出成人稳定的人格特质的遗传率约为40%（Plomin et al.，1990）。表16-1给出了一项这类研究的相关系数，从数据上可明显看出，在每一特质上，同卵双生子都比异卵双生子更相似（Rushton，Fulker，Neale，Nias & Eysenck，1986）。

表 16-1 双生子研究中的相关系数

	同卵双生子	异卵双生子
利他	.53	.25
共情	.54	.20
照顾别人	.49	.14
攻击性	.40	.04
果断性	.52	.20

但研究者对环境影响所作的假定却值得商榷。同卵双生子往往比异卵双生子分享更为同质的环境（Hoffman，1991）。异卵双生子更不相像很可能是由于父母或同伴倾向于强化他们的不同点。对这样的质疑，研究者便引入了分开抚养的双生子，以加强对环境变量的控制。这种方法不仅可以为遗传的作用提供信息，还能探索某些环境的贡献。例如，将共同抚养和分开抚养的同卵双生子进行比较，可以估计出共同环境的贡献。明尼苏达大学开展的一项研究就包含共同抚养和分开抚养的同卵双生子。被试在该研究中完成了众多测试，包括多维人格问卷（MPQ）和加利福尼亚人格问卷。两类双生子在这两种人格问卷得分上相关系数很接近，比值约为1；相关系数数值均接近.50（Bouchard et al.，1990）。这样的结果不仅又一次表明遗传对人格特质的影响力，而且还暗示，对同卵双生子来说，同样的抚养环境对其人格的影响很小。

双生子研究中，基于不同人格理论的人格测验工具被用于估计遗传影响人格的程度。例如，五因素人格特质的遗传率为.28～.46（见表 16-2，Loehlin，1992，p. 67））。从表中可以看出，遗传对所有因素都有影响，对经验开放性的影响似乎最大。有人报告了多维人格问卷的遗传率为.39～.58（Tellegen et al.，1988）；而基于加利福尼亚人格问卷的遗传率估计约为.50（Bouchard et al.，1990）。这些自陈量表研究结果显示，遗传对被研究的特质都有中等程度的影响。有研究者分析，基于自我报告的测量得到的遗传率相似可能是因为这些测量反映了相同的潜在人格维度（Tellegen et al.，1988）。为了证实这些结果不是自我报告的测量所特有的，有研究同时使用了自陈量表和同伴评定，并将两种方法的结果进行了比较，结果发现自陈量表具有中等效度（Riemann et al.，1997）。进一步用多变量的遗传分析显示，自陈量表和同伴评定在很大程度上都与同一遗传因素有关，这为自陈量表的遗传效度提供了强有力的证据。

表 16-2　　五因素人格特质的遗传率估计

五因素	h^2
外向性	.36
随和性	.28
尽责性	.28
神经质	.31
开放性	.46
五因素平均数	.34

除了双生子研究，研究者还开发了**收养研究**（adoption study）。这种方法通过比较儿童与其亲生父母和养父母在人格上的相似性来确定遗传和环境对人格的相对影响力（carducci，1998，p. 253）。如果孩子与亲生父母的相似性超过了其与养父母的相似性，就证明了遗传的作用；反之，则表明了环境的作用。此外，研究者还会将收养研究扩展到同时包含亲生子女的收养家庭，进行子女与父母间的各种配对比较。一句话，研究者利用各种亲缘关系的人（亲生或收养关系）在相似程度不同的环境中（同一家庭或不同家庭）所获得的资料，对他们所感兴趣的遗传问题进行探索。有关外向性和神经质的几个研究集中体现了行为遗传学样本的情况，有人将几项研究进行了整理，并绘成表格（见表 16-3，Pervin，2001，p. 55；Rowe，1993）。该表汇集了不同国家的不同研究者所作的多方面研究（Rowe，1993）。为了方便比较，表中同时包含了身高和体重的数据。我们可从表中得知：第一，对于 E 和 N，同卵双生子的相关比异卵双生子的相关要高的多，但不如身高和体重的相关高。第二，亲生兄弟姐妹是否在一起长大在数据上没有引起很大差异。第三，亲生兄弟姐妹之间的相关普遍比收养的兄弟姐妹之间的相关要高。第四，父母与亲生子女之间的相关要高于其与收养子女之间的相关。

对遗传的研究所涉及的面比我们想象的还要广，研究的触角深入到了行为特质的方方面面，从智力到一般人格特质，到气质、一般生理特征及反应，甚至到态度这样易为社会文化所影响的变量。“从目前所研究的所有行为特质来看，从反应时间到信仰宗教，都表明人与人之间分数变异的很重要的一部分都和遗传有关，事实不容争辩”（Bouchard et al.，1990）。但是，仅以这句话回答关于遗传的作用问题，是不是简单了点呢？我们好不容易走过了极端环境决定论的误区，对待遗传的作用时，更应该谨慎一些。

细心的读者应该已经发现，在评估遗传的作用时，环境总是如影随形地与之纠结在一起。实际上，“同样的行为遗传学的资料也可以为环境影响的重要性提供最强有力的证据”（Plomin，1990a）。就拿同卵双生子来说，尽管他们之间的相关是所有亲缘关系中最高的，但毕竟相关不是1，这就说明环境影响的存在。在评估遗传的作用时，研究者离不开对环境的假定。然而，这种假定比起针对遗传的假定复杂得多。研究者至多只能推论说，只要儿童在同一家庭中长大，所有重要的环境效应（如父母的养育风格）都是一样的（Cloninger，1996，p. 401）。但是现在很多心理学家认为，最有影响的环境不是家庭共享环境，而是使儿童之间不同的**非共享环境**（nonshared environment）。而这又与个体的感知和实际的经历有关。所以，当目前研究中主要只考虑共享家庭环境的影响时，环境的效应很可能被低估。问题的复杂性还不只限于此。当遗传与环境复杂地结合在一起时，我们很难肯定地宣称我们得到的数据是反映单方面的结果。另外，遗传的影响可能随时间而变化。一些研究表明，遗传作用似乎随年龄增长而增长，而环境影响则随年龄增长而下降（McGue et al.，1993）。这可能与人格的稳定性与变化性问题有千丝万缕的关系。其中，基因型与表现型之分可能是关键所在。表现型是指那些可观察的特征，基因型是指潜在的结构。如果我们不知道所测的人格特质是表现型还是基因型，有关遗传所起作用的问题就又多了一层迷雾。

表 16-3 **身高（H）、体重（W）、外向性（E）和神经质（N）的家族相关性**

	H	W	E	N
中数相关				
一起长大的同卵双生子	.95	.90	.54	.46
一起长大的异卵双生子	.52	.50	.19	.22
平均数相关				
一起长大的同卵双生子	.90	.80	.48	.41
一起长大的异卵双生子	.56	.49	.12	.25
不在一起长大的同卵双生子	.92	.69	.41	.41
不在一起长大的异卵双生子	.67	.46	.03	.23
生物学上的同胞生活在一起的	.52	.50	.20	.28
收养的同胞生活在一起的	-.07	.24	-.06	.05
中年父母与生物学上的子女		.26	.19	.25
中年父母与收养的子女		.04	.00	.05

不过，科学总是不断寻求进步。比如，为了更确定遗传和环境各自作用的大小，研究者利用了现代先进的统计分析方法——**模型拟合**（model-fitting），它是检

验多个变量间是否具有某种假定关系的数学过程（Carducci，1998，p. 253）。利用这种方法，研究者能够检测到影响特质的更小因素，使遗传率估计更可靠。另一个可喜的方向是分子遗传学（molecular genetics），它使行为遗传学家的研究扩展到基因与行为的联系上。尽管基因与行为之间的关系异常复杂，但对于在遗传作用机制方面陷入迷雾的研究者而言，它无疑是一线曙光。

天性与教养问题何等复杂。正如一位生物学家所说，“随着对文化因素的强调而产生的生物因素与文化因素间的平衡，理解并不会因为我们分出人类行为中可以由基因解释的百分比而加深”（Goldsmith，1991，p. 87）。但是行为遗传学对理解人的发展有着无可替代的作用。不管怎样，无视遗传对人格的影响显然已经不合时宜。只是，无论对这一问题进行得多么深远，我们必须谨记，遗传永远是在环境的土壤里发挥它的作用。

遗传对人格的影响直接体现在气质上。很久以前，人们就用**气质**（temperament）这一概念来描述具有不同行为特征的人。今天我们广泛使用的四种气质类型——多血质、粘液质、胆汁质和抑郁质，就是由古希腊医生 Hippocrates 提出的“体液说”发展而来的。而俄国著名生理学家 Pavlov 基于高级神经活动的研究使他认为人的气质具有神经类型上的生理基础，并据此提出了气质类型理论。还有人尝试从体型、血型的角度对气质加以描述。这样一种传统使“气质”一词含有浓厚的生物学色彩。事实上，气质被看成是人在行为上显而易见的先天差异，它具有生物基础，是一种广泛起作用的人格倾向。

研究者用来描述气质的模型各不相同。在气质研究早期，研究者确定了儿童气质的 9 个维度，并据此得出三种气质类型的儿童：易教养儿童、困难型儿童和缓慢发动型儿童（Thomas & Chess，1977）。Jerome Kagan 主张以**行为抑制**（behavior inhibition，指从不熟悉的人群或环境中退缩的倾向）这一概念将儿童区分为抑制型儿童和非抑制型儿童。而应用较为广泛的 EAS 气质模型视情绪性（emotionality）、活动性（activity）和社交性（sociability）为最重要的三个人格维度（Buss et al.，1986）。近年来，还有研究者总结了另外三维度的气质模型（Ahadi et al.，1994），分别是**正向情绪性**（positive emotionality）或亲近性，包括热情、激动和快乐（Bates，1994，p. 4）；**负向情绪性**（negative emotionality）或焦虑性，涉及恐惧、抑制或害羞这些情绪；**自我约束**（self-regulation）或**自控性**（constraint），与一个人是否容易冲动和激动有关。虽然目前并没有取得一致的气质模型，但是研究者比较公认的是气质的以下几个成分（Goldsmith et al.，1987）：活动水平（个体行为特有的步调和活力）、易怒性或消极情绪性（对消极事件感到不安的频率以及这种不安的程度）、可安抚性（不安后平静下来的容易程度）、恐惧性（对非常陌生的刺激物的警戒性）和社交性（对社会刺激的敏锐性）。

许多气质模型都涉及情绪反应这一重要成分。当置身于新异刺激中时，不同气质的儿童就显现出不同的情绪反应。抑制型的儿童面对新情境时容易害怕和哭泣，对陌生事物、陌生人以及陌生环境都表现出更多的焦虑；相反，非抑制型儿童不怕生、善交往，并会主动接近陌生情境（Kagan et al.，1984）。那么行为抑制性—非抑制性背后有没有深层的生理基础呢？Kagan 认为，抑制型儿童的交感神经系统反应性更高，他们有更快的心率、更高的血压和更高水平的神经递质去甲肾上腺素及压力激素皮质醇，而且，他们的边缘下丘脑唤醒阈更低（Kagan et al.，1991）。而另外一些研究者从大脑左右半球的调节功能这一角度探索其生理原因。研究发现，大脑左右半球前额叶的活动水平不同；左半球的活动水平与积极情感有关，右半球的活动水平与消极情感有关。将 10 个月大的婴儿与母亲分离，哭泣婴儿的右半球活动水平高，不哭婴儿的左半球活动水平高（Davidson & Fox，1989）。这些发现对于提示气质特别是情绪特征的生理机制无疑有重要意义。

研究者对气质的遗传性进行过很多探索。首先，遗传对 EAS 气质模型中的三种气质倾向起到很重要的作用（Plomin et al.，1997）。一项在科罗拉多大学进行的双生子追踪研究发现，行为抑制性—非抑制性的遗传率在 .5 到 .6 之间（Saudino & Kagan，1997）。对成人，气质常用自我报告法测量（Buss & Plomin，1984）；对于儿童，可根据父母的报告来评估（Rothbart et al.，1994）；还有研究以观察者对儿童行为的直接评估为基础（Saudino et al.，1996）。在双生子及收养研究中，对幼小双生子的观察无一例外地显示遗传对很多特质（包括恐惧、害羞、活动水平、移情）都有影响（Mischel et al.，2004，p. 328）。当各种测量方法一致证实遗传对气质的作用时，我们似乎没有理由不接受气质的先天性。

既然气质的确具有生物基础，那么，它是稳定的吗？纵向研究发现，气质的一些成分，包括活动量、负面的情绪（恐惧、易怒）及对新奇事物的注意力，在婴儿期、儿童期甚至成年期都维持着中等程度的稳定性（Ruff et al.，1990）。对抑制儿童与非抑制儿童的纵向研究也指出，儿童在 21 个月大时被评为抑制型或非抑制型，在四岁、五岁半、七岁时再测，常常仍是相当抑制或非抑制的（Reznick et al.，1986）。但是，只有极端抑制或极端非抑制的儿童才具有长期的稳定性，其他儿童的抑制程度常会变动（Kagan et al.，1989）。还有研究发现，出生 4 天的新生儿的情绪活动在 9 个月大时再次评估，具有相当大的稳定性；那些易怒且难安抚的新生儿很可能在 9 个月大及 24 个月大时还是易怒的孩子（Riese，1987）。一项对新西兰 1037 名刚刚学步的儿童长达 15 年的追踪研究发现，气质有显著的连续性（Caspi et al.，1995）。

可见，一个儿童生下来并非是一块“白板”，周围的人面对的是有着独特气质的“小东西”，因而与其交流互动也是独特的。想象你面前有两个新生的小生命：一个安安静静，一副满足的神情，还不时冲着你咂嘴巴、微笑；另一个爱哭爱闹，到处踢腾，一副烦躁的样子，还很难让他安静下来。你对待这两个孩子的方式会一样吗？鉴于此，众多研究围绕气质与适应的关系展开。许多研究发现，气质会影响儿童在学校的成绩（Cowen，Wyman & Work，1992）。教师评价和考试分数都显示，“困难型”儿童和“缓慢发动型”儿童比“容易型”儿童的学习成绩差（Keogh，1986）。气质也影响儿童的社会化。例如，有害怕倾向的儿童特别容易受到良心这种道德成分的教育影响（Kochanska，1991）。气质还与问题行为有关。困难型的儿童如果得到父母缺乏耐心的强制性回应，会继续维持这种气质，并出现行为问题（Chess & Thomas，1984）。对大学新生的研究还发现，气质影响他们初进校时所作的调整。某些涉及高接近倾向、积极情绪和灵活性这些成分的气质维度，与更快地建立友谊有关（Klein，1987）。

由此来看，气质似乎关系到人的命运：它从一个人出生时就决定了，长期保持不变，还伴随特定的适应状况。这里需要一再强调的是，环境不是被动的，它仍有发挥作用的空间。即使是最能遗传的特质，也要服从经验的调节。“良好适应模型”——指环境的要求与儿童的气质相适应时，儿童就能有最好的表现——常常被认为是气质是否改变的决定因素。在学校教育方面，当教学安排与儿童学习风格相适应，儿童就能表现出最佳学习状态（Lerner et al.，1985）。在家庭教养方面，“困难型”婴儿如果遇到耐心且有回应的照顾后，在儿童期及青春期就会变得不再“困难”（Chess & Thomas，1984）。如果父母能敏锐地觉察到孩子对陌生情境的不适，有意识地教他应对，那抑制型的儿童仍可能成为交际广泛的人（Burger，2000，p. 188）。此外还需指出的是，对于什么气质是好的，某种气质特点与什么样的发展结果相联系这类问题，存在很大的文化差异（Shaffer，2005，p. 408）。例如，中国文化中有“枪打出头鸟”的现象，人们被告诫要学会收敛个性，而美国推崇个性的文化则认为害羞和沉默是社交缺陷。所以，沉默的儿童在中国更得宠，相比于那些活泼自信的儿童，他们在老师眼里显得更成熟（Chen et al.，1995），并拥有更多朋友，这与美国和加拿大的情况恰恰相反（Chen et al.，1992）。Kagan 发现华裔儿童中抑制型的儿童的比例显著高于美国儿童，即使已经找到了生理差异的证据，也不能说这种生理差异与文化没有关联。

气质研究领域的一个突出特点就是多种气质模型共存，在不同的模型下，研究者们进行着各自不同的研究。虽看似繁荣，却也困惑不少。首先，不同模型下的研究缺少交流，没有形成公共语言，很难将各种气质维度进行对照比较。另一个让人困惑的问题是，是否存在“跨年龄”的气质结构。如果的确存在，婴儿期、儿童期、成人期气质的表现是不同的，怎样构建不同年龄的测量工具以反映出这种气质结构？如果真的存在“跨年龄”的气质结构，它与整个人格是什么样的关系呢？例如，成人期气质通常使用自我报告的问卷来研究，而问卷结果与人格的神经质、内外向性测量相关（Windle，1989），我们很自然要问，这种相关有何意义？现有的理论并不能帮我们澄清此类问题。尽管有遗憾，但气质这一主题仍有着很大的吸引力。我们有理由相信，随着理论和方法上的不断完善，这一古老而又常新的课题会为我们理解人格提供更丰富、更深刻的答案。

二、家庭和同伴

家庭是个体一生中的第一个社会化场所。生命早期在家庭中的耳濡目染，会在人的性格中打上不可磨灭的印记。从人的社会化的角度出发，同伴因素也会起相当大的作用。常言道，物以类聚，人以群分，说的就是这个意思。接下来，我们将从家庭、同伴这两个方面探讨环境因素对个体发展的作用。

（一）家庭

绝大多数人在家庭中成长，接受父母的熏陶和养育，发展最初的也是最基本的社会关系。Freud 很早就注意到不同的养育方式对儿童的影响，并对父母双方的角色作了简单的划分，提出父亲负责提供规则和纪律，母亲负责爱和温暖。著名研究者 Diana Baumrind 则提出了更为成熟的教养方式分类。

Baumrind 发现了三种教养风格（Baumrind，1967，1971）。第一，**威信型教养**（authoritative parenting）。这种类型的父母会合理地要求孩子，对孩子讲明原因并提供指导，以一种爱和灵活的方式确保孩子遵守规则。第二，**专制型教养**（authoritarian parenting）。这种类型的父母为儿童定下许多规则，期望孩子严格遵守，不允许孩子威胁到他们的权威。和威信型父母不同的是，他们不向孩子解释这些规则的必要性，而是用惩罚、强制性策略迫使孩子顺从。第三，**宽容型教养**（permissive patenting）。这种教养方式松散，父母很少命令孩子，允许孩子自由表达自己的感受和冲动，对孩子的行动不密切监视，且很少有坚决的控制。

那么，不同的教养方式对儿童的影响有差异吗？在一项以幼儿园儿童为对象的研究中，研究者把儿童分为三组：活力友善型、冲突易怒型、冲动攻击型，发现这些儿童的行为与特定教养方式有密切关联。威信型父母的孩子大多属于活力友善型，常常是快乐的，社会反应强，自我信赖，有成就导向且与成人和同伴合作良好；专制型方式下的孩子常是冲突易怒型，情绪一般不稳定，易发脾气且不快乐，易被激怒、无目标、对他人也不友善；宽容型方式下的孩子则常是冲动攻击型，这些孩子（常是男孩）以自我为中心、反叛、攻击、无目标，独立性和成就也较低（Baumrind，1967）。在儿童八、九岁时，研究者再次对儿童及其父母进行观察，结果再次印证了威信型教养的优势（Baumrind，1977）。对青少年时期的个体进行调查，结果仍是如此（Baumrind，1991），见表 16-4（Baumrind，1977，1991；Steinberg et al.，1994；转引自 Shaffer，2004，p. 565）。

表 16-4　　教养方式和儿童中期及青少年时期发展结果的关系

教养方式	结果	
	儿童时期	青少年时期
威信型	较高的认知和社会能力	较高的自尊，非常好的社会技能，较强的道德、亲社会关注和较高的学业成就
专制型	一般的认知和社会能力	一般的学业表现和社会技能，比宽容型教养方式下的青少年更为顺从
宽容型	较低的认知和社会能力	较低的自我控制能力和学业成就，比威信型和专制型教养方式下的青少年更容易吸毒

有研究者运用成人回顾报告的方法发现，成人在五因素人格上的分数与他们童年期与父母的关系有关。关爱的父母其孩子成年后低神经质，并在另外的人格特质上水平均高（McCrae & Costa，1988）。一项纵向研究发现，在儿童 5 岁时的几种教养行为（父亲在照顾儿童方面有更高的卷入，母亲满意于自己作为母亲的角色，而且对儿童的独立性更宽容却更不容忍其攻击性）预测了儿童到 31 岁时的移情关心（empathic concern）（Koestner，et al.，1990）。不过，有研究者指出，父母行为与孩子人格之间的关系比预想的要弱（McCrae & Costa，1988），要解释它们之间的联系并不是件简单的事（Cloninger，1996，p. 374）。持生态系统理论观的研究者认为，父母和孩子处在更复杂的社会系统中。就拿最简单的三口之家来说，孩子的行为、教养方式、父母的关系会相互作用（Belsky，1981）。所以，对研究结果作因果关系的推论可能过于简单化。出生顺序、父母的关系、社会阶层，以及不同的文化等多种因素都会对儿童的发展起作用。

研究发现，经济上处于劣势的工人阶层父母比中上层阶级的父母更多采用专断、限制、体罚和缺乏温暖的方式（McLoyd，1990）。不同文化在教养观念上也有很大差异。亚洲文化强调自我约束和人际关系和谐，所以父母的教养方式表现得更为专断（Greenberger & Chen，1996；Uba，1994）。出生顺序对人格发展的影响表现为：老大更具支配性和独立性，有更高的成就，也更保守；老幺则更具顺从性和依赖性。以往人们总担心独生子女会被宠坏，有人却发现独生子女有相对较高的自尊和成就动机水平，更顺从，智力更高，更可能与同伴建立良好关系（Falbo，1992）。出生顺序为什么会产生这样的结果呢？原因之一可能是父母对其赋予不同的角色和期待，带来的互动也就存在差异，进而影响发展结果。

父母关系也是重要的影响源。离异家庭的儿童常常经历抑郁、焦虑等情绪困难，学业成绩更差，社会交往困难，更可能患心理疾病。从长远看，与生活在美满家庭中的儿童相比，离婚家庭中的儿童在整个青少年时期和成年早期仍表现出学业困难和心理痛苦（Jonsson & Gahler，1997），他们成年后更可能经历不幸福的婚姻，更可能离婚（Amato，1996）。但研究也发现，随着时间的推移，早期经历父母离异消极事件的青少年在其他积极因素的参与下也会逐渐恢复。例如，有人对离异家庭和正常家庭的大学生研究表明，在自尊和抑郁以及其他一些观测因子上，二者之间没有显著差异（Franklin et al.，1990）。值得注意的是，父母长期的冲突比离婚事件本身更具破坏性（Hoffman，1986），父母为孩子而“凑合着过”看来并不足取，和谐宁静的家庭气氛才是重要的。

这里要特别提及儿童虐待这一极端情况。这种极不和谐的事件将家庭温情的面纱毁得荡然无存。**受虐待儿童**（maltreated children）指由于家庭成员暴力或精神伤害而受到身体虐待、性虐待、情绪虐待、医疗保健虐待和被忽视的儿童。这些儿童在很多方面的表现都令人忧心，包括智力缺陷、学业困难、抑郁、社会焦虑、低自尊以及与教师和同伴的关系异常（Trickett et al.，1995）。有身体虐待史的学龄儿童在面对不明确的信息时，比对照组儿童更有可能将其归因于别人的敌意意图（Dodge et al.，1994）。另一项针对小学阶段儿童的研究也证实，身体虐待与对父母、老师、同伴、好朋友等各种人际关系对象作敌意归因倾向有关（Joseph & Kathy，2003）。有人对1~3岁儿童的观察发现，受到身体虐待的儿童对焦躁和哭泣的同伴的反应是生气和攻击，而正常儿童却是小心靠近或表现出关心（Main & George，1985）。

儿童从与父母交往的经验中了解自己和他人，虐待的经历使他们不仅有情绪上的困扰，还对自己和他人都产生不好的看法。可悲的是，受虐待经历的影响可能是长期的。有些受虐待儿童在青少年期会因难以忍受焦虑、自我怀疑、社会生活失调等痛苦而企图自杀（Stemberg et al.，1993）。他们成年以后更可能表现暴力行为、犯罪行为、药物滥用、抑郁和其他形式的心理困扰（Bagley，1995）。虐待行为可能与父母本身的一些特点有关，例如，低自尊、神经质（包括抑郁和焦虑）在很多研究中预测了虐待（Belsky，1993）。虐待儿童的父母往往自己也曾受到父母的虐待（Simons et al.，1991）。有些不利的环境因素也必须注意到。经历太多压力而得不到支持的父母最容易虐待孩子。这在预防和控制虐待方面是很有价值的信息。它说明，可以对“高危”父母（即生活极窘迫、“压力感”高）提供物质、心理、教育等方面的帮助以减少儿童虐待的发生率（Emery et al.，1998）。

（二）同伴

一位朋友谈到她4岁的女儿时说，假期女儿在外婆家玩时与另一位小朋友玩得好，以至于乐不思蜀，害她好不失落。看来小小孩童也有自己的交往圈。实际上，儿童上学后，他们与同伴在一起的时间比与父母在一起的时间还多。无怪乎Piaget等一些理论家认为，同伴对儿童和青少年的发展起到与父母同样重要甚至更重要的作用（Harris，1998，2000）。

同伴何以对个体发展具有重要的影响？Piaget认为，正是产生于同伴关系中的合作与感情共鸣，使儿童获得了关于社会的广阔视野（邹泓，1998）。儿童与同伴之间的交往是一个独特的世界。他们地位相同，在平等交往中可以理解别人的观点，尝试用协商、妥协的办法解决冲突和分歧，从而能和谐相处；对不同年龄的同伴而言，其交往也有很重要的发展意义（Hartup，1983）。年幼儿童有助于年长儿童的同情、关怀、亲社会行为、坚持主见和领导技能的发展（Whiting & Edwards，1988），年幼儿童则学习到如何寻求帮助、尊重他人或服从有权力的年长同伴（Shaffer，2004，p. 618）。此外，不同类型的关系提供不同的社会支持，满足不同的社会需求（Weiss，1974）。同伴关系就成为个体满足社交需要、获得社会支持和安全感的重要源泉。

儿童和青少年的同伴关系是多层面的，研究者通常从**同伴接纳**（peer acceptance）和**友谊**（friendship）两个方面来考察。前者指个体被同伴群体重视和喜欢的程度，是对个体在同伴群体中的社交地位的反映；后者指两个同伴之间充满感情色彩的亲密关系。有研究者（Furman et al.，1985）指出，儿童在亲密的友谊关系中与在一般同伴群体中所寻求的社会需要是不同的。爱、亲密和可靠的同盟更多是在亲密的朋友关系中获得；工具性或指导性帮助、抚慰、陪伴和增进自我价值既可以从朋友关系中，也可以从同伴群体中获得；而归属感或包容感则主要从同伴群体中获得（邹泓，1998）。这样，每类同伴关系对个体都具有重要的社会功能。

先看同伴接纳。研究者一般根据同伴对被试的积极提名和消极提名（即被喜欢和被不喜欢提名），或根据同伴对被试喜欢的程度来确定被试的社交地位。研究者把积极提名和消极提名分数结合，划分了5类社交地位不同的群体，分别是受欢迎组、被拒绝组、被忽视组、矛盾组和一般组（Coie et al.，1982）。“受欢迎组”的积极提名比消极提名多，“被拒绝组”正好相反，“被忽视组”的积极、消极提名都少，“矛盾组”的积极、消极提名都多，“一般组”的积极、消极提名数量都处于中等水平。显然，“受欢迎组”的同伴接纳水平最高，而“被拒绝组”和“被忽视组”的同伴接纳水平最低。

那么，被同伴拒绝有什么不利影响呢？大量研究表明，它会产生许多适应困难，甚至会影响将来的生活。被拒绝儿童比被忽视儿童体验到更强烈的孤独感（Crick & Ladd，1993）；他们在学校被认为对学习活动缺乏兴趣、缺少自我肯定、冲动行为较多，很少被老师偏爱，同学也视他们为差生（Wentzel & Asher，1995）；许多研究发现，被拒绝儿童更容易辍学、参与不良活动或犯罪，在以后的青少年期或成年早期更容易出现严重的心理障碍（Parker et al.，1995）；遭到同伴拒绝的儿童还有长期受欺负的危险，因为儿童不喜欢经常受欺负的孩子（Schwartz et al.，1999）。

很多因素会影响个体的社交地位，其中，社会行为显得格外突出。研究普遍支持了亲社会行为与同伴接纳相关，攻击或破坏行为与同伴拒绝相关的假设。从对学前儿童、小学儿童、青少年的几项研究中发现，受欢迎者行为特征是相似的，他们是友好的同伴，能成功发起和维持交往，也能友好地解决冲突（Denham et al.，1990）。被拒绝儿童中既有攻击者，也有退缩者（Bierman et al.，1993）。研究还发现攻击行为与同伴拒绝的关系强度随年龄增长而减弱，社会退缩行为与同伴拒绝的关系强度随年龄增长而增强（Coie et al.，1990），不善交际会带给儿童更多的同伴忽视（Harrist et al.，1997），所以教给这类儿童合适的社会行为技能以提高其社交地位是很有意义的。

再来看友谊这种同伴关系。有时候，朋友提供的安全感和支持感是无可替代的。研究发现，随着年龄的增长，朋友逐渐超越了父母而成为主要的社会支持者（Furman et al.，1992）。有研究者认为，如果缺乏与朋友之间的强烈情感纽带，将比缺乏同伴接纳更容易引起孤独感（Weiss，1974）。除了提供安全感和支持感，友谊同时还促进个体发展成熟的人际关系处理能力。精神分析学家 Sullivan（1953）就认为，同性伙伴之间的友谊促进了人际敏感性的发展，并为以后的恋爱关系提供了原型。一项纵向研究对此提供了支持，发现青春期前期建立亲密友谊关系的儿童比未建立这种关系的儿童在成年后有更多优势，如积极健康的心理、很强的自我价值感、与配偶亲密牢靠的关系等等（Bagwell et al.，1998）。

很多研究都表明友谊对个体适应上的价值。第一，友谊具有普遍意义上的功能。通过跨情境的比较研究发现，有朋友的儿童比没朋友的儿童具有更强的社会适应能力，具有更高的合作精神、利他主义、自尊水平等人格特质；没朋友的儿童更容易体验到孤独感，而有朋友的儿童更容易体验到主观幸福感（Rutter & Garmezy，1983）。第二，友谊还具有特殊的保护作用。有朋友陪伴的儿童更少受到其他儿童的欺侮和攻击，更少成为竞争关系中的牺牲品（Asher et al.，1990）；对不受欢迎的儿童来说，如果有至少一个支持性的朋友，就能够在很长时间内减少被同伴拒绝所引起的孤独感和伤害（Schwart et al.，2000）。第三，友谊的质量也影响它的作用。对青少年学生来说，朋友的支持性与学生对学校活动的参与程度和学校活动的成就行为呈显著正相关，与学生的问题行为呈显著负相关，朋友的亲密性特征与学生的受欢迎程度、社会声誉、自尊等呈显著正相关（Cauce，1986）。总之，同伴关系对我们发生着深远的影响。通过与同伴交往，个体逐渐发展出适应性的行为模式，并且通过进入同伴群体和形成亲密友谊，个性获得自我价值感，寻求自我统合以及情感上的社会支持，从而以更适应的方式应对生活中的各种事件。

第四节 人格发展的机制问题

一、天性与教养之争

我们知道，人格的发展既有稳定的一面，也有变化的一面。影响人格发展的诸多因素的复杂作用决定了人格的稳定性和可变性。在本书的不同章节中，我们探讨了生理、遗传、进化与社会、文化等因素对人格产生的作用。总体而言，这些因素可以分为**天性**（nature）与**教养**（nurture）两大类。关于天性与教养对人格发展所起到的影响效力，发展心理学家之间一直存在着严重的分歧，即**天性与教养之争**（nature-nurture debate）。与此相关的还有一些不同的提法，如生物因素与社会因素、成熟与学习、内因与外因等，虽然含义略有区别，但核心都是遗传与环境的问题，即决定我们人格差异的因素是遗传—生物—生理因素，还是环境—学习—经验因素，简而言之，是遗传因素起决定作用，还是环境因素起决定作用？

France Galton 在一个世纪以前明确提出了先天与后天的问题。他所定义的先天，在现代用语中相当于遗传、基因。后天一般是指人出生以后的社会环境，如与父母和兄弟姐妹以及周围人群的相互联系。而我们现在所说的环境因素，范围要更广一些，是指那些不能在基因中确定的任何因素（Steen，2001，p. 50），如出生前母体内的营养条件。尽管当代的心理学家们（如 Bandura）认为人格不单纯是某一个因素作用的结果，而是不同的因素相互作用的结果。但当代的这样一种共识并没有完全解决问题。遗传与环境是如何相互作用的？各自起什么作用以及如何起作用？仍然是需要解决的问题。

重视遗传因素的学者认为，发展的过程就是基因的表露过程，教养因素只能促进或延缓基因的发展与表露，却不能改变其本质。如 Galton 就鼓吹，天性极大地胜过教养。他通过对杰出人士的家族进行谱系研究发现，人的智力和才能在很大程度上是遗传的。许多人格特质取向的心理学家如 Eysenck 和 Cattell 也认为，人格特质具有较强的遗传性。研究（Loehlin，1992）发现，在神经质、外向性、经验开放性、随和性、尽责性这五种特质上所表现出来的个体差异，很大程度上也是遗传的。人们对遗传因素的热衷使得遗传学家 Plomin（1990）警告人们：在摆脱了单一的环境决定论极端观点的同时，人们似乎又被遗传决定论的思维模式所左右。

重视环境因素的学者则往往片面、机械地强调环境和教养对发展的影响。行为主义的创始人 Watson 宣称："给我一打健全的婴儿，我可以用特殊的方法任意地加以改变，使他们成为医生、律师、艺术家、商人，或者是乞丐和盗贼……"在他看来，人格的发展只不过是个体在环境中形成的习惯系统。很多研究结果证明了环境条件对人格的重大影响。如一项大规模的追踪研究对比了两种不同教养方式的家庭中儿童的成长状况。一种"父母中心"的家庭，即父母对孩子的感受漠不关心，只关注父母的目标和要求；另一种是"孩子中心"的家庭，家长接受、体贴孩子，并以孩子成长为中心。结果发现，"父母中心"家庭中成长的儿童往往具有冲动性、注意力分散、情绪变化不定、不注重节约、对学业不感兴趣、爱逃学等特征（Atkinson et al.，1994，p. 621）。

总之，极端的遗传决定论者或先天论者认为，人格发展的规则存在于遗传密码中，有机体的发展必然经过一系列确定的阶段，环境至多是“触发”预定要进行的各个过程。而极端的环境决定论者则主张人格发展的过程完全是由有机体后天独特的经验所决定，不存在什么能被预定的有确定次序的特定阶段。很显然，我们可以分别找到大量的证据证明天性和教养对人格发展的重要作用，这方面我们在前面的章节中已经用了大量的文字。但我们也反复指出，仅仅强调天性，或者仅仅强调教养，并不能解释极其复杂的人格发展历程。事实上，在人的发展过程中，天性与教养是交互作用的。行为遗传学家提供了许多探索遗传与环境作用的巧妙方法，如**选择性繁殖**（selective breeding）、**双生子研究**（twin studies）、**收养研究**（adoption studies）等。研究者（Dunn & Plomin，1990）用行为遗传学的方法深入探讨了遗传与环境的问题，并从总体上估计出各因素所占的比例：人格中约40%的变异可归因于遗传因素的作用，约35%的变异可归因于非共享环境经验的作用，约5%可归因于共享环境经验的作用，其余的20%则是测验误差的影响。当然，这些百分数还不能充分说明问题，我们要从理论上阐明遗传与环境的交互作用。

二、交互作用论

天性与教养交互作用的观点已为越来越多的人所接受。这一观点的基本内涵是：第一，两种因素是相互依存的关系，即任何一种因素作用的大小和性质都依赖于另一种因素，它们之间的作用不是简单的相加或会合；第二，两个因素间还存在相互转化、相互渗透的关系，即当前对环境刺激做出某种行为反应的有机体是基因和过去环境相互作用的产物。这种观点将人的一切发展都视为个体的预成因素（遗传因子、既往史、当前所处的阶段等）和环境力量（社会因素、文化传统和教育方式等）相互作用的产物。人的一切发展都是这两种必不可少的力量复杂多样、持续不断的相互作用的产物。这种理论改变了过去在遗传与环境问题上那种“谁比谁重要”或“谁是决定性的”形而上学的争论，而转到探讨二者如何起作用以及如何参与到行为中的事实。因为遗传和环境都对行为各自做出了必要的贡献（李丹，1987，pp. 49-52）。

当具有一定遗传属性的个体生存于环境之中或者选择环境来实现自己的发展时，这种关联就为两种因素的交互作用提供了可能性。这种情况下产生的发展变量的改变，源于基因与环境因素的结合。两种因素交互作用的方式有很多种，人们常提及的主要有以下三种（Caspi & Roberts，1999）：（1）**反应的交互作用**（reactive interaction）。同样的环境影响对具有不同遗传特点的个体会产生不同的作用。也就是说，个体不是环境事件的被动接受者，面对同一环境，不同的个体会产生不同的体验、解释和反应。面对父母的怒斥，敏感的姐姐或许会伤心地哭泣，而弟弟也许对之充耳不闻。即使生长在完全相同的环境中，不同个体获得的心理感受和体验也是不尽相同的，因而，其反应也各不相同。（2）**唤起的交互作用**（evocative interaction)。不同遗传结构的个体因其自身的特征，可能会唤起不同的环境反应。一个安静、易哄的婴儿自然要比一个大声哭叫、不易安抚的婴儿更容易得到父母的关心和喜爱。由此可见，在人们强调父母教养风格对子女的人格发展的作用时，往往忽略了子女的人格特征也会对父母的教养风格产生影响，这种风格反过来又塑造了儿童的人格。这种交互作用贯穿人的一生。(3) **主动的交互作用** (proactive interaction)。随着个体的成长，自身主动性不断增加，具有不同遗传结构的个体可能超越外界提供的现成条件，主动地寻求、改变和创造自己喜爱的环境，而这些环境又会进一步塑造其人格。如一个爱交际的人会主动地创造条件，邀请朋友去聚会，在他促成这些活动的同时，其人格中的主动力量也会更加强大。Scarr 和 McCartney (1983) 用这三种情况来描述发展的主要过程，并指出在不同的发展阶段，三种类型交互作用发挥作用的情况也有所不同。在婴儿期，交互作用类型多为反应型的，婴儿对父母与环境的影响非常微弱；在童年期，唤起型的交互作用变得普遍起来；到青年期，他们就会更主动地选择适合自己的环境与朋友。

总之，遗传影响和环境影响相互作用，产生各种行为结果。环境效果总是受到由遗传产生的神经系统的调节，而遗传对行为的影响则总是在生存环境的条件下发生的。因此，在人格发展问题上，要想把遗传决定的特性与由环境决定的特性分离开来是不可能的。

第十七章

文化与人格

哲学、人类学、考古学、社会学、传播学、精神病学、心理学甚至生物学都关注文化这一主题。不同学科领域的学者在探讨文化问题时，都是从自身学科的独特视角进行的。那么，人格心理学如何看待文化呢？在人格心理学家的眼中，人与其所处文化之间的联系是不言而喻的。人不可能超脱自己的文化，文化也正是通过人这个载体才得以延续。因此，有人主张，人格既是文化的产物，也是文化的创造者；文化影响着个体人格的形成与发展，人格也会影响到文化的变迁。简言之，文化与人格在相互作用中成就了彼此。那么，两者相互作用的机制是怎样的呢？这是本章要回答的重要问题。当然，人格心理学是围绕人格来展开研究的，因此，在相互作用的前提之下，心理学更关心文化对人格的作用。在“人格发展”的主题之下，文化被视为影响人格发展的重要因素。由于其重要性和复杂性，我们才将其单列一章来探讨。

孟子说：恻隐之心，人皆有之；羞恶之心，人皆有之；恭敬之心，人皆有之；是非之心，人皆有之。这是说所有的人都具备一些基本相同的心理属性。它暗含一个前提：所有的人，都有着相似甚至相同的人格结构。但如果引入“文化”的视角，就会有不同的观点。例如有人说，西方基督教文化是罪感文化，在这种文化中生活的人常受到罪恶感的侵扰，故需要祈求主的宽恕；而东方儒教文化是耻感文化，在这种文化中成长的人常常被羞耻感所羁绊，因而对侮辱异常敏感。这意味着不同文化背景下的人，其人格也迥然相异。以上两种矛盾的论点引出一个问题：是否存在全人类共享的基本人格结构？文化能在多大程度上决定人性的变异？我们将在本章探讨这一问题。

心理学中的性别问题既与生理有关，也与文化有关。从性别角度讲，地球上只有两种人：男人和女人。这两种人的差别不仅表现在身体上，还表现在心理特点上。具体而言，男人刚毅果决，女人温和柔顺；男人勇猛好斗，女人弱不禁风；男人粗枝大叶，女人心细如发；如此种种。但这种描述只是大体上的、笼统的。有证据表明，有的文化鼓励男性被动、依赖、敏感，而鼓励女性主动、独立、果断，结果产生了与上述描述完全相反的男女差异。文化如何塑造成长于其中的男人和女人，也是人格心理学家感兴趣的问题。

要探讨文化与人格的关系，在中国的话语背景下，自然包括“中国人”这一主题。那么，中国传统文化给中国人烙下了什么样的民族性格的印记呢？在现代化的历程中，中国人的国民性又有些什么样的变化呢？

第一节　文化与人格

一、“文化中的人格”和“人格中的文化”

“文化与人格”包含着“文化中的人格”（personality in culture）和“人格中的文化”（culture in personality）两个命题（Oishi，2004）。这两个命题分别对应于人格与文化研究中居主导地位的两种理论观点：特质心理学观和文化心理学观。“特质心理学观”将特质作为理解和预测所有文化中人们行为的基础，并得出了人格特质具有普遍性的结论（McCrae，2000）。同时，一些文化心理学家却对特质概念的功用持怀疑态度，认为个体行为更多地由背景因素而非特质因素决定（Markus & Kitayama，1998）。

人格特质普遍性问题关注的是，人类是否具有由一些共同的特质所组成的人格结构。五因素模型（FFM）及人格的跨文化研究大都致力于为人格特质的跨文化普遍性寻求证据。例如，人格特质在年龄上的变异模式具有文化普遍性。在从青少年期向老年期的发展过程中，各国的男性和女性在神经质、外向性和开放性三种特质上的得分都渐趋降低，而在随和性和尽责性上的得分则有所升高（McCrae & Costa，2003）。总之，特质心理学家关于人格的基本假设包括：（1）个体的社会行为由特质决定；（2）在理解个体行为时，可以撇开其特定的社会经历和社会角色。文化心理学家则认为，人格特质不具有跨文化普遍性，特质维度只有在个体主义文化中才有意义。在集体主义文化中，人的行为更多受到社会情境的影响。反对特质普遍性的理由如下：（1）特质理论是西方人格心理学家站在西方文化的立场上得到的。因此，对特质的描述未必可以应用到所有文化中的所有人。（2）“特质具有跨时间和跨情境一致性，可以根据特质来描述人格和预测行为”（Popenoe，1987）这一假设只有在特定文化中才有意义。在西方文化背景中，理解人格的单元是特质，人格具有跨时间跨情境一致性。而在东方文化背景中，理解人格的单元并非特质而是人与人的关系、个体所扮演的角色及其从事的社会活动。中国心理学者研究发现，中国人与西方人在人格结构上有显著差异。用产生于西方文化的“大五”理论去研究西方文化以外的人，实际上采用了“强制的一致性策略”，即用西方文化下建立起来的人格概念和工具去测量西方文化之外的人的人格特点，然后比较各种文化是否相似。由此而来的结果只在各人格维度上的程度不同，在人格结构上不会有实质性差异（崔红、王登峰，2003，2004）。

关于特质普遍性问题的争论实际上体现了人格心理学中的“emic/etic”问题。站在跨文化的角度来看，人格结构可分为两部分：（1）emic 成分（独特性），指某一文化下的人们所特有的人格成分，它是该文化下的人适应其特有生存压力的结果；（2）etic 成分（一致性），指所有文化下的人所共有的人格成分，它是人类生存和发展过程中适应共同的或相似的生存压力的结果（Church，1987；崔红、王登峰，2004）。持人格跨文化普遍性观点者关注的是人格中的 etic 部分，而反对者则关注人格中的 emic 部分。

二、文化与人格的作用机制

在文化与人格的早期研究中，研究者对文化与人格之间的作用机制一般持循环论观点：养育制度塑造人格，个体人格综合成群体人格或基本人格结构，再往上走才是文化，而文化又影响着养育制度，即养育制度—人格—群体人格—文化—养育制度—……现在的学者认为应充分考虑到文化与人格之间起作用的中间机制。美国社会学家 T. Parsons（1951）提出，人类行为由人格、文化及社会三种系统联合决定。他认为，从动态的意义上讲，社会化在人格与文化的关系中起着重要的作用，社会系统分别同人格系统和文化系统互动，对两个方面都产生影响。文化与人格研究应克服一些简单化的倾向，充分考虑到文化与人格之间双向的、交互的和动态的影响作用。

Allport（1937）认为，不论个体的气质、需要和价值观如何，文化、个体所扮演的社会角色和所处情境对个体人格都有巨大影响。以 Allport 的观点为基础，有研究者提出了人格与文化的新 Allport 模型，如图 17-1 所示（McCrae，2004）。该模型包括以下动态过程：（1）个体的气质和生理状态影响个体的感觉、思维和行动（如图中 A 所示）。而这种心理倾向会受到情境、角色和文化等社会文化因素的制约（如图中 B 所示）。（2）个体对社会—文化需要的内化程度受其对这些需要的喜好及知觉影响，这些需要反过来由个体的气质和生理状态决定（如图中 C 所示）。因此，个体的情感、思维及行动同时是生物因素和社会文化因素的函数。（3）经过一段时间后，个体观察自己的行为和他人对自己的反应而形成自我概念（如图中 D 所示）。自我概念反过来调节生物和社会文化等因素对个体行为的影响（如图中 E、F 分别所示），因此，许多个体力争获得并维持特定的自我概念。图 17-1 描绘了人格与文化之间的动态互动：文化在限制或增强人格在行为上的表现时起了重要作用，同时，个体的气质和人格限制了文化影响个体的程度以及个体对文化的选择性内化。

与上述观点相反，McCrae 从特质论的角度提出，人格特质在总体上会影响文

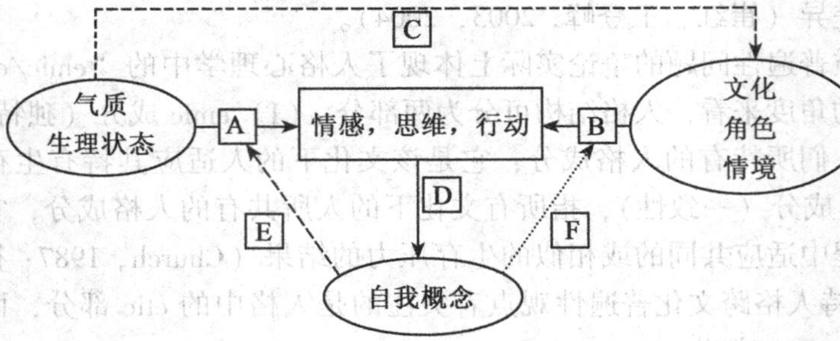

图 17-1　人格与文化的新 Allport 模型

化（McCrae，2004）。McCrae 提出了一个人格与文化的系统模型，如图 17-2 所示。人格特质并非直接影响文化，而是经由个体“独特的适应”影响行为，进而影响文化。“独特的适应”是人们为更好地适应社会生活而掌握的所有心理结构，包括知识、技能、态度、目标、社会角色、关系、图式、自我概念以及除人格特质以外的许多心理结构。由该模型可以看出，个体“独特的适应”同时受人格特质和文化的影响。我们在此应该特别指出的是，尽管该模型从特质论视角阐述了人格作用于文化的机制，但它过于强调生物因素，而忽视了环境尤其是文化对人格的影响。其实，在此图中，还应加上“特质”通过“独特的适应”影响“文化”，以及“文化”通过“独特的适应”塑造“特质”这两条路径。

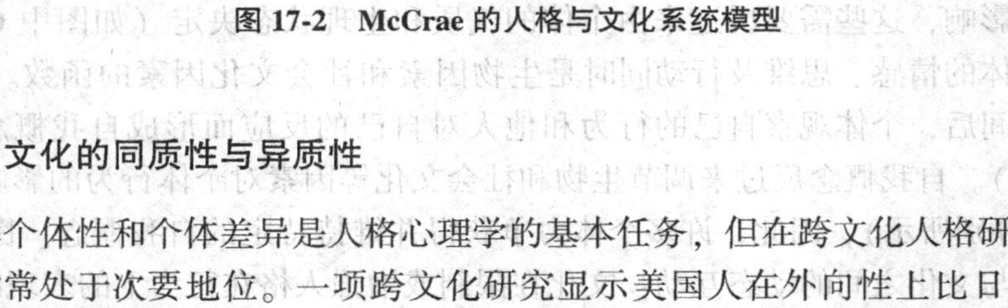

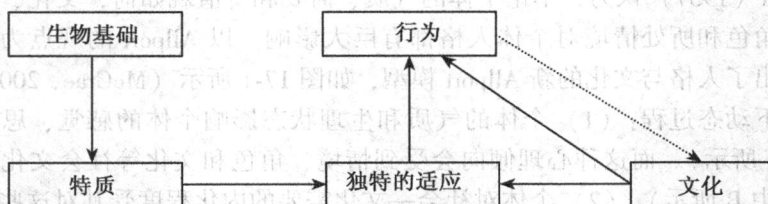

图 17-2　McCrae 的人格与文化系统模型

三、文化的同质性与异质性

理解个体性和个体差异是人格心理学的基本任务，但在跨文化人格研究中，个体差异常常处于次要地位。一项跨文化研究显示美国人在外向性上比日本人得分高，这并不能说明所有美国人都外向而所有日本人都内向。因此有学者批评这种跨文化研究将文化同质化，忽略了文化内部的变异。现有学者认为，文化与人格的研究主要从两个层面进行：一是不同文化间的比较；二是同一文化内部不同亚文化群体间的比较。前一种研究将处于同一种文化中的个体同质化，关注不同文化中个体之间的人格差异，如国民性格的研究；后一种研究则将同一文化中的不同个体的人格看作是异质的，并致力于探究同一文化内部人格的异质性或个体性。不言而喻，同一种文化中的个体在人格上有某种一致性和同质性（homogeneity）。经过相同文化的熏陶后，人们会在社会生活的基本方面形成大体一致的观念和态度。但是，在任何特定文化中，个体对文化的喜欢/不喜欢以及不同的内化会导致多样化的个体差异。也就是说，即使生活在相同的文化氛围中，个体对该文化的认同程度也并不一样。Allport（1961）就曾指出，个体主动地选择适合于自己气质、价值观和生活哲学的生活方式，并且“没有哪一个人是典型的或一般性文化模式的镜象（mirror-image），我们被真实的文化而非经过人类学家提炼的文化概念所塑造”。

四、文化与族群认同

种族（race）与族群（ethnicity）是两个不同的概念。**种族**指在某个地理区域生存繁衍下来的具有独特遗传因素的一群人。科学意义上关于种族的分类主要依据生物学上的体质特征。而**族群**这种关于人类群体的分类概念具有文化的而非生物学的含义，它指具有自己习俗方式或文化的某一特定民族的成员。有的学者相信，不同种族间的遗传差异造成了群体间的人格差异。然而，另有许多学者认为，在研究文化对人格的影响时，族群似乎是更合理的概念。这是因为，种族是在生物学上存在区别的遗传群体，而在漫长的繁衍过程中，人类的血统逐渐变得复杂，因此对他们的定义应该更多依据文化而非遗传。Marvin Zuckerman（1990）曾指出，任何有1/32黑人血统的人在内战时期的美国就会被称为黑人，而在巴西，任何具有高加索外貌特征的人就足以被称为白人。这种分类方式受到文化、社会因素的影响，是社会学而非生物学的分类。再说，遗传不可能脱离文化环境而独自对人格产生作用。

文化对人格的影响可以通过**族群认同**（ethnic identity）来完成。族群认同指将某族群的文化接受为自我概念的一部分。随着个体族群认同的发展，他开始接受族群中所有成员共享的价值观和与该群体有关的刻板印象。来自相同客观背景的人可能在族群认同上存在很大的主观差异。强烈的族群认同通常意味着强烈的群体归属感和承诺感，以及对该文化实践和传统活动的投入；族群认同感弱的人则与全体的联系不密切，对族群的活动和实践也没有兴趣。身处多重文化中的个体（父母来自不同的文化）面临着艰难的取舍问题，族群认同过程错综复杂。有的人虽属少数族群，但强烈认同主流文化，对少数族群文化仅产生微弱认同，这种情况叫做同化；如果他也强烈认同少数族群文化，这叫做双重文化主义。有的人微弱认同于主流文化，若他对少数族群有强烈认同，这种情况叫做分离；若对主流文化和少数族群都只是微弱认同，就被称为边缘化。解决族群认同问题是青少年时期自我认同感发展过程中的一部分，接受族群有助于良好的调节和适应（Spencer & Markstrom-Adams，1990）。认同于少数族群而与多数人不同会产生一些独特的认同问题和压力，但过于认同主流文化也会导致一些适应问题。

有时，原本生活在某种文化中的人会迁入另一种新文化，两种不同文化不可避免地会出现交流、碰撞和融合，而与个体原来传统相关的心理特点就会发生改变，这一过程称为“文化适应”（acculturation）。文化适应方式多种多样，有人提出了五种：（1）同化模式（assimilation model），即认同新文化，放弃旧文化。这就是美国历史上已往的熔炉模式，许多到了美国的移民者为了更加美国化而放弃了自己的旧文化传统。（2）文化适应模式（acculturation model），即吸收新文化，但仍保留对旧文化的认同。对旧文化的认同可能会导致个体被视为二等公民。（3）更替模式（alternation model），即个体在不同情境中能够完全参与到两种不同的文化中去。与同化模式和文化适应模式不同，更替模式并不认为一种文化比另一种文化更优越。（4）多文化模式（multicultural model）则把具有同等价值的文化扩展到两个以上，这种模式尤其适用于多种文化群体相互作用的学校、商业以及其他机构环境中去。这种相互作用会改变参与者，而不是使多种文化毫无意义地共存。（5）融合模式（fusion model），它是一种共享的新文化，形成于彼此接触的多种文化的相互作用中。融合模式与熔炉模式的不同之处在于：在这种模式中没有主导文化，每种文化都在自身改变的同时也改变了其他文化（LaFromboise，Coleman，& Gerton，1993）。在文化适应过程中存在着复杂的心理调适问题。对社会经济地位较低者，文化适应对应着更多的心理冲突和症状，而对于社会经济地位较高者，文化适应对应着良好的心理调适（Moyerman & Forman，1992）。有研究让墨西哥裔美国学生自由选择英语或西班牙语进行16PF测验，不同的选择隐含了他们对美国文化的适应程度。结果表明，选择不同语言的两组被试在量表上的得分也不同，英语组（文化适应较多组）比西班牙语组（文化适应较少组）更类似于欧裔美国学生（Whitworth & Perry，1990）。这说明文化适应不仅影响了语言和其他行为，也影响了人格。

五、文化与心理健康

文化还会影响心理健康和变态行为的评判标准。在美国，少数民族尤其是黑人比白人更多地被诊断为患有严重的心理疾病。这一现象早已引起许多研究者的关注（Bulhan，1985；Lindsey & Paul，1989）。造成这一现象的原因可能有两个。首先，黑人大多处于社会底层，面对更多生活压力，因而更容易患上心理疾病或出现行为问题。另一个原因是治疗师对少数民族的成见和期望使其做出了带有偏见的诊断，即将那些与自己的民族和社会经济背景相似的白人诊断得较轻，却倾向于将少数民族患者诊断为严重的心理疾病（Pavkov，Lewis & Lyons，1989）。心理测验虽有助于治疗师对患者进行心理健康和变态行为评判，但由于绝大多数心理学者都是白人，因此他们在编制这些测验时，难免受到自身所处的文化、价值观的影响，这样的测验得出的分数自然也不能摆脱偏见。

对变态行为的跨文化研究也是许多学者感兴趣的问题。第一，不同文化对变态行为的界定标准并不相同。在一些西方国家，女性袒胸露背是大家认可的正常行为，但在另一些国家它会被视为裸露癖的表现。第二，不同的社会文化环境会造成一些独特的变态行为。学者们对发病区域极为特殊的极地歇斯底里症、拉塔尔症等疾病进行研究后认为，这些独特的变态行为在很大程度上受特定文化的影响。第三，文化极大地影响了变态行为的表现形式。变态行为可以从病人以往的全部生活经历中找出根源。如我国某地区精神病患者的症状之一就是整日嘟囔“鬼师”念的经文。这表明在当地文化中深入人心的鬼神观念使变态行为也带上了“鬼神”的色彩。第四，文化差异对变态行为的分布也产生影响。一般认为，文明程度越高，社会越复杂，人们的心理紧张程度也越严重。在大都市中心区，人们的紧张情绪更为常见，心理异常的比例也较大。同时，次文化因素即阶层差异也影响了心理异常的分布。下层社会中精神分裂症的发病率较高，而上层社会中躁狂抑郁症的发病率较高。第五，文化因素也使不同地区或不同民族的人在对待心理异常的态度上存在差异。例如，在我国，人们倾向于把心理疾病说成是生理疾病，看心理医生时遮遮掩掩，因为在人们的传统观念中心理疾病是难以启齿的事情。而在美国，有困难去找心理医生则十分自然。总之，心理健康问题与变态行为受到文化因素的影响，具有跨文化差异性，但与此同时，许多学者也认为在精神病问题上存在着相当程度的跨文化一致性。比较严重的精神异常，如系统的幻觉、妄想、严重的精神障碍和行为障碍等无论在什么样的文化背景下都可被确诊为变态。

此外，文化还以各种方式影响心理治疗的过程。为了尽量消除文化差异对治疗效果的不良影响，治疗师必须学会恰当地理解患者所处的文化，包括患者对治疗的期待，对治疗师的态度，对工作和成就的态度，以及与家庭和宗教有关的价值观。亚洲患者比西方患者更期望从治疗师那里获得直接指导并认可治疗师的权威。积极的个人奋斗并不是普遍的健康模式，传统的亚洲价值观往往表现为适时地接受现状、期待改变自然发生。然而，尽管了解患者所处的文化背景对于保证良好的治疗效果非常重要，但并没有证据表明治疗如果要成功，治疗师和患者就非得是同一种族或群体的成员。

第二节 性别形成

根据性器官的不同，可将刚出生的婴儿区分为男孩或女孩。但这种生理上的差异是否就是导致男人和女人在性别心理特征上很不一样的惟一因素呢？显然并不这么简单。一旦确定了婴儿在生理上的性别，父母通常会迎合自身所处文化的要求，相应地在服饰、玩具、行为等方面对男孩和女孩给予不同对待。这样，他们之间的差异就从最初的生理方面延伸到了心理、行为方面。Margaret Mead 曾经调查过新几内亚的三个部落社会（阿拉帕西部落、曼都古莫部落、查姆布里部落）。阿拉帕西部落中的男孩和女孩都被教导要具有合作性、非进攻性以及考虑他人需要。在一般文化中，这些行为会被视为“表达型的”或“女性化的”。与此相反，曼都古莫部落期望男人和女人都是果断的、进攻性的以及在人际关系中不敏感，在一般文化标准中，这种表现会被认为是男性行为模式。最后，查姆布里部落的性别发展模式与一般文化标准恰恰相反：男性是被动的，情绪依赖的，在社交中敏感的，而女性却是控制性的、独立的、果断的。这三种部落的成员都发展出了与其社会文化预测相符的性别角色。显而易见，社会文化作用对性别特征的形成起到了重要作用。这就是说，除了生理因素之外，社会文化也是影响性别差异形成的重要因素。

一、生物学的解释

性别差异的激素论认为，男性和女性之所以存在差异，是由于身体内部的激素分泌不同。生物学取向的研究者们试图考察激素与性别相关行为之间的联系。事实上，男女性在激素水平上的确存在差异，在某些时期尤其如此。例如处于青春期的男性所分泌的睾酮（雄激素）是女性的 10 倍以上。研究结果表明，这种激素水平的差异与某些传统行为的性别差异有关，如攻击性、控制性和职业选择。研究发现，睾酮水平较高的女性倾向于寻求更男性化的职业并在该领域取得更大成就。而在女同性恋中，扮演“男性”角色的一方比扮演“女性”角色的一方具有更高水平的睾酮。然而，这些都只能说明生物因素与性别相关行为之间存在相关，并不意味着前者是后者惟一的影响因素，二者关系也可能是双向的。有证据表明，非人类的灵长类动物在群体中获得更高的地位和领导权后，其体内的睾酮水平随之增高了（Sapolsky，1987）。另一项研究表明，在体育运动中获胜团队的支持者比失败团队的支持者在睾酮水平上要高（Bernhardt et al.，1998）。从这些研究结果可以看出，较高水平的睾酮可以改变行为，而改变行为也可以使睾酮水平增高。

二、生物社会论

如今的心理学家们不再只强调生物因素的惟一决定性，转而认为生物和社会文化因素的共同作用。代表理论之一就是 John Money 和 Anke Ehrhardt 提出的生物社会论。该理论关注可以引导和限制男孩和女孩发展的生物因素，强调早期生物发育的重要性，认为它会影响父母和他人在孩子出生后赋予他的标签。同时，该理论也认为社会文化因素在促进儿童朝向某种性别角色的发展中起着重要作用。

Money 和 Ehrhardt（1972）认为，早期生物发育中的几个关键阶段会影响个体最终形成哪种性别。第一个关键阶段发生在受孕时，这时孩子从父亲那里得到一个X或Y染色体。在以后的6周内，胚胎具有未分化的性腺，而性染色体决定了它会变成睾丸还是卵巢。在第二个关键阶段，男性胚胎的睾丸分泌两种激素，一种是刺激男性内部生殖系统发育并且改变大脑神经系统发育的睾酮（男性性激素），另一种是抑制女性器官发育的物质。如果缺乏这些激素，胚胎就会发育出女性内部生殖系统。在第三个关键阶段，即受孕后的第三、四个月，睾丸分泌的睾酮在正常情况下会导致阴茎和阴囊的成长。如果缺乏睾酮（正如一般女性那样），或者男性胎儿遗传了一种称为睾丸女性化综合征的隐性紊乱，那么身体就会对睾酮不敏感，从而形成女性外生殖器。最后，随着青春期大量激素的释放，生物因素再次产生作用，这些激素刺激生殖系统的发育、第二性征的出现以及性冲动的产生。生理变化与个体早期的男性或女性自我概念一起，共同为成年的性别角色认同和性别偏好打下基础。

一旦孩子出生，社会因素立刻开始起作用。父母会根据婴儿的外生殖器给其打上标签并开始做出反应。如果孩子的外生殖器异常，父母可能会打上错误的性别标签。这种不正确的标签会影响其未来发育，它们能够修正甚至翻转生物影响。雄性激素化女孩就是活生生的例子。由于基因缺陷，这些雄性激素化女孩的副腺分泌了过多的雄性激素，使她们的外生殖器看上去很像阴茎。发现这种异常以前，父母会将其当作男孩来抚养。Money 指出，在 18 个月至 3 岁之间存在确定性别认同的“关键期”，即在 18 个月以前将性别纠正过来比较容易，而超过 3 岁以后，形成新的性别认同就极其困难了。不过有学者认为该时期称为“敏感期”更合适，因为他们发现个体成人后在某种环境下形成新的认同是可能的。与此同时，激素又产生了多大作用呢？研究者对这些虽经手术改变了外部器官，但却被当作男孩抚养长大的女孩进行了研究，发现她们从小就像假小子，常与男孩一起玩耍，喜欢男孩玩具。成人后，她们开始约会的时间比其他女孩晚，并认为应先立业而后成家（Money & Ehrhardt, 1972; Ehrhardt & Baker, 1974）。有37%的人描述自己是同性恋者或双性恋者（Money，1985）。因此有理由推测异性间的许多差异是由激素调节的，并且胎儿期男性激素分泌过多会影响女性的态度、兴趣和行为。

生物和社会文化因素二者如何进行相互作用，生物社会论者无法回答。Diane Halpern（1997）提出一种心理生物社会模型来解释先天和后天因素如何共同影响了性别特征的形成。Halpern 同意 Money 和 Ehrhardt 的观点，即胎儿期的雌雄性激素数量会在最初影响男孩和女孩的脑组织发育，可能使男孩对空间活动更敏感而女孩对语言变化更敏感。这些更高的敏感性与人们认为男孩和女孩分别更适合某些经验的观念一起，使得男孩可能获得更多的空间经验，而女孩则更多参与言语活动。根据认知神经科学近来的研究，Halpern 又提出男女孩的不同经验会影响其未发育成熟的、具有高度可塑性的脑神经通道。因为尽管基因密码对脑的发育设定了限制，但它并没有提供具体的神经联接指示，因此脑的最终发育受到了个体早期经验的极大影响。这样，获得更多空间经验的男孩会在负责空间功能的脑部位中发育出更丰富的神经通道，它反过来又使男孩对空间活动更敏感。对于女孩的语言能力来说，也是如此。

三、社会化的解释

与上述解释相比，心理学家们更愿意接受社会化的解释。该理论认为，在成长过程中，男孩和女孩受到了父母、老师、媒体等的不同强化，符合社会期望的性别行为受到赞扬，而不符合期望的行为被制止，使男孩变得“男性化”，女孩变得“女性化”。

儿童有两种途径获得性别认同：直接教导和观察学习。父母对孩子性别塑造的直接教导很早就开始了。例如男孩玩什么，女孩玩什么，什么是男孩应有的行为，什么是女孩应有的行为。研究表明，父母都鼓励女孩的依赖性，而父亲在与儿子玩耍时有更多的身体游戏。此外，父母希望女孩在离家不远的地方玩耍，而允许甚至鼓励男孩到外面闲逛。这些性别教导的效果如何呢？研究表明，得到父母明确性别教导的孩子更快地认识到自己是男孩或女孩，发展出更强的性别玩具偏好，并更容易理解性别刻板印象（Fagot，Leinbach & O'Boyle，1992）。父亲比母亲更多地鼓励孩子做出符合性别的行为，制止与其性别不符的行为。因此，在儿童最早选择与自身性别相符的玩具和活动方面，父母的教导和强化起到了明显作用。随后在学前时期，父母越来越少地刻意去强化孩子的性别类化活动。这时其他许多因素开始在性别认同上起作用，尤其是同性同伴的行为和态度，例如，男孩会因为玩女孩玩具而遭到同伴的嘲笑。除了父母的直接教导，儿童获得性别认同的另一个重要途径是观察学习，这是社会学习论中的重要概念。Bandura 认为，男孩和女孩分别通过观察各自性别榜样的行为来完成性别形成。男孩观察父亲、男老师和男同伴，看他们的父亲如何工作，而女孩则观察母亲、女老师和女同伴，看她们的母亲如何做饭。长此以往，尽管没有直接强化，这些榜样的行为也为他们/她们提供了指导。儿童不仅通过观察那些与自己互动的其他儿童和成人榜样获得学习，他们也能从看故事和电视中获得学习。在图书和电视节目中，男性比女性更积极主动，更有创造性，在工作中处于主导地位，做出重大决定，应对紧急状况。显然儿童受到了这种高度性别化的媒体形象的影响。研究发现，那些看电视更多的儿童对性别类化的行为表现出了更多的偏好。与看电视较少的同班同学相比，其性别刻板化观念更强。社会学习论的解释得到了大量实证研究结果的支持。不过，以往的社会学习论者常常将儿童视为性别角色社会化过程中的被动接受者，而没有考虑到在这一过程中他们作为一个主体所具有的主动性。这一点已经引起近来的儿童心理学家们的注意。

那么，人们在对待男孩和女孩方式上的差异是否具有跨文化的一致性呢？的确如此。在许多文化中，父亲与儿子的互动比与女儿的互动少，更多地指派女孩做家务活，而允许男孩到离家更远的地方（Hoyenga & Hoyenga，1993），女孩被教导去扮演一种表达型角色，即亲和的、善解人意的、合作的。这些心理特征被假定为有助于女孩扮演好妻子和母亲的角色，维持家庭正常运作并成功地将孩子抚养成人。男孩则被鼓励去扮演一种工具型角色，作为一个传统的丈夫和父亲，男性要承担供养家庭并使其免于伤害的责任。因此，男孩被期望是主导的、果断的、独立的和具有竞争性的。在一项宏大的项目中，研究者（Barry，Bacon & Child，1957）分析了110个尚未工业化社会中的性别刻板印象，寻找五个特征在社会化上的性别差异：照料性、服从性、责任性、成就性、自立性。如表17-1所示，人们更多地鼓励男孩去追求成就并依靠自己，而更多地鼓励女孩成为照料性的、被动的、服从的。当然，尽管在许多社会文化中都有这种相似的模式和角色设定，但并非所有社会都是如此（Williams & Best，1990）。与未工业化的社会一样，现代工业化社会中的儿童同样面临着性别特征形成的压力，不过在程度和方式上与未工业化社会不完全一致。例如，许多现代西方社会中的父母对男孩和女孩成就的强调大致相同。此外，上图的研究结果并未表明人们对自我依赖的女孩会皱眉头或者接受男孩的不服从性。实际上，所有这五个特征在男孩和女孩身上都受到了鼓励，只不过根据不同性别而强调不同的特征（Pomerantz & Ruble，1998）。因此，社会化的首要目标是鼓励孩子们习得那些良好的、有利于社会的特征。第二个目标是通过向女孩强调表达型特征和向男孩强调工具型特征来塑造不同的性别心理特征。

表17-1 **110个社会中5个特征在社会化上的性别差异**

特征	社会化压力的社会比例	
	男孩	女孩
照料性	0	82
服从性	3	35
责任性	11	61
成就性	87	3
自立性	85	0

注：各个特征加起来并非100%，因为一些社会在某个特征上并没有对男孩和女孩施加特别压力。摘自Barry，Bacon，& Child，1957。

四、性别形成的认知论

有研究者试图从信息加工的角度出发来解释性别心理特征的形成，**即性别图式**

论（gender schema theory）。该理论认为，在我们的认知结构中，存在着性别图示。**性别图式**就是与性别相关的一系列有组织的信仰和期望，它会影响个体的兴趣和记忆，并指导其对相关信息的知觉。尽管性别图式有时会过分概括化和刻板印象化，但如果没有它我们将无法理解相关的新经验。

图式论者认为，儿童有一种内在动力驱使他们去寻求与自身性别形象相符的兴趣、价值观和行为。他们在二岁半到三岁之间获得了基本性别认同后，这种自我社会化就开始了，这一过程一直持续，直到儿童在六至七岁时获得性别恒定性（Carol Martin，1981；Charles Halverson，1987）。基本性别认同的形成驱使儿童去学习与自身性别相关的东西并将这些信息整合到性别图式中。首先，他会形成简单的"类别以内/类别以外的图式"，即将一些事物、行为和角色归类为"属于男孩的"或"属于女孩的"。这种最早的分类会影响儿童的思维。在一项研究中（Martin et al. 1995），儿童面对的是不熟悉的中性性别玩具，但一部分儿童被告知，这些是男孩玩具；而另一部分儿童被告知，这些是女孩玩具。接着，这些孩子会被询问，他们自己或其他男孩女孩是否会喜欢这些玩具。结果表明，玩具的标签显然引导着他们的思维。男孩比女孩更喜欢"男孩"的玩具，他们认为其他男孩同样也会比女孩更喜欢这些玩具。当同样的玩具被标签为"女孩玩的"时，男孩的推理模式却正好相反。甚至当很吸引人的玩具被标签为异性玩具后，它们也很快就失去了吸引力。其次，性别图式一旦形成，就会成为一种建构经验的框架。就是说，儿童更可能对与其性别图式一致的信息进行编码和记忆，或者将信息进行扭曲以使其与头脑中的性别刻板印象更一致。当他们到了六七岁后，有关刻板印象的知识和偏好已经形成并且特别牢固了。总之，性别图式论是有关性别特征形成过程的一种认知观点，它不仅描述了性别刻板印象如何产生并持续，同时还指出在儿童认识到性别是一种无法改变的特征很久以前，这种正在形成的"性别图式"如何影响性别角色偏好和性别特征行为的发展。

虽然性别的形成受到了生物与社会文化因素的共同影响，但比起生物因素，社会文化因素所涉及的各个方面要复杂得多。性别刻板印象、性别角色期望，这些文化赋予每个成员的特定作用在个体的性别形成中产生了更为复杂的影响。4~10 岁之间，男孩和女孩更加了解社会对自己的期望并开始面对这些文化预期。不过女孩比男孩更多地保留了对异性的玩具、游戏和活动的兴趣。研究发现（Burn et al.，1996），女孩一方面认同自己实际的性别角色偏好，另一方面却常常希望自己是男孩，当今一半的美国女大学生声称自己小时候是假小子。然而希望自己是女孩的男孩却很少（Martin，1990）。但是，大多数女孩到了青春期就会更符合社会对女性角色的期望。这其中涉及了生物的、认知的和社会的原因。进入青春期，女孩的身体更女性化了（生物成长），她们常感到如果自己想吸引异性就需要变得更"女性化"。此外，这些青春期的女孩正在获得正式的角色适应技巧（认知成长）。这可能有助于解释以下三个问题：为何她们对自己正在发生改变的体形有了自我觉察；为何她们如此关注他人对自己的评价；为何她们更符合社会对女性角色的期望。

进入大学时，我们早已获得了大量有关男性与女性的信息，知道自己怎样才像一个男孩或女孩，这是因为我们已经完成了性别认同，形成了性别角色标准，即认为哪种价值观、动机或行为分类才更适合某种性别成员。也就是说，一个社会的性别角色标准描述了其社会成员对男女性行为的期望，并反映了社会成员对某个体进行性别分类并做出相应反应的刻板印象。虽然在过去的几十年里，女性权利大有提高，但是传统的性别刻板印象仍然存在。但哪些性别差异是真实而有意义的，当代学者们还在争论不休（Hyde & Plant，1995）。大多数发展心理学者都同意以下观点：男性与女性在心理上的相似之处远大于不同之处，即使有足够证据证明某种差异存在，这个差异也并不大。而且，许多（也许是大多数）性别刻板印象只不过是“文化虚构观念”，并没有得到目前研究的有力支持。最为人们广为接受的虚构观念包括：女孩更具社会性、可暗示性更强、自尊水平更低、更擅长简单的重复性工作，而男孩更擅长高水平认知过程的工作、分析性更强、成就动机更高。为什么会有这些虚构观念呢？根据性别图式理论，性别刻板印象是根深蒂固的认知图式，我们运用它们来解释并时常扭曲男女性的行为。人们甚至使用这些图式来对婴儿的行为进行分类。在一项研究中（Condry & Condry，1976），大学生观看了一段九个月大婴儿的活动录像，这个婴儿被介绍为男孩或女孩。当被试观察婴儿玩耍时，要求他们解释该婴儿对不同玩具（毛毛熊、玩偶盒）的反应。被试对婴儿行为的解释显然受到了已有性别印象的影响。事先被告知该婴儿是男孩的被试将其对玩偶盒的强烈反应称为愤怒，而被告知是女孩的被试则将相同反应称为恐惧。

在现实生活中，这些不准确的性别刻板印象对男孩和女孩都产生了重要后果。对于传统上由男性或女性从事的职业，男女性之间的自我效能感存在着显著的性别差异。无论是传统上的女性职业还是男性职业，男性都有着较好的自我效能感。相比之下，女性对于传统上的男性职业则感到不能胜任，尽管她们实际上具有的相关能力丝毫不比男性差。这就意味着女性在选择职业时，不知不觉中将自己限制到了比男性狭小得多的范围，而丧失了更好的发展机会。在很多情况下，即使是条件不错的职业，她们也会因为害怕不能胜任而放弃尝试的机会。对幼儿的研究表明，幼儿园和小学一年级的女孩就已经相信自己在数学方面比男孩差，在小学期间，孩子们逐渐认为阅读、音乐、艺术是女孩的领域，而数学、体育和机械更适合男孩（Entwisle & Baker，1983）。另有研究发现（U. S. Bureau of the Census，1997），女性在要求语言能力的职业领域中所占比例过大，而在需要数学或科学背景的职业领域中所占比例严重偏小。然而，现代职业发展的主要趋势是：越来越多的新兴职业与数学、计算机有关，如网络工程、信息技术、软件开发等，这些工作提供了大量就业机会，而女性却很少问津这些行业，无法在这些前景光明的科技领域一展才华，与男性媲美。

第三节 中国人的人格

人格既有特殊性，又有共同性。作为生活在相同文化背景下的个体，其人格必然会烙下该文化的印记，这就涉及到人格心理学中一个颇为有趣的研究领域：国民性或民族性，即一个民族或群体的"基本人格"或"众趋人格"。

我国知识分子对中国人国民性的关注开始于19世纪晚期，当时的中国处于晚清政权的腐朽统治中，列强的枪炮使长期闭关锁国的中国人不得不面临被瓜分的残酷现实。在一系列政治改良运动失败后，一部分爱国知识分子开始认识到改造国民性的问题。他们大都曾出国留学并对西方有着比较深入的了解，对国人性格也进行了较为深刻的反省和思考，认识到国人国民性中的优点和不足。辜鸿铭在《中国人的精神》中比较了德、英、法、美各民族的性格后，总结出中国人的代表性人格以及中国文明的特征是深沉、博大、纯朴、灵敏。林语堂则在1934年出版的《吾国吾民》中认为中国人老成温厚，遇事忍耐，消极避世，超脱老猾，和平主义，知足常乐，幽默滑稽，因循守旧等。有些学者更关注国人的民族劣根性，如梁漱溟认为中国人"遇到问题不去要求解决，改造局面，就在这种境地上求自己的满足"，"缺乏集团生活"。梁启超则撰写了长达10万多字的《新民说》，全面剖析了中国几千年封建文化所形成的中国国民性的种种弊端及其根源，并提出了国民性的改造问题。另一位对国民性进行过全面思考和犀利批判的学者是鲁迅，他对国人的狭隘、守旧、愚昧、迷信、散漫、浮夸、自欺、奴性等民族劣根性进行了深入的解剖。除了中国人的思索外，18世纪以来的一些国外学者、传教士和旅行家也曾对中国人的国民性有过探讨。其中的代表人物是美国人Arthur H. Smith，他凭着自己在山东农村25年的生活经历写成了《中国人的性格》一书，并于1892年出版，在书中他将中国人的特点概括为15点：活易死难、没有"神经"、耐性太好、不求准确、寸阴是竞、勤劳、撙节、知足常乐、有私无公、无恻隐之心、言而无信、尔虞我诈、爱面子、婉转、客气。但这些研究大多基于日常经验的观察和思考，虽不乏深刻的见解，但缺乏系统性，也不是基于科学研究的方法。以下我们将重点回顾我国心理学界对中国人国民性的科学研究。

一、中国人特有的心理特征

1965年之前，对中国人人格的研究主要集中在跨文化比较上。研究者们通过使用心理测验工具，在智力、气质、需要与态度等方面将中国人与其他国家的人们进行对比。结果发现，在控制文化影响后的智力测验得分上，中国学生与英、美、日的同龄者没有差异。而中国学生在气质上与美国学生相比，更为内向、敏感、退缩、克制、深思，支配性、独立自主性与攻击性较少（倪亮等，1960；孙敬婉，1963；高莲云，1962；杨国枢，1963）。对中国大学生与美国大学生在需要和态度上的多项研究都得到了相似的结果：由于中国传统社会文化对权威性的强调，中国大学生有更高的服从需要、秩序需要、求助需要、谦卑需要和依赖需要，而美国大学生则有更多的表露需要、内省需要、支配需要、改变需要、异性恋需要、攻击需要、亲和需要和竞争需要（张素妃，1962；彭佳久，1962；黄坚厚，1964）。此外，运用测量“权威态度”的AE量表对中、印、美三国大学生进行研究后表明，中印两国大学生的“权威态度”上程度相近，都高于美国大学生，更习惯于从权威处寻求满足和安全感。

20世纪60年代以后，中国人国民性研究中出现了更多具有本土特色的探讨，一些本国人特有的概念与行为（如脸面、孝道、缘等）成为重要的研究主题。**“脸”**与**“面子”**问题是中国文化特有的现象，它与西方文化形成了强烈对比。一项研究表明，一般大学生在日常生活中仍然会用“脸”和“面子”来形容与评价有关事件，“脸”和“面子”虽然在意义上有重叠，但两者形容的范围不同。“丢脸”和“没面子”在使人难堪的程度上有差异，“丢脸”比“没面子”更让人难堪。这可能是因为，“脸”和“面子”代表不同的社会行为标准，“脸”与道德有关，而“面子”涉及能力与成就。“爱面子”是“做面子”、“撑面子”的主要原因；男生比女生更多的“做面子”，而女生比男生更加“爱面子”。强烈的自尊概念与褊狭的权威意识也是影响面子需要的重要变量（陈之昭，1982）。还有研究者发现，最让人感到“丢脸”的事情多与个人能力有关，也包括违规事件和一时的行为失误。大多数人认为，这些“丢脸”事件常常是“无法避免”而且是“无法挽回”的；但也有人认为，“训练与培养能力”、“谨言慎行”就可以避免事件发生，若事情真的发生了，也可以通过“改进行为”来补救。另外，面子需要与成就动机有较高的正相关，面子需求越高，人越倾向于采用积极的补救措施来抵消“丢面子”事件的影响；而面子需求低的人即使丢了“面子”也不会想办法挽回。

孝道也是中国传统备受重视的美德，正所谓“百善孝为先”。从20世纪70年代起，以杨国枢为代表的学者们从社会心理学的角度，对孝道的概念、内涵和层次提出了一套理论框架，将孝道视为子女以父母为主要对象的一套社会态度与行为的组合，亦即孝道是孝道态度和孝道行为的组合。这些学者以我国台湾省学生为被试，自编量表，对一些相关问题进行了研究。结果发现，传统孝道的精华如尊亲、悦亲、养亲仍然被现代青年所接受，而一些不再符合现代生活的传统孝行如绝对顺从、传宗接代等已逐渐被现代人抛弃（黄坚厚，1982；杨国枢，1989）。生活在美国的华裔居民中，孝道的价值依然存在，但具体内涵却已经有所改变。如子女宁愿多提高父母的物质幸福，却不愿意在个人自由与自我发展方面迁就父母。尽孝的重点已经不再是向父母表达关注，而是追求事业的成功以使父母引以为荣。

二、中国人的人格结构

中国心理学者通过研究发现，中国人与西方人在人格结构上有显著差异。自从西方学者提出了人格因素的“大五”结构后，各国学者都对“大五”结构是否具有跨文化性产生了兴趣，试图寻找“大五”因素在其他各种语言中的存在。但正如本章第一节所述，人格结构有两个部分，一是所有文化下人们共有的人格成分(etic)；二是某一文化下人们独有的人格成分（emic)。中国人的人格结构与西方人相比既有相似性，又有独特性。如果直接采用西方的人格测量工具，只能测到中国人与西方人人格中的相似部分（etic）和西方人独有部分（西方人的emic）的混合，因此既有可能增加或夸大中国人并不具备的特点（西方人的emic)，又可能忽视中国人独有的特点（中国人的emic)。杨国枢等在中国较早进行了相关的本土研究。他从中文人格特质形容词入手，研究了中国人的人格结构，得到了4~5个独立的人格维度，并将其与西方的“大五”进行了类比，结果发现，虽然两者有一定的相似性，但中国人描述他人及自己性格所采用的基本向度，在内涵上不同于西方人描述他人及自己性格所采用的基本向度。这说明，中国人的人格具有独特性(杨国枢，李本华，1971；Yang & Bond，1990)。但是，所有这些研究都没有直接从中文字典中选词。

鉴于这种情况，王登峰将杨国枢收集到的用于描述稳定人格的形容词与从现代汉语词典和刊物中收集到的词汇合并，用因素分析法进行研究，最后确定中国人人格结构的七个维度，分别是精明干练—愚钝懦弱、严谨自制—放纵任性、淡泊诚信—功利虚荣、温顺随和—暴躁倔强、外向活跃—内向沉静、善良友好—薄情冷淡、热情豪爽—退缩自私。根据这一人格结构，王登峰编制了中国人人格量表(王登峰，2003)。在进一步的研究中，他对该量表的信度和效度进行了分析，并对各维度进行了重新命名，分别为：外向性、善良、行事风格、才干、情绪性、人际关系、处世态度（王登峰，2004)。

张建新等人将他们自己编制的《中国人人格测量表（CPAI）》与西方的五因素问卷（NEO-PI)（参见本书第三章）合起来进行联合因素分析，研究结果显示出一个六因素结构，其中四个因素分别与NEO-PI中的神经质（N)、外向性（E)、随和性（A）和尽责性（C）相包容，第五个因素只容纳了NEO-PI中的开放性(O)，与CPAI不交融，第六个因素人际关系（IR）是CPAI中的一个分量表，却与NEO-PI不交融。这意味着开放性更可能是西方人的典型人格特质，它在中国人身上可能不具有突出的社会生存价值；同样，而人际关系则是中国人特殊的社会性人格特质，它在西方人身上可能不突出或不具有重要的生存适应价值。他们还发现人际关系（IR）与五因素中的随和性（A）之间的相关较低，表明在中国人身上可能存在两种人际关系模式，随和性更多地指一个人的行为模式在多大程度上被动地受他人欢迎，而人际关系则指一个人主动寻求与他人建立互动交换关系的行为模式。前者主要指如何“做好人”，后者主要指如何“做人”。人际关系与开放性分别代表西方文化和中国文化的特殊性，人际关系代表了中国文化的人文伦理精神，而开放性则代表了西方文化的理性求索精神。西方文明的发展在塑造个体的人格特质时，将开放性变成了显性的人格因素，而将人际关系抑制成隐性的特质因素；中国文化则将开放性压抑成隐性的特质因素，将人际关系变成显性的特质因素（张建新、周明洁，2006）。

三、现代化背景下的中国人

处于现代化进程中的中国，其社会经济、文化传统都不可避免地产生了变迁，那么身处这一历史环境中的中国人的国民性又有了哪些变化呢？这当然也是心理学者们颇感兴趣的问题。有研究发现，现代化进程正在弱化传统中国社会的集体主义价值取向，强化个人主义价值取向。具体表现为，在现代性较高的个体身上，顺从需要、谦卑需要以及社会称许需要较弱，而自主需要、异性恋需要和成就需要较高（黄光国、杨国枢，1971）。在家庭观念和权威意识方面，中国传统的社会与家庭都是高度权威性的，以往中国人具有较高的权威人格，但随着社会的逐渐现代化，中国社会及家庭的权威性已逐渐减弱（杨国枢，1970；吴燕如，1995）。不过国人的家庭概念仍然牢固。我国台湾省和我国大陆学者对当今中国人文化价值观的研究证实了这一情况：虽然现代的小家庭已取代了过去的大家庭，许多子女结婚后通常不与父母居住，但中国人仍然普遍重视家庭，家庭关系仍相当牢固，彼此间的依赖并未减弱（黄光国，1995；朱谦，1995）。另外，在人与自然的关系上，传统中国人是以和谐与顺服自然为取向，现在的大学生却以主宰自然取向为主。在关系取向上，传统中国人以团体取向为主，重人际关系，现在的大学生却以个人取向为主，这种取向强调的并不是以自私的方式去追求个人的利益，也不是为了个人的利益可以牺牲别人的利益，而是在肯定个人对社会的责任及自己在社会中的角色时，能够表现出自动自发的精神。在时间取向上，传统中国人以过去取向为主，现在的大学生以未来取向为主。在活动取向和人性取向上，传统的中国人强调修身养性，相信人性本善，现在的大学生保留了内修、性善的特质，但在程度上有减弱的趋势。传统性比较高的人，由于在心理需要与价值观念上他人取向的倾向较强，所以在行为上也比较顾虑他人的意见；而现代性高的中国人，由于在心理需要和价值观念上个人取向更强，因此比较独立，忠于自己。

由以上对中国人心理变迁的研究我们不难看出，现代化的进程使我们在价值观念和行为方式上越来越像西方人。不过，由于文化传统的惯性以及目前国人不同的现代化程度，我们的人格还是保留了许多独特之处。杨国枢（1990）从文化生态学的角度出发，提出了一套新的理论。他认为，各种传统性的心理与行为都可能与现代性心理与行为同时并存一段相当的时间。其中，某些在传统社会中较重要、具有较强适应能力的心理与行为会减弱其强度或改变内涵，却未必会完全消失；而某些在传统社会中不太重要，反而具有适应现代社会之功能的心理与社会行为则会增强强度或改变内涵，迎合时代的要求。因此，现代社会中将有四种类型的人：（1）简单传统型，传统性减弱较慢，现代性增强也缓慢，人格偏传统型；（2）简单现代型，传统性快速减弱，现代性快速增强，人格偏现代型；（3）强势混合型，传统性减弱缓慢，同时现代性快速增强，其人格是传统性与现代性都高；（4）弱势混合型，传统性快速减弱，而现代性增强缓慢，其人格是两类心理特征都较低。在现代化的历程中，早期应该是简单传统型较多，中期应该是混合型较多，此后应该是简单现代型较多。

此外，还有一些心理和社会行为不仅在传统社会中很重要，在现代社会中依然具有很强的适应功能。自立、自信、自尊和自强等自我维度就是典型的例子。《周易》中有言：天行健，君子以自强不息，就主要强调了自强这种心理品质。这些品质在几千年的历史长河中历经考验，显示出其经久不衰的适应价值，熔铸成这个民族的精魂。我国学者对现代化背景下中国人的自立与自强人格进行了系统的研究。其中有研究者对国内各年龄阶段学生进行调查后提出，初中生、高中生、大学生的自立人格结构基本一致，大致由独立性、主动性、责任性、灵活性和开放性五个维度构成；初中生、高中生、大学生的自立领域一致，主要包括心理自立、社会自立、行动自立和经济自立四大领域；而初中生、高中生、大学生在不同的自立领域的自立发展有一定差异（夏凌翔、黄希庭，2006）。此外，被试更喜欢选择与自己同性别的自立者；坚韧性、独立性、成熟性、主动性、道德性和开放性是被试最看重的自立者人格特征。研究者对自立与自强的关系以及自立者人格特征等问题进行讨论后认为，从自立到自强是一个连续体，但它们有不同的人格特征；自立可以区分为特质自立和情境自立（夏凌翔、黄希庭，2004）。研究还发现，大学生回忆其自立意识的发生主要在中学时期并延续至大学阶段，自立意识发生的心理背景往往与个人欲摆脱挫折和战胜困难有关。同时在自立意识所包含的四个因素中，大学生最看重的是经济自立，其次是心理自立和社会自立，最不看重抽象自立（黄希庭、李媛，2001）。

在自强的相关研究中，学者采用录音访谈和开放式问卷的方法，要求200名不同性别、职业、年龄、教育程度的成人对“自强”的含义以及在什么时候、什么心理背景下想到“自强”进行了调查，结果表明：公众的自强观主要是指持久的意志力，自强可以分为顺境自强、逆境自强、竞争性自强和他向性自强，逆境自强更为公众所赞同。人们回忆起自强意识产生的时间主要在参加工作以后（郑剑虹、黄希庭，2004）。研究者还在继续探索自立、自信、自尊和自强等心理品质在传统社会和现代社会中的结构、功能和发展。

第十八章

人生叙事

人生的历程是由许多故事构成的。要研究人格发展，尤其是特定个体的发展，就不能不关注他（她）的人生经历，但这些经历对其影响，要通过其当下的叙事表现出来。**叙事心理学**（narrative psychology）主张对个体的生活故事进行研究，集中于对个人的描述和解释，而不是一味地只依靠严格的标准化的方法来研究，获得人类行为的普遍规律。在叙事心理学的视野下，心理学的目标则是更好地理解人的行为，并对其加以解释，而非试图对人的行为进行预测或控制。这种研究取向所遵循的是一种叙事思维的范式。该范式认为人们通过故事来筛选和理解其自身的经验。他们就像小说家，用情节、场景和人物来解释自己的行为和经历。这种途径可以更好地理解和解释人们的意图和欲望如何转变成行为，以及这些行为长期以来又是如何得以表现的。故事并不是去寻求唯一确定的真理，而是要更真实地接近生活，开放地去接受各种新的可能。故事同理论不同，它所依赖的是讲述故事的人，故事中渗透了讲述者的情感、目标、需要和价值观。

可以说，人生故事充满着个体对生活经验的体验、表达和理解，具有建构自我和让他人认识自我的双重作用。当人们建构人生故事并把它叙述出来时，也就在体验个体生命进程和表达个人的内心世界。因此，对那些讲述人生故事的人来说，这是一种人格的重构过程。在这个过程中，人们重整了自身的经验，把片段的情节组织成完整的故事，从而使隐藏在情节后的意义显现出来。并且，叙事还有一定的治疗作用，叙述者在倾诉生活体验的同时可以缓解心理压力，更加清楚地了解自己所面临的问题，并从研究者那里获得支持。

由此，我们就不难理解研究人生故事为什么会对于我们了解个人人格有如此重要的意义。本章将会介绍人格领域中几种重要的叙事理论，对 Tomkins 的剧本理论、McAdams 的同一性人生故事模型理论、Hermans 的对话自我理论的基本的概念和核心内容进行详细的阐述。

第一节 情感与故事

Silvan Tomkins 的**剧本理论**（script theory），为人格提供了一种戏剧式的、叙事的研究途径。情感成为生活最主要的推动者，而场景和剧本则是生活最重要的组织者。剧本理论的根本隐喻是把人类个体都比作戏剧家，人们在不断地将以往的人生建构成自身独特的戏剧。

一、场景和剧本

场景和剧本是剧本理论最基本的概念。**场景**（scene）是指在一个人一生中对于某个特殊的事件的记忆，其中包含了至少一种情感和这一情感的对象。一个场景是已经组织好的一个整体，表现了一个有着人物、背景、时间、地点、行为、情感及心理功能的理性化的事件（Carlson，1988）。当我们每一个人回首自己的人生时，所看到的是从我们出生到现在的一个接一个的场景，而剧本使得我们能够去理解不同场景之间的关系。一个**剧本**（script）就是一整套的规则，用来解释、创造、扩充或逃避一类相关的场景（Carlson，1988）。人们是按照自身特有的剧本来组织生活中的场景。

二、情感放大和心理放大

每个场景通过场景内的情感来体现自身的短期重要性（short-term importance）。当一个人回想过去时，他可能因为在某个场景中体验到了强烈的情感而对该场景留下深刻的记忆，这是一种**情感放大**（affective magnification）。获得情感放大的这些场景非常短暂，它们在个体的经验中是零散分布的，无法整合到整个生活结构中来。例如，突然急促响起的手机铃声可能会使人在当时感到十分惊讶，但如果这一场景没有对其他的生活经验产生任何影响，那么它很可能就是孤立的、未被加工的。

另外有些场景则会对一个人的其他生活经验产生影响，它们可能与个人安危、未来前途、人际关系等密切相关。在整个人生戏剧或叙事当中，场景的长期重要性（long-term importance）靠**心理放大**（psychological magnification）来实现。心理放大指将相关场景联合成一个有意义的模式的过程；也是使场景有内在联系，囊括更多的想法、行为、感受和记忆，并使场景能得以扩大的认知—情感过程。只有当我们了解了不同场景间基本的相似和不同后，这一过程才可能进行。

Tomkins 对涉及积极与消极情感场景的两种不同的认知—情感过程（心理放大）进行了区分。他认为积极情感场景的精心建构主要依靠变化的形成，即发现一个稳固核心之外的差异。人们常常围绕变化来组织积极情感场景。换句话说，当人们怀念过去的美好时光时，他们往往关注的是其中的不同之处，好像在暗示有很多不一样的方式来体验快乐和兴奋。相反，消极情感场景则通过形成类比得到心理上的放大，即发现不同情景中的相似。人们常常围绕相似来组织消极情感场景。例如，与同事的一次争论很可能让你联想到同朋友的争执，刚开始都只是心平气和地交流，慢慢地因为彼此观点的分歧而起了争论，最后闹得不欢而散。这两件事情看起来都非常相似。心理放大正是通过构建这种类比来起作用的。当人们去理解生活中悲伤的场景时，很可能会发现“事情又变成这样了”，同样的情景又再次上演。

三、承诺剧本和核心剧本

Tomkins 明确指出在人类生活当中至少存在两种意义重大且有助于有效组织人类叙事的剧本：**承诺剧本**（commitment script）和**核心剧本**（nuclear script）。人们在承诺剧本当中使自身与一个人生目标或计划紧密相连，而这个目标或计划很可能会带来极大的积极情感的回报。在这项长期的投资当中，人们憧憬着理想的人生或完美的社会，并为实现这一梦想不遗余力。他们就是围绕着一个清楚明确、没有异议的目标组织着场景。因此，承诺剧本中，不同目标间出现重大冲突或在单一目标中出现矛盾的状况都不太可能存在。事实上，那些以承诺剧本为核心来组织自己人生的人们，都是朝着单一的目的，靠着坚定不移的努力去实现他们心中的目标。即使面临巨大困难，不断遭受打击，他们也能坚定不移地朝着目标继续奋斗，并深信“厄运总会过去”。

核心剧本与承诺剧本背道而驰，该剧本通常表现个人对人生目标的矛盾和迷惑。一个核心剧本总会涉及复杂的趋避冲突。人们常常极力回避却又不可避免地走进某个独特的冲突场景。如表 18-1 所示（Carlson，1988，p. 111），核心剧本在许多剧本特征上都不同于承诺剧本。

表 18-1 **承诺剧本与核心剧本**

剧本特征	承诺剧本	核心剧本
积极情感与消极情感之比	积极情感多于消极情感	消极情感多于积极情感
情感社会化	强烈的，有益的	强烈的，矛盾的
理想场景的明确程度	清楚，唯一	迷惑，多个
场景放大	变化	类比
顺序	“不好的都会过去”	“好事都变成坏事”

核心剧本常常是由一个核心场景开始，这一场景很可能是人们对童年事件的回忆。核心场景中存在四个关键的特征：（1）事情由好变坏；（2）空间方位的迷失；

(3) 愤怒、羞愧的情感；(4) 退缩和压抑 (Carlson，1981)。以下是 Carlson 描述的 Jane 在孩提时期的一个核心场景。

四岁的 Jane 在玩耍的时候突然听到母亲的求救声，她急忙跑进客厅里，发现母亲从通向阁楼的楼梯上摔了下来，躺在了一堆零乱的盒子上。母亲要她去叫父亲过来。父亲到来后，扶起了母亲并搀扶她进了卧室。此时的 Jane 在一旁不知所措，当她听到父亲说："宝贝，坐在这"时，立刻坐到了父亲指的那张沙发上。可父亲愤怒地向她吼道："你给我出去"，并把她推出门去。父亲让母亲躺在了沙发上。Jane 很疑惑地往后退，感到极度羞愧 (Carlson，1981)。

以上提到的四个特征后来都在 Jane 的生活场景中反复出现，这一点充分表明了核心剧本中核心场景的重要地位。核心场景的心理放大过程在 Jane 对过去的记忆中、梦中、幻想以及人际关系中都明显可见，例如，她在成年后常常都会体验到一种空间方位的迷失感，这与她在核心场景中迷失方向是一样的。并且，在她所报告出来的 30 个梦中，每一个梦境都曾有过自己不断移动位置的内容。在核心场景中的羞愧情感也时常出现在 Jane 的梦中以及她的日常生活中。至于退缩和压抑这个特征在她的自传资料中表现得也非常明显。不论她在某一方面表现得多么能干，一旦到了关键时刻，尤其是需要她做出重大决定的时候，她常常感到不知所措。核心场景组织了 Jane 的人生叙事，成为人生故事中其他场景的一个模板或模式，并最终形成了 Jane 人生故事的一个核心剧本（好事情如何导致了方位迷失、退缩和羞愧）。

作为一种新兴的人格叙事理论，Tomkins 的剧本理论已经将叙事置于人格的中心地位。该理论最初认为存在几种基本的动机性情绪，情绪引起人类的行为，并对他们的行为进行指导。这些情感随着时间的推移逐渐融入到场景和剧本中来。Tomkins 把个体都比作戏剧家，每个人都在创造自己的戏剧。通过心理放大这一过程，人们把情感主宰的各个场景组织成人生的剧本。作为一个讲述自我的戏剧作家和故事叙述者，人们是在为他们的人生寻求一种叙事秩序从而将以往纷繁复杂的事件融合到一个连贯的有意义的人生故事当中。

第二节　认同与故事

McAdams 的同一性人生故事模型借用了 Erikson 的同一性概念，认为人们从少年期和成年早期开始就会面临一个重大的挑战：去建构一个能赋予自身生活一贯性、目的性和意义性的自我。"我是谁?""我要怎样去适应这个成人的世界?"这些问题在他们的人生历程中第一次变得如此不确定，又如此让人感兴趣。在 Erikson 看来，当人们去思索这些疑问时，他们已经开始建构一个**同一性完形**（identity configuration）。同一性完形将各种纷乱事件整合成一个有意义的模式；它把各种技能、价值观、目标及角色都融合成一个连贯的整体；它还将人们能够做到的、想要做到的与社会环境给予人们的机会和限制结合起来；它融合了记忆中的过去、感知到的现在和期盼中的未来。McAdams 认为这一特殊的完形就是一个整合的人生故事："同一性是一个人生故事，一个内化的、不断发展的有关自我的叙事。"正是同一性人生故事将自我的不同方面紧密地联系起来，使生活具有了一贯性、目的性和意义性（McAdams，1995）。

同一性人生故事模型从三个不同的角度或水平来解释人格：

水平Ⅰ是**倾向性特质**（dispositional trait），指那些去情境的、无条件的、线性的、可比较的人格维度，如外倾性和神经质（McAdams，1996a）。它为我们提供了一种人格描述的倾向性标志。特质通常都是由自我报告来测定的，因此，特质被认为是自我的特征。如果没有特质就不会有对人的恰当描述，可信、有效的特质评定成为我们去了解他人的第一手资料。人们在人格维度上所处的位置，是我们最初了解到的关键性信息。这种信息的价值就在于它具有的可比性和去情境性。一个极其外向的人与绝大多数人相比会更活泼开朗，更擅长交际，在通常的情况下都是如此。然而，可比性和去情境性既是特质描述的最有价值的两个特点，也是其最大的局限。就像 McAdams 所说的那样，特质本身只不过是"一种陌生人的心理学"（McAdams，1992，1994）。当人们想要更进一步去认识彼此的时候，只依靠特质描述是远远不够的。此时人们所要寻找的是不可比的、有条件的、有情境的信息。人们不再局限于在线性维度上对个体进行比较，而是想超越特质去建构一个更细致、更丰富、更生动的人格形象。

水平Ⅱ是**个人关注**（personal concern），也称作个体的独特性适应。它包括个人奋斗、人生任务、防御机制、应对策略和其他动机的、发展的、策略的建构等等（McAdams，1996a）。个人关注与倾向性特质不同，它通常体现为动机性的、发展性的、策略性的术语。具体来说，它涉及在人生某个具体阶段或某个具体的领域当中，人们期望得到的东西；以及为了得到自己想要的和逃避不愿意面对的东西，人们所采取的各种措施（如策略、计划、防御机制等）。个体关注与倾向性特质最根本的区别就在于它的情境性，个体关注有着具体的时间、地点和角色。

水平Ⅲ是**人生故事**（life story）。它是一个由重构的过去、感知的现在、期盼的未来整合而成的内化的、发展的自我叙事（McAdams，1996a）。水平Ⅰ的倾向性特质为研究者理解人格提供了最初的概况，水平Ⅱ的个人关注看到的是生活在具体时空中的个体，对他们的人生任务、策略、计划、防御机制等具体建构进行了细致的描述。但是，无论是水平Ⅰ的人格概况还是水平Ⅱ的具体建构都无法展现出个体生活的全部意义和目的。人们要让自己的人生具有统一性和目的性，在某种意义上而言就是要使客体我（ME）① 具有同一性。只有个体整合了他所扮演的所有角色，融合了自身不同的价值观和技能，并组织了一个包含过去、现在和未来有意义的短暂模式时，个体才可能建构这种同一性，才能将自己与他人的相似和不同区别开来，并清楚明白地界定自我（McAdams，1985）。那么，构成同一性的这种心理社会建构应该是以何种形式来表示才比较恰当呢？众多理论学家都认为能够将人生有目的、一致地讲述出来的唯一的可能的形式就是故事（Bruner，1990；Linde，1990；Howard，1991；Hermans & Kempen，1993）。人们建构了那些连贯的、生动的人生故事，使得个人能够以生成的方式融入到社会中来。人生故事赋予了个体一个有关自我的历史，解释了昨天的我是如何成为今天的我，今天的我又是怎样成为明天的我。故事临摹生活并展示内部现实于外部世界。我们通过我们所说的故事了解和发现自己，并把自己向他人展示（Lieblich et al.，1998）。在水平Ⅲ上，同一性建构假定自我的故事形式，是一个由重构的过去、感知的现在、期盼的未来整合而成的内化的、发展的人生故事。只有在这一水平上，整合的人生故事才把握住了人类人格的认同和目的（McAdams，1996b）。现代社会人们被期望去构建和塑造一个可以把个体与他人的相同和不同区分开来的自我，这一自我在多样性中表现出一致性并随着时间的推移不断整合。

一、人生故事的界定

融合了重构的过去、感知的现在和期盼的将来的一种内化的、发展的自我叙事就是**人生故事**（life story），它是一种心理社会构念。尽管故事是由创作人来建构，但故事在文化中仍具有本质意义，故事的建构也是由文化来决定的。个体和文化共同创造了人生故事（McAdams，1996a）。人生故事以个体所经历的事实为基础，然而作为一种将个人一生建构成有意义的连续的叙事，人生故事对过去、现在和未来

① 在同一性人生故事模型理论中，McAdams 对自我的“主体我（I）”和“客体我（ME）”两个不同方面进行了阐述。McAdams 不是把主体我（I）和客体我（ME）看作两个实体，而认为主体我（I）是一个过程，客体我（ME）是一个结果。因此，在同一性人生故事模型中，主体我（I）就是从经验中建构自我的基本过程；客体我（ME）则是自我建构过程中最主要的结果。客体我（ME）又被许多心理学家称为“自我概念”，它的范围非常广泛，涵盖了个体的物质、社会、精神领域。例如，某个个体的客体我（ME）不仅包括了他的房子、汽车、配偶、宗教信仰等一切属于他的东西，而且还包括了丰富多彩的人格特征。在同一性人生故事模型中，无论特质、个人关注还是人生故事都属于个体，也都是通过自我建构过程而获得的，因此，人格的这些方面也成为了客体我（ME）的一部分。但人格毕竟不等同于自我概念，因为客体我（ME）中的某些方面（如房子、汽车等）是不属于人格范畴的，而人格范畴当中的一些部分如果没有经历自我建构的过程也不能进入客体我（ME）（McAdams，1993）。

的叙事却超越了这些事实。它不是纯粹的事实，也并非纯粹的想象，而是介于两者之间。McAdams 提出应该从以下几个方面来理解人生故事的结构和内容。

（一）语调

语调（narrative tone）是指在人生故事中，表现出的一种贯穿始终的情绪语气和态度，可以从极度的悲观到极度的乐观。西方文学传统中，表现积极情感的通常是喜剧和浪漫戏剧，体现消极情感的则是悲剧和讽刺戏剧。McAdams 认为任何一个人生故事都可以吸取以上四种戏剧情感成分来表现自身的语调。

（二）意象

意象（imagery）指的是作者用以刻画人物和情节特征的特有比喻、象征和图片。人生故事展现出一种特有的意象模式。自我选择的恰当意象体现了个体独特的个人经历。因此，个体所偏爱的隐喻和象征在很大程度上会折射出他/她的同一性。

（三）主题

主题（theme）是叙事中人物追求的有目标指向的结果。主题体现了人类的动机，在长期以来人们所想要的，努力追求的和想要逃避的一切。

（四）意识形态背景

意识形态背景（ideological setting）是指故事讲述者在故事中自身表现出来的宗教、政治、道德信仰和价值观，其中还包括了个体对这些信仰和价值观形成过程的解释。意识形态背景是人们建构其人生故事/同一性的基础，也是个体评判自己和他人生活的依据。

（五）核心情节

核心情节（nuclear episodes）是指在人生故事当中突出的特殊场景。其中重要的有人生故事的开始、高潮、低谷、转折点和结局。这些重构的场景通常表明了长期以来自我的一致和变化。核心情节中重要的不是在过去实际发生了什么，而是对这些关键事件的记忆在今天整个人生叙事中代表了什么。

（六）潜意识意象

潜意识意象（unconscious imagoes）是指在一个人生故事中，主角就是故事的讲述人，但这个主角可能以多种面貌出现，每一种面貌都将客体我（ME）的特定方面拟人化。因此，一个潜意识意象就是在叙事中充当主角的一个自我的理想化人格。众多的潜意识意象常常是人生故事当中一个维度上的，常常出现的人物，每个人物又将客体我（ME）的许多不同特征、角色和经验整合起来。在人生故事当中，主体我（I）常常将客体我（ME）的方面拟人化产生了多个潜意识意象。

潜意识意象能够将你所认为的今天的自己、昨天的自己、明天的自己、理想的自己、害怕会成为的自己的所有方面都人格化。自我的任何一个方面——实际感知到的自我、过去的自我、未来的自我、理想的自我、逃避的自我——都能够融入到人生故事的主要角色当中去。自我的各个方面在叙事中都有独特的性格描述，因此所形成的意象能够在一个特定的人生章节占主导地位，并将故事中的特定主题、观念或价值观拟人化地表现出来。此外，自我的任何一个方面都还能够巩固个体所扮演的社会角色并以自我界定的方式将角色内化。

作为人生故事中的主要角色，潜意识意象为个体适应生活提供了一种叙事机制。为寻求同一性模式和组织，个体在成年早期（20~40 岁）会将各种社会角色和自我中有分歧的其他方面整合成综合的潜意识意象。人生当中的主要冲突和动力将会以冲突和互动的潜意识意象表现出来，就好像任何故事中的主要角色一样，通过他们自身的行动或彼此的互动推动剧情的发展。

潜意识意象在一定程度上还受到文化的影响，反映既定文化所向往的价值观。因此，在人生故事中潜意识意象还具有一个基本功能，那就是他们将道德、政治、宗教和美学的价值观人格化，并成为一个典范或一种代言，代表了个体所崇尚的一切好的东西。

单个个体的同一性是人生故事本身，并非是一个单一的、简单的潜意识意象，也决不是故事当中任何一个单独的角色或自我的某一部分。在人生故事中作为主要角色的潜意识意象种类复杂多样，一部分原因在于这些潜意识意象反映了文化的价值观和可能性；另一部分原因则是人们在将自我人格化时运用了超强的创造力和想像力。

（七）结局

故事有开始，有中间过程，也应该有**结局**（ending）。当成年人步入中年期时，他们有一种越来越紧迫的认同责任，那就是为人生故事建构一个可以将故事开始和中间结合起来的结局，从而表明人生的一致、目的和方向。然而，这个结局中又蕴涵了新的生机。现代成人在叙事中寻求的就是一种可以使他们获得象征性永生的结局，生成一个超越自身而永恒存在的自我。生成剧本成为了人生故事的一部分，它涉及到成人如何生成、创造、培育、发展一个积极的自我遗产，并将此呈现给下一代。虽然一个生成剧本为人生故事提供了某种意义上的结局，但同时也表明了这个结局产生了新的开始，它将客体我（ME）延伸到了下一代人身上，超越了单一生命所受的时空限制。

二、人生故事的功能

人生故事的主要功能是整合。通过将客体我（ME）中分离的部分整合到一个更加宽广的叙事框架里，自我过程（selfing process）才能够从看似杂乱无章的人生中找到一种认同。而对自我的整合叙述就是主体我（I）所给出的这样一个连续、可信的故事。值得注意的是，McAdams 认为一个人生故事只是对客体我（ME）的暂时整合，而并非说所有人生故事可以将人格的一切或整个人生都加以整合。同一性只是人格的一部分，虽然是极为重要的部分，但面对如此复杂的、有情境的，并被多重因素决定的人格整体，它的整合能力也是有限的（McAdams，1996a）。

人生故事是个体对自我的叙述，是人们对他（她）自身生活的一种理解。对那些聆听者来说，这些人生故事也可以使他们去理解和领悟自己的人生和世界。而人们通过分享彼此的人生故事也可以从中受益。

三、人生故事的发展

人生故事的发展可以分为三个时期：叙述前期、叙述期和叙述后期。

叙述前期即从出生一直到青年早期。在这一时期，人们为以后的人生故事收集素材。家庭、学校、社会等各种经验都会对日后所形成的人生故事或认同有长远的影响。这些影响因素又可以分为内在因素和外在因素，其中内在因素是指来自于个人内部的因素，如基因、体质、智力等；而外在因素则是指个体生活的环境，如人际关系、文化环境、社会环境等。

由于“人生故事/同一性”是一种社会心理建构，是在个体与他人的相互关系中，在一个人际关系的世界中建构起来的。亲人、朋友、老师、同事等都会影响到个体所建构的“人生故事/同一性”。如早期的依恋经验将会最终影响到个体所建构的人生故事的语调。拥有安全依恋关系的个体有着乐观的生活态度并能够信任他人，他（她）所建构的人生故事色彩明亮鲜活，语调积极乐观；而拥有不安全依恋关系的个体总是心存疑虑，生活在悲观的世界里，他（她）所建构的人生故事色彩阴沉灰暗，语调消极悲观。

叙述期，从青年期或成人早期开始。当个体进入青少年期时，他们已经拥有了内化的信息和经验，而这些信息和经验能够在很大程度上影响人生故事中的特定语调、意象和主题。人们开始去创造一个“界定自我”的人生故事时，他们一方面要巩固一种意识形态背景，而另一方面则是要重构过去。意识形态背景将人生故事放置在一个事先假定的有关对错真假的个人信仰和价值的环境里。个人关于真理、对错、上帝以及其他终极关怀的信仰和价值观使得人生故事在一个特定的意识形态时空中发生。在这一时期，由于形式运算思维的出现，青少年开始有能力去探索抽象的哲学、道德、政治和宗教问题。对于许多青少年来说，构成同一性的中心任务就是要巩固好一个意识形态背景（McAdams，1988）。如果这种有关信仰和价值观的背景没有建好，就很难去建构一个有意义的人生叙事。意识形态背景一旦建立，通常不会再有太多改变。

当青少年巩固意识形态背景的同时，他们开始拥有人生中许多的第一次：第一次开始从历史角度来看待自己、第一次发现今天的自己与昨天的自己不同、第一次尝试去理解过去的自己、第一次去重构自己的过去。所谓重构过去就是将过去看作一个包含了许多核心情节的个人故事。人们选择并重构高峰体验、低谷体验、转折点等核心情节，创造了一种连续、可信的叙事来解释他们是如何从过去走到现在，又是怎样从现在走向未来（McAdams，1996a）。

而当人们度过青少年期步入成年早期，他们建构同一性的主要任务就是要创造和完善人生故事当中的"主要角色"。在一个人生故事中，主角就是讲故事的人。但这个主角可能以多种面貌出现，每个人物又将客体我（ME）的许多不同特征、角色和经验整合起来。在人生故事当中，主体我（I）将客体我（ME）的各个方面拟人化产生了众多潜意识意象，如"从不惹麻烦的人"、"忠实的朋友"、"聪明能干的上司"、"严厉的父亲"、"孝顺的儿子"、"笨拙的运动员"等等。对自我的这些简单定义都可以看作是不同的潜意识意象，一个人的人生故事通常包含了一个以上的潜意识意象。

成年期，人们的潜意识意象将会融入社会角色。潜意识意象的范围远比社会角色要广泛，也在更大程度上被内化。社会角色的一般特征可以进行操作化定义。如母亲这一社会角色是指一位女性生育并抚养自己的孩子，依据自己的价值观和社会要求来给予孩子关怀和支持，促进孩子的茁壮成长。而当某人的人生故事中的"母亲"意象很强大，那么她在很多方面都会像母亲一样去感受、去思考、去行动。她扩大了"母亲"这一社会角色，并将其置于自我界定的人生故事之中。

叙述后期，类似于 Erikson 的最后一个人生阶段（自我整合与绝望）。在这一时期里，老人看待自己的人生故事就像是在看一件即将完成的作品。因此，人生故事不再会有多大的改变了。

四、人生故事的类型

每个人都有自己独特的人生故事，不同的人就会有不同的人生故事。因此，人生故事就会有各种不同的类型和形式。

根据人生故事的语调进行分类，可以得到四种基本的故事类型：喜剧、浪漫戏剧、悲剧和讽刺戏剧。依据故事主角的发展变化，则可以将人生故事分为稳定的、进步的和倒退的故事。在稳定的人生叙事中，故事主角不会有太多的发展和变化；而在进步的人生叙事中，故事主角是随着时间不断成长和扩展；倒退的人生叙事中，故事主角则是在退缩并失去了发展的基础。

个体差异可以通过不同人生故事中的语调、意象、主题、意识形态背景、核心情节、无意识意象和结局表现出来。尽管每一个人生故事都是独一无二的，但仍然有一些共同的维度可以来将个体的人生故事进行比较（McAdams，1996a）。

例如，McAdams 通过对 40 名高生成性（generativity）成人和 30 名低生成性成人的访谈研究发现，高生成性成人更可能将自身的人生故事描绘成一个承诺故事（commitment story），类似于 Tomkins 所提到的承诺剧本。这种类型的人生故事具备了以下五个特点：（1）早期优势：故事主角在幼儿时期就享受到在家庭中或在同伴当中的优待，感到自己与众不同。（2）他人的遭遇：他们还曾目睹过他人的不幸和痛苦而且非常同情遭受苦难的人。（3）意识形态的稳固：在青少年时期，他们就已经形成了一个清晰、一致的能够指导自己人生的信仰系统。（4）补偿性顺序：不好的、消极的生活事件会立刻被好的、积极的事情所取代。（5）亲社会的未来：他们为人生故事今后的章节制定了对社会有益的目标。尽管人们的人生故事都是独特的，但具有高生成性的成人作为一个整体与低生成性的成人相比，特征是很明显的（McAdams，1995）。

人们在讲述其人生故事时所体现的个体差异，一方面反映了不同的客观的过去经历，另一方面则反映了他们所选择的不同的叙述风格和方式。并且个体所使用的叙事风格对其心理社会的适应既可能是原因也可能是结果。如，对生活感到满意，觉得自己对社会有所贡献的人很可能更倾向于以一种更积极的方式来讲述生活，即便陷入困境也仍然相信未来是美好和光明的。这种方式反过来又会进一步提高他们的幸福感和对社会所做出的努力（McAdams，1996a）。

五、人生故事的标准

McAdams 认为好的人生故事应该符合以下六个标准：连贯性、开放性、可信性、区分性、协调性以及生成的整合（McAdams，1996a）。

人生故事的连贯性指特定的故事在其内在关系中有意义的程度。故事角色的行为在故事情境中是否有意义？他们行为的动机是否符合一般的情况？连续发生的事件之间是否存在因果联系？故事中的不同部分是否彼此矛盾。一个缺乏连贯性的故事通常都会让听故事的人感到困惑，无法理解事情的发展过程。连贯性是使人生故事有意义的一个重要条件。

好的人生故事必须讲究连贯性，但并不意味着一定要将人生当中所有事情全都紧凑无误地衔接起来。实际上，一个好的人生故事还需要一定的灵活性和弹性；需要表现出对改变的开放性和对模糊状况的容忍性；需要改变、成长和发展。只有这样的故事才能够使个体拥有一个有着多种选择、多种可能性的未来。

可信性是好的人生故事的第三个标准。一个好的、成熟的、适应的人生故事无法容忍对事实的重大歪曲。同一性并非只是一个空想，而是一种心理社会构念，尽管故事是由说故事的人来建构，但故事仍有在文化中的本质意义，故事的建构也是由文化来决定的。个体和文化共同创造了人生故事。尽管同一性是通过个体的想像创造出来的，但它仍然是以我们所生活的这个真实世界为依据。

好的人生故事还会有非常丰富的性格描述、情节和主题，故事的区分性也不断提高。当人们逐渐成熟并获得新经验时，他（她）的人生故事会更加丰富、深刻、复杂，所呈现出的侧面也会越来越多。就在个体人生故事区分性不断提高的同时，个体又开始寻求故事中矛盾力量的协调以及多重自我的和谐。好的人生故事提供了叙事的解决方式来确保自我的和谐与整合。协调性是人们创造人生故事当中最具有挑战性的任务。

最后一个标准是生成的整合。人生故事所讲述的是一个真实的人的生活，它把一个生活在具体历史时期、具体社会的人的具体生活以故事的形式展现出来。人生故事与其他的故事形式相比，在更大的程度上追求连贯性、可信性和协调性。人们生活在一个社会和道德的情境中，人生故事也一定是在这一情境中建构起来的。个体同一性成熟的表现是个体成为了一个有生产能力的、对社会有所贡献的社会成员。他（她）能够承担工作和家庭的角色，有能力去促进、抚育和指导他们的下一代，并对整个人类的生存、提高和进步做出或多或少的贡献。故事创造者对于人生统一性和目的性的追求应该不仅使创造故事的人受益，更要让故事得以塑造的这个社会获益。

六、新五大原则

在这一模型的基础之上，McAdams 提出了一个包容性更大的人格框架。而构成这一人格框架的是他所主张的人格**新五大原则**（New Big Five Principles），即进化和人类本性；倾向性特质；独特性适应；人生叙事及现代同一性挑战；文化的不同角色。基于这五条原则，McAdams 又重新赋予了人格新的内涵，"人格是基于人类本性的普遍进化模板上的个体独特变异（variation），是倾向性特征、独特性适应以及错综复杂地植根于文化中生活故事的发展模式的表现"（McAdams，2006）。其中，倾向性特质、独特性适应、人生叙事及现代同一性挑战这三条原则在同一性人生叙事模型中已经详细地阐述过，在此就不再赘述了。而进化和人类本性以及文化的不同角色是 McAdams 对人格框架新的补充，在此需要加以说明。

（一）进化与人类本性

20 世纪上半叶之前形成的人格理论，在看待人类本性和基本行为动因等基本问题上是依赖理论建构者各自的信仰。如 Freud 相信人根本上是冲突的，对于本能的冲动，个体是无能为力的；而 Rogers、Maslow 等人本主义心理学家则主张一种积极的、自我实现的本性；行为主义者更是坚信人类的本性可被无限地塑造。绝大多数的人格理论都是基于信仰上的系统，然而，在 McAdams 看来，这可能是他们最致命的问题。因为其最根本的原则从未被检验过，也无法去验证（McAdams，2006）。

McAdams 指出整合的人格学科的建立，第一条基本原则是必须要得到生命科学的认可。人格心理学应该以生命科学为出发点来探讨人类的本性，而人类本性最奇妙的表现形式莫过于人类自身的进化。就 Murray 所说的第一个层面，每个人都与所有人一样，这种广泛的相似性很可能是人类进化的产物。因此，进化理论不应该只是被看作人格领域内的一种理论、观点或研究取向，而应该被看作是人格科学的第一条基本原则。因为如果不考虑人类自身物种特征的进化过程和原因，那么对于构成人类本性的物种典型特征的探讨将会毫无意义 。

在漫长的人类进化过程中，自然选择不断地塑造人类，使得人们有某些行为表现，这些行为最终又会使得具有这种模板的基因得以复制。现今每一个人都是在这一普遍模板上的个人变异。模板又是什么呢？以进化论为起点的人格理论家通常都借助进化适应的环境（environment of evolutionary adaptedness，EEA），来阐述其人类本性的观点 。他们提到了有许多独特的适应行为是用于解决在远古时期，人类生活在小群体当中面临的各种具体问题。这些人格理论家非常强调模块性和认知功能（cognitive niche）。人类本性是松散的模块群集，每个模块究竟解决适应过程中的哪一个具体问题是由自然选择来决定的，最终都将追溯到生存和繁衍。因此，有的特定模块是解决异性伴侣的获得问题的，而有的则是与抚养后代有关。在这些适应行为当中，人类的认知过程和潜力是人类区别于其他物种的重要标志。正是由于拥有认知的能力才使人们能够去策划进攻，伪装联盟，解决纠纷，预知他人的意图，发展语言，以及创造文化。

人类的个体性最初是在进化的基础上形成的，这就意味着普遍的模板特征是与个体的适应变异相对应的。普遍模板为许多行为倾向的产生提供了有利条件，如在社会生活中竞争和合作，形成宗教信仰和文化习俗等。这些都将提高 EEA 当中的群体生活的适应性。人格的进化概念表明了在心理独特性上可能会出现的几种基本变异。那些应付 EEA 中社会生活挑战的变异则具有最普遍意义，在不同文化环境中的某些特征常常被提及和讨论，而某些个人的抉择也表现出了基本的人格差异。

（二）文化的多重角色

在人格研究领域内，文化一直以来是常常被忽视的环境因素。McAdams 的新五大原则对文化给予了前所未有的重视，文化成为了人格的第五大原则。脱离了文化，我们就无法真正地理解人格。不仅如此，McAdams 还指出文化对人格的不同水平有着不同的影响。对于特质的影响是最小的，只影响了特质的外在表达，而对独特性适应的影响更强，对其内容和时间有影响；对人生故事的影响则是最为深远的。文化给出了一系列可供人们选择的主题、意象和情节来建构叙事的同一性。如果人类的进化是形成个体性最根本的基础，那么文化、社会和日常生活环境就构成了人们最密切最直接的背景，在这样一种环境中个体找到他们典型的模板。20 世纪 70 年代的个人与情境之争（person-situation debate）再次证实了行为是人与环境相互作用的结果。对于人格和社会心理学而言，最大的困难就在于如何去考察这种复杂的交互作用。在 McAdams 看来，要应对这一挑战，首先应该意识到环境意味着许多东西，从最密切的社会环境到文化习俗，都以不同的方式影响着人格的不同水平（参见表 18-2，McAdams，2006）。

表 18-2　　人格三水平及其与文化的关系

水平	界定	功能	与文化之关系
1. 倾向性特质	在行为、思想和情感上的广泛的个体差异，可以解释跨情境和跨时间的普遍一致性（如，五因素人格特质）。	倾向性特质描绘出了一个人行为的轮廓。	不同文化和语言中有相似的特质标签和系统。但文化也会影响特质如何表现出来。
2. 独特性适应	时间、空间及人物角色的动机的、社会认知的、发展的变量，如目标、价值、应对策略，关系模式等。一些独特性适应在人生历程中可能有极大的变化。	独特性适应填补了人类个体性的细节部分。	文化对于重要的目标，信仰和应对社会生活的策略都有不同的作用。如，个体主义文化和集体主义文化分别鼓励不同的独特性适应方式。
3. 整合的人生叙事（人生故事）	重构过去和期盼未来的内化的不断发展的人生故事，为人的生活找到认同（统一、目的和意义）。人生故事的个体差异体现在不同的角色意象、语气、主题、情节和结尾。人生故事随时间的改变反映了人格的发展。	整合的人生叙事说出了一个人在时间和文化当中的意义。	文化提供了生活历程的一系列的故事，并且细化了个体如何说故事，如何展现故事。在现代社会当中，故事的种类繁多，彼此处在竞争状态。人们必须选择某些故事，而舍弃其他的故事。

在人格的五因素模型中，McCrae 和 Costa（1999）曾提出倾向性特质不受社会和文化影响。他们依靠行为—遗传研究支持自己的观点，此类研究显示在特质分数上至少半数以上的变异是源于人们基因的差异，因此，共享环境对于特质的影响是微乎其微的。对此 McAdams 认为，文化对于倾向性特质并非是毫无影响的，只是这种影响很有限而且不易察觉，并且是通过两种完全不同的方式来起作用的。首先，如果人们在特质得分上半数以上的变异果真来自于他们基因的不同，那么由早期基因决定的气质倾向逐渐进化到成年后的特质，这样一个过程必然少不了社会环境和倾向性之间的复杂的、双向的作用，Caspi（1998）称之为发展的精密性（developmental elaboration）。其次，文化的力量很可能规定了特质的表现方式。意义系统和习俗是构成文化的重要部分，它们为特质的外在表现规定了表现的方式。同样是外向型的人，日本人在表达积极情感和进行社交活动的方式上与美国人就有着极

大的差异。

独特性适应是在特定的社会、文化和发展背景中实现的。目标和兴趣反映了个体对那些可能达到的行为、项目和生活轨迹的个人投资。价值观和品德则体现了个体对由家庭、宗教、教育等传承而来的具体意识形态所作的选择。应对策略、能力、期望等通常表现在具体领域和情境之中。独特性适应比特质更多地涉及社会阶层、种族、性别，甚至历史事件（Pettigrew，1997；Stewart & Healy，1989）。由于生活环境变化，角色期望的改变，以及个体的不断成熟，独特性适应也会随时间有所改变（Elder，1995）。

不同的文化可能会重视不同的独特性适应的方式。例如，个体主义和集体主义两种文化差异的假设，就曾提出文化造就了人们在独特性适应这一层面上人格的差异。研究者（Markus & Kitayama，1991）指出在个体主义文化下，如美国，人们会偏向那些体现着独立精神的目标和价值观；而在集体主义文化背景下，如日本，人们则更看重能展现互助精神的目标和价值观。尽管如此，并不见得个体就是完全被动地去接受自己所处社会的主流价值观和目标。还有研究者（Gjerde，2004）认为独特性适应和文化的关系是复杂的，并常常会处在竞争的状态。人们有时候会违背规范，建构出反传统的生活模式。文化或许只是一种存在，人们有可能去接受，也有可能去颠覆。

文化对于人格最为重要的影响是在第三个水平上，它展现给了人们多种多样的人生故事。这些故事教导人们该如何去生活，告诉他们生活的意义所在。每一个人都是从自己所处的文化当中做出选择。即便是在同一个文化当中，每个人都有不同的经历和机遇，因此，各自的人生故事也就不一样。由于每个人受到其社会、政治和经济环境的影响，以及家庭背景和教育的熏陶，人们会对不同的故事加以比较来进行选择，可能会抛弃某些故事，又或者对所选择的故事稍加修饰，从而建构一个新的人生故事以适应自己独特的人生。

新五大原则及彼此之间的关系如图 18-1 所示（McAdams，2006）。进化为心理个体性（psychological individuality）提供了普遍模板（原则 1：进化和人类本性）。人类经过了漫长的进化，逐渐开始关注那些群体生活的重要变异，而这些变异可在最广泛的水平上概括为人们在倾向性特质上的个体差异（原则 2：倾向性特质）。然而特质呈现出的只是一种倾向性结构或特征，独特性适应才清楚地阐释了在具体时间、情境、社会角色下人们心理个体性的诸多细节。目标、奋斗、应对策略、价值观、信仰以及其他动机的、发展的和社会认知的独特性适应一方面要应对日常生活需要，另一方面又最终会受到它的影响。独特性适应显示了一个人在其所生活的这个社会均衡系统中，他如何应对情境、策略和发展的任务（原则 3：独特性适应）。整合的人生叙事则讲述了个体怎样获得自己人生整体的意义。叙事同一性的心理社会建构所面临的已不再是人格的普遍趋势（倾向性特质）和对日常生活需要的具体应对（独特性适应），而是个体从一个复杂世界中如何找寻自己生活意义的挑战（原则4：整合的人生故事）。而文化则是以不同的方式影响了特质、适应和人生叙事的发展：它为特质的外在表现制定了其展现的规则，它影响了独特性适应的内容和时机，并且它还提供了规范的叙事形式，从中人们可以找到自己人生的意义（原则5：文化的多重角色）。

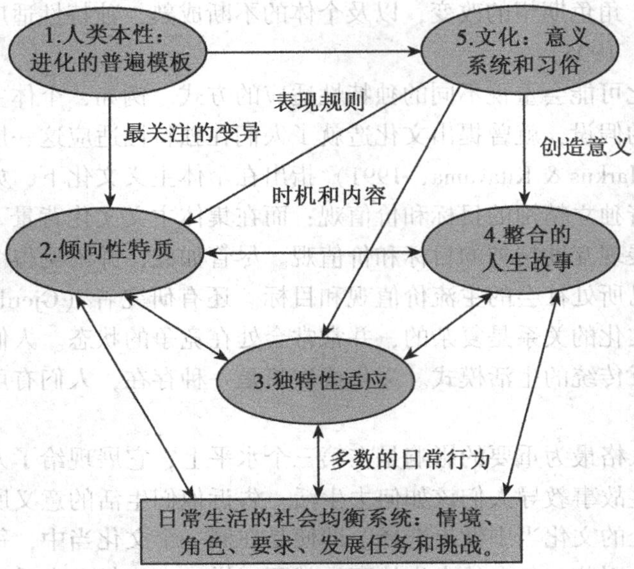

图 18-1　人格心理学的新五大原则

第三节　对话与故事

在人格研究中，一般规律研究取向（nomothetic research approach）和特殊规律研究取向（idiographic research approach）一直是相互争论的两种取向。人格心理学家在描述特质和特质研究的时候，基本上都是遵循着一般规律研究取向。他们认为人格是普遍存在的一种由一些共同特质构成的心理结构。个体差异只表现在这些特质的表现程度及结合方式上，而不是人格本身有何不同。

特殊规律研究取向则强调个人以及他自身独特的人格。它所考虑的问题是为什么同样的事件对不同的人会有不同的反应。人格研究需要能够揭示个体特质或变量以及他们在个体内模式关系的特殊规律方法。特殊规律取向恰好是为了获得对某个独特个体的理解而对个人进行深层次的研究。它假设每一个人都是独特的个体，使我们对被研究个体的理解更完整更全面。那么究竟如何将这两种研究取向结合起来呢？Hermans 认为通过故事能够将一般规律和特殊规律的观点结合起来一同去理解人格。

一、一般规律研究取向

在 Hermans 的理论中，**评价**（valuation）是其核心概念之一。评价指当个人考虑其生活情景时，他所认为的重要的一切（Hermans，1988）。评价可能包括一生中最爱的和最厌恶的人、烦扰的梦、困难的问题、珍惜的机会、对过去重要事情的记忆、未来的计划和目标等等。每一种评价都是个人生活的一个意义单元，可能是积极的、消极的或是矛盾的情感。通过自我—反省，人们将他们的评价组织成具有时空情景的叙事。

Hermans 等用一种**自我对质的方法**（self-confrontation method）来收集和评定各种评价。在这一方法中，研究对象不再只是一个研究的客体，而成为了研究“共同的调查者”（Hermans & Bonarius，1991）。研究者将整个研究看作是自己和研究对象共同合作的一项事业。研究资料就是通过双方的对话和访谈得到。Hermans 相信当人们开始去理解自己的生活时，自己就会成为真正的专家。所以，研究者提出了一系列问题来引导访谈，从而得到有关研究对象最重要的评价，如表 18-3 所示（Hermans，1999，p. 222）。

表 18-3　**自我对质方法中用来引出评价的一些问题**

过去：

是否有某些东西曾经对你的生活特别重要或有意义，时至今日仍然还很重要呢？

是否有这样一个人、一次经历或一个环境曾经对你的生活产生了极大的影响，并且今天仍然在影响着你的生活？

现在：

是否有某些东西现在对你而言特别重要，或给你的生活带来重大影响？是否有这样一个人、一次经历现在对你的生活影响重大？

未来：

你是否会预见有某些东西对你未来的人生特别重要，或有重大影响？

你是否会认为一个人或一个环境将对你未来的人生有重大影响？

在你未来生活中是否有一个特别重要的目标？

从一般规律的角度看，Hermans 建议不同的个人评价可分为两个基本的动机系统：“S—动机”和“O—动机”。其中 S—动机关注的是追求超越、扩展、权力、控制等其他动因倾向的自我奋斗。而O—动机则关注另一种倾向，渴望个人与他人的有着接触、一致、亲密关系的动机。

同时，Hermans还根据积极和消极情感对评价进行分类。所以，不同的人可以在S—动机、O—动机、积极情感、消极情感四个维度的不同水平上进行比较。Hermans在此基础上探讨了特定的评价模式如何将特定人群的特点表现出来。

二、特殊规律研究取向

评价作为人生故事的最基本的单元，不仅可以从以上四个维度加以分类和比较，并且能够融入到个体独特的人生叙事中来。从特殊规律的角度来看，对评价的考察是了解一个个体独特的对话自我的一扇窗户。

Hermans对话自我理论从Bakhtin的多声部小说隐喻中得到灵感而提出。他区分了"I"和"ME"，认为"I"是作为一个生活叙事作者的自我，包括了给生活带来意义的评价；而"ME"则是作为演员的自我，在整个人生故事中扮演不同的角色。但是，I也是从一个"I的位置"移动到另一个，在同样一个人生故事中成为了多个作者，多个"I"。"I"在一种身份下可以同意、不同意、理解、误解、反对、争论、质疑甚至嘲笑另一身份的"I"。每一身份与其他身份相互作用，而每一身份在其个人经验中都有着独特的观点（Hermans et al.，1992）。

McAdams看到的是一个故事的讲述者，他讲述了一个具有不同特征的经历，也可以说拥有许多个潜意识意象。而Hermans则看到了许许多多的故事讲述者，并且每一个都对应着故事本身的一个特征。自我可以想象为在时间上和空间上占有一定的位置，具有相互对话的关系。作为自身人生故事的作者，"I"从一个位置移动到另一个位置，去理解自我的不同观点。而不同的"I"位置彼此是在进行对话。自我就好像是一部"多声部的小说"，它不单只有一个作者，而是有许多不同作者的声音表达不同的观点，每一个声音也都代表了它自己统一的世界。

对话自我也是一种去中心化的、多重的自我。构成对话自我的是许多个处在不同位置上的"I"，并没有一个处在中心位置掌控一切的"I"。并且这个自我是在一定的历史和文化背景中，它是从赋予其文化价值的历史环境中获得意义。因此，要想全面理解对话自我，文化因素必须考虑在内。

在Hermans的对话自我理论中，个人通过将他们的评价组织到人生叙事中，从而使自己的生活有意义。人生故事并不是由一个作者所创造的，而是多个不同作者的作品。个体拥有多个讲述故事的自我，并且这些自我彼此都在进行对话。但Hermans仍然相信心理学的某种整合和总的个人意义能够出现在不和谐的对话中。

叙事心理学作为一个新的研究取向，将叙事研究法作为心理学研究的主要方法，它为我们提供了一条新的、更加深入理解人类心理与行为的途径。人格心理学家将叙事作为一种重要的研究方法和理解人类生活的恰当隐喻来关注，他们开始关注人是如何将生活加以建构、概念化，并以故事的形式表现出来。人格理论家对人类生活的时间性质、生活如何随着时间的发展而发展、人类怎样去理解这种发展等有着极大的兴趣，他们所形成的人格理论也用叙述的术语以各种不同的方式解释着人类生活。

Tomkins 的剧本理论已经将叙事置于人格的中心地位。Tomkins 把个体都比作戏剧家，每个人都在创造自己的戏剧。通过心理放大这一过程，人们把情感主宰的各个场景组织成人的剧本。作为一个讲述自我的戏剧作家和故事叙述者，人们是在为他们的人生寻求一种叙事秩序从而将以往纷繁复杂的事件融合到一个连贯的有意义的人生故事当中。

McAdams 的同一性人生故事模型理论及新五大原则最为关注的是个体的人生故事。它是融合了重构的过去、感知的现在和期盼的将来的一种内化的、发展的自我叙事。个体差异体现在人生故事的不同的角色意象、语气、主题、情节和结尾，而人生故事的改变反映了人格的发展。整合的人生叙事则讲述了个体怎样获得自己人生整体的意义。McAdams 认为故事为自我提供了连续性，一个完整的故事可以告诉我们昨天的你如何成为今天的你、明天的你。在故事中，我们可以建构过去、体验现在、期待将来，故事意味着自我的统一与整合。

Hermans 的对话自我理论则提出人生故事能够将一般规律和特殊规律的观点结合起来一同去理解人格。评价作为人生故事的最基本的单元，不同个体的重要评价都可以从四个维度加以分类和比较；同时，评价又能够融入到个体独特的人生叙事中来。从特殊规律的角度来看，对评价的考察是了解一个个体独特的对话自我的一扇窗户。

随着 Tomkins 的剧本理论、McAdams 的同一性人生故事模型理论、Hermans 的对话自我理论等人格叙事理论相继出现，人格心理学领域内个人叙事和人生故事的研究方兴未艾。人格心理学家将要系统地去探讨人们所创造、讲述和展现出来的有关自己和他人的故事。相信研究者在这条道路上会有不同的收获。

参考文献①

车文博（1998）：西方心理学史。杭州：浙江教育出版社。

车文博（2003）：人本主义心理学。杭州：浙江教育出版社。

王丽、傅金芝（2005）：国内父母教养方式与儿童发展研究。心理科学进展，第13卷，第3期，第298~304页。

王树青、张文新、张玲玲（2007）：大学生自我同一性状态与同一性风格、亲子沟通的关系。心理发展与教育，第1期，第59~65页。

王益明、金瑜（2001）：两种自我（ego和self）的概念关系探析。心理科学，第24卷，第3期，第363~364页。

王登峰、方林、左衍涛（1995）：中国人人格的词汇研究。心理学报，第27卷，第4期，第400~406页。

王登峰、崔红（2001）：编制中国人人格量表（QZPS）的理论构想。北京大学学报（哲社版），第6期，第48~54页。

王登峰、崔红（2003）：中西方人格结构的理论和实证比较。北京大学学报（哲社版），第40卷，第5期，第109~120页。

王登峰、崔红（2003）：中国人人格量表（QZPS）的编制过程与初步结果。心理学报，第35卷，第1期，第127~136页。

王登峰、崔红（2004）：中国人人格量表的信度与效度。心理学报，第36卷，第3期，第347~358页。

王雁飞、方俐洛、凌文辁（2001）：关于成就目标定向理论研究的综述。心理科学，第7卷，第1期，第85~86页。

尤瑾、郭永玉（2007）："大五"与五因素模型：两种不同的人格结构。心理科学进展，第15卷，第1期，第122~128页。

牛津高阶英汉双解词典（第6版）。北京：商务印书馆，2004，第382页。

① 为方便读者查阅，也出于对原作者劳动的尊重，这里将本书的直接参考文献和转引文献一并列出。

风笑天（2001）：社会学研究方法。北京：中国人民大学出版社。
付贵芳（2004）：提高中学生自我效能感的途径探讨。现代教育科学，第3期，第6~8页。
叶浩生（主编，1998）：西方心理学的历史与体系。北京：人民教育出版社。
龙君伟、徐琴美（1999）：Bandura的效能预期理论述评。心理科学，第22卷，第4期，第346~350页。
乔健、潘乃谷（主编，1995）：中国人的观念与行为。天津：天津人民出版社。
刘化英（2000）：罗杰斯对自我概念的研究及其教育启示。辽宁师范大学学报（社会科学版），第23卷，第6期，第37~39页。
刘岩（2003）：学生自我效能、心理控制源与应激的关系。中国心理卫生杂志，第17卷，第1期，第36~41期。
刘海平（2006）：论作为人格组织者的自我。武汉：华中师范大学硕士论文。
孙秋云主编（2004）：文化人类学教程。北京：民族出版社。
孙敬婉（1963）：中美大学生在"十六种人格因素测验"上之比较。测验年刊，第8期，第33~37页。
朱新秤、焦书兰（1999）：进化心理学研究进展。社会心理研究，第1期，第84~89页。
毕重增（2005）：学业落后学生完美主义与考试焦虑的关系。中国科技论文在线：http：//www.paper.edu.cn.
江光荣（2000）：人性的迷失复归——罗杰斯的人本主义心理学。武汉：湖北教育出版社。
池丽萍、辛自强（2006）：大学生学习动机的测量及其与自我效能感的关系。心理发展与教育，第2期，第64~70页。
佐斌（1997）：中国人的脸与面子。武汉：华中师范大学出版社。
吴增强（2001）：自我效能：一种积极的自我信念。心理科学，第24卷，第4期，第499，483页。
宋文里：第三路数之必要。转引自本土主义的文化心理学：http：//wayne.cs.nthu.edu.tw/~iosoc/professor.
宋谦（1995）：中国大陆当今文化价值观之探索。载乔健、潘乃谷主编：中国人的观念与行为。天津：天津人民出版社。
张文新（1997）：初中学生自尊特点的初步研究。心理科学，第20卷，第6期，第504~508页。
张文新（1999）：儿童社会性发展。北京：北京师范大学出版社。
张建新、周明洁（2006）：中国人人格结构探索——人格特质六因素假说。心理科学进展，第14卷，第4期，第574~585页。
张春兴（2005）：现代心理学——现代人研究自身问题的科学（第2版）。上海：上海人民出版社。
李丹（主编，1987）：儿童发展心理学。上海：华东师范大学出版社。
李红（2000）：关于自我效能感与儿童社会化的研究。教育探索，第12期，第47页。
李燕平、郭德俊（2004）：成就目标与任务投入的关系。心理学报，第36卷，第1期，第53~58页。
杨子云、郭永玉（2004）：人格分析的单元——特质、动机及其整合。华中师范大学学报（人文社会科学版)，第43卷，第6期，第131~135页。
杨丽珠、张丽华(2005)：3~9岁儿童自尊结构的研究。心理科学，第28卷，第1期，第23~27页。
杨国枢(1989)：传统孝道的变迁与实践：一项社会心理学之探讨。载杨国枢、余安邦主编：中国人的心理与行为。台北：桂冠图书股份有限公司。
杨国枢(1990)：传统价值观与现代价值观能否同时并存？载杨国枢、余安邦主编：《中国人的价值观——社会科学观点》。台北：桂冠图书股份有限公司。
杨韶刚(1999)：寻找存在的真谛——罗洛·梅的存在主义心理学。武汉：湖北教育出版社。
杨慧芳、郭永玉、钟年(2007)：文化与人格研究中的几个问题。心理学探新，第27卷，第1期，第4~8页。
杨鑫辉(2000)：心理学通史。济南：山东教育出版社。
谷传华、张文新(2003)：小学儿童欺负与人格倾向的关系。心理学报，第36卷，第1期，第101~105页。
谷传华、陈会昌、许晶晶(2003)：中国近现代社会创造性人物早期的家庭环境与父母教养方式。心理发展与教育，第19卷，第4期，第17~22页。
邹泓(1998)：同伴关系的发展功能及影响因素。《心理发展与教育》，第2期，第39~44页。
陆昌勤、赵晓琳(2004)：影响工作倦怠感的社会与心理因素。中国行为医学科学，第13卷，第3期，第345~346页。
陈之昭(1982)：面子心理的理论分析与实际研究。载杨国枢、余安邦主编：中国人的心理。台北：桂冠图书股份有限公司。
陈仲庚、张雨新(1987)：人格心理学。沈阳：辽宁人民出版社。
陈向明(2003)：质的研究方法与社会科学研究。北京：教育科学出版社。
周勇、董奇(1994)：学习动机、归因、自我效能感与学生自我监控学习行为的关系研究。心理发展与教育，第3期，第30~33页。
孟慧、倪婕(2002)：目标定向与反馈寻求及绩效的关系研究综述。心理科学，第25卷，第4期，第457~460页。
尚新建(2002)：美国世俗化的宗教与威廉·詹姆斯的彻底经验主义。上海：上海人民教育出版社。
林崇德(2006)：发展心理学。北京：人民教育出版社。
郑信军、岑国桢(2006)：家庭处境不利儿童的社会性发展研究述评。心理科学，第29卷，第3期，第747~751页。
郑剑虹、黄希庭(2004)：自强意识的初步调查研究。心理科学，第27卷，第3期，第528~530页。
郑雪等(2004)：幸福心理学。广州：暨南大学出版社。
金盛华(1996)：自我概念及其发展。北京师范大学学报(哲社版)，第1期，第30~36页。
胡桂英、许百华(2002)：初中生学习归因、学习自我效能、学习策略和学业成就关系的研究。心理科学，第25卷，第6期，第757~759页。
钟友彬(1988)：中国心理分析—认识领悟心理疗法。沈阳：辽宁人民出版社。

钟年（1999）：文化：越问越糊涂。民族艺术，第46~51页。
倪亮等（1960）：中学生人格测验研究。测验年刊，第2期，第33~39页。
夏凌翔、黄希庭（2004）：典型自立者人格特征初探。心理科学，第27卷，第5期，第1065~1068页。
夏凌翔、黄希庭（2006）：青少年学生自立的初步调查。西南师范大学学报（人文社会科学版），第32卷，第1期，第15~18页。
郭永玉（1999）：孤立无援的现代人——弗洛姆的人本精神分析。武汉：湖北教育出版社。
郭永玉（2005）：人格心理学：人性及其差异的研究。北京：中国社会科学出版社。
郭永玉、张钊（2007）：人格心理学的学科架构初探。心理科学进展，第15卷，第2期，第267~274页。
郭金山、车文博（2004）：大学生自我同一性状态与人格特征的相关研究。心理发展与教育，第2期，第51~55页。
郭金山、车文博（2004）：自我同一性与相关概念的辨析。心理科学，第27卷，第5期，第1266~1267期。
高莲云（1962）：石尔斯顿性格测验的修订。测验年刊，第9期，第35~48页。
崔红、王登峰（2004）：西方“大五”人格结构模型的建立和适用性分析。心理科学，第27卷，第3期，第545~548页。
梁海梅、郭德俊、张贵良（1998）：成就目标对青少年成就动机和学业成就影响的研究。心理科学，第21卷，第4期，第332~335页。
黄光国（1995）：儒家价值观的现代转化：理论分析与实证研究。载乔健、潘乃谷主编：中国人的观念与行为。天津：天津人民出版社。
黄坚厚（1982）：现代生活中孝的实践。载杨国枢、余安邦主编：中国人的心理。台北：桂冠图书股份有限公司。
黄坚厚（2002）：人格心理学。台北：心理出版社。
黄希庭（2002）：人格心理学。杭州：浙江教育出版社。
黄希庭、李媛（2001）：大学生自立意识的探索性研究。心理科学，第24卷，第4期，第389~392页。
彭运石（1999）：走向生命的巅峰——马斯洛的人本心理学。武汉：湖北教育出版社。
程学超、谷传华（2001）：母亲行为与小学儿童自尊的关系。心理发展与教育，第17卷，第4期，第23~27期。
蒋京川、郭永玉（2003）：动机的目标理论。心理科学进展，第11卷，第6期，第635~641页。
韩晓峰、郭金山（2004）：论自我同一性概念的整合。心理学探新，第2期，第7~11页。
訾非（2006）：对权威的畏惧感、对他人否定评价的惧怕与非适应性完美主义。中国健康心理学杂志，第14卷，第4期，第466~469页。
訾非、周旭（2005）：大学二年级男生的完美主义心理、羞怯与自杀念头的相关研究。中国健康心理学杂志，第13卷，第4期，第244~246页。
熊哲宏（1999）：心灵深处的王国——弗洛伊德的精神分析学。武汉：湖北教育出版社。
魏运华（1997）：自尊的结构模型及儿童自尊量表的编制。心理发展与教育，第3期，第29~36页。

魏运华（2004）：自尊的心理发展与教育。北京：北京师范大学出版社。
Atkinson，R.　等（车文博等译，1994）：心理学导论（下册）。台北：晓园出版社。
Bandura，A.（缪小春等译，2003）：自我效能——控制的实施。上海：华东师范大学出版社。
Berger，J. M.（陈会昌等译，2000）：人格心理学。北京：中国轻工业出版社。
Berger，J. M.（陈会昌等译，2004）：人格心理学（第6版）。北京：中国轻工业出版社。
Dollard，J. & Miller，N.（李正云等译，1950/2002）：人格与心理治疗。杭州：浙江教育出版社。
Fromm，E.（孙依依译，1988）：为自己的人。北京：三联书店。
Fromm，E.（张燕译，1986）：在幻想锁链的彼岸。长沙：湖南人民出版社。
Gerrig，R. J.，& Zimbardo，P. G.（王垒、王甦等译，2003）：心理学与生活。北京：人民邮电出版社。
Hergenhahn，B. R.（郭本禹等译，2001/2003）：心理学史导论（第4版）。上海：华东师范大学出版社。
Hergenhahn，B. R.（何瑾、冯增俊译，1980/1986）：人格心理学导论。海口：海南人民出版社。
Hogan，R.，Harkness，A. R.，& Lubinski，D.（2000/2002）：人格和个体差异。载K. Pawlik & M. R. Rosenzweig（主编，张厚粲主译），国际心理学手册（上册）。上海：华东师范大学出版社，第394~426页。
Lugo，J. O.（1996）：人生发展心理学。上海：学林出版社。
Marsella，A. J.，Tharp，R. G.，& Ciborowski，T. J.（肖振远等译，1991）：跨文化心理学。长春：吉林文史出版社。
Maslow，A. H.（李文湉译，1987）：存在心理学探索。昆明：云南人民出版社。
Maslow，A. H.（林方译，1972/1987）：人性能达的境界。昆明：云南人民出版社。
Maslow，A. H.（林方译，1987）：人的潜能与价值。北京：华夏出版社。
Maslow，A. H.（许金声等译，1987）：动机与人格。北京：华夏出版社。
May，R.（蔡伸章译，1986）：爱与意志。兰州：甘肃人民出版社。
May，R.（冯川、陈刚译，1991）：人寻找自己。贵阳：贵州人民出版社。
Mead，M.（宋正纯等译，1989）：性别与气质。北京：光明日报出版社。
Pawlik，K. & Rosenzweig，M. R.（2000/2002）：心理科学：内容、方法学、历史及职业。载K. Pawlik & M. R. Rosenzweig（主编，张厚粲主译），国际心理学手册（上册）。上海：华东师范大学出版社，第3~26页。
Pervin，L. A.（洪光远、郑慧玲译，1993/1995）：人格心理学。台北：桂冠图书股份有限公司。
Pervin，L. A.（黄希庭主译，1996/2001）：人格科学。上海：华东师范大学出版社。
Pervin，L. A.，& John，O. P.（黄希庭主译，2003）：人格手册：理论与研究。上海：华东师范大学出版社。
Phares，E. J.（林淑梨、王若兰、黄慧真译，1991/1994）：人格心理学。台北：心理出版社。
Popenoe，D.（刘云德、王戈译，1987）：社会学。沈阳：辽宁人民出版社。
Rice，P. L.（石林等译，2000）：压力与健康。北京：中国轻工业出版社。

Shaffer, D.（林翠湄译，1995）：社会与人格发展。台湾：心理出版社。

Shaffer, D. R.（邹泓等译，2005）：发展心理学。北京：中国轻工业出版社。

Steen, R. G.（2001）：DNA 和命运：人类行为的天性和教养。上海：上海科学技术出版社。

Strongman, K. T.（张燕云译，1986）：情绪心理学。沈阳：辽宁人民出版社。

Watson, J. B.（李维译，1925/1998）：行为主义。杭州：浙江教育出版社。

Weiner, B.（孙煜明译，1992/1999）：人类动机：比喻、理论和研究。杭州：浙江教育出版社。

Wundt, W.（李维、沈烈敏校译，1863/1997）：人类与动物心理学论稿。杭州：浙江教育出版社。

Abramson, L. Y., Seligman M. E. P. and Teasdale J. D. (1978). Learned helplessness in humans: Critique and reformulation, *Journal of Abnormal Psychology*, 87, 49-74.

Adler, A. (1930). Individual psychology. In C. Murchison (Ed.), *Psychologies of* 1930 (pp. 395-405). Worcester, MA: Clark University Press.

Adler, A. (1973). Technique of treatment. In H. L. Ansbacher & R. R. Ansbacher (Eds.), *Superiority and social interest* (pp. 191-201). New York: Viking.

Ahadi, S. A., & Rothbart, M. K. (1994). Temperament, development and the Big Five. In C. F. Halvorson, Jr., G. A. Kohnstamm, & R. P. Mantin (Eds.), *The developing structure of temperament and personality from infancy to adulthood* (pp. 189-207).Hillsdale, NJ: Erlbaum.

Ahern, F. M., Johnson, R. C., Wilson, J. R., McClearn, G. E., & Vandenbergh, S. G. (1982). Family resemblances in personality. *Behavior Genetics*, 12(3), 261-280.

Ainsworth, M. D. S., Blehar, M. C., Waters, E., & Wall, S. (1978). *Patterns of attachment: A psychological study of the strange situation.* Hillsdale, NJ: Erlbaum.

Ainsworth, M. D. S. (1979). Attachment as related to mother-infant interaction. In J. S. Rosenblatt, R. A. Hinde, C. Beer, & M. Busnel (Eds.), *Advances in the study of behavior* (Vol. 9). New York: Academic Press.

Alexander, T. (2000). *Adjustment and Human Relations.* New Jersey: Prentice Hall.

Allport, G. W., & Odbert, H. S. (1936). Trait names: A psycho-lexical study. *Psychological Monographs*, 41, (211).

Allport, G. W. (1937). *Personality: A psychological interpretation.* New York: Henry Holt. Personality; Characters and characteristics.

Allport, G. W. (1955). Is the concept of self necessary? *In Becoming: Basic considerations for a psychology of personality.* New Haven, CT: Yale University Press.

Allport, G. W. (1961) *Personality: A psychological interpretation* (2nd Ed.). New York: Holt Rinehart & Winston.

Allport, G. W. (1961). *Pattern and growth in personality.* New York: Holt, Rinehart & Winston, Inc.

Amato, P. R. (1996). Explaining the intergenerational transmission of divorce. *Journal of Marriage and the Family*, 58, 628-640.

Ames, C., & Archer, J. (1988). Achievement goals in the classroom: Students' learning strategies and motivation processes. *Journal of Educational Psychology*, 80, 260-267.

Ames, C. (1992). Classrooms: Goals, structures, and student motivation. *Journal of Educational*

Psychology, 84, 261-271.

Ami, R., Hasan, B., & Gina, R. (2000). Coping with Loneliness: A Cross-Cultural Comparison. *European Psychologist*, 5, 302-311.

Ansbacher, H. L., & Ansbacher, R. R. (1956). *The individual psychology of Alfred Adler: A systematic presentation in selections from his writings.* New York: Harper and Row.

Antoni, M. H., & Gookin, K. (1988). Host moderator variables in the promotion of cervical neoplasia: Personality facets (I). *Journal of Psychosomatic Research*, 32, 327-338.

Arkin, R. M., & Baumgardner, A. H. (1985). Self-handicapping. In J. H. Harvey & G. Weary (Eds.), *Attribution: Basic issues and applications* (pp.169-202). San Diego, CA: Academic Press.

Asher, S. R., Parkhurst, J. T., & Hymel, S (1990). Peer rejection and loneliness in childhood. In S. R. Asher & J. D. Coie (Eds), *Peer rejection in childhood* (pp. 253-273). New York: Cambridge University Press.

Ashkanasy, N. & Gallois, C. (1987). Locus of control and attributions for academic performance of self and others. *Australian Journal of Psychology*, 39, 293-305.

Ayers, T. S., Sandler, I. N., West, S. G., & Roosa, M. W. (1996). A dispositional and situational assessment of children's coping: Testing alternative models of coping. *Journal of Personality*, 64, 923-958.

Bagley, C. (1995). *Child sexual abuse and mental health in adolescents and adults.* Aldershot, England: Ashgate.

Bagwell, C. L., Newcomb, A. F., & Bukowski, W. M. (1998). Preadolescent friendship and peer rejection as predictors of adult adjustment. *Child Development*, 69, 140-153.

Bakan, D. (1966). *The duality of human existence: Isolation and communication in Western man.* Boston, MA: Beacon Press.

Bandura, A., Ross, D., & Ross, A. (1963). Imitation of film mediated aggressive models. *Journal of Abnormal and Social Psychology*, 66, 3211.

Bandura, A. & Walters, H. (1963). *Social learning and personality.* New York: Holt, Rinehart and Winston.

Bandura, A. (1965). Vicarious processes: A case of no-trial learning. In L. Berkowitz (Ed.), *Advances in experimental social psychology* (Vol.II). New York: Academic Press.

Bandura, A. (1969). *Principles of behavior modification.* New York: Holt, Rinehart and Winston.

Bandura, A. (1977). *Social learning theories.* Englewood Cliffs, NJ: Prentice-Hall.

Bandura, A. (1978). The self system in reciprocal determinism. *American psychologist*, 33, 344-358.

Bandura, A. (1986). *Social foundations of thought and action: A social cognitive theory.* Englewood Cliff, NJ: Prentice-Hall.

Bandura, A. (1989). Human agency in social cognitive theory. *American Psychologist*, 44, 1175-1184.

Bandura, A. (1994). Social cognitive theory and mass communication. In J. Bryant and D. Zillman

(Eds.) *Media effects: Advances in theory and research.* Hilldale, NJ: Erlbaum.

Bandura, A. (1997). *Self-efficacy: The exercise of control*. New York: Freeman.

Barrick, M. R., & Mount, M. K. (1991). The Big Five personality dimensions and job performance: A meta-analysis. *Personnel Psychology*, 44, 1-26.

Barry, H., Bacon, M. K. & Child, I. L. (1957). A cross-cultural survey of some sex differences in socialization. *Journal of Abnormal and Social Psychology*, 55, 327-332.

Bartelstone J. H., & Trull T. J. (1995). Personality, life events, and depression. *Journal of Personality Assessment*, 118, 358-374.

Bartholomew, K., & Horowiz, L. M. (1991). Attachment Styles among young adults: A test of four-category model. *Journal of Personality and Social Psychology*, 61, 226-244.

Baruch, R. (1967). The achievement motive in women: Implications for career development. *Journal of Personality and Social Psychology*, 5, 260-267.

Bastiani, A. M., Rao, R., Weltzin, T. E., & Kaye, W. H. (1995). Perfectionism in anorexia nervosa. *International Journal of Eating Disorders*, 17, 147-152.

Bastone, L & Wood, H (1997). Individual differences in the ability to decode emotional facial expressions. *Psychology: A Journal of Human Behavior*, 34, 32-36.

Bates, J. E. (1994). Introduction. In Bates, J. E. & Wachs, T. D. (Eds.), *Temperament: Individual differences at the interface of biology and behavior* (pp. 1-14). Washington, DC: American Psychology Association.

Batson, C. D., Duncan, B. D., Ackerman, P., Buckley, T., & Birch, K. (1981). Is empathic emotion a source of altruistic motivation? *Journal of Personality and Social Psychology.*

Batson, C. D. & Powell, A. A. (2003). Altruism and prosocial behavior. In Millon, T. & Lerner, M. J. (Ed). *Handbook of psychology: Personality and social psychology.* New York: John Wiley and Sons.

Bauer, J. J., McAdams, D. P. (2004). Growth Goals, Maturity, and Well-Being. *Developmental Psychology*, 40(1), 114-127.

Baumeister, R. F., Shapiro, J. J., & Tice, D. M. (1985). Two kinds of identity crisis. *Journal of Personality*, 53, 407-424.

Baumeister, R. F. (Ed.)(1986). *Identity: Cultural change and the struggle for self.* New York: Oxford University Press.

Baumeister, R. F., Tice, D. M., & Hutton, D. G. (1989). Self-presentational motivations and personality differences in self-esteem. *Journal of Personality*, 57, 547-579.

Baumeister, R. F. (Ed.)(1993). Understanding the inner nature of low self-esteem: Uncertain, fragile, protective, and conflicted. In R. Baumeister (Ed.), *Self-esteem: The puzzle of low self-regard.* New York: Plenum Press.

Baumeister, R. F., & leary, M. R. (1995). The need to belong: Desire for interpersonal attachments as a fundamental human motivation. *Psychological Bulletin*, 117, 497-529.

Baumeister, R. F., & Smart, L., & Boden, J. M. (1996). Relation of threaten egotism to violence and aggression: The dark side of high self-esteem. *Psychological Review*, 103, 5-33.

Baumeister, R. F. (1997). Identity, self-concept, and self-esteem: The self lost and found. In R. Hogan & J. Johnson (Eds.), *Handbook of personality psychology* (pp. 681-710). San Diego, CA: Academic Press.

Baumeister, R. F. (1999). Self-esteem, self-concept, and Identity. In In V. Derlega, B. Winstead, & W. Jones (Eds.), *Personality: Contemporary Theory and Research* (2nd Edition, pp. 339-375). Chicago, IL: Nelson-Hall.

Baumrind, D. (1967). Child care practices anteceding three patterns of preschool behavior. *Genetic Psychology Monographs*, 75, 43-88.

Baumrind, D. (1971). Current patterns of parental authority. *Developmental Psychology Monographs*, 4 (1, Part 2).

Baumrind, D. (1977, March). Socialization determinants of personal agency. *Paper presented at the biennial meetings of the Society for Research in Child Development*, New Orleans.

Baumrind, D. (1991). Effective parenting during the early adolescent transition. In P. A. Cowan & M. Hetherington (Eds.). *Family transitions.* Hillsdale, NJ: Erelbaum.

Beebe, D. W. (1994). Bulimia nervosa and depression: A theoretical and clinical appraisal in light of the binge-purge cycle. *British Journal of Clinical Psychology*, 33, 259-276.

Belsky, J. (1981). Early human experience: A family perspective. *Developmental Psychology*, 17, 3-23.

Belsky, J. (1993). Etiology of child maltreatment: A developmental ecological analysis. *Psychological Bulletin*, 114, 413-434.

Benassi, V. A., Sweeney, P. D., & Dufour, C. L. (1988). Is there a relationship between locus of control orientation and depression? *Journal of Abnormal Psychology*, 97, 357-367.

Berkowitz, L. (1983). The experience of anger as a parallel process in the display of impulsive "angry" aggression. In R. Geen & E. Donnerstein (Eds.), *Human aggression: theoretical and empirical reviews* (Vol.1, pp.103-134). New York: Academic Press.

Berkowitz, L. (1984). Some effects of thoughts on anti- and prosocial influences of media events: A congnitive-neoassociationist analysis. *Psychological Bulletin*, 95, 410-427.

Berkowitz, L. (1986). Situational influences on reactions to observed violence. *Journal of Social Issues*, 42, 93-106.

Bernard, H. S. (1981). Identity formation during late adolescence: A review of some empirical findings. *Adolescence*, 16, 349-357.

Bernhardt P. C. et al. (1998). Testosterone changes during vicarious experiences of winning and losing among fans at sporting events. *Physiology Behavior*, 65(1), 59-62.

Berry, J. W. (1966). Temne and Eskimo perceptual skills. *International Journal of Psychology*, 1, 207-229.

Berzonsky, M. D. (1990). Self-construction over the life span: A process perspective on identity formation. In G. J. Neimeyer & R. A. Neimeyer (Eds.), *Advances in personal construct psychology* (Vol. 1, pp.155-186). Greenwich, CT: JAI Press.

Bierhoff, H. W., Klein, R., & Kramp, P. (1991). Evidence for the altruistic personality from data on accident research. *Journal of personality*, 59, 263-280.

Bierman, K. L., Smoot, D. L., & Aumiller, K. (1993). Characteristics of aggressive-rejected, aggressive (non-rejected) and rejected (non-aggressive) boys. *Child Development*, 64, 139-151.

Billings, A., & Moos, R.H. (1981). The role of coping responses and social resources in attenuating the stress of life events. *Journal of Behavioral Medicine*, 4, 157-189.

Bilmes, M. (1978). Six representative approaches to existential therapy. In R. Valle., & M. King. (Eds.), *Existential-Phenomenological alternatives in psychotherapy*. (pp. 290-294). New York: Oxford University Press.

Blatt, S. J., Cornell, C. E., & Eshkol, E. (1993). Personality style, differential vulnerability, and clinical course in immunological and cardiovascular disease. Clinical Psychology Review, 13, 421-450.

Blatt, S. J. (1995). The destructiveness of perfectionism. *American Psychologist*, 50(12), 1003-1020.

Block, J. (1961). *The Q-Sort Method in Personality Assessment and Psychiatric Research*. Springfield, Illinois: C.C. Thomas.

Block, J. (1971). *Live through time*. Berkeley, CA: Bancroft Books.

Block, J., & Block, J. (1980). The role of ego-development and ego-resiliency in the organization of behavior. In W. A. Collins (Ed.) *Development of cognition, affect, and social relations: The Minnesota symposium in child psychology* (pp.39-101). Hillsdale, NJ: Erlbaum.

Block, J. (1993). Studying personality the long way. In Funder, D. C., Parker, R. D., Tomlinson-Keasey, C. & Widaman K. (Eds.), *Studying lives through time* (pp.9-41). Washington, DC: American Psychological Association.

Block, J., & Robbins, R. W. (1993). A longitudinal study of consistency and change in self-esteem from early adolescence to early adulthood. *Child Development*, 64, 909-923.

Bloom, B. S. (1964). *Stability and change in human characteristics*. New York: Wiley.

Blos, P. (1962). *On adolescence*. New York: Free Press.

Bogen, J. E. (1975). *Some Educational Aspects of Hemispheric Specialization*. UCLA Educator 17, 24-32.

Bohlin, G., Hagekull, B., & Rydell, A. (2000). Attachment and social functioning: A longitudinal study from infancy to middle childhood. *Social Development*, 9, 24-39.

Boor, M. (1976). Relationship of internal-external control and national suicide rates. *Journal of Social Psychology*, 100, 143-144.

Bortner, R.W. (1966). A Short Rating Scale as a Potential Measure of Pattern A Behavior. *Journal of Chronic Disease*, 22, 87-91.

Bosma, H. A. & Kunnen, E., S. (2001). Determinants and mechanisms in ego identity development: A review and synthesis. *Development Review*, 21, 39-66.

Bouchard, T. J., & McGue, M. (1990). Genetic and rearing environmental influences on adult personality: An analysis of adopted twins reared apart, *Journal of Personality*, 58, 263-292.

Bouchard, T., Lykken, D., McGue, M., Segal, N., & Tellegen, A. (1990). Sources of human psychological differences: The Minnesota study of twins reared apart. *Science*, 250, 223-229.

Bowlby, J. (1969). *Attachment & loss by John Bowbly* (In 2 Vols).London: Hogarth Press.

Bowlby, J. (1969). Evolutionary biology and personality psychology: Toward a conception of human nature and individual differences. *American Psychologist*, 39, 1135-1147.

Bowlby, J. (1980). *Attachment and loss*, Vol. 3. *Loss, Sadness and Depression.* New York: Basic Books.

Bowlby, J. (1988). *A Secure Base: Clinical Applications of Attachment Theory.* London: Routledge.

Bridewell, W. B. & Chang, E. C. (1997). Distinguishing between anxiety, depression, and hostility: relations to anger-in, anger-out, and anger control. *Personality and Individual Difference*, 22, 587-590.

Brockner, J. (1984). Low self-esteem and behavioral plasticity: Some implications for personality and social psychology. In L. Wheeler (Ed.), *Review of personality and social psychology.* Vol. 4 (pp. 237-271). Beverly Hills, CA:Sage.

Brockner, J., Derr, W. R., & Laing, W. N. (1987). Self-esteem and relations to negative feedback: Toward greater generalizability. *Journal of Research in Personality*, 21, 318-333.

Brown, B. B. (1998). *The self.* New York: McGraw-Hill.

Brumberg, J. J. (1988). *Fasting girls: The history of anorexia nervosa.* Cambridge, MA: Harvard University Press.

Bruner, J. (1986). *Actual Minds, Possible Worlds.* Cambridge, MA: Harvard University Press.

Bruner, J. S. (1990). *Acts of meaning.* Cambridge, MA: Harvard University Press.

Brunstein, J. C., Schultheiss, O. C., & Graessmann, R. (1998). Personal goals and emotional well-being: The moderating role of motive dispositions. *Journal of Personality and Social Psychology*, 75, 494-508.

Brunstein, J. C. (1993). Personal goals and subjective well-being: A longitudinal study. *Journal of Personality and Social Psychology*, 65, 1061-1070.

Buchholz, E. (1997). *The Call of Solitude: Alone time in a World of Attachment.* New York: Simon & Schuster.

Bulhan, H. A. (1985). *Franz Fanon and the psychology of oppression.* New York: Plenum Press.

Burger, J. M., & Cooper, H. M. (1979). The desirability of control. *Motivation and Emotion*, 3, 381-393.

Burger, J. M. (1986). Desire for control and the illusion of control: The effects of familiarity and sequence of outcomes. *Journal of Research in Personality*, 20, 66-76.

Burger, J. M. (1987). Desire for control and the illusion of control: The effects of familiarity and sequence of outcomes. *Journal of Personality and Social Psychology*, 53, 355-360.

Burger, J. M. (1990). Desire for control and interpersonal interaction style. *Journal of Research in Personality*, 24, 147-155.

Burger, J. M. (1992). *Desire for control: Personality, social and clinical perspectives.* New York: Plenum.

Burger, J. M. & Solano, C. H. (1994). Changes in desire for control over time: Gender differences in a ten-year longitudinal study. *Sex Roles*, 31, 465-472.

Burger, J. M. (1995). Individual differences in preference for solitude. *Journal of Research in Personality*, 29, 85-108.

Burger, J. M. (2004). *Personality* (6th Ed.). Belmont, CA: Wadsworth Publishing.

Burn, S., O'Neil, A., K., & Nederend, S. (1996). Childhood tomboyishness and adult androgeny. *Sex Roles*, 34, 419-428.

Burns, D. (1980). The perfectionist's script for self-defeat. *Psychology Today*, 14(6), 34-52.

Burns, M., & Seligman, M. (1989). Explanatory style across the lifespan: Evidence for stability over 52 years. *Journal of Personality and Social Psychology*, 56, 118-124.

Bushman, B. J., (1995). Moderating role of trait aggressiveness in the effects of violent media on aggression. *Journal of Personality and Social Psychology*, 69, 950-960.

Buss, A. H., & Plomin, R. (1984). *Temperament: Early developing personality traits.* Hillsdale, NJ: Erlbaum.

Buss, A. H. & Plomin, R. (1986). The EAS approach to temperament. In Plomin, R. & Dunn, J. (Eds.), *The study of temperament: Changes, continuities and challenges* (pp. 67-79). Hillsdale, NJ: Erlbaum.

Buss, D. M., & Barnes, M. (1986).Preferences in human mate selection. *Journal of Personality and Social Psychology*, 50, 559-570.

Buss, D. M. (1989). Sex differences in human mate preference: Evolutionary hypotheses tested in 37 cultures. *Behavioral and Brain Sciences*, 12, 1-49.

Buss, D. M., & Schmitt, D. P. (1993). "Sex Strategies Theory: An Evolutionary Perspective on Human Mating," *Psychological Review*, 100,204-232.

Buss, D. M. (1995). Human prestige criterion. Paper presented to the Human Behavior and Evolution Society Annual Meeting. University of California,Santa Barbara,CA(June 29).

Buss, D. M. (1997). Evolutionary Foundations of Personality. In R. Hogan , J. Johnson, & S. R. Briggs (Eds.). *Handbook of personality psychology.* (pp.318-345). San Diego: Academic Press.

Buss, D. M. (1999). Human nature and individual differences: the evolution of human personality. In L. A. Pervin, (Ed.). *Handbook of personality: theory and research.* (pp.31-56). New York: Oliver P. John. Publisher, Guilford Press.

Butler, R. (1992). What young people want to know when: Effects of mastery and ability goals in different kinds of social comparisons, *Journal of personality Social Psychology*, 62, 934-943.

Butler, R. (1993). Effects of task- and ego-achievement goals on information seeking during task engagement. Journal of Personality and Social Psychology, 65, 18-31.

Butler, A. C., Hokanson, J. E., & Flynn, H. A. (1994). A comparison of self- esteem liability and low trait self- esteem as vulnerability factors for depression. *Journal of Personality and Social Psychology*, 66, 166-177.

Byrne, D. (1964). Repression-sensitization as a dimension of personality. In B. A. Maher (Ed.), *Progress in experimental personality research* (Vol.1, pp. 169-220). New York: Academic Press.

Cain, D. J. (1990). Celebration, reflection and renewal: 50 years of Client-Centered Therapy and beyond. *Person-Centered Review*, 5(4), 357-363.

Calvo, M. G., & Cano-Vindel, A. (1997). The nature of trait anxiety: Cognitive and biological vulnerability. *European Psychologist*, 2, 301-312.

Campbell, J. D. (1990). Self-esteem and clarity of the self-concept. *Journal of Personality and Social Psychology*, 59, 538-549.

Campbell, J. D., Chew, B., & Scratchley, L. S. (1991). Cognitive and emotional reactions to daily events: The effects of self-esteem and self-complexity. *Journal of Personality*, 59, 473-505.

Campell, J. D. (1986). Similarity and uniqueness: The effects of attribute type, relevance, and individualdifferences in self-esteem and depression. *Journal of Personality and Social Psychology*, 50, 538-549.

Cannon, W. B. (1932). *The wisdom of the body*. New York: Norton.

Cantor, N. & Sanderson, C. A. (1999). Life task participation and well-being: The importance of taking part in daily life. In D. Kahneman, E. Diener, & N. Schwarz (Eds.). *Well-being: The foundations of hedonic psychology*. New York: Russeu Sage Found.

Cantor, N., & Zirkel, S. (1990). Personality, cognition, and purposive behavior. In L. A. Pervin (Ed.), *Handbook of personality: Theory and research* (pp.135-164). New York: Guilford.

Cantor, N. (1990). From thought to behavior: "Having" and "doing" in the study of personality and cognition. *American Psychologist*, 45, 735-750.

Cantor, N. (2000) Life task problem solving: Situational affordance and personal needs. In E. Higgins & A. W. Kruglanski (Eds.). *Motivational Science: Social and Personality Perspectives*. Philadelphia, PA, US: Psychology Press, 100-110.

Carducci, B. J. (1998). *The Psychology of Personality: viewpoints, research, and applications*. Pacific Grove: Brooks/Cole Publishing Company.

Carlson, R. (1971). Where is the person in personality research? *Psychology Bulletin*, 75, 203-219.

Carlson, R. (1981). Studies in script theory: Adult analogs of a childhood nuclear scene. *Journal of Personality and Social Psychology*, 40, 501-510.

Carlson, R. (1988). Exemplary Lives: The Uses of Psychobiography for Theory Development. *Journal of Personality*, 56, 105-142.

Carnelley, K. B., Pietromonaco, P. R., & Jaffe, K. (1994). Depression, working models of others, and relationship functioning. *Journal of Personality and Social Psychology*, 66, 127-140.

Carroll, L. (1987). A study of narcissism, affiliation, intimacy, and power motives among students in business administration. *Psychological Reports*, 61, 355-358.

Cartwright, D. (1950). Emotional dimensions of group life. In ML Raymert (Ed.). *Feelings and emotions* (pp. 439-447). New York: McGraw-Hill.

Carver, C. S., & Scheier M. F. (1982). Control theory: A useful conceptual framework for personality-social, clinical, and health psychology. *Psychological Bulletin*, 92, 111-135.

Carver, C. S., Pozo, C., Harris, S. D., Noriega, V., Scheier, M. E., Robinson, D. S., Kercham, A.

S., Moffat, F. L., & Clark, K. C. (1993). How coping mediates the effect of optimism on distress: A study of women with early stage breast cancer. *Journal of Personality and Social Psychology*, 65, 375-390.

Carver, C. S., & Scheier, M. F. (1996). *Perspectives on Personality*. Alland Bacon.

Carver, C. S., & Scheier M. F. (1999). Stress, Coping, and self-regulatory processes. In L. A. Pervin (Ed.), *Handbook of personality: theory and research* (pp.553-575). New York: Oliver P. John. Publisher: Guilford Press.

Caspi, A., & Herbener, E. S. (1990). Continuity and change: Assortative mating and the consistency of personality in adulthood. *Journal of personality and social psychology*, 58, 250-258.

Caspi, A. & Silva, P. A. (1995). Temperamental qualities at age three predict personality traits in young adulthood: longitudinal evidence from a birth cohort. *Child Development*, 66, 486-498.

Caspi, A. (1998). Personality development across the life course. In W. Damon (Series Ed.) & N. Eisenberg (Vol. Ed.), *Handbook of child psychology: Social, emotional, and personality development* (5th ed., Vol. 3, pp. 311-388). New York: Wiley.

Caspi, A., & Roberts, B. W. (1999). Personality continuity and change across the life course. In L. A. Pervin (Ed.). *Handbook of personality: theory and research* (pp.300-326). New York: Oliver P. John. Publisher: Guilford Press.

Cassidy, J., Lisa, J. & Berlin. (1999). Understand the Origins of Childhood Loneliness: Contributions of Attachment Theory. In: Ken J. Rotenberg, Shelley Hymel. *Loneliness in childhood and adolescence*. Cambridge, United Kingdom: The Press Syndicate of the University of Cambridge.

Cattell, R. B. (1950). *Personality: A systematic theoretical and factual study*. New York: McGraw-Hill.

Cattell, R. B. (1965). *The scientific analysis of personality*. Chicago: Aldine.

Cattell, R. B., & Howarth, G. I. (1973). The multivariate experimental contribution to personality research. In B. Wolman (Ed.), *Personality*. New York: Prentice.

Cattell, R. B., & Kline, P. (1977). The Scientific Analysis of Personality and Motivation. London: Academic Press.

Cauce, AM (1986). Social networks and social competence: Exploring the effects of early adolescent friendships. *American Journal of Community Psychology*, 14, 607-628.

Cervone, D. (2005). Personality architecture: Within-person structures and processes. *Annual Review of Psychology*, 56, 423-452.

Chambliss, C. A., & Murray, E. J. (1979). Efficacy attribution, locus of control, and weight loss. *Cognitive Therapy and Research*, 3, 349-354.

Chang, E. C., & Rand, K. L. (2000). Perfectionism as a predictor of subsequent adjustment: Evidence for a specific diathesis-stress mechanism among college students. *Journal of Counseling Psychology*, 47, 129-137.

Chen, X., Rubin, K. H., & Sun, Y. (1992). Social reputation and peer relationships in Chinese and Canadian children: A cross-cultural study. *Child Development*, 63, 1136-1343.

Chen, X., Rubin, K. H., & Li, Z. (1995). Social functioning and adjustment in Chinese children: A longitudinal study. *Developmental Psychology*, 31, 531-539.

Cheng, C. (2001). Assessing coping flexibility in real-life and laboratory settings: A multimethod approach. *Journal of Personality and Social Psychology*, 80, 814-833.

Cheng, K. S., Chong, G. H., & Wong, C. W. (1999). Chinese Frost Multidimensional Perfectionism Scale: A Validation and Prediction of Self-Esteem and Psychological Distress. *Journal of Clinical Psychology*, 55(9), 1051-1061.

Chess, S. & Thomas, A. (1984). *Origins and evolution of behavior disorders*, Brunner/Mazel.

Church, A. (1987). Personality research in a non-Western culture: The Philippines. *Psychological Bulletin*, 102 (1), 272-292

Church, A., & Lonner, W. (1998). The cross-cultural perspective in the study of personality: Rationale and current research. *Journal of Cross-Cultural Psychology*, 29, 32-62.

Clark, L. A., & Watson, D. (1991). Tripartite model of anxiety and depression: Psychometric evidence and taxonomic implications. *Journal of Abnormal Psychology*, 100, 316-336.

Clark, R. D., & Hatfield, E. (1989). Gender differences in receptivity to sexual offers. *Journal of Psychology and Human Sexuality*, 2, 39-55.

Cloninger, S. C. (1996). *Personality: description, dynamics, and development.* New York: W. H. Freeman & Company.

Cloninger, S. C. (2004). *Theories of personality: understanding persons.* (4th Ed., pp. 283-340). NJ: Upper Saddle River: Pearson Education, Inc.

Cobb, S. (1976). Social support as a moderator of life stress. *Journal of Psychosomatic Medicine*, 38, 300-314.

Coie, J. D., Dodge, K. A., & Coppotelli, H. (1982). Dimensions and types of social status: A cross-age perspective. *Developmental Psychology*, 18, 557-570.

Coie, J. D., Dodge, K. A., & Kupersmidt, J. B. (1990). Peer group behavior and social status. In S. R. Asher & J. D. Coie (Eds.), *Peer rejection in childhood.* Cambridge, England: Cambridge University Press.

Condry, J. & Condry, S. (1976). Sex differences: A study of the eye of the beholder. *Child Development*, 47, 812-819.

Conley, J. J., & Angelides, M. (1984). *Personality antecedents of emotional disorders and alcohol abuse in men: results of a forty-five year prospective study.* Unpublished manuscript.

Contrada R. J. (1989). Type A behavior, personality. Hardiness and cardiovascular response to stress. *Journal of Personality and Social Psychology*, 57, 895-903.

Coopersmith, S. (1967). *The antecedents of self-esteem.* San Francisco: W. H. Freeman.

Costa, P. T., & McCrae, R. R. (1988). Personality in adulthood: A six-year longitudinal study of self-reports and spouse ratings on the NEO Personality Inventory. *Journal of personality and social psychology*, 54, 853-863.

Costa, P. T., McCrae, R. R., & Dye, D. A. (1991). Facet scales for Agreeableness and Conscientiousness: A revision of the NEO Personality Inventory. *Personality and Individual*

Differences, 12, 887-898.

Costa, P. T., McCrae, R. R. (1992a). Four ways five factors are basic. *Personality and Individual Differences*, 13, 653-665.

Costa, P. T., & McCrae, R. R. (1992b). Trait psychology comes from of age. In T. B. Sonderegger (Ed.), *Nebraska symposium on motivation*: *Psychology and aging* (pp. 169-204). Lincoln: University of Nebraska Press.

Costa, P. T., Jr., & McCrae, R. R. (1992c). *Revised NEO Personality Inventory (NEO PI-R) and the NEO Five-Factor Inventory (NEO-FFI) professional manual.* Odessa, FL: Psychological Assessment Resources, Inc.

Costa, P. T, Jr., & McCrae, R. R. (1993). Bullish on personality psychology. *The Psychologist*, 6, 302-303.

Costa, P. T., & McCrae, R. R. (1994). Set like plaster? Evidence for the stability of adult personality. In T. F. Heatherton & J. L. Weinberger (Eds.), *Can personality change*? Washington, DC: American psychology association.

Côté, J. E. (1996). Sociological perspectives in identity formation: The culture-identity link and identity capital. *Journal of Adolescence*, 19, 417-428.

Côté, J. E., & Schwartz, S, J. (2002). Comparing psychological and sociological approaches to identity: Identity status, identity capital, and the individualization process. *Journal of Adolescence*, 25, 511-586.

Cowen, E. L., Wyman, P. A., & Work, W. C. (1992). The relationship between retrospective reports of early child temperament and adjustment at ages 10-12. *Journal of Abnormal Child Psychology*, 20, 39-50.

Coyne, J. C. (1976b). Toward an interactional description of depression. *Psychiatry*, 39, 28-40.

Coyne, J. C., & Whiffen, V. E. (1995). Issues in personality as diathesis for depression: the case of sociotropy-dependency and autonomy-self-criticism. *Psychological Bulletin*, 118, 358-378.

Crick, N. R. & Ladd, G. W. (1993). Children's perceptions of their peer experiences: Attributions, loneliness, social anxiety, and social avoidance. *Developmental Psychology*, 29, 244-254.

Crick, N., & Grotpeter, J. (1995). Relational aggression, gender and social-psychological adjustment. *Child Development*, 66, 710-722.

Crocker, J., & Schwartz, I. (1985). Prejudice and ingroup favoritism in a minimal intergroup situation: Effects of self-esteem. *Personality and Social Psychology Bulletin*, 11, 379-386.

Crocker, J., & Major, B. (1989). Social stigma and self-esteem: The self-protective properties of stigma. *Psychological Review*, 96, 608-630.

Crocker, J., B. Cornwell, and Major, B. (1993). The stigma of overweight: Affective consequences of attributional ambiguity. *Journal of Personality and Social Psychology*, 64, 60-70.

Csikszentmihalyi, M., & Larson, R. (1987). The experience sampling method. *Journal of Nervous and Mental Disease*, 175, 526-536.

Damon, W., & Hart, D. (1982). The development of self-understanding from infancy through adolescence. *Child Development*, 53, 841-864.

Davidson, R. J., & Fox, N. A. (1989). Frontal brain asymmetry predicts infants' response to maternal separation. *Journal of Abnormal Psychology*, 98, 127-131.

Davidson, R. J. (1999). Biological bases of personality. In V, J, Derlega, B. A. Winstead & W. H. Jones (Eds.), *Personality: Contemporary theory and research* (2nd Ed.)(pp. 103-125). Chicago: Nelson-Hall Publishers.

Davidson R. S. (2000). *Social and Personality Development* (4th Ed.). USA: Wadsworth/Thomas Learning.

Davila, J., Burge, D., & Hammen, C. (1997). Why does attachment style change? *Journal of Personality and Social Psychology*, 73, 826-838.

Davis, C. (1997). Normal and neurotic perfectionism in eating disorders: An interactive model. *International Journal of Eating Disorders*, 22, 421-426.

Dawson, J. L. M. (1967). Cultural and Physiological Influences upon Spatial-Perceptual Processes in West-Africa. *International Journal of Psychology*, 2, 115-128.

De Jong-Gierveld, D., Kromhout, & M. Tijhuis, E. (1999). Changes in and factors related to loneliness in older men: The Zutphen elderly study. *Age and Aging*, 28, 491-495.

Dean, P. J., Range, L. M., & Goggin, W. C. (1996). The escape theory of suicide in college students: Testing a model that includes perfectionism. *Suicide and Life-Threatening Behavior*, 26, 181-186.

Deci, E. L., Eghrari, H., Patrick, B. C., et al. (1994). Facilitating internalization: The self-determination theory perspective. *Journal of Personality*, 62, 119-142.

Deci, E. L., Ryan, R. M. (2000). The "what" and "why" of goal pursuits: Human needs and the self-determination of behavior. *Psychological Inquiry*, 11, 227-268.

DeMulder, E. K., Denham, S., Sehmidt, M., & Mitchell, J. (2000). Q-sort assessment of attachment security during the preschool years: Links from home to school. *Developmental Psychology*, 36, 274-282.

Denham, S. A., McKinley, M., Couchoud, E. A., & Holt, R. (1990). Emotional and behavioral predictors of preschool peer ratings. *Child Development*, 61, 1145-1152.

Denollet, J. Sys, S. U., Stroobant, N., Rombouts, H., Gillebert, T. C. Brutsaert, D. L. (1996). Personality as independent predictor of long-term mortality in patients with coronary heart disease. *The Lancet*, 347, 417-421.

Denollet, J. (1998). Personality and coronary heart disease: the Type-D Scale16 (DS16). *Annual of Behavioral Medicine*, 20(3), 209-215.

Derakshan, N. & Eysenk, M. W. (1997). Interpretive biases for one's own behavior and physiology in high-trait-anxious individuals and repressors. *Journal of Personality and Social Psychology*, 73, 816-825.

Derlega, V. J., Winstead, B. A. & Jones, W. H. (1999). *Personality: Contemporary theory and research* (2nd Ed). Chicago: Nelson-Hall Publishers.

Derry, P. A., & Kuiper, N. A. (1981). Schematic processing and self reference in clinical depression.

Journal of Abnormal Psychology, 90, 286-297.

Diener, E. & Fujita, E. (1995). Resources, personal strivings, and subjective well-being: A nomothetic and idiographic approach. *Journal of Personality and Social Psychology*, 68, 926-935.

Diener, E., Smith, H. & Fujita, E. (1995). The personality structure of affect. *Journal of Personality and Social Psychology*, 69, 130-141.

Diener, E,Suh, E., Lucas, R., & Smith, H. (1999). Subjective well-being: Three decades of progress. *Psychological Bulletin*, 125, 276-302.

Diener, E., & Biswas-Diener, R. (2000). New directions in subjective well-being research: The cutting edge. *Indian Journal of Clinical Psychology*, 27, 21-33.

Diener, E., & Biswas-Dierner. (2000). *Income and subjective well-being: Will money make us happy?* Unpublished manuscript, Univ of Illinois, 2000.

Diener, E., & Lucas, R. (2000). Subjective emotional well-being. In M. Lewis & J. M. Haviland-Jones (Eds.). *Handbook of emotions* (2nd Ed.). New York: The Guilford Press.

Digman, J. M., & Takemoto-Chock. (1981). NK Factors in the natural language of personality: Re-analysis, comparison, and interpretation of six major studies. *Multivariate Behavioral Research*, 16, 149- 170.

Dimond, Stuart J. & Beaumont, J. Graham, eds. (1974). *Hemisphere Function in the Human Brain.* New York: A Halsted Press Book, John Wiley & Sons.

DiTommaso, E., & Spinner, B. (1997). Social and emotional loneliness: A reexamination of Weiss' typology of loneliness. *Personality and Individual difference*, 22, 417-427.

Dodge, K. A. (1980). *Social cognition and children's aggressive behavior.* Child Development, 51, 162-172.

Dodge, K. A., Pettit, G. S., & Bates, J. E. (1994). Effects of physical maltreatment on the development of peer relations. *Development and Psychopathology*, 6, 43-55.

Dolnick, E. (1995). Hotheads and Heart Attacks, *Health*, *July/August*, 58-64.

Donnerstein, E., & Wilson, D. W. (1976). The effects of noise and perceived control upon ongoing and subsequent aggressive behavior. *Journal of Personality and Social Psychology*, 34, 774-781.

Dornic, S., & Ekehammar, B. (1990). Extraversion, neuroticism, and noise sensitivity. *Personality and Individual Differences*, 11, 989-992.

Drake, M. E., Phillips, B. B., & Ann, P. (1991). Auditory evoked potentials in borderline personality disorder. *Clinelectroencephalogr*, 22 (3), 188-192.

Duda, J. L. (1988). The relationship between goal perspectives, persistence and behavioral intensity among male and female recreational sport participants. *Leisure Sciences*, 10, 95-106.

Duda, J. L., & Nicholls, F. G. (1992). Dimensions of achievement motivation in schoolwork and sport. *Journal of Educational Psychology*, 84, 290-299.

Dunkley, D. M., Blankstein, K. R., Halsall, J., Williams, M., & Winkworth, G. (2000). The relation between perfectionism and distress: Hassles, coping, and perceived social support as mediators and moderators. Journal of Counseling Psychology, 47, 437-453.

Dunn, J., & Plomin, R. (1990). *Separate lives: Why siblings are so different.* New York: Basic Books.

Dweck, C. S. (1986). Motivational processes affecting learning. *American Psychologist*, 41, 1040-1048.

Dweck, C. S., & Leggett, E. L. A. (1988). Social-cognitive approach to motivation and personality. *Psychological Review*, 95, 256-273.

Eagly, A. H., & Steffen, V. J. (1986). G ender and aggressive behavior: A meta-analytic review of the social psychological literature. *Psychological Bulletin*, 100, 309-330.

Eccles, J. (1985). Sex differences in achievement patterns. In T. B. Sonderegger (Ed.). *Nebraska Symposium on Motivation* (Vol. 32, pp.97-132). Lincoln: University of Nebraska Press.

Eccles, J. S., Barber, B. L., & Jozefowicz, D. M. H. (1999). Linking gender to educational, occupational, and recreational choices: Applying the Eccles et al. model of achievement-related choices. In W. B. Swann, J. H. Langlois, & L. A. Gilbert (Eds.), *Sexism and Stereotypes in Modern Society: The Gender Science of Janet Taylor Spence* (pp. 75-106). Washington, DC: APA Press.

Eccles, J., Adler, T., & Meece, J. L. (1984). Sex differences in achievement: A test of alternate theories. *Journal of Personality and Social Psychology*, 46, 26-43.

Egan, S. K., & Perry, D. G. (1998). "Does low self-regard invite victimization?" *Developmental Psychology*, 34, 299-309.

Ehrhardt, A. A. & Baker, S. W. (1974). Fetal androgens, human central nervous system differentiation, and behavior sex differences. In R. C. Friedman, R. M. Richart, & R. L. van de Wielc (eds.), *Sex differences in behavior* (pp. 33-52). New York: Wiley.

Eisenberg, N., & Miller. P. A. (1987). The relation of empathy to prosocial and related behaviors. *Psychological Bulletin*, 101, 91-119.

Eitel, P., Hatchett, L., Friend, R., Griffin, K. W., & Wadhwa, N. K. (1995). Burden of self-care in seriously ill patients: Impact on adjustment. *Heath Psychology*, 14, 457-463.

Elder, G. H., Jr., & MacInnis, D. J. (1983). Achievement Imagery in Women's Lives from Adolescence to Adulthood. *Journal of Personality and Social Psychology*, 45 (February), 394-404.

Elder, G. H. Jr. (1995). The life course paradigm: Social change and individual development. In P. Moen, G. H. Elder Jr., & K. Luscher (Eds.), *Examining lives in context* (pp. 101-139). Washington, DC: American Psychological Association.

Elliot, A. J., & Harackiewicz, J. M. (1996). Approach and avoidance achievement goals and intrinsic motivation: a mediational analysis. *Journal of Personality and Social Psychology*, 70, 461-475.

Elliot, E. S., & Dweck, C. S. (1988). Goals: An approach to motivation and achievement. *Journal of Personality and Social Psychology*, 54, 5-12.

Emery, R. E. & Laumann-Billings, L. (1998). An overview of the nature, causes, and consequences of abuse family relationships: Toward differentiating maltreatment and violence. *American Psychologist*, 53, 121-135.

Emmons, R.A. (1986). Personal strivings: An approach to personality and subjective well-being. *Journal of Personality and Social Psychology*, 1986, 51, 1058-1068.

Emmons, R. A, King L. A. (1988). Conflict among Personal Strivings: Immediate and Long-Term Implications for Psychological and Physical Well-Being. *Journal of Personality and Social Psychology*, Vol. 54, 1040-1048.

Emmons, R. A, King L. A. (1989). Personal Striving Differentiation and Affective Reactivity. *Journal of Personality and Social Psychology*, Vol. 56(3), 478-484.

Emmons, R. A. (1989). Exploring the relationship between motives and traits: The case of narcissism. In Buss, D.M., Cantor, N. (Eds.), *Personality psychology: Recent trends and emerging directions* (pp.32-44). New York: Springer-Verlag.

Emmons, R. A. (1989). The personal strivings approach to personality. In L. A. Pervin (Ed.), *Goal concepts in personality and social psychology* (pp. 87-126), Hiilsdale, NJ: Erlbaum.

Emmons, R. A. (1991). Personal strivings, daily life events, and psychological and physical well-being. *Journal of Personality*, 59, 453-472.

Emmons, R. A. (1992). Abstract Versus Concrete Goals: Personal Strivings Level, Physical Illness, and Psychological Well-Being. *Journal of Personality and Social Psychology*, Vol.62, 292-300.

Emmons, R. A. (1995). Levels and Domains in Personality: An Introduction. *Journal of Personality*, Vol. 63, 341-364.

Emmons, R. A. (1997). Motives and goals. In R. Hogan, J. Johnson, & S. R. Briggs (Eds.), *Handbook of personality psychology* (pp.486-512). San Diego: Academic Press.

Endler, N. S. & Parker, J. D. (1990). Multidimensional assessment of coping: A critical evaluation. *Journal of Personality and Social Psychology*, 58, 844-854.

Enns, M. W. & Cox, B. J. (2002). The nature and assessment of perfectionism: A critical analysis. In G. L. Flett & P. L. Hewitt (Eds.), *Perfectionism: Theory, Research, and Treatment.* Washington, DC: American Psychological Association.

Entwisle, J. S. & Baker, D. P. (1983). Gender and young children's expectations for performance in arithmetic. *Developmental Psychology*, 19, 200-209.

Erikson, E. H. (1958). *Young man Luther: A study in psychoanalysis and history.* New York: Norton.

Erikson, E. H. (1963). *Childhood and Society* (2nd end). New York: Norton.

Erikson, E. H. (1968). *Identity: Youth and crisis.* New York: Norton.

Ewan, R. (2003). *An introduction to theories of personality.* New Jersey: Lawrence Erlbaum Associates, Inc.

Eysenck, H. J., Rachman, S. (1965). *The causes and cures of neurosis: An introduction to modern behaviour therapy based on learning theory and the principles of conditioning.* San Diego.

Eysenck, H. J. (1967). *The biological basis of personality.* Springfield, Ill: Thomas.

Eysenck, H. J. (1970). *The structure of human personality* (3rd edition). London: Methuen.

Eysenck, H. J. (1971). *Readings in Extraversion-Introversion.* New York: Wiley.

Eysenck, H. J., Wilson, Glenn D. (1976). *Know your own personality.* New York: Barnes & Noble Books.

Eysenck, H. J. (1982). Personality, genetics, and behavior: Selected papers. New York, NY: Praeger.

Eysenck, H. J., Eysenck, Michael W. (1985). *Personality and individual differences: A natural science approach. New York: Plenum Press.*

Eysenck, M.W. (1992). *Anxiety: The cognitive perspective.* Hove, UK: Erlbaum.

Eysenk, H. J. (1994). Cancer, personality, and stress: Prediction and prevention. *Advances in Behavior Research and Therapy*, 16, 167-215.

Eysenck, M.W. (1997). *Anxiety and cognition: A unified theory.* Hove, UK: Psychology Press.

Fagot, B. I., Leinbach, M. D. & O'Boyle, C. (1992). Gender labeling, gender stereotyping, and parenting behaviors. *Developmental Psychology*, 28, 225-230.

Falbo, T. (1992). Social norms and the one-child family: Clinical and policy implications. In F. Boer & J. Dunn (Eds.), *Children's sibling relationships* (pp. 71-82). Hillsdale, NJ: Erlbaum.

Feather, N. T. (Ed.). (1982). *Expectations and actions: Expectancy-value models in psychology.* Hillsdale, NJ: Erlbaum.

Feist, J. (1990). *Study guide for theories of personality* (2nd Ed.). Fort Worth: Holt, Rinehart and Winston.

Feist, J. & Feist, G. J. (2002). *Theories of personality*(5th Ed.). New York: McGraw-Hill.

Fenigstein, A. (1979). Does aggression cause a preference for viewing Media violence? *Journal of Personality and Social Psychology*, 37, 2307-2317.

Ferrari, J. R. (1995). Perfectionism cognitions with nonclinical and clinical samples. *Journal of Social Behavior and Personality*, 10(1), 143-156.

Ferrari, J. R., & Mautz, W. T. (1997). Predicting perfectionism: Applying tests of rigidity. *Journal of Clinical Psychology*, 53, 1-6.

Fisk, D. W. (1949). Consistency of the factorial structures of personality ratings from different sources. *Journal of Abnormal and Social Psychology*, 44, 329-344.

Fiske, D. W. (1971). *Measuring the concepts of personality.* Chicago: Aldine.

Fletcher, GJO, Danilovics, P., Fernandez, G., Peterson, D., & Reeder, GD (1986). Attributional complexity: An individual differences measure. *Journal of Personality and Social Psychology*, 51, 875-884.

Flett, G. L., Hewitt, P. L., Blankstein, K. R., & O'Brien, S. (1991). Perfectionism and learned resourcefulness in depression and self-esteem. *Personality and Individual Differences*, 12, 61-68.

Flett, G. L., Russo, F. A., & Hewitt, P. L. (1994). Dimensions of perfectionism and constructive thinking as a coping response. *Journal of Rational-Emotive and Cognitive-Behavior Therapy*, 12, 163-179.

Flett, G. L., Hewitt, P. L., Blankstein, K. R., Solnik, M., & Van Brunschot, M. (1996). Perfectionism, social problem-solving ability, and psychological distress. *Journal of Rational-Emotive and Cognitive-Behavior Therapy*, 14, 245-275.

Flett, G. L., Hewitt, P. L., Blankstein, K. R., & Gray, L. (1998). Frequency of perfectionistic thinking in depression. *Journal of Personality and Social Psychology*, 75, 1363-1381.

Flett, G. L., Levy, L., & Hewitt, P. L. (2001). Perfectionism, stress, and negative predictive certainty. Manuscript in preparation.

Flett, G. L., Besser, A., Richard, A. D., & Hewitt, P. L. (2003). Dimensions of perfectionism, unconditional self-acceptance, and depression. *Journal of Rational-Emotive & Cognitive-Behavior Therapy*, 21(2), 119.

Flynn, C. A., Hewitt, P. L., Flett, G. L., & Weinberg, J. (2001). *Perfectionism, achievement stress, and physiological reactivity*. Manuscript submitted for publication.

Fodor, E. M. & Farrow, D. L. (1979). The power motive as an influence on the use of power. *Journal of Personality and Social psychology*, 37, 2091-2097.

Fodor, E. M., & Smith, T. (1982). The power motive as an influence on group decisoin making. *Journal of Personality and Social psychology*, 42, 178-185.

Fodor, E. M. (1984). The power motive and reactivity to power stresses. *Journal of Personality and Social Psychology*, 47, 853-859.

Fodor, E. M. (1985). The power motive, group conflict, and physiological arousal. *Journal of Personality and Social psychology*, 49, 1408-1415.

Folkman, S., & Lazarus, RS (1980). An analysis of coping in a middle-aged community sample. *Journal of Health and Social Behavior*, 21, 219-239.

Folkman, S., & Lazarus, R. S. (1988). *Manual for the Ways of coping questionnaire.* Palo Alto, CA: Consulting Psychologists Press.

Fraley, R. C., & Shaver, P. (1998). Airport separations: A naturalistic study of adult attachment dynamics in separating couples. *Journal of Personality and Social Psychology*, 75, 1198-1212.

Fraley, R. C., & Shaver, P. R. (2000). Adult romantic attachment: Theoretical developments, emerging controversies, and unanswered questions. *Review of General Psychology*, 4, 132-154.

Fraley, R. C. (2002). Attachment stability from infancy to adulthood: Meta-analysis and dynamic modeling of developmental mechanisms. *Personality and Social Psychology Review*, 6, 123-151.

Franklin, K. M., Janoff-Bulman, R., & Roberts, J. E. (1990). Long-Term Impact of Parental. Divorce on Optimism and Trust: Changes in General Assumptions or Narrow Beliefs? *Journal of Personality and Social Psychology*, 59, 743-755.

Freud, S. (1917). *Introductory lectures on psychoanalysis*. In Standard edition (Vols. 15&16).

Freud, S. (1923). *The ego and the id*, In Standard edition (Vol.19).

Freud, S. (1926). *Inhibitions, Symptoms, and anxiety.* In Standard edition (Vol. 20).

Freud, S. (1933). *New Introductory lectures on psychoanalysis.* In Standard edition (Vol. 22).

Freud, A. (1937). *The ego and the mechanisms of defense.* New York: International University Press.

Freud, S. (1953). *The interpretation of dreams*, In Standard edition (Vols. 4&5).

Freud, A. (1965). *Normality and pathology in childhood.* New York: International University Press.

Freud, S. (1966). *Introductory lectures on psychoanalysis* (Strachey, J. S. Trans.). New York: Norton. (Original work published 1917).

Freud, S. (1969). *An outline of psychoanalysis.* New York: Norton.

Friedman, M., & Roseman, R. H. (1974). *Type A behavior and your heart.* New York: Knopf.

Fromm, E. (1941). *Escape from freedom.* New York: Holt, Rinehart & Winston.

Fromm, E. (1947). *Man for himself, an inquiry into the psychology of ethics.* New York: Rinehart.

Fromm, E. (1955). *The sane society.* New York: Holt, Rinehart, and Winston.

Fromm, E. (1956). *The art of loving.* New York: Harper & Row.

Fromm, E. (1962). *Beyond the chains of illusion: my encounter with Marx and Freud.* New York: Simon and Schuster.

Fromm, E. (1964). *The heart of man.* New York: Harper & Row.

Fromm, E. (1973). *The anatomy of human destructiveness.* New York: Fawcett Crest.

Fromm, E. (1976). *To Have or To Be?* New York: Harper & Row.

Frost, R. O., Marten, P., Lahart, C., & Rosenblate, R. (1990). The dimensions of perfectionism. *Cognitive Therapy and Research*, 14, 449-468.

Frost, R. O., Heimberg, R. G., Holt, C. S., Mattia, J. I., & Neubauer, A. L. (1993). A Comparison of Two measures of perfectionism. *Personality and Individual Differences*, 14, 119-126.

Frost, R. O., Turcotte, T. A., Heimberg, R. G., Mattia, J. I., Holt, C. S., & Hope, D. A. (1995). Reactions to mistakes among subjects high and low in perfectionistic concern over mistakes. *Cognitive Therapy and Research*, 19, 207-226.

Frost, R. O., & Steketee, G. (1997). Perfectionism in Obsessive-compulsive Disorder Patients. *Behavior Research and Therapy*, 35, 291-296.

Fry, P. S. (1995). Perfectionism, humor, and optimism as moderators of health outcomes and determinants of coping styles of women executives. *Genetic, social and General Psychology Monographs*, 121, 211-245.

Funder, D. C. (1998). Why does personality psychology exist? *Psychological Inquiry*, 9, 150-152.

Furman, W., & Buhrmester, D. (1985). Children's perceptions of the personal relationship in their social networks. *Developmental psychology*, 21, 1016-1024.

Furman, W. & Buhrmester, D. (1992). Age and sex differences in perceptions of networks of personal relationships. *Child Development*, 63, 103-115.

Garber, J., & Seligman. (1980). *Human helplessness: Theory and applications.* New York: Academic Press.

Garnier, HE and Stein, JA (1998). Differential impact of early maternal and paternal drug use among adolescents: An 18-year study. *Society for Research on Adolescence*, San Diego, CA.

Gist, M. E. (1989). The influence of training method on self-efficacy and ideal generation among managers. *Personnel Psychology*, 42, 787-805.

Gjerde, P. F. (2004). Culture, power, and experience: Toward a person-centered cultural psychology. *Human Development*, 47, 138-157.

Glass, D. C., Snyder, M. L., & Hollis, J. (1974). Time urgency and the Type A coronary-prone behavior pattern. *Journal of Applied Social Psychology*, 4, 125-140.

Glass, D. C., Krakoff, L. R., Contrada, R., Hilton, W. F., Kehoe, K., Mannucci, E. G., Collinsnow, B., & Elting, E. (1980). Effect of harassment and competition upon cardiovascular and plasma catecholamine responses in type A and type B individuals. *Psychophysiology*, 17,453-463.

Goldberg, S., Perrotta, M., Minde, K., & Corter, C. (1986). Maternal behavior and attachment in low-birth-weight twins and singletons. *Child Development*, 57, 34-46.

Goldberg, L. R. (1990). An alternative "Description of personality": The Big-Five factor structure. *Journal of Personality and Social Psychology*, 59, 1216-1229.

Goldberg, L. R. (1993). The structure of phenotypic personality traits. *American Psychologist*, 48, 26-34.

Goldsmith, H. H. (1983). Genetic influences on personality from infancy to adulthood. *Child Development*, 54, 331-355.

Goldsmith, H. H., & Alansky, J. A. (1987). Maternal and infant temperamental predictors of attachment: A meta-analytic review. *Journal of Consulting and Clinical Psychology*, 55, 805-816.

Goldsmith, H. H., Buss, A. H., Plomin, R., Rothbart, M. K., Thomas, A., Chess, S., Hinde, R. A., & McCall, R. B. (1987). Roundtable: What is temperament? Four approaches. *Child Development*, 58, 505-529.

Goldsmith, T. H. (1991). The Biological Roots of Human Nature. New York: Oxford University Press.

Goodenough, D. R., Gandini, E., Olkin, I., Pizzamiglio, L., Thayer, D., Witkin, H. A. (1977). A study of X chromosome linkage with field dependence and spatial visualization. *Behavior Genetics*, 7, 373-387.

Gotay, C. C. (1981). Cooperation and competition as a function of Type A behavior. *Personality and Social Psychology Bulletin*, 7, 386-392.

Gough, H. G. (1996). *California psychological inventory manual.* Palo Alto, CA: Consulting Psychologists press.

Gray, J. A., & McNaughton, N. (1996). The neuropsychological of anxiety: Reprise. In D.A. Hope (Ed.), *Perspectives on anxiety, panic, and fear. Nebraska Symposium on Motivation* (Vol. 13, pp. 61-134). Lincoln, NE: University of Nebraska Press.

Green, F. P., & Schneider, F. W. (1974). Age differences in the behavior of boys on three measures of altruism. *Child Development*, 45,248-251.

Greenberger, E., & Chen, C. (1996). Perceived family relationships and depressed mood in early and late adolescence: A comparison of European and Asian American. *Developmental Psychology*, 32, 707-716.

Greenwald, A. G., & Banaji, M. R. (1995). Implicit social cognition: Attitudes, self-esteem, and stereotypes. *Psychological Review*, 102: 4-27.

Grotevant, H. D. (1987). Toward a process model of identity formation. *Journal of Adolescent Research*, 2, 203-222.

Grusec, J. E., & Lytton, H. (1988). *Social development: History, theory, and research.* New York: Springer-Verlag.

Guyll, M., & Contrada, R. J. (1998). Trait hostility and ambulatory cardiovascular activity: Responses to social interaction. *Health Psychology*, 17, 30-39.

Hall, C. S., & Lindzey, G. L. (1957). *Theories of personality.* New York: Wiley.

Hall, C. S. & Lindzey, G. (1978). *Theories of Personality* (3rd Ed.). New York: John Wiley & Sons.

Hall, MH (1968). The humanistic view: A conversation with Abraham Maslow. *Psychology Today*, July, pp.35-37, 54-57.

Hamachek, D. E. (1978). Psychodynamics of Normal and Neurotic Perfectionism. *Psychology*, 15, 27-33.

Hampson, S. E., John, O.P., & Goldberg, L.R. (1986). Category breadth and hierarchical structure in personality: Studies of asymmetries in judgments of trait implications. *Journal of Personality and Social Psychology*, 51, 37-54.

Harackiewicz, J. M., Barron, K. E., Carter, S. M., Lehto, A. T. & Elliot, A. J. (1997). Predictors and Consequences of Achievement Goals in the College Classroom: Maintaining Interest and Making the Grade. *Journal of Personality and Social Psychology*, 73, 1284-1295.

Harris, M. B. (1994). Gender of subject and target as medioactors of aggression. *Journal of Applied Social Psychology*, 24, 453-471.

Harris, M. B. (1996). Aggressive experiences and aggressiveness: Relationship to gender, ethnicity, and age. *Journal of Applied Social Psychology*, 26, 843-870.

Harris, J. R. (1998). *The nurture assumption: Why children turn out the way they do.* New York: Free Press.

Harris, J. R. (2000). Socialization, personality development, and the child's environment. *Developmental Psychology*, 36, 711-723.

Harrist, A. W., Zaia, A. F., Bates, J. E., Dodge, K. A., & Pettit, G. S. (1997). Subtypes of social withdrawal in early childhood: Sociometric status and social-cognitive differences across four years. *Child Development*, 68, 278-294.

Hartup, W. W. (1983). The peer system. In E. M. Hetherington (Ed.), *Carmichael's manual of child psychology* (4th ed., Vol. 4, pp. 103-196). New York: Wiley.

Hazan, C., & Shaver, P. (1987). Romantic love conceptualized as an attachment process. *Journal of Personality and Social Psychology*, 52, 511-524.

Helson, R., & Picano, J. (1990). Is the traditional role bad for women? *Journal of personality and social psychology*, 59, 311-320.

Helson, R., & Wink, P. (1992). Personality change in women from the early 40s to the early 50s. *Psychological and aging*, 7, 46-45.

Helson, R., & Stewart, A. (1994) Personality change in adulthood. In T. F. Heatherton & J. L. Weinberger (Eds.): , *Can personality change?* Washington, DC: American psychology association.

Hergenhahn, B. R. (1980). *An introduction to theories of personality.* (pp.196-264). Englewood Cliffs, NJ: Prentice-Hall, Inc.

Hermans, H. J. M., Kempen, H. J. G., & van Loon, R. J. P. (1992). The Dialogical Self: Beyond Individualism and Rationalism. *American Psychologist*, 47, 23-39.

Hermans, H. J. M., Rijks, T. I., & Kempen, H. J .G. (1993). Imaginal Dialogues in the Self: Theory and Method. *Journal of Personality*, 61, 207-234.

Hermans, H. J. M., (1996). Bridging Traits, Story, and Self: Prospects and Problems. *Psychological Inquiry*, 7, 330-334.

Hershberger, S. L., Plomin, R., & Pedersen, N. L. (1995). Traits and metatraits: their reliability, stability, and shared genetic influence. *Journal of Personality and Social Psychology*, 64, 673-685.

Hewitt, P. L., & Dyck, D. G. (1986). Perfectionism, stress, and vulnerability to depression. *Cognitive Therapy and Research*, 10, 137-142.

Hewitt, P. L., & Flett, G. L. (1991a). Perfectionism in the self and social contexts: Conceptualization, assessment, and association with psychopathology. *Journal of Personality and Social Psychology*, 60, 456-470.

Hewitt, P. L., & Flett, G. L. (1991b). Dimensions of perfectionism in unipolar depression. *Journal of Abnormal Psychology*, 100, 98-101.

Hewitt, P. L., & Flett, G. L. (1993). Dimensions of Perfectionism, Daily Stress, and Depression: A Test of the Specific Vulnerability Hypothesis. *Journal of Abnormal Psychology*, 102, 58-65.

Hewitt, P. L., Flett, G. L., & Endler, N. S. (1995). Perfectionism, coping, and clinical depression. *Journal of Clinical Psychology and Psychotherapy*, 2, 47-58.

Hewitt, P. L., Flynn, C. A., Flett, G. L. Nielsen, A. D., Parking, M., Han, H., & Tomlin, M. (2001). *Perfectionism and seeking support from friends, family, and mental health professionals.* Manuscript in preparation.

Hewitt, P. L., & Flett, G. L. (2002). Perfectionism and stress processes in psychopathology. In G. L. Flett, & P. L. Hewitt (Eds.), *Perfectionism: Theory, research, and treatment.* American Psychological Association. Washington, DC.

Higgins, E. F., Klein, R. L., & Strauman, T. I. (1987). Self-discrepancies: Distinguishing among self-states, self-state conflicts, and emotional vulnerabilities. In K. Yardley, & T. Honess (Ed.), *Self and Identity: Psychological perspectives* (pp.173-186). Chichester, England: Wiley.

Higgins, E. T. (1987). Self-discrepancy: A theory relating self and affect. *Psychological Review*, 94, 317-340

Hill, R. W., Huelsman, T. J., Furr, R. M., Kibler, J., Vicente, B. B., & Kennedy, C. (2004). A new measure of perfectionism: The perfectionism inventory. *Journal of Personality Assessment*, 82 (1), 80-91.

Hobden, K., & Pliner, P. (1995). Self-handicapping and dimensions of perfectionism: Self-presentation vs. Self-protection. *Journal of Research in Personality*, 29, 461-474.

Hobfoll, S. (1989). Conservation of resources: A new attempt at conceptualizing stress. *American Psychologist*, 44, 513-524.

Hoffman, M. L. (1975). Altruistic behavior and the parent-child relationship. *Journal of Personality and Social Psychology*, 31, 937-943.

Hoffman, L. W. (1986). Work, family, and the child. In M. S. Pallak & R. Perloff (Eds.), *Psychology and work: Productivity, change, and employment* (pp. 169-220). Washington, D. C: American

Psychological Association.

Hoffman, L. W. (1991). The influence of the family environment on personality: Accounting for sibling differences. *Psychological Bulletin*, 110, 187-203.

Hofmann, D. A. (1995). Task performance and satisfaction: evidence for a task-by ego-orientation interaction. *Journal of Applied Social Psychology*, 25, 495-511.

Hogan, R. (1987). Personality psychology: Back to basics. In J. Aronoff, J. I. Rabin, and R. A. Zucker (Eds.), The emergence of personality (pp.79-104). New York: Springer. Huli, C. H. (1988). Measurement of individualism-collectivism. *Journal of Research in Personality*, 22, 17-16.

Hogan, R. (1998). What is personality psychology? *Psychological Inquiry*, 9, 152-153.

Hojat, M. (1982). Loneliness as a function of selected personality variables. *Journal of Clinical Psychology*, 38, 137-141.

Holahan, C. J., & Moos, R. H. (1987). Personal and contextual determinants of coping strategies. *Journal of Personality and Social Psychology*, 52, 946-955.

Horney, K. (1937). *The neurotic personality of our time.* New York: Norton.

Horney, K. (1945). *Our Inner Conflicts: A Constructive Theory of Neurosis.* New York: W.W. Norton and Company, Inc.

Horney, K. (1950). *Neurosis and human growth.* New York: Norton.

Horney, K. (1950). *Neurosis and Human Growth: The Struggle Toward Self-Realization.* New York: W. W. Norton.

Horowitz, M. J. (1979). Psychological response to serious life events. In V. Hamilton & D. M. Warburton (Eds.), *Human stress and cognition: An information processing approaches* (pp. 235-263). New York: Wiley.

Howard, A., & Bray, D. (1988). *Managerial lives in transition: advancing age and changing times.* New York: Guilford Press.

Howard, G. S. (1991). Culture tales: A narrative approach to thinking, cross-cultural psychology, and psychotherapy. *American Psychologist*, 46, 187-197.

Howard, J. H., Cunningham, D. A., & Rechnitzer, P. A. (1977). Health patterns associated with Type A behavior: A managerial population. *Human Relations*, 30, 825-836.

Hoyenga, K. & Hoyenga, K. (1993). *Gender-related differences: Origins and outcomes.* Allyn and Bacon, Needham Heights, Massachussets.

Huesmann, L. R., Eron, L.D., Lefkowitz, M. M., &Walder, L. O. (1984). The stability of aggression over time and generations. *Developmental Psychology*, 20, 1120-1134.

Hyde, J. A. & Plant, E. A. (1995). The magnitude of psychological gender differences: Another side to the story. *American Psychologist*, 50, 159-161.

Isabella R. A. (1993). Origins of attachment: Maternal interactive behaviour across the first year. *Child Development*, 64, 605-621.

Izard, C. E. (1978). On the ontogenesis of emotion and emotion-cognition relationship in infancy. In M. Lewis and L. A. Rosenblum (Eds.), *The development of affect* (pp.389-413). New York: Plenum.

Jackson, DN & Messick, S. (1958). Content and style in personality assessment. *Psychological Bulletin*, 4, 243-252.

Jacobi, J. (1962). *The psychology of C. G. Jung.* New Haven, CT: Yale University Press.

James, W. (1890/1950). The principles of psychology. Cambridge, MA: Harvard University.

Jane E. Earpacz (Ed.). (2002). *Personality psychology: domains of knowledge about human nature.* New York: McGraw-Hill.

Jang, Kerry, W. John Livesley, & Philip Vernon. (1996). Heritability of the Big Five Personality Dimensions and Their Facets: A Twin Study. *Journal of Personality*, 63, 577-591.

Janis, I. J. (1954). Personality correlates of susceptibility to persuasion. *Journal of Personality*, 22, 504-518.

Jarvis, W. B. G., & Petty, R. E. (1996). The need to evaluate. *Journal of Personality and Social Psychology*, 70, 172-194.

Jemmott, J. B. (1987). Social motives and susceptiblity to disease: Stalking individual differences in health risks. *Journal of Personality*, 55, 267-298.

Jenkins, C. D., Zyzanski, S. J., & Roseman, R. H. (1976). Risk of new myocardial infarction in middle-age men with manifest coronary heart disease. *Circulation*, 53,342-347.

Jenkins, S. R. (1987). Need for achievement and women's careers over fourteen years: Evidence for occupational structure effects. *Journal of Personality and Social Psychology*, 53, 922-932.

Jenkins, P. & Kaiser, M. K. (1994). Advanced enhanced visual systems for next generation aircraft. *Proceedings of the Royal Aeronautical Society: Synthetic Vision Systems for Civil Aviation*, 1.1-1.10.

Jensen, M. R. (1987). Psychobiological factors predicting the course of breast cancer. *Journal of Personality*, 55(2), 317-342.

John, O. P. (1989). Towards a taxonomy of personality descriptors. In D. M. Buss and N. Cantor (Eds.), *Personality psychology: Recent trends and emerging directions* (pp. 261-271). New York: Springer-Verlag.

John, O. P. (1990). The "Big Five" factor taxonomy: Dimensions of personality in the natural language and in questionnaires. In LA Pervin (Ed.), *Handbook of personality: Theory and research* (pp. 66-100). New York: Guilford.

Joiner, J., Thomas, E., & Alfano, M. S. (1992). When depression breeds contempt: Reassurance seeking, self-esteem, and rejection of depression college students by their roommates. *Journal of Abnormal Psychology*, 101, 165-173.

Jones, E.E., and Berglas, S. (1978). Control of attributions about the self through self-handicapping strategies: The appeal of alcohol and the role of under achievement. *Personality and Social Psychology Bulletin*, 4, 200-206.

Jones, E. E., Rhodewalt, F., Berglas, S. C., & Skelton, A. (1981). Effects of strategic self-presentation on subsequent self-esteem. *Journal of Personality and Social Psychology*, 41, 407-421.

Jones, W., Hobbs, S., & Hockenbury, D. (1982). Loneliness and social skills deficits. *Journal of Personality and Social Psychology*, 42, 682-689.

Jones, W., Cavert, C., Snider, R., & Bruce, T. (1985). Relational stress: An analysis of situations and vents associated with loneliness. In: Duck, S. & Perlman, D. (eds.), *Understanding Personal Relationships*, London: Sage.

Jonsson J. O., & Gahler M. (1997). Family Dissolution, Family reconstitution, and Children's Educational Careers: Recent evidence for Sweden. *Demography*, 34, 277-293.

Joseph, M. P. & Kathy, G. (2003). Hostile attributional tendencies in maltreated children. Journal of Abnormal *Child Psychology*, 31, 329.

Jung, C. G. (1923). *Psychological types*. New York: Harcourt.

Jung, C. G. (1927). *The Structure of the Psyche*. CW 8: 139-158. London: Routledge,

Jung, C. G. (1928). On psychic energy. In *On the nature of the psyche*. Hull, R.F.C. (Trans). From Bollingen series XX: The collected works of C.G. Jung.8.NJ: Princeton University Press,1969.

Jung, C. G. (1930). *The Stages of Life*. CW 8, 387-403. London: Routledge.

Jung, C. G. (1964). *Two essays on analytical psychology*. New York: Meridian.

Jung, C. G. (1969). *The structure and dynamics of the psyche* (2nd Ed.). Princeton, NJ: Princeton University Press.

Juster, H., Heimberg, R., Frost, R., Holt, C., Mattia, J., & Faccenda, K. (1996). Perfectionism and Social Phobia. *Personality and Individual Differences*, 21, 403-410.

Kagan J., Reznick J. S., Clarke C., Snidman N., Garcia-Coll C. (1984). Behavioral inhibition to the unfamiliar. *Child Development*, 55, 2212-2225.

Kagan, J. (1981). *The second year: The emergence of self-awareness*. Cambridge, MA: Harvard University Press.

Kagan, J., Reznick, JS, & Gibbons, J. (1989). Inhibited and uninhibited types of children. *Child Development*, 60, 838-845.

Kagan, J., & Snidman, N. (1991). Infant predictors of inhibited and uninhibited profiles. *Psychological Science*, 2, 40-44.

Kagan, J. (1994). *The nature of the child*. New York: Basic Books.

Kagitcibasi, C. & Berry, J. W. (1989). Cross-cultural psychology: Current research and trends. *Annual Review of Psychology*, 40, 493-531.

Kahn, E. & Rachman, A.W. (2000). Carl Rogers and Heinz Kohut. *Psychoanalytic Psychology*, 17 (2), 294-312.

Kamen-Siegel, L., Rodin, J., Seligman, MEP, & Dwyer, J. (1991). Explanatory style and cell-mediated immunity in elderly men and women. *Health Psychology*, 10, 229-235.

Kazdin, A. E. (1979). Imagery elaboration and self-efficacy in the covert modeling treatment of unassertive behavior. *Journal of Consulting and Clinical Psychology*, 47, 725-733.

Keelan, J. P. R., Dion, K. L., & Dion, K. K. (1994). Attachment style and heterosexual relationships among young adults: A short-term panel study. *Journal of Social and Personal Relationships*, 11, 201-214.

Keller, A., Ford, L. H., & Meacham, J. A. (1978). Dimensions of self-conception in preschool children. *Development Psychology*, 14, 483-489.

Kelly, E. L., & Conley, J. J. (1987). Personality and compatibility: A prospective analysis of marital satisfaction. *Journal of personality and social psychology*, 52, 27-40.

Kelly, G. A. (1955). *The psychology of personal constructs.* New York: Norton.

Keogh, B. K. (1986). Temperament and schooling: Meaning of "Goodness of Fit." In J.V. Lerner & R. M. Lerner (Eds.), *Temperament and social interaction during infancy and childhood* (pp.89-108). San Francisco: Josey-Bass.

Kernis, M. H., Grannemann, B, D., & Barclay, L. C. (1989). Stability and level of self-esteem as predictors of anger arousal and hostility. *Journal of Personality and Social Psychology*, 56, 1013-1022.

Kernis, M. H., Whisenhunt, C. R., Waschull, S. B., Greenier, K. D., Berry, A. J., Herlocker, C. E., & Anderson, C. A. (1998). Multiple facets of self-esteem and their relations to depressive symptoms. *Personality and Social Psychology Bulletin*, 24, 657-668.

Keyes, Corey, L. M., Shmotkin, D. & Ruff, C. D. et al. (2002). Optimizing well-being: The empirical encounter of two traditions. *Journal of Personality and Social Psychology*, 82, 1007-1022.

Kipnis, D. (1971). *Character structure and impulsiveness.* New York: Academic Press.

Klein, H. A. (1987). The relationship of temperament scores to the way young adults adapt to change. *Journal of Psychology*, 121, 119-135.

Klinger, E. (1975). Consequences of commitment to and disengagement from incentives. *Psychological Review*, 82, 223-231.

Klohnen, E. C., & Bera, S. (1998). Behavioral and experiential patterns of avoidantly and securely attached women across adulthood: A 31-year longitudinal perspective. *Journal of Personality and Social Psychology*, 74, 211-223.

Kluckhohn, C. & Murray, H. A. (1953). Personality formation: The determinants. In C.Kluckhohn & H. A. Murray (Eds.), *Personality in nature, society, and culture.* New York: Knopf.

Kobasa, S. C. (1979). Stressful life events, personality, and health: An inquiry into hardiness. *Journal of Personality and Social Psychology*, 37, 1-11.

Kobasa, S. C., Maddi, S. R., & Kahn, S. (1982). Hardiness and health: A perspective study. *Journal of Personality and Social Psychology*, 42, 168-177.

Kochanska, G . (1991). Socialization and temperament in the development of guilt and conscience. *Child Development*, 62, 1379-1392.

Kock, S. W. (1965). *Management and motivation. English summary of a doctoral dissertation presented at the Swedish School of Economics.* Helsinki Finland.

Koestner, R., & McClelland. D. C. (1990). Perspective on competence motivation. In L. Pervin (Eds.). *Handbook of personality theory and research* (pp.527-548). New York: Guilford Press.

Koestner, R., Franz, C., & Weinberger, J. (1990). The family origins of empathic concern: A 26-year longitudinal study. *Journal of Personality and Social Psychology*, 58, 709-717.

Kroger J. (1989). *Discussions on Ego-identity.* London: Lawrence Erlbaum Associates, Inc., preface,

13.

Kroger J. (2000). *Identity Development: Adolescence Through Audlthood.* London: Sage Publications, 105-107.

LaFromboise, T., Coleman, H. L. K. & Gerton, J. (1993). Psychological impact of biculturalism: Evidence and theory. *Psychological Bulletin*, 114(3), 395-412.

Lamiell, J.T. (1981). Toward an idiothetic psychology of personality. *American Psychologist*, 36, 276-289.

Lanyon R. & Goodstein L. (1971). *Personality Assessment.* New York: John Wiley & Sons.

Larson, R. (1990). The solitary side of life: An examination of the time people spends alone from childhood to old age. *Developmental Review*, 10, 155-183.

Larson, R. & Lee, M. (1996). The Capacity to Be Alone as a Stress Buffer. *Journal of Social Psychology*, 136, 5-16.

Larson, R. (1997). The emergence of solitude as a constructive domain of experience in early adolescence. *Child Development*, 68, 80-93.

Larsen, R. J., & Buss, D. M. (2002). *Personality Psychology: Domains of Knowledge About Human Nature.* New York: McGraw-Hill.

Larsen, R. J. & Buss, D. M. (2005). *Personality Psychology: domains of knowledge about human nature* (2th.Ed.). New York: McGraw-Hill.

Lask, B., & Bryant-Waugh, R. (1992). Early-onset anorexia nervosa and related eating disorders. *Journal of Child Psychology and Psychiatry and Allied Disciplines*, 33(1), 281-300.

Latane, B., & Darley, J. M. (1970). *The Unresponsive Bystander: Why doesn't he help?* New York: Appleton-Century-Crofts.

Lazarus, R. (1968). Emotions and adaptation. In W. J. Arnold (Ed.), *Nebraska Symposium on Motivation* (pp. 175-266). Lincoln: University of Nebraska press.

Lazarus, R. S. (1974). Cognitive and coping processes in emotion. In B. Weiner (Ed.), *Cognitive views of human motivation* (pp. 21-32). New York: Academic Press.

Lazarus, R. S., & Folkman, S. (1984). *Stress, appraisal and coping.* New York: Springer.

Leahey, T. H. (2000). *A history of psychology: Main currents in psychological thought.* Englewood Cliffs, NJ: Prentice-Hall.

Leclerc, G., Lefrancois, R., Dube, M., Hebert, R., & Gaulin, P. (1998). The Self-actualization concept: A content validation. *Journal of social behavior and Personality*, 13 (1), 69-84.

Lefcourt, H. M. (1982). *Locus of control: Current trends in theory and research* (2nd, Ed). Hillsdale, NJ: Erlbaum.

Lent, R. W., & Hackett, G. (1987). Career self-efficacy: Empirical status and future directions. *Journal of Vocational Behavior*, 30, 347-382.

Levinson, D. J. (1978). *The seasons of a man's life.* New York: Ballantine.

Lewis, D. J., & Brooks-Gunn, J. (1979). Social cognition and the acquisition of self. New York: Plenum.

Lewis, M. (1999). On the development of personality. In L. A. Pervin & O. P. John (Eds.), *Handbook of personality: theory and research* (2nd ed., pp. 327-346). New York: Guilford.

Liebert, R. M. & Baron R. A. (1972). Some immediate effects of televised violence on children's behaviour. *Developmental Psychology*, 6, 469-475.

Liebert, R. M. & Baron, R. A. (1972). Short term effects of television aggression on children's aggressive behavior. In G. A. Comstock, E. A. Rubinstein, & J. P. Murray (Eds.), *Television and Social Behavior*, Vol. 2, *Television and Social Learning*. Washington, DC: United States Government Printing Office.

Liebert, R. M., & Spiegler, M. D. (1998). *Personality: Strategies and Issues* (8th Ed.). Belmont, CA: Wadsworth Publishing.

Liebert, R. M., & Liebert, L. L. (1998). *Liebert & Spiegler's personality, strategies and issues* (8th Ed.). Pacific Grove, CA: Brooks/Cole.

Lieblich, A. (1998). *Narrative research: reading, analysis, and interpretation*. CA: Sage Publications.

Lieblich, A., Tuva, R., & Zilber, T. (1998). *Narrative research: reading, analysis, and interpretation*. Sage Publications.

Linde, C. (1990). *Life stories: The creation of coherence* (Monograph No. IRL90-0001). Palo Alto, CA: Institute for Research on Learning.

Lindsey, K. & Paul, G. (1989). Involuntary commitments to public mental institutions: issues involving the overrepresentation of blacks and assessment of relevant functioning. *Psychological Bulletin*, 106, 171-183.

Linville, P. W. (1987). Self-complexity as cognitive buffer against stress-related illness and depression. *Journal of Personality and Social Psychology*, 52, 663-676.

Little, B. R. (1989). Personal projects analysis: Trivial pursuits, magnificent obsessions, and the search for coherence. In D. Buss & N. Cantor (Eds.). *Personality psychology: Recent trends and emerging directions* (pp. 15-31). New York: Springer-Verlag.

Little, B. R. (1992). Personality and personal projects: Linking big five and PAC units of analysis. *Journal of Personality*, 60, 502-525.

Little, B. R. (1996). *Personal projects analysis: The maturation of a multi-dimensional methodology*. Neil Chambers. The Social Ecology Laboratory of Carleton University.

Little, B. R. (1996). Free traits personal projects and idio-tapes: Three tiers for personality research. *Psychological Inquiry*, 8, 340-344.

Little, B. R. (1999). Personality and motivation: personal action and the conative evolution. In L. A. Pervin (Ed.), *Handbook of personality : theory and research* (pp. 501-524). New York: Oliver P. John. Publisher, Guilford Press.

Little, B. R. (2000). Free traits and personal contexts: Expanding a social ecological model of well-being. In W. B. Walsh, K. H. Craik, & R. Price (Eds.), *Person environment psychology* (2nd Ed.). New York: Guilford, 87-116.

Locke, E. A., & Latham, G. P. (1990). *A theory of goal setting and task performance*. Englewood Cliffs,

NJ: Prentice-Hall.

Loehlin, J. C. (1992). *Genes and environment in personality development.* Newbury Park, CA: Sage.

Luthans, F. (2002). *Organizational Behavior* (9th Ed.). The McGraw-Hill Companies, Inc.

Maehr, M. L., Nicholls, J. G. (1993). Culture and achievement motivation: a second look. In: Warren, N. (Ed.). *Studies in Cross-Culture Psychology* (pp. 904-915).

Mahone, C. H. (1960). Fear of failure and unrealistic vocational aspiration. Journal of Abnormal and Social Psychology, 47, 166-173.

Maier, S., & Seligman, M. (1976). Learned helplessness: Theory and evidence. *Journal of Experimental Psychology: General*, 105, 3-46.

Main, M., & George, C. (1985). Responses of abused and disadvantaged toddlers to distress in age mates: a study in the day care setting. *Development Psychology*, 21, 407-412.

Main, M., & Solomon, J. (1990). Procedures for identifying infants as disorganized/disorientated during the Ainsworth Strange Situation. In M. T. Greenberg, D. Cicchetti, & E. M. Cummings (Eds.), *Attachment in the preschool years: Theory, research, and intervention.* Chicago: University of Chicago Press.

Mairet, P. (Ed.). (1964). *Alfred Adler: Problems of neurosis: A book of case studies.* New York: Harper & Row.

Mangelsdorf, S., Gunnar, M., Kestenbaum, R., Lang, S. & Andreas, D. (1990). Infant proneness-to-distress temperament, maternal personality and mother-infant attachment: Associations and goodness of fit. *Child Development*, 61, 820-831.

Marcia, J. E. (1966). Development and validation of ego-identity status. *Journal of Personality and Social Psychology*, 3(5), 551-558.

Marcia, J. E., & Scheidel, D. G. (1983). *Ego identity, intimacy, sex role orientation, and gender.* Paper presented at the annual meeting of the Eastern Psychological Association, Philadelphia, PA.

Marcia, J. E., & Waterman, A. S., Matteson, D. R. et al (1993). *Ego-identity: the Handbook of Psychosocial Research.* New York: Open University Press, 1-7.

Markus, H. & Kitayama, S. (1991). Culture and the self: Implications for cognition, emotion, and motivation. *Psychological Review*, 98, 224-253.

Markus, H. (1977). Self-schemata and processing information about the self. *Journal of Personality and Social Psychology*, 35, 63-78.

Markus, H. R., Kitayama, S. (1998). The cultural psychology of personality. *Journal of Cross Cultural Psychology*, 29(1), 63-87.

Markus, H., & Kitayama, S. (1991). Culture and the self: Implications for cognition, emotion, and motivation. *Psychological Review*, 98, 224-253.

Martin, C. L. (1990). Attitudes and expectations about children with nontraditional gender roles. *Sex Roles*, 22, 151-165.

Martin, C. L., Eisenbud, L., & Rose, H. (1995). Children's gender-based reasoning about toys. *Child Development*, 66, 1453-1471.

Martin, T. R., Flett, G. L. Hewitt, P. L., Krames, L., & Szantos, G. (1996). Personality in depression and health symptoms: A test of a self-regulation model. *Journal of Research in Personality*, 31, 264-277.

Maslow ,A. H.(1969). Theory Z. *Journal of Transpersonal Psychology*, 1 (2), 31-47.

Matheny, K. B., Aycock, D. W., Pugh, J. L., Curlette, W. L., & Silva-Cannella, K. A. (1986). Stress coping: A qualitative and quantitative synthesis with implications for treatment. *Counseling Psychologist*, 14, 499-549.

Matthews, K. A., & Saal, F. E. (1978). The relationship of the Type A coronary-prone behavior pattern to achievement, power, and affiliation motives. *Psychosomatic Medicine*, 40, 631-636.

Matthews, K. A., Helmreich, R. L., Beane, W. E., & Lucker, G. W. (1980). Pattern A, achievement striving, and scientific merit: Does Pattern A help or hinder? *Journal of Personality and Social Psychology*, 39, 962-967.

Matthews, K. A., & Haynes, S. G. (1986). Type A behavior pattern and coronary risk: Update and critical evaluation. *American Journal of Epidemiology*, 123, 923-960.

May, R. (1967). *The art of counseling.* Nashville : Abingdon Press.

May, R. (1969). *Existential Psychology.* (2nd Ed.). New York: Random House.

May, R. (1969). *Love and will.* (1st. Ed.). New York: Norton.

May, R. (1981). *Freedom and destiny.* (1st Ed.). New York: Norton.

May, R. (1994). *The courage to create.* New York: W. W. Norton.

Mayer, F. S. & Sutton, K. (1996). *Personality: An integrative approach.* New Jersey: Prentice Hall.

Mayer, J. D. (1993-1994). A system-topics framework for the study of personality. *Imagination, Cognition, and Personality*, 13, 99-123.

Mayer, J. D. (1998). A systems framework for the field of personality. *Psychological Inquiry*, 9, 118-144.

Mayer, J. D. (2003). Structural divisions of personality and the classification of traits. *Review of General Psychology*, 7, 381-401.

Mayer, J. D. (2004). A classification system for the data of personality psychology and adjoining fields. *Review of General Psychology*, 8, 208-219.

Mayer, J. D. (2005). A tale of two visions: Can a new view of personality help integrate psychology. *American psychologist*, 60, 294-307.

McAdams, D. P. (1980). Experiences of intimacy and power: Relationships between social motives and autobiographical memory. *Journal of Personality and Social Psychology*, 42, 292-302.

McAdams, D. P., & Powers, J. (1981). Themes of intimacy in behavior and thought. *Journal of Personality and Social Psychology*, 40, 573-584.

McAdams, D. P., Rothman, S., & Lichter, S. R. (1982). Motivational profiles: A study of former political radicals and politically moderate adults. *Personality and Social Psychology Bulletin*, 8, 593-603.

McAdams, D. P., & Constantian, C. A. (1983). Intimacy and affiliation motives in daily living: *An experience-sample. Journal of Personality and Social Psychology*, 45, 851-861.

McAdams, D. P., & Losoff, M. (1984). Friendship motivation in fourth-and sixth-graders: A thematic analysis. *Journal of Social and Personal Relationships*, 1, 11-27.

McAdams, D. P., Jackson, R. J., & Kirshnit, C. (1984). Looking, Laughing, and smiling in dyads as a function of intimacy motivation and reciprocity. *Journal of Personality*, 52, 261-273.

McAdams, D. P. (1985). *Power, intimacy, and the life story: Personological inquiries into identity*. New York: Guilford Press.

McAdams, D. P., & Bryant. F. B. (1987). Intimacy motivation and subjective mental health in a nationwide sample. *Journal of Personality*, 55, 395-413.

McAdams, D. P., Lester, R. J., R., Brand, P., McNamara, W., & Lensky, D. B. (1988). Sex and the TAT: Are women more intimate than men? Do men fear intimacy? *Journal of Personality Assessment*, 52, 397-409.

McAdams, D. P. (1988). Biography, Narrative, and Lives: An Introduction. *Journal of Personality*, 56, 1-16.

McAdams, D. P. (1989). *Intimacy: The need to be close*. New York: Doubleday.

McAdams, D. P. (1992). The five-factor model in personality: A critical appraisal. *Journal of Personality*, 60, 329-361

McAdams, D. P. (1993). *The stories we live by: Personal Myths and the Making of the Self*. New York: Morrow.

McAdams, D. P. (1994). A Psychology of the Stranger. *Psychological Inquiry*, 5, 145-148.

McAdams, D. P. (1995). What Do We Know When We Know a Person? *Journal of Personality*, 63, 366-394.

McAdams, D. P. (1996a). Personality, Modernity, and the Storied Self: A Contemporary Framework for Studying Persons. *Psychological Inquiry*, 7, 295-321.

McAdams, D. P. (1996b). Alternative Futures of the Study of Human Individuality. *Journal of Research in Personality*, 30, 374-388.

McAdams, D. P., & West, S. G. (1997). Introduction: Personality Psychology and the Case Study. *Journal of Personality*, 65, 757-785.

McAdams, D. P. (1998). The Role of Defense in the Life Story. *Journal of Personality*, 66, 1125-1147.

McAdams, D. P. (1999). Motives. In V. J. Derlega, B. A. Winstead, & W. H. Jones (Eds.). *Personality: Contemporary theory and research* (2nd Ed.) (pp. 162-196). Chicago: Nelson-Hall Publishers.

McAdams, D. P. (1999). Personal Narratives and the Life Story. In L. A. Pervin, & O. P. John (Eds.), *Handbook of personality theory and research* (pp.476-500). New York: Guilford press.

McAdams, D. P. (2001). *The person: An integrated introduction to personality psychology* (3rd Ed.) (pp. 617-678). TX: Harcourt Brace.

McAdams, D. P., & Anyidoho, N. A., & Brown, C., & Huang, Y. T., Kaplan, B., & Machado, M. A. (2004). Traits and Stories: Links between Dispositional and Narrative Features of Personality.

Journal of Personality, 72, 761-784.

McAdams, D. P., & Pals, J. L. (2006). A New Big Five: Fundamental Principles for an Integrative Science of Personality. *American Psychologist*, 61(3), 204-217.

McClelland, D. C., Atkinson, J. W., Clark, R. A., & Lowell, E. L. (1953). *The achievement motive.* Princeton: Van Nostrand.

McClelland, D. C. (1961). *The achieving society*. Princeton, NJ: Van Nonstrand.

McClelland, D. C. (1965). Achievement and entrepreneurship: A longitudinal study. *Journal of Personality and Social Psychology*, 1, 389-392.

McClelland, D. C., & Winter, D. G. (1969). Motivating Economic Achievement. NY: The Free Press.

McClelland, D. C. (1979). Inhibited power motivation and high blood pressure in men. *Journal of Abnormal Psychology*, 88, 182-190.

McClelland, D. C., & Jemmott, J. B. (1980). Power motivation, stress and physical illness. *Journal of Human Stress*, 6, 6-15.

McClelland, D. C., & Vaillant, G. E. (1982). Intimacy motivation and psychosocial adjustment: A longitudinal study. *Journal of Personality Assessment*, 46, 586-593.

McClelland, D. C., & Boyatzis, R. E. (1982). The leadership motive pattern and long-term success in management. *Journal of Applied Psychology*, 67, 737-743.

McClelland, D. C. (1985). *Human motivation*. Glenview, IL: Scott Foresman.

McClelland, D. C., Koestner, R., & Weinberger, J. (1989). How do self-attributed and implicit motive differ? *Psychological Review*, 96, 690-715.

McClelland, D. C., & Franz, C. (1992). Motivational and other sources of work accomplishments in mid-life: A longitudinal study. *Journal of Personality*, 60(4), 679-707.

McCrae, R. R., & Costa, P. T., Jr. (1988). Recalled parent-child relations and adult personality. *Journal of Personality*, 56, 417-432.

McCrae, R. R. & Costa, P. T., Jr. (1992). An introduction to the five-factor model and its applications. *Journal of Personality*, 60, 175-215.

McCrae, R. R., & Costa, P. T. Jr. (1996). Toward a new generation of personality theories: Theoretical contexts for the five-factor model. In: J.S. Wiggins (Ed.): *The five-factor model of personality: Theoretical perspectives.* New York: Guilford.

McCrae, R. R., & Costa, P. T., Jr. (1999). A Five-Factor theory of personality. In L. Pervin & O. John (Eds.), *Handbook of personality: Theory and research* (pp.139-153). New York: Guilford Press.

McCrae, R. R. (2000). Trait psychology and the revival of personality and culture studies. *American Behavioral Scientist*, 44, 10-31.

McCrae, R. R. (2002). Cross-cultural research on the five-factor model of personality. In Lonner, Dinnel, Hayes, et al. (Eds.). *Online Readings in Psychology and Culture.* Center for Cross-Cultural Research, Western Washington University.

McCrae, R. R., Costa, P. T. (2003). *Personality in adulthood: a FIVE-FACTR THERY perspective.* New York: Guilford.

McCrae, R. R. (2004). Human nature and culture: a trait perspective. *Journal of Research in Personality*, 38, 3-14.

McFarlin, D. B., & Blascovich, J. (1981). Effects of self-esteem and performance feedback on future affective preferences and cognitive expectations. *Journal of Personality and Social Psychology*, 40, 521-531.

McFarlin, D. B., Baumeister, R. F., & Blascovich, J. (1984). On knowing when to quit: Task failure, self-esteem, advice, and nonproductive persistence. *Journal of Personality*, 52, 138-155.

McGue, M., Bacon, S., & Lykken, D. T. (1993). Personality stability and change in early adulthood: A behavioral genetic analysis. *Developmental Psychology*, 29, 96-109.

McGuire, W. J., & McGuire, C. V. (1982). Significant others in self space: Sex differences and developmental trends in social self. In J. Suls (Ed.), *Psychological perspectives on the self.* Hillsdale, NJ: Erlbaum.

McLoyd, V. C. (1990). The impact of economic hardship on black families. and children: Psychological distress, parenting, and socioemotional development. *Child Development*, 61, 311-346.

Menard, S. (1991). *Longitudinal Research.* Newbury Park, CA: Sage Publications.

Menninger, R. A., & Menninger, W. C. (1936). Psychosomatic observation in cardiac disorders. *American Heart Journal*, 11, 10-21.

Metcalfe, J., & Mischel, W. (1999).A hot/cool-system analysis of delay of gratification: Dynamics of willpower. *Psychological review*, 106(1), 3-19.

Mettlin, C. (1976). Occupational careers and the prevention of coronary-prone behavior. *Social Science and Medicine*, 10, 367-372.

Meyer, W. U. (1987). Perceived ability and achievement-related behavior. In F. Halisch & J. Kuhl (Eds.), *Motivation, intention and volition* (pp.73-86). Berlin, Germany: Springer-Verlag.

Midgley, C., Kaplan, A., Middleton, M., & Maehr, M. L. et al. (1998). The development and validation of scales assessing students' achievement goal orientations. *Contemporary Educational Psychology*, 23, 113-131.

Mikulincer, M., & Nachshon, O. (1991). Attachment styles and patterns of self-disclosure. *Journal of Personality and Social Psychology*, 61, 321-331.

Miller, D. T. (1977). Altruism and threat to a belief in a just world. *Journal of Experimental Social Psychology*, 13, 113-124.

Miller, IW & Norman, WH (1979). Learned helplessness in humans: A review and attribution theory model. *Psychological Bulletin*, 86, 93-118.

Milner, Brenda, eds. (1975). *Hemispheric Specialization and Interaction.* Cambridge, MA, the Massachusetts Institute of Technology Press.

Minarik, M. L., & Ahrens, A. H. (1996). Relations of eating and symptoms of depression and anxiety to the dimensions of perfectionism among undergraduate women. *Cognitive Therapy and Research*, 20 (2), 155-169.

Mischel, W. (1961). Delay of gratification, need for achievement, and acquiescence in another culture.

Journal of Abnormal and Social Psychology, 63, 543-552.

Mischel, W. (1961). Preference for delayed reinforcement and social responsibility. *Journal of Abnormal and Social Psychology*, 62(1), 1-7.

Mischel, W. (1966). Theory and research on the antecedents of self-imposed delay of reward. In: B. A. Maher. *Progress in experimental personality research* (Vol. 3). New York: Academic Press.

Mischel, W. (1968). *Personality and assessment*. New York: Wiley.

Mischel, W. & Moore, B. (1973). Effects of attention to symbolically-presented rewards on self-control. *Journal of Personality and Social Psychology*, 28(2), 172-179.

Mischel, W. (1973). Toward a cognitive social learning reconceptualization of personality. *Psychological Review*, 80,252-283

Mischel, W. & Baker N. (1975). Cognitive appraisals and transformations in delay behavior. *Journal of Personality and Social Psychology*, 31, 254-261

Mischel, W. (1976). *Introduction to personality.* (2nd Ed.). New York: Holt, Rinehart & Winston.

Mischel, W., & Peake, P. K. (1982). Beyond deja vu in the search for cross-situational consistency. *Psychological Review*, 89, 730-755.

Mischel, W. & Mischel, H. (1983). Development of children's knowledge of self-control strategies. *Child Development*, 54, 603-619.

Mischel, W. (1983). Delay of gratification as process and as person variable in development. In D. Magnusson & V. P. Allen , *Interactions in human development*. New York: Academic Press.

Mischel, W., Shoda, Y., & Peake, P. (1988). The nature of adolescent competencies predicted by preschool delay of gratification. *Journal of Personality and Social Psychology*, 54(4), 686-696.

Mischel, W. (1990). Personality dispositions revisited and revised: A view after three decades. In L. A. Pervin (Ed.), *Handbook of personality: Theory and research* (pp.111-134). New York: Guilford.

Mischel, W. (1999). *Introduction to Personality* (Sixth edition). Fort Worth: Harcourt Brace College Publishers.

Mischel, W., & Shoda, Y. (1995). A cognitive-affective system theory of personality: Reconceptualizing situations, dispositions, dynamics, and invariance in personality structure. *Psychological Review*, 102, 246-268.

Mischel, W., & Shoda, Y. (1999). Integrating dispositions and processing dynamics within a unified theory of personality: The Cognitive Affective Personality System (CAPS). In L A Pervin, John (Eds.), *Handbook of Personality: Theory and Research*. New York: Guilford.

Mischel, W., Shoda, Y., & Smith, R. E. (2004). *Introduction to Personality: Toward an Integration* (7th Ed.). Hoboken, NJ: J. Wiley & Sons.

Modgil S. & Modgil C. M. (eds.)(1986). *Hans Eysenck: Consensus and controversy.* Lewes, E. Sussex, UK: Falmer.

Mohr, D. M. (1978). Development of attributes of personal identity. *Developmental Psychology*, 14, 427-428.

Monat, A. Averill,J. R., & Lazarus R. S.(1972).Anticipatory stress and coping reactions under various conditions of uncertainty. *Journal of Personality and Social Psychology*, 24. 237-253.

Money. T. & Ehrhardt, (1972). *Man and Woman, Boy and Girl, The differentiation and dimorphism of gender identity from conception to maturity*, Baltimore: Johns Hopkins University Press.

Montemayor, R., & Eisen, M. (1977). The development of self-conceptions from childhood to adolescence. *Development Psychology*, 13, 314-319.

Morash, M. A. (1980). Working class membership and the adolescent identity crisis. *Adolescence*, 15, 313-320.

Mosak, H. H. (1977). *On purpose: Collected papers of Harald H. Mosak*. Chicago: Alfred Adler Institute.

Moskowitz, D. A., & Schwarz, J. C. (1982). A validity comparison of behavior counts and ratings by knowledgeable informants. *Journal of Personality and Social Psychology*, 42, 518-528.

Moyerman, D. R. & Forman, B. D. (1992). Aculturation and adjustment: A meta-analytic study. *Hispanic Journal of Behavioral Sciences*, 14, 163-200.

Murray, H, A., & Terry, D. J. (1999). Parental reactions to infant death: The effects of resources and coping strategies. *Journal of Social and Clinical Psychology*, 18, 341-369.

Murray, H. A. (1938). *Explorations in personality*. New York: Oxford University Press.

Murry, L., Fiori-Cowley, A., Hooper, R. & Cooper, P. (1996). The impact of postnatal depression. And associated adversity on early mother-infant interactions and later infant outcome. *Child Development*, 67, 2512-2526.

Neary, R. S., & Zuckerman, M. (1976). Sensation seeking, trait and state anxiety, and the electrodermal orienting reflex. *Psychophysiology*, 13, 205-211.

Newell, A., & Simon, H. A. (1961). Computer simulation of human thinking. *Science*, 134, 2011-2017.

Newton, T. L., & Contrada, R. J. (1992). Repressive coping and verbal-autonomic response dissociation: The influence of social content. *Journal of Personality and Social Psychology*, 62, 159-167.

Nicholls, J. (1984). Achievement motivation: Conceptions of ability, subjective experience, task choice, and performance. *Psychological Review*, 91, 328 - 346.

Norem, J. K. (1989). Cognitive strategies as personality: Effectiveness, specificity, flexibility and change. In Buss D M, Cantor N (Eds.), *Personality psychology: Recent trends and emerging directions* (pp.45-60). New York: Springer-Verlag.

Norman, W. T. (1963). Toward an adequate taxonomy of personality attributes: Replicated factor structure in peer nomination personality ratings. *Journal of Abnormal and Social Psychology*, 66, 574-583.

Norman, W. T. (1967). 2800 personality trait descriptors: Normative operating characteristics for a university population. *European Journal of Personality*, 17, 413-433.

Nuttin, J. (1955). Personality. *Annual Review of Psychology*, 6, 161-186.

Ogilvie, D. M. (1987). The undesired self: A neglected variable in personality research. *Journal of Personality and Social Psychology*, 52, 379-385.

Oishi, S. (2004). Personality in culture: a neo-Allportian view. *Journal of Research in Personality*,

2004, 38, 68-74.

Oliner, S. P., & Oliner, P. M. (1988). *The altruistic personality: Rescuers of Jews in Nazi Europe.* New York: Free.

Paige, S.R., Fitzpatrick, D.F., Kline, J.P, etal. (1994). Event related potential amplitude/intensity slopes predict response to antidepressants. *Neuropsychobiol*, 30, 197-201.

Pajares, F., & Kranzler, J. (1995). Self-efficacy beliefs and general mental ability in mathematical problem-solving. *Contemporary Educational Psychology*, 20, 426-443.

Paloutzian, R., & Ellison, C. (1982). Loneliness, spiritual well-being and the quality of life. In L. Peplau & D. Perlman (Eds.), *Loneliness: A sourcebook of current theory, research, and therapy.* New York: John Wiley & Sons.

Paris, B. J. (1994). *Karen Horney: a psychoanalyst's search for self-understanding.* New Haven, CT.: Yale University Press.

Parker, J. G., Rubin, K. H., Price, J. & DeRosier, M. E. (1995). Peer relationships, child development, and adjustment: A developmental psychopathology perspective. In D. Cicchetti & E. Cohen (Eds.), *Developmental Psychopathology*: Vol. 2. *Risk, disorder, and adaptation* (pp. 96-161). New York: Wiley.

Parker, W. D. (1997). An empirical typology of perfectionism in academically talented children. *American Educational Research Journal*, 34, 545-562.

Parsons T. & Edward A. Shils. (1951). *Toward a General Theory of Action*, Cambridge, Mass.

Pavkov, T. W., Lewis, D. A. & Lyons, J. S. (1989). Psychiatric diagnoses and racial bias: An empirical investigation. *Professional Psychology*, 20(6), 364-368.

Pedersen, S. S., & Denollet, J. (2003). Type D personality, cardiac events, and impaired quality of life: a review European Journal of Cardiovascular Prevention and Rehabilitation, 10(4), 241-248.

Penner, L. A., & Finkelstein, M. A. (1998). Dispositional and structural determinants of volunteerism. *Journal of Personality and Social Psychology*, 74, 22, 525-537.

Peplau, L., Russell, D., & Heim, M. (1979). The experience of loneliness. In I. Frieze, D. Bar-Tal, & J. Carroll (Eds.), *New approaches to social problems.* San Francisco: Jossey-Bass.

Peplau, L. A., & Perlman, D. (Eds.). (1982). *Loneliness: A sourcebook of current theory, research, and therapy.* New York: John Wiley & Sons.

Pervin, L. A. (1996). *The science of personality.* New York: Wiley.

Peterson, C., Seligman, M.E.P. (1987). Explanatory style and illness. *Journal of Personality*, 55, 237-265.

Peterson, C., & Villanova, P. (1988). An expanded Attributional Style Questionnaire. *Journal of Abnormal Psychology*, 97, 87-89.

Peterson, C., Seligman, MEP & Vaillant, G. (1988). Pessimistic explanatory style as a risk factor for physical illness: A thirty-five year longitudinal study. *Journal of Personality and Social Psychology*, 55, 23-27.

Peterson, C. (1992). *Personality* (2nd Ed.). Ft Worth, TX: Harcourt Brace Jovanovich.

Peterson, S. S., & Middel, B. (2001). Increased vital exhaustion among type-D patients with ischemic heart disease. *Journal of Psychosomatic Research*, 51, 443-449.

Pettigrew, T. F. (1997). Personality and social structure: Social psychological contributions. In R. Hogan, J. Johnson, & S. Briggs (Eds.), *Handbook of personality psychology* (pp.418-438). San Diego, CA: Academic Press.

Phares E. J., & Chaplin W. F. (1997). *Introduction to personality* (4th Ed.). New York: Longman.

Pintrich, P. R. (2000). Multiple goals, multiple pathways: The role of goal orientation in learning and achievement. *Journal of Educational Psychology*, 92, 544-555.

Pitman, R. K. (1987).Pierre Janet on obsessive-compulsive disorder (1903): Review and commentary. *Archives of General Psychiatry*, 44(3), 226-232.

Plomin R., DeFries J. C., McClearn G. E., Rutter M. (1997). *Behavioral Genetics*, (3rd Ed.). New York: W. H. Freeman and Company.

Plomin, R. (1986). *Development, genetics and psychology*. Hillsdale, NJ:Erlbaum.

Plomin, R. (1990). *Nature and nurture*. Pacific Crove, CA:Brooks/Cole.

Plomin, R. (1990b). The role of inheritance in behavior. *Science*, 248, 183-188.

Plomin, R., Chipuer, H. M., & Loehlin, J. C. (1990). Behavioral genetics and personality. In L.A. Pervin (Ed.), *Handbook of personality: Theory and research* (pp. 225-234). New York: Guilford.

Pomerantz, E. M. & Ruble, D. N. (1998). The role of maternal gender socialization in the development of sex differences in child self-evaluative mechanisms. *Child Development*, 69, 458-478.

Ponzetti Jr., & James, J. (1990). Loneliness among college students, *Family Relations*, 39, 336-340.

Pope, A.,& McHale, S.,Craighead, E.(1988). *Self-esteem enhancement with children and adolescent*. Pergamon Press, Inc. 2-21.

Preusser, K. J., Rice, K. G., & Ashby, J. S. (1994). The role of self-esteem in mediating the perfectionism-depression connection. *Journal of College Student Development*, 35, 88-93.

Priel Beatriz & Shahar G. (2000). Dependency, self-criticism, social context and distress: Comparing moderating and mediating models. *Personality and Individual Differences*, 28, 515-525.

Pufal-Struzik, I.(1992).Self-actualization and other personality dimensions as predictors of mental health of intellectually gifted students. *Roeper Review*, 22, 44-47.

Pulkkinen, L., & Pitkanen, T. (1993). Continuities in aggressive behavior from childhood to adulthood. *Aggressive Behavior*, 19, 249-263.

Pyszczynski, T., Greenberg, J., & Holt, K. (1985). Maintaining consistency between self-serving beliefs and available data: A bias in information processing. *Personality and Social Psychology Bulletin*, 11, 179-190.

Rabinowitz, F., Good, G., & Cozad, L. (1989). Rollo May: A man of meaning and myth. *Journal of Counseling and Development*, 67, 436-441.

Raskin, N. J., & Rogers, C. R. (1989). Person-centered therapy. In R. J. Corsini & D. Wedding (Eds.), *Current psychotherapies* (4th ed., pp. 155-194). Itasca, IL: F. E. Peacock.

Rasmussen, S. A., & Eisen J. L. (1992).the epidemiology and clinical features of obsessive compulsive disorder. *Psychiatric Clinics of North America*, 15, 743-758.

Reinisch, J. M., & Sanders, S. A. (1986). A test of sex differences in aggressive response to hypothetical conflict situations. *Journal of Personality and Social Psychology*, 50, 1045-1049.

Reuman, D. A., Alwin, D.F. & Veroff, J. (1984). Validity Implications of Random Measurement Error in Thematic Apperceptive Measures of the Achievement Motive. *Journal of Personality and Social Psychology*, 47(6), 1347-1362.

Reznick, J. S., Kagan, J., Snidman, N., Gersten, M., Baak, K., & Rosenberg, A. (1986). Inhibited and uninhibited children: A follow-up study. *Child Development*, 57, 660-680.

Rhéaume, J., Freeston, M. H., Dugas, M. J., Letarte, H. & Robert, L. (1995). Perfectionism, responsibility and obsessive-compulsive symptoms. *Behaviour Research and Therapy*, 33(7), 785-794.

Rhéaume, J., Ladouceur, R., & Freeston, M. H. (2000). The prediction of obsessive-compulsive tendencies: does perfectionism play a significant role? *Personality and Individual Differences*, 28, 583-592.

Rhodewalt, F., & Zone, J. B. (1989). Appraisal of life-change, depression, and illness in hardy and nonhardy women. *Journal of Personality and Social Psychology*, 56, 81-88.

Rice, P. L (1992). *Stress and health.* (2nd Ed.). Pacific Grove, California: Brooks/Cole.

Rice, K. G., Ashby, J. S., & Slaney, R. B. (1998). Self-esteem as a mediator between perfectionism and depression: a structural equations analysis. *Journal of Counseling Psychology*, 45(3), 304-314.

Rice, K. G., & Preusser, K. J. (2002). The Adaptive/Maladaptive Perfectionism Scale. *Measurement and Evaluation in Counseling and Development*, 34(4), 210-222.

Richards, J. C., Hof, A., & Alvarenga, M. (2000). Serum lipids and their relationships with hostility and angry affect and behaviors in men. *Health Psychology*, 19, 393-398.

Riemann, R., Angleitner, A., & Strelau, J. (1997). Genetic and environmental influences on personality: A study of twins reared together using the self-and-peer report NEO-FFI scale. *Journal of Personality*, 65, 449-476.

Riese, M. L. (1987). Temperament stability between the neonatal period and 24 months. *Developmental Psychology*, 23, 216-222.

Roberts, B. W., & DelVecchio, W. F. (2000). The rank-order consistency of personality traits from Childhood to old age: A quantitative review of the longitudinal studies. *Psychological Bulletin*, 126, 3-25.

Roberts, B. W., Robins, R. W. (2000). Broad Dispositions, broad aspirations: The intersection of personality traits and major life goals. Personality and Social *Psychology Bulletin*, 26, 1284-1296.

Roberts, B. W., O'Donnell, M, Robins, R. W. (2004). Goal and personality trait development in emerging adulthood. *Journal of Personality and Social Psychology*, Vol. 87, No.4, 541 -550.

Rogers, C.R (1955). Persons or science? A philosophical question. *The American Psychologist*, 10 (7), 267-278.

Rogers, C. R. (1957). The necessary and sufficient conditions for therapeutic personality change. *Journal of Counseling Psychology*, 21, 95-103.

Rogers, C. R. (1961). *On becoming a person; a therapist's view of psychotherapy.* Boston: Houghton Mifflin.

Rogers, C. R. (1969). *Freedom to Learn.* Columbus, OH: Merrill.

Rogers, C. R. (1973). My philosophy of interpersonal relationships and how it grew. *Journal of Humanistic*, 13, 2, 3-15.

Rogers, C.R. (1980). *A Way of Being.* New York: Houghton Mifflin Company.

Rogers, C.R. (1983). *Freedom to Learn for the* 80's. Columbus (OH): Charles E. Merrill Publishing Company.

Rogers, C. R. (1986). A client-centered/person-centered approach to therapy. In I. Kutash & A. Wolf (Eds.), *Psychotherapist's casebook.* San Francisco, CA: Jossey-Bass.

Rokach, A. T., Orzeck, J., Cripps, K., Lackovic-Grgin, Z., & Penezic. (2001). The effects of culture on the meaning of loneliness. *Social Indicators Research*, 53, 17-31

Rokach, A., Bauer, N., Orzeck, & Tricia. (2003). the experience of loneliness of Canadion and Czech youth. *Journal of Adolescence*, 26, 267-273.

Rosen, T. J., Terry, N. S., & Leventhal, H. (1982). The role of esteem and coping in response to a threat communication. *Journal of Research in Personality*, 16, 90-107.

Rosenberg, M. (1979). *Conceiving the self.* New York: Basic Books.

Rosenman, R. H., Brand, R. J., Jenkins, C. D., Friedman, M., Straus, R., & Wurm, M. (1975). Coronary heart disease in the western collaborative group study: Final follow-up experience of 8-1/2 years. *Journal of the American Medical Association*, 233, 872-877.

Rosenman, R. H. (1986). Current and past history of Type A behavior pattern. In T. H. Schmidt, T. M. Dembroski, and G. Blumchen (Eds.), *Biological and Psychological factors in cardiovascular disease* (pp. 15-40). New York: Springer-Verlag.

Rosenzweig, S. (1986). Idiodynamics vis-á -vis psychology. *American Psychologist*, 41, 241-245.

Rosenzweig, S. (1997). "Idiographic" vis-ã -vis "idiodynamic" in the history perspective of personality theory: remembering Gordon Allport, 1897-1997. *Journal of the History of the Behavioral Sciences*, 33(4), 405-419.

Rosolack, T. & Hampson, S. (1991). A new typology of health behaviors of personality-health predictions: The case of locus of control. *European Journal of Personality*, 5, 151-168.

Rothbart, M. K. (1981). Measurement of temperament in infancy. *Child development*, 52, 569-578.

Rothbart, M. K. (1986). Longituadinal observation of infant temperament. *Developmental psychology*, 22, 356-365.

Rothbart, M. K., Derryberry, D., & Posner, M. I. (1994). A psychobiological approach to the development of temperament. In J. E. Bates & T. D. Wachs (Eds.), *Temperament: Individual differences at the interface of biology and behavior* (pp. 83-116). Washington, DC: American Psychological Association.

Rothbaum, F., Weisz, J. R., & Snyder, S. S. (1982). Changing the word and changing the self: A twoprocess model of perceived control. *Journal of Personality and Social Psychology*, 42, 5-37.

Rotter, J. B. (1966). Generalized expectancies for internal external contral of reinforcement. *Psychological Monographs*, 80 (whole No.609).

Rotter, J. B. (1971). Generalized expectancies for interpersonal trust. *American Psychologist*, 26, 443-452.

Rotter, J. B., Chance, J. E., & Phares, E. j. (1972). *Application of a social learning theory of personality.* New York: Holt, Rinehart, & Winston.

Rotter, J. B., & Hechreich, D. J. (1975). *Personality.* Glenview, IL: Scott, Foresman.

Rowe, D. C. (1993). Genetics perspectives on personality. In R. Plomin & G. E. McClearn (Eds.). *Nature, nurture and psychology* (pp. 179-196). Washington, DC: American Psychological Association.

Rowe, D. C. (1999). Heredity. In V. J. Derlega, B. A. Winstead & W. H. Jones (Eds.), *Personality: Contemporary theory and research* (2nd Ed.)(pp. 67-100). Chicago: Nelson-Hall Publishers.

Ruff, H. A., Lawson, K. R., Parrinello, R., and Weissberg, R. (1990). Long-term stability of individual differences in sustained attention in the early years. *Child Development*, 61, 60-75.

Ruggiero, K. M., & Taylor, D. M. (1997). Why minority group members perceive or do not perceive the discrimination that confronts them: The role of self-esteem and perceived control. *Journal of Personality and Social Psychology*, 72, 373-389.

Runyan, W. M. (1983). Idiographic goals and methods in the study of lives. *Journal of personality*, 51, 413-427.

Rushton, J. P. (1981). The altruistic personality. In J. P. Rushton and R. M. Serrentino (Eds.), *Altrusism and helping* behavior. Hillsdale, NJ: Erlbaum.

Rushton, J. P., Fulker, D. W., Neale, M. C., Nias, D. K. B., & Eysenck, H. J. (1986). Altruism and aggression: The heritability of individual differences. *Journal of Personality and Social Psychology*, 50, 1192-1198.

Rutter & Garmezy. (1983). Developmental psycholpathology. In: P H Mussen (Ed.). *Handbook of child psychology* (pp.775-911). New York: Wiley.

Ryan, R. M., Koestner, R. & Deci, E. L. (1991). Ego-involved persistence: When free-choice behavior is not intrinsically motivated. *Motivation and Emotion*, 15, 185-205.

Ryan, R. M., Stiller, J., & Lynch, J. H. (1994). Representations of relationships to teachers, parents, and friends as predictors of academic motivation and self-esteem. *Journal of Early Adolescence*, 14, 226-249.

Ryan, R. M., Deci, E. L. (2000). Self-determination theory and the facilitation of intrinsic motivation. *American Psychologist*, Vol. 55, No. 1, 68-78.

Ryan, R. M. & Deci, E. L. (2004). Avoiding death or engaging life as accounts of meaning and culture: A comment on Pyszczynski, Greenberg, Solomon, Arndt, and Schimel. *Psychological Bulletin*, 130, 473-477.

Ryckman, R. M. (1997). *Theories of personality.* (pp.525-575). Pacific Grove: Brooks/Cole Publishing

Company.

Ryckman, R. M. (2004). *Theories of Personality* (8th Ed.). Belmont, CA: Wadsworth Publishing.

Ryff, C. D. (1995). The structure of psychological well-being revisited. *Journal of Personality and Social psychology*, 69, 719-727.

Saboonchi, F. Lundh, L. (2003). Perfectionism, anger, somatic health, and positive affect. *Personality and Individual Differences*, 35(7), 1585-1599.

Sadalla, Kanrick, & Vershure. (1987). Dominance and heterosexual attraction. *Journal of Personality and Social Psychology*, 52, 730-738.

Saddler, C. D., & Sacks, L. A. (1993). Multidimensional perfectionism and academic procrastination: relationships with depression in college students with learning disabilities. *Psychological Reports*, 73, 863-871.

Salili, F. (1994). Age, sex, and cultural differences in the meaning and dimensions of achievement, *Personality and Social Psychology Bulletin*, 20, 635-648.

Salmela-Aro, K., Nurmi, J., Saisto, T., Haimesmaki, E. (2000). Women's and Men's Personal Goals during the Transition to Parenthood. *Journal of Family Psychology*, Vol.14, No.2, 171-186.

Sarbin, T. R. (1998).Steps to the narrative principle: An autobiographical essay. In D. J. Lee (Ed.). *Life and story: Autobiographies for narrative psychology*. Praeger Publishers.

Saucier, G., Goldberg, L. R. (1996). The language of personality: Lexical perspectives on the five-factor model. In Wiggins S. (Ed.), *The five-factor model of personality: Theoretical perspectives* (pp. 21-50). New York, NY: Guilford.

Saudino, K. J. Plomin, R., & DeFries, J. C. (1996). Tester-rated temperament at 14, 20, and 24 months: Environmental change and genetic continuity. *British Journal of developmental Psychology*, 14, 129-144.

Saudino K., Kagan J., (1997). The stability and genetics of behavioral inhibition. In: Emde R. N (ed.). *The malts longitudinal study*. Unpublished manuscript.

Scheier, M.F., & Carver, C.S. (1985). Optimism, coping and health: Assessment and implications of generalized outcome expectancies. *Health Psychology*, 4, 219-247.

Scheier, MF, Weintraub, JK, & Carver, CS (1986). Coping with stress: Divergent strategies of optimists and pessimists. *Journal of Personality and Social Psychology*, 57, 1024-1040.

Schlenker, B. R., Weigold, M. F, & Hallam, J. R. (1990). Self-serving attributions in social context: Effects of self-esteem and social pressure. *Journal of Personality and Social Psychology*, 58, 855-863.

Schlenker, B. R., Dlugolecki, D. W., & Doherty, K. (1994). The impact of self-presentations on self-appraisals and behavior: The roles of commitment and biased scanning. *Personality and Social Psychology Bulletin*, 20, 20-33.

Schneider-Rosen, K., & Cicchetti, D. (1984). The relationship between affect and cognition in maltreated infants: Quality of attachment and the development of visual self-recognition. *Child Development*, 55, 648-658.

Schramm, W., Lyle, J., & Parker, E. B. (1961). *Television in the lives of our children*. Sanford University Press.

Schultz, D. P., & Schultz, S. E. (2001). *Theories of Personality* (7th Ed.). Belmont, CA: Wadsworth Thompson Learning.

Schunk, D. H., Hanson, A. R., & Cox, P. D. (1987). Peer-model attributions: Influence of performance feedback. *Journal of Early Adolescence*, 4, 203-213.

Schwartz, S. H., & Ben David. A. (1976). Responsibility and helping in an emergency: Effects of blame, ability and denial of responsibility. *Sociometry*, 39, 406-415.

Schwartz, D., McFayden-Ketchum, S. A. Dodge, K. A., Pettit, G. S., & Bates, J. E. (1998). Peer group victimization as a predictor of children's behavior problems at home and in school. *Development Psychopathology*, 10, 87-99.

Schwartz, D., Dodge, K. A., Pettit, G. S., Bates, J. E., & the Conduct Problems Prevention Research Group (2000). Friendship as a moderating factor in the pathway between early harsh home environment and later victimization in the peer group. *Developmental Psychology*, 36, 646-662.

Sears, R. R. (1950). Personality. *Annual Review of Psychology*, 1, 105-118.

Seligman, M., & Csikszentmihalyi, M. (2000). Positive psychology: An introduction. *American Psychologist*, 55, 5-14.

Selye, H. (1956). *The stress of life*. New York: McGraw-Hill.

Selye, H. (1979). The stress concept and some of its implications. In V. Hamilton & D. M. Warburton (Eds.), *Human stress and cognition: An information processing approaches* (pp. 11-32). New York: Wiley.

Sethi, A., Mischel, W., Aber, L., Shoda, Y., & Rodriguez, M. (2000). The role of strategic attention deployment of self-regulation: Prediction preschoolers' delay of gratification from mother-toddler interactions. *Developmental Psychology*, 36, 767-777.

Shagass, C., & Roemer, R.A. (1992). Evoked potential topography in major depressionI. Comparisons with nonpatients and schizophrenics. *International Journal of Psychophysiology*, 1992, 13, 241-254.

Shekelle, R. B., Raynor, W. J., Ostfield, A. M., Garron, D. C., Bieliauskas, L. A., Liu, S. C., Maliza, C., & Paul, O. (1981). Psychological depression and 17 years risk of death from cancer. *Psychosomatic Medicine*, 43, 117-125.

Sheldon, K. M., & Kasser T. (1995). Coherence and congruence: Two aspects of personality integration. *Journal of Personality and Social Psychology*, Vol. 68, No.3, 531-543.

Sheldon, K. M., & Emmons R. A. (1999). Comparing differentiation and integration within personal goal systems. *Personality and Individual Differences*, Vol.18, 39-46.

Sheldon, K. M., & Kasser, T. (2001). Getting older, getting better? Personal strivings and psychological maturity across the life span. *Developmental Psychological*, 37(4), 491-501.

Sheldon, K. M. (2004). The Benefits of a "Sidelong" Approach to Self-Esteem Need Satisfaction: Comment on Crocker and Park (2004). *Psychological Bulletin*, Vol. 130, No. 3, 421-424.

Shoda, Y., Mischel, W., & Wright, J. C. (1994). Intra-individual stability in the organization and patterning of behavior: Incorporating psychological situations into the idiographic analysis of personality. *Journal of Personality and Social Psychology*, 67, 674-687.

Shostrom, E.L.(1965). *Three Approaches to Psychotherapy*. Orange, CA: Psychological Films.

Shrauger, J. S. (1975). Responses to evaluation as a function of initial self-perceptions. *Psychological Bulletin*, 82, 581-596.

Shrauger, J. S., & Sorman, P. B. (1977). Self-evaluations, initial success and failure, and improvement as determinants of persistence. *Journal of Consulting and Clinical Psychology*, 45, 784-795.

Shweder, R. A. & Sullivan, M. A. (1993). Cultural Psychology: Who needs it? *Annual Review of Psychology*, 44, 497-523.

Siegler, I. C. (1994). Hostility and risk: Demographic and lifestyle variables. In A. W. Siegman & T. W. Smith (Eds.). *Anger, hostility, and the heart* (pp. 199-214). Hillsdale, NJ: Erlbaum.

Siegman, A. W. (1994). From Type A to hostility to anger: Reflections on the history of coronary-prone behavior. In A. W. Siegman & T. W. Smith (Eds.), *Anger, hostility, and the heart* (pp. 1-21). Hillsdale, NJ: Erlbaum.

Simmons, R., Rosenberg, F., & Rosenberg, M. (1973). Disturbance in the self-image at adolescence. *American Sociological Review*, 38, 553-568.

Simons, J. S, Christopher M. S, McLaury, A. E. (2004). Personal strivings binge drinking, and alcohol-related problems. *Addictive Behaviors*, 29, 773-779.

Simons, R. L., Whitbeck, L. B., Conger, R. D., & Wu, C. (1991). Intergenerational transmission of harsh parenting. *Developmental Psychology*, 27, 159-171.

Singh, D. (1993). Adaptive significance of female physical extractives: role of waist-to-hip ratio and financial status. *Journal of Personality and Social Psychology*, 65, 293-370.

Singh, S. (1978). Achievement motivation and entrepreneurial success: A follow-up study. *Journal of Research in Personality*, 12, 500-503.

Skaalvik, E. M. (1997). Self-enhancing and self-defeating ego orientation: relations with task and avoidance orientation, achievement, self-perceptions, and anxiety. *Journal of Educational Psychology*, 89, 71-81.

Skinner, B. F. (1953). *Science and human behavior*. New York: Macmillan.

Skinner, B. F. (1957). Verbal behavior. New York: Appleton Century Crofts.

Skinner, B. F. (1974). *About Behaviorism*. New York: Knopf. Skinner, B. F. (1987). Whatever happened to psychology as the science of behavior? *American Psychologist*, 42, 780-786.

Slaney, R., Ashby, J., & Trippi, J. (1995). Perfectionism: Its measurement and career relevance. *Journal of Career Assessment*, 3(3), 279-297.

Smith, C. E., Fernengel, K., Holcroft, C., Gerald, K., & Marien, M. (1994). Meta-analysis of the associations between social support and health outcomes. *Annuals of Behavioral Medicine*, 16, 352-362.

Smith, C. P. (Ed.). (1992). *Motivation and personality: Handbook of thematic content analysis*. New York: Cambridge University Press.

Snyder, C. R. (1988). From defense to self-protection: An evolutionary perspective. *Journal of Social and Clinical Psychology*, 6, 155-158.

Solomon Z., Avitzur E., & Mikulincer M. (1989). Coping resources and social functioning following combat stress reaction: A longitudinal study. *Journal of Social and Clinical Psychology*, 8, 87-96.

Spangler, W. D., & House, R. J. (1991). Presidential effectiveness and the leadership motive profile. *Journal of Personality and Social Psychology*, 60, 439-455.

Spangler, W. S. (1992). Validity of questionnaire and TAT measures of need for achievement: Two meta-analyses. *Psychological Bulletin*, 112, 140-154.

Spangler, W., Palrecha, R. (2004). The relative contributions of extraversion, neuroticism, and personal strivings to happiness. *Personality and Individual Differences*, 37, 1193-1203.

Spencer, A. R. (2004). *Psychology: Concepts and connections*. US: Wadsworth.

Spencer, M. B. & Markstrom-Adams, C. (1990). Identity processes among racial and ethnic minority children in America. *Child Development*, 61(2), 290-310.

Spielberger, C. D., Gorsuch, R. L., & Lushene, R. E. (1970). *Manual for the State-Trait Anxiety Inventory*. Palo Alto, CA: Consulting Psychologist Press.

Spielberger, C. D. Anxiety as an emotional state. In C. D. Spielberger (Ed.), *Anxiety: Current trends in theory and research* (Vol. 1). New York: Academic Press, 1972, 23-49.

Sroufe, L. A., & Water, E. (1976). The ontogenesis of smiling and laughter. *Psychological Review*, 83, 173-187.

Sroufe, L. A., Fox, N. E., & Pancake, V. R. (1983). Attachment and dependency in developmental perspective. *Child Development*, 54, 1615-1627.

Sroufe, L. A., Carlson, E., & Shulman, S. (1993). The development of individuals in relationships: From infancy through adolescence. In D. C. Funder, R. D. Parke, C. Tomlinson-Keesey, & K. Widaman (Eds.), *Studying lives through time* (pp. 315-342). Washington, DC: American Psychological Association.

Stanton, A. L., Kirk, S. B., Cameron, C. L., & Danoff-Burg, S. (2000). Coping through emotional approach: Scale construction and validation. *Journal of Personality and Social Psychology*, 78, 1150-1169.

Staub. E. (1974). Helping a distressed person: Social, personality, and stimulus determinants. In L. Berkowitz (Ed.), *Advances in experimental social psychology*. New York: Academic.

Steele, C. M. (1988). The psychology of self-affirmation: Sustaining the integrity of the self. In L. Berkowitz (Ed.), *Advances in experimental social psychology*. Vol. 21 (pp. 261-302). New York: Academic Press.

Steers, R. M. (1984). *Introduction to Organizational Behavior*, 2nd ed., Scott, Foresman, Glenview, III.

Steffenhagen, R. A. (1990). *Self-Esteem Therapy*. New York: Praeger Publishers.

Steinberg, L., Lamborn, S. D., Darling, N., Mounts, N. S., & Dornbusch, S. M. (1994). Over-time changes in adjustment and competence among adolescents from Authoritative, authoritarian, indulgent, and neglectful families. *Child Development*, 65, 754-770.

Stemberg, K. J., Lamb, M. E., Greenbaum, C, Cicchetti, D., Dawud, S., Cortes, R. M., Krispin, O., & Lorey, F. (1993). Effects of domestic violence on children's behavior problems and depression. *Developmental Psychology*, 29, 44-52.

Stephan, M. F., & Karen, S. (1996). *Personality: an integrative approach*. Prentice Hall.

Stern, D. (1977). *The First Relationship: Infant and mother.* Cambridge, MA: Harvard University Press.

Stewart, A. J. (1975). *Longitudinal prediction from personality to life outcomes among college educated women.* Unpublished doctoral dissertation. Harvard University, Cambridge, M A.

Stewart, A. J., & Healy, J. M., Jr. (1989). Linking individual development and social changes. *American Psychologist*, 44, 30-42.

Stigler, J. W., Shweder, R. A. & Herdt, G. (eds.) (1990). *Cultural Psychology: Essays on Comparative Human Development.* Cambridge, UK: Cambridge University Press.

Stokes, P. (1985). The relation of social network and individual difference variables to loneliness. *Journal of Personality and Social Psychology*, 48, 981-990.

Storr, A. (1988). *Solitude: A return to the self.* New York: Free Press.

Strentz, T., & Auerbach, S. M. (1988). Adjustment to the stress of simulated captivity: Effects of emotion-focused versus problem-focused preparation on hostages differing in locus of control. *Journal of Personality and Social Psychology*, 55, 652-660.

Strube, M. J., Berry, J. M., Lott, C. L., Fogelman, R., Steinhart, G., Moergen, S., & Davison, L. (1986). Self-schematic representation of the Type A and B behavior patterns. *Journal of Personality and Social Psychology*, 51, 170-180.

Suedfeld, P. (1982). Aloneness as a healing experience, In L. Peplau & D. Perlman (Eds.), *Loneliness: A sourcebook of current theory, research and practice*. New York: Wiley-Interscience.

Sullivan, H. S. (1953). *The interpersonal theory of psychiatry.* New York: Norton.

Suls, J., & Fletcher, B. (1985). The relative efficacy of avoidant and nonavoidant coping strategies: A meta-analysis. *Health Psychology*, 4, 249-288.

Suls, J., & Wan, C. K. (1989). The relation between Type A behavior and chronic emotional distress: A meta-analysis. *Journal of Personality and Social Psychology*, 57, 503-512.

Sumerlin, J. R, Bundrick, C. M (1996). Brief index of self-actualization: A measure of Maslow' model. *Journal of Social Behavior and Personality*, 11(6), 253-271.

Swann, W. B. (1987). Identity negotiation: Where two roads meet. *Journal of personality and Social Psychology*, 53, 1038-1051.

Swann, W. B., Jr. (1991). To be adored or to be known? The interplay of self-enhancement and self-verification. In E. T. Higgins & R. M. Sorrentino (Eds.), *Handbook of motivation and cognition* (pp.408-450). New York: Guilford Press.

Tallis, F. (1996). Compulsive Washing in the Absence of Phobic and Illness of Anxiety. *Behavior Research and Therapy*, 34 (4), 361-362.

Taylor, S. E. (1983). Adjustment to threatening events: A theory of cognitive adaptation. *American Psychologist*, 38, 1161-1173.

Taylor, S. E. (1989). *Positive illusions: Creative self-deception and the healthy mind*. New York: Basic Books.

Taylor, S. E., Klein, L. C., Lewis, B. P., Gruenewald, T. L., Gurung, R. A. R., & Updegraff, J. A. (2000). Biobehavioral reponses to stress in females: Tend-and-befriend, not fight-or-flight. *Psychological Review*, 107, 411-429.

Tellegen, A., Lykken, D. T., Bouchard, T. J., Jr., Wilcox, K. J., Segal, N. L., & Rich, S. (1988). Personality similarity in twins reared apart and together. *Journal of Personality and Social Psychology*, 54, 1031-1039.

Temoshok, L., & Dreher, H. (1992). The Type C connection: *The mind-body link to cancer and your health*. New York: Plume.

Thomas, A., & Chess, S. (1977). *Temperament and development*. New York: Brunner/Mazel.

Thompson, E. P., Chaiken, S., & Hazlewood, J. D. (1993). Need for cognition and desire for control as moderators of extrinsic reward effects: A person X situation approach to the study of intrinsic motivation. *Journal of Personality and Social Psychology*, 64, 987-999.

Thompson, S. C. (1993). Naturally occurring perceptions of control: A model of bounded flexibility. In G. Weary, F. Gleicher, & K. L. Marsh (Eds.), *Control motivation and social cognition* (pp.74-93). New York: Springer-Verlag.

Thorne B.(1992).*Carl Rogers*. London: Sage.

Tolman, E. C. (1932). *Purposive behavior in animals and men*. New York: Appleton Century Crofts.

Tomkins, S. S. (1965). Affect and the psychology of knowledge. In S. S. Tomkins & C. E. Izard (Eds.), *Affect, cognition, and personality* (pp. 72-97). New York: Springer.

Toner, B. B., Garfinkel, P. E. and Garner, D. M. (1986).Long-term follow-up of anorexia nervosa. *Psychosomatic Medicine*, 48, 520-529.

Triandis, H. C. (1990). Cross-cultural studies of individualism and collectivism. In J. Berman (Eds.), *Nebraska Symposium on Motivation*, (1989, pp. 41-133). Lincoln: University of Nebraska Press.

Tricial, O., & Ami, R. (2004). Men Who Abuse Drugs and Their Experience of Loneliness. European Psychologist, 9, 163-169.

Trickett, P. K., & McBride-Chang, C. (1995). The developmental impact of different forms of child abuse and neglect. *Developmental Review*, 15, 311-337.

Tupes, E. C., & Christal, R. E. (1961). Recurrent Personality Factors Based on Trait Ratings (ASD-TR-61-97). Lackland Air Force Base, TX: Aeronautical Systems Division, Personnel Laboratory. U. S. Bureau of the Census. (1997). *Statistical abstract of the United States* (117th Ed.). Washington, DC: U.S. Government Printing Office.

Uba, L. (1994). *Asian Americans, personality patterns, identity, and mental health*. New York: The Guilford Press.

Urdan, T. C., Maehr, M. L. (1995). Beyond a two-goal theory of motivation and achievement: A case for social goals. *Review of Educational Research*, 65, 213-243.

Vaillant, G. E. (1977). *Adaptation to life*. Boston: Little Brown.

VandeWalle, D. M. (1997). Development and validation of a work domain goal orientation instrument. *Educational and psychological Measurement*, 57, 995-1015.

Velsor, V. E., & Leslie, J. B. (1995). Why executives derail: Perspectives across time and cultures. *Academy of Management Executive*, November, 62-72.

Veroff, J. (1958). A scoring manual for the power motive. In J. W. Atkinson Ed. Motives in Fantasy, Action and Society. Princeton, New Jersey: D. Van Nostrand.

Veroff, J. (1982). Assertive motivations: Achievement versus power. In A. J. Stewart (Ed.), *Motivation and Society* (pp. 99-132). San Francisco. CA: Jossey-Bass.

Vrij, A., van der Steen, J., & Koppelaar, L. (1995). The effects of street noise and field independency on police officers' shooting behavior. *Journal of Applied Social Psychology*, 25, 19, 1714-1725.

Wainer, H. A., & Rubin, I. M. (1969). Motivation of research and development entrepreneurs. *Journal of Applied Psychology*, 53, 178-184.

Ward, C. H., & Eisler, R. M. (1987). Type A behavior, achievement striving, and a dysfunctional self-evaluation system. *Journal of Personality and Social Psychology*, 53, 318-326.

Waterman, A. S. (1985). *Identity in Adolescence: Processes and Contents.* London: Jossey-Bass Social Inc.

Watson, D., Clark, L. A., & Weber, K. et al. (1995). Testing a tripartite model: Exploring the symptom structure of anxiety and depression in student, adult, and patient samples. *Journal of Abnormal Psychology*, 104, 15-25.

Watson, D., Weber, K., Assenheimer, J. S., Clark, L. A., Strauss, M. E., & McCormick, R. A. (1995). Testing a tripartite model: I. Evaluating the convergent and discriminant validity of anxiety and depression symptom scales. *Journal of Abnormal Psychology*, 104, 3-14.

Weary, G., & Edwards, J. A. (1994). Individual differences in causal uncertainty. *Journal of Personality and Social Psychology*, 67, 308-318.

Weary, G., & Jacobson, J. A. (1997). Causal uncertainty beliefs and diagnostic information seeking. *Journal of Personality and Social Psychology*, 73, 839-848.

Weber, M. (1930). *The Protestant ethic and the spirit of capitalism.* New York: Routledge.

Weinberger, D. A., & Davidson, M. N. (1994). Styles of inhibiting emotional expression: Distinguishing repressive coping from impression management. *Journal of Personality*, 62, 587-613.

Weiner, B. (1979). A theory of motivation for some classroom experiences. *Journal of Educational Psychology*, 71, 3-25.

Weiner, B. (1986). *An attributional theory of emotion and motivation*, New York: Springer-Verlag.

Weiner, B., Frieze, I., Kukla, A., Reed, L., Rest, S. & Rosenbaum, R. M. (1972). Perceiving the causes of success and failure. In E. E. Jones, D. E. Kanouse, H. H. Kelley, R. E. Nisbett, S. Valins, & B. Weiner (Eds.), *Attribution: Perceiving the causes of behavior* (pp. 95-120) Morristown, NJ: General Learning Press.

Weiss, A., & King, J. E. (1998). The heritability of personality factors in zoo chimpanzees. *Behavior Genetics*. 28(6), 484-485.

Weiss, R. S. (1973). *Loneliness: The experience of emotional and social isolation*. Cambridge, MA: MIT Press.

Weiss, R. S. (1974). The provisions of social relationships. In Z. Rubin (Ed.). *Doing Unto Others*. Englewood Cliffs, NJ: Prentice-Hall.

Wentzel, K. R., & Asher, S. R. (1995). The academic lives of neglected, rejected, popular, and controversial children. *Child Development*, 66, 754-763.

White, R. W. (1959). Motivation reconsidered: The concept of competence. *Psychological Review*, 66, 297-333.

Whiting, B. B., & Edwards, C. P. (1988). *Children of different worlds: The formation of social behavior*. Cambridge, MA: Harvard University Press.

Whitworth R. H. & Perry S. M. (1990). Comparison of Anglo- and Mexican-Americans on the 16PF administered in Spanish or English. *Clinical Psychology*, 46(6), 857-863.

Wicklund, R. A., & Gollwitzer, P. M. (1982). *Symbolic self-completion*. Hillsdale, NJ: Erlbaum.

Wiedenfeld, S. A., O'Leary, A., Bandura, A., Brown, S., Levine, S., & Raska, K. (1990). Impact of perceived self-efficacy in coping with stressors on immune function. *Journal of Personality and Social Psychology*, 59, 1082-1094.

Wiener, B. (1980). *Human motivation*. New York: Holt, Rinehart & Winston.

Williams, J. E., Paton, C. C. Seigler, I. C., Eigenbrodt, M. L., Nieto, F. J., & Tyroler, H. A. (2000). Anger proneness predicts coronary heart disease risk: Prospective analysis from the Atherosclerosis Risk in Communities (ARIC) study. *Circulation*, 101, 2034-2039.

Wilson, T. D., & Linville, P. W. (1985). Improving the performance of college freshmen with attributional techniques. *Journal of Personality and Social Psychology*, 49, 287-293.

Windle, M. (1989). Temperament and personality: An exploratory interinventory study of the DOTS R, EASI II, and EPI. *Journal of Personality Assessment*, 53, 487-501.

Windle M. & Windle R. C. (1996). Coping strategies, drinking motives, and stressful life events among middle adolescents: Associations with emotional and behavioral problems and with academic functioning. *Journal of Abnormal Psychology*, 105(4), 551-560.

Winter, D. G. (1973). *The power motive*. New York: Free Press.

Winter, D. G., McClelland, D. C., & Stewart, A. J. (1981). *A new case for the liberal arts: Assessing institutional goals and student development*. San, Francisco, CA: Jossey-Bass.

Winter, D. G. (1991). Measuring personality at a distance: Development of an integrated system for scoring motives in running text. In: D. J. Ozer, J. M. Healy, & A. J. Stewart (Eds.), *Perspectives in personality: Approached to understanding lives*. (3, pp. 59-89). London: Jessica Kingsley.

Winter, D. G. (1994). Manual for scoring motive imagery in running text (4th Ed.). Department of Psychology, University of Michigan, Ann Arbor: Unpublished manuscript.230 O. C. Schultheiss et al. *Journal of Research in Personality*, 37, 224-230.

Winter, D. G. & Barenbaum, N. B. (1999). History of modern personality theory and research. In L. A. Pervin and O. P. John, *Handbook of personality: theory and research* (2nd Ed.) (pp.3-27). New York: Guilford.

Winterbottom, M. R. (1958). "The relation of need for achievement to learning experiences in independence and mastery," pp. 453-479 in J. W. Atkinson (Ed.), *Motives in Fantasy, Action, and Society*. Princeton: D. Van Nostrand.

Witkin, H. A., Dyk, R. B., Faterson, H.F., Goodenough, D. R., & Karp, S.A. (1962). *Psychological differentiation*. New York: John Wiley.

Witkin, H. A., Moore, C. A., Goodenough, D. R., & Cox, P. W. (1977). Field dependent and field independent cognitive styles and their educational implications. *Review of Educational Research*, 47 (1), 1-64.

Witkin, H.A., Moore, C.A., Oltman, P.K., Goodenough, D.R., Friedman, F., Owen, D.R., & Raskin E. (1977). Role of field dependent and field independent cognitive styles in academic evolution: A longitudinal study. *Journal of Educational Psychology*, 69(3), 197-211.

Wittenberg, M., & Reis, H. (1986). Loneliness, social skills, and social perception. *Personality and Social Psychology Bulletin*, 12, 121-130.

Woike, B. A. (1994). Vivid recollection as a technique to arouse implicit motive related affect. *Motivation and Emotion*, 18, 335-349.

Wright, C. & Mischel, M. A. (1987). Conditional approach to dispositional constructs : the local predictability of social behavioral. *Journal of Personality and Social Psychology*, 53, 1159-1177.

Wundt, W. (1897). *Outlines of psychology* (C. H. Judd, Trans.). Leipzig, Germany: Wilhelm Engelmann.

Yang, K. S. & Bond, M. H. (1990). Exploring implicit personality theories with indigenous or imported constructs: The Chinese case. *Journal of Personality and Social Psychology*, 58 (6), 1087-1095.

Young blade, L. M., & Belsky, J. (1992). Parent-child antecedents of 5-year-olds' close friendships: A longitudinal analysis. *Developmental Psychology*, 28(4), 700-713.

Zillmann, D. (1983). Arousal and aggression. In R. G. Geen & E. I.Donnerstein(Eds.), *Aggression, Theoretical and empirical reviews*: Vol. 1. *Theoretical and methodological issues* (pp. 75-101). New York: Academic Press.

Zimmerman, M. A. (1990). Toward a theory of learned hopefulness: A structural model analysis of participation and empowerment. *Journal of Research in Personality*, 24(1), 71-86.

Zuckerman, M. (1974). The sensation seeking motive. In B. Maher (Ed.), *Progress in experimental personality research* (Vol.7, pp.79-148). New York: Academic Press.

Zuckerman, M. (1991). *Psychobiology of Personality*. New York: Cambridge University Press.

Zuckerman, M. (1994). *Behavioral expression and biosocial bases of sensation seeking*. New York: Cambridge University Press.

Zuckerman, M. (1995). Good and bad humors: Biochemical bases of personality and its disorders. *Psychological Science*, 6(6), 325-332.